MATLAB 地球物理科学计算实战

MATLAB Geophysical Science Computing

熊　彬　徐志锋　蔡红柱　编著

内容提要

《MATLAB地球物理科学计算实战》以高等学校课程教学为出发点，结合地球物理科学研究及其数值计算的实际，系统详细地介绍了MATLAB语言的数值计算、符号计算、图形与可视化及程序设计等功能，而且通过实例重点介绍MATLAB语言在大规模矩阵计算、优化计算、图像处理、数值计算、微分方程求解及地球物理科学计算中的应用。本书在结构上包括上、下两篇共11章，上篇介绍MATLAB程序设计基础，共8章；下篇介绍地球物理数值计算，共3章。

全书结构清晰，内容翔实，图文并茂，以丰富的实例突出实践性，通过紧密联系实际突出实用性。

本书适用于MATLAB软件的初、中级学习者，既可以用来作为地球物理专业本科生的教学用书，或者高等学校MATLAB、数值分析、数值计算方法、高等数学、线性代数、数学实验、数学建模等课程的教学辅导书，也可以作为地球物理科研人员及工程技术人员的参考资料。

图书在版编目(CIP)数据

MATLAB地球物理科学计算实战/熊彬，徐志锋，蔡红柱编著. —武汉：中国地质大学出版社，2020.5 (2022.1 重印)

ISBN 978-7-5625-4813-3

Ⅰ.①M…

Ⅱ.①熊…②徐…③蔡…

Ⅲ.①Matlab软件-应用-地球物理学-计算机辅助计算

Ⅳ.①P3-39

中国版本图书馆CIP数据核字(2020)第115851号

MATLAB地球物理科学计算实战 熊 彬 徐志锋 蔡红柱 **编著**

责任编辑：舒立霞 责任校对：张咏梅

出版发行：中国地质大学出版社（武汉市洪山区鲁磨路388号） 邮编：430074

电 话：(027)67883511 传 真：(027)67883580 E-mail：cbb@cug.edu.cn

经 销：全国新华书店 http://cugp.cug.edu.cn

开本：787毫米×1092毫米 1/16 字数：602千字 印张：23.5

版次：2020年5月第1版 印次：2022年1月第2次印刷

印刷：湖北睿智印务有限公司

ISBN 978-7-5625-4813-3 定价：56.00元

谨以此书纪念我的老师

阮百尧教授

（1962—2010）

前　言

继实验方法、理论方法之后，科学计算已成为科学实践的第三手段，它在物理、化学、力学、生命科学、天文学、地球科学、经济科学及社会科学等各个领域中得到了广泛的应用，成为科学研究领域中不可缺少的重要组成部分。鉴于 MATLAB 语言是一款功能非常强大的科学计算软件，编写一本适合我国教学体系，将 MATLAB 与地球物理科学计算有机融合，从而达到培养学生科学计算能力，使学生能够适应将来的工作和科研环境的教材已势在必行。

MATLAB 具有其他高级程序语言难以比拟的一些优点，其指令表达式与数学、工程中常用的形式十分相似，与仅支持标量的非交互式编程语言(如 C、FORTRAN 等语言)相比，用 MATLAB 来计算要简捷得多，尤其是解决包含了矩阵和向量的工程技术问题。在高校里，MATLAB 是很多数学类、工程和科学类初等及高等课程的标准指导工具；在工业上，MATLAB 是产品研究、开发和分析经常选用的工具。因此，完全有理由说，掌握了 MATLAB 就好比掌握了开启地球物理专业大门的钥匙。

本书基于 MATLAB 9.0 版，讲解 MATLAB 的基础知识和核心内容。根据本课程"课时少、内容多、应用广、实践性强"的特点，在内容编排上，尽量精简非必要的部分，着重讲解 MATLAB 最基本的内容。对需要学生掌握的内容，做到深入浅出，实例引导，讲解翔实，既为教师讲授提供了较大的选择余地，又为学生自主学习提供了方便。

本书是根据作者近二十年的教学和科研经验，集思广益，广泛吸取国内外一些相关教材之所长，将教学内容、教学体系、教学手段改革和科学研究思想融为一体的新教材。在编写过程中，中南大学的童孝忠老师给予了大力支持并提出了完善结构、体系方面的建议；陆裕国、张斯、高博涵等同学完成了书稿中部分程序编写、文字编辑及图件绘制工作。在这里，对他们表示由衷的感谢，感谢他们的支持与参与。同时要特别感谢桂林理工大学勘查技术与工程教研室同仁们的大力支持与帮助。

新时代的教材改革应该多规格、多模式，本书仅是对其中一种模式所做的初步尝试和探索，在可读性、培养地球物理专业学生数学应用能力和科学计算能力等方面，笔者虽然也做了一些努力，但仍感差距甚大。真诚地欢迎同行、读者和专家提出不同的见解，并希望广大读者对教材中存在的不足之处提出批评并指正。最后，我们也真诚地欢迎对本教材有兴趣的同行参加试用。

编著者

2020 年 1 月于桂林

目　录

上　篇　MATLAB 程序设计基础

本篇所论主要介绍 MATLAB 使用和编程方面的基础知识，旨在为读者学习 MATLAB 提供入门引导。该篇各章的主要内容如下。

第 1 章 MATLAB 简介，主要介绍工作环境、文件管理和帮助系统等。通过该章的学习，用户可以了解 MATLAB 程序的工作环境，初步了解使用帮助系统的方法。

第 2 章 MATLAB 语言基础，主要介绍 MATLAB 数据类型、变量、矩阵表示、运算符与运算等。通过该章的学习，用户可以了解 MATLAB 提供的丰富的数据类型，使用合适的运算符进行不同类型的运算，处理简单字符串和 MATLAB 采用的数据结构。

第 3 章 MATLAB 程序设计，主要介绍与编程相关的基本概念，包括 M 文件与脚本、程序流程控制、函数与程序调试等。通过该章的学习，用户可以了解 MATLAB 关键字、控制结构实现、M 文件脚本、函数和进行程序调试等有关内容。

第 4 章 可视化基础，主要介绍绘图的基本过程和特殊图形的绘制方法。通过该章的学习，用户可以了解使用 MATLAB 进行二维、三维及四维绘图的基本方法，还可以了解各种特殊图形的绘制方法，以及对绘制的图形进行简单处理的操作过程。

第 5 章 数值计算，主要介绍多项式计算、插值和拟合、数值微分与积分、常见积分变换、线性方程组求解，等等，旨在为读者建立利用 MATLAB 进行数学计算的基本概念。

第 6 章 符号计算，主要介绍符号对象与表达式、符号函数、符号微积分、符号积分变换、符号矩阵计算和符号方程求解操作。通过该章的学习，读者就可运用 MATLAB 的符号计算能力去解决一些具体问题。

第 7 章 数据输入输出基础，主要介绍可读取文件的格式、高级文件 I/O 操作、低级文件 I/O 操作。通过该章的学习，用户可以了解打开和关闭文件的方法、读写不同类型的文件，以及工作区数据导入导出操作。

第 8 章 微分方程，主要介绍 MATLAB 求解简单微分方程的实现方式。通过该章的学习，用户可以了解通过 MATLAB 进行有关偏微分方程求解的基本操作的实现方法。

第1章 MATLAB简介

MATLAB是美国MathWorks公司研发的一款科学计算软件，它集算法开发、数据可视化、数据分析、数值计算和交互式环境于一体，其性能卓越，在应用数学、地球物理、金融等众多领域得到广泛推崇和应用。

1.1 MATLAB概述

1.1.1 MATLAB的发展

20世纪70年代中后期，曾在密西根大学、斯坦福大学和新墨西哥大学担任数学与计算机科学教授的Cleve Moler博士，为方便讲授矩阵理论和数值分析课程，他和同事用FORTRAN语言编写了两个子程序库EISPACK和LINPACK，这便是构思和开发MATLAB的起点。MATLAB一词是对Matrix Laboratory（矩阵实验室）的缩写，由此可看出MATLAB与矩阵计算的渊源。MATLAB不仅包含EISPACK和LINPACK两大软件包的子程序，还包含了用FORTRAN语言编写的、用于承担命令翻译的部分。

为进一步推广MATLAB的应用，在20世纪80年代初，John Little等人将先前的MATLAB全部用C语言进行改写，形成了新一代的MATLAB。1984年，Cleve Moler和John Little等人成立MathWorks公司，并于同年向市场推出了第一个MATLAB的商业版本。随着市场接受度的提高，其功能也不断增强，在完成数值计算的基础上，新增数据可视化以及与其他流行软件的接口等功能，并开始了对MATLAB工具箱的研究开发。

1993年，MathWorks公司推出了基于PC的以Windows为操作系统平台的MATLAB 4.0版。1994年推出的MATLAB 4.2版，扩充了MATLAB 4.0版的功能，尤其在图形界面设计方面提供了新的方法。

1997年推出的MATLAB 5.0版增加了更多的数据结构，如结构数组、细胞数组、多维数组、对象、类等，使其成为一种更方便的编程语言。1999年初推出的MATLAB 5.3版在很多方面又进一步改进了MATLAB的功能。

2000年10月底推出了全新的MATLAB 6.0正式版（Release 12，即R12），在核心数值算法、界面设计、外部接口、应用桌面等诸多方面有了极大的改进。时隔两年，即2002年8月又推出了MATLAB 6.5版，其操作界面进一步集成化，并开始运用JIT加速技术，使运算速度有了明显提高。

2004 年 7 月，MathWorks 公司又推出了 MATLAB 7.0 版(R14)，其中集成了 MATLAB 7.0 编译器、Simulink 6.0 图形仿真器及很多工具箱，在编程环境、代码效率、数据可视化、文件 I/O 等方面都进行了全面的升级。

2005 年 9 月，Mathworks 公司推出了 MATLAB 7.1 版，包括了新的时间序列分析工具，进一步加强了对 Macintosh 平台的支持。

2012 年 3 月发布 R2012a。R2012a 包括 MATLAB & reg，Simulink & reg 和 Polyspace & reg 产品的新功能，以及对 77 种其他产品的更新和补丁修复。

2014 年 10 月，MATLAB R2014b 推出了全新的 MATLAB 图形系统。全新的默认颜色、字体和样式便于数据解释，抗锯齿字体和线条使文字和图形看起来更平滑，图形对象更便于使用。可以在命令窗口中显示常用属性，并且对象支持熟悉的结构化语法，可以更改属性值。另外，还增加了许多其他新功能。

2016 年 3 月，MathWorks 正式发布了 R2016a 版 MATLAB 和 Simulink 产品系列的 R2016版本，同年 9 月，该版本被称为“b”，即 R2016b。

2018 年 3 月，MathWorks 正式发布了 R2018a 版 MATLAB 和 Simulink 产品系列的 R2018版本(表 1.1)。

表 1.1　MATLAB 历史版本一览

版本	建造编号	发布时间	版本	建造编号	发布时间
MATLAB 1.0		1984 年	MATLAB 7.6	R2008a	2008 年
MATLAB 2		1986 年	MATLAB 7.7	R2008b	2008 年
MATLAB 3		1987 年	MATLAB 7.8	R2009a	2009 年 3 月 6 日
MATLAB 3.5		1990 年	MATLAB 7.9	R2009b	2009 年 9 月 4 日
MATLAB 4.0		1993 年	MATLAB 7.10	R2010a	2010 年 3 月 5 日
MATLAB4.2c	R7	1994 年	MATLAB 7.11	R2010b	2010 年 9 月 3 日
MATLAB 5.0	R8	1997 年	MATLAB 7.12	R2011a	2011 年 4 月 8 日
MATLAB 5.1	R9	1997 年	MATLAB 7.13	R2011b	2011 年 9 月 1 日
MATLAB 5.1.1	R9.1	1997 年	MATLAB 7.14	R2012a	2012 年 3 月 1 日
MATLAB 5.2	R10	1998 年	MATLAB 8.0	R2012b	2012 年 9 月 11 日
MATLAB 5.2.1	R10.1	1998 年	MATLAB 8.1	R2013a	2013 年 3 月 7 日
MATLAB 5.3	R11	1999 年	MATLAB 8.2	R2013b	2013 年 9 月 9 日
MATLAB 5.3.1	R11.1	1999 年	MATLAB 8.3	R2014a	2014 年 3 月 6 日
MATLAB 6.0	R12	2000 年	MATLAB 8.4	R2014b	2014 年 10 月 2 日
MATLAB 6.1	R12.1	2001 年	MATLAB 8.5	R2015a	2015 年 3 月 6 日
MATLAB 6.5	R13	2002 年	MATLAB 8.6	R2015b	2015 年 9 月 3 日
MATLAB 6.5.1	R13sp1	2003 年	MATLAB 9.0	R2016a	2016 年 3 月

续表 1.1

版本	建造编号	发布时间	版本	建造编号	发布时间
MATLAB 6.5.2	R13sp2	2003 年	MATLAB 9.1	R2016b	2016 年 9 月
MATLAB 7.0	R14	2004 年	MATLAB 9.2	R2017a	2017 年 2 月
MATLAB 7.0.1	R14sp1	2004 年	MATLAB 9.3	R2017b	2017 年 9 月
MATLAB 7.0.4	R14sp2	2005 年	MATLAB 9.4	R2018a	2018 年 3 月
MATLAB 7.1	R14sp3	2005 年	MATLAB 9.5	R2018b	2018 年 8 月
MATLAB 7.2	R2006a	2006 年	MATLAB 9.6	R2019a	2019 年 3 月
MATLAB 7.3	R2006b	2006 年	MATLAB 9.7	R2019b	2019 年 8 月
MATLAB 7.4	R2007a	2007 年			
MATLAB 7.5	R2007b	2007 年			

显然，当前的 MATLAB 已经不再仅仅是解决矩阵与数值计算的软件，更是一款集数值与符号运算、数据可视化图形表示与图形界面设计、程序设计、仿真等多种功能于一体的集成软件，成为线性代数、数值分析计算、数学建模、信号与系统分析、自动控制、数字信号处理、通信系统仿真、应用地球物理数值模拟等一批课程的基本教学工具。

本书以 MATLAB 9.0 版为基础，全面介绍 MATLAB 的各种功能与应用。

1.1.2　MATLAB 的特点及应用领域

MATLAB 之所以能如此迅速地普及，显示出旺盛的生命力，缘于它有着不同于其他计算机程序语言的特点，正如同 FORTRAN 和 C 等高级语言使人们摆脱了需要直接对计算机硬件资源进行操作一样，被称为第四代计算机语言的 MATLAB 给用户带来的是最直观、最简洁的程序开发环境。以下简单介绍 MATLAB 的主要特点。

1. 语言简洁、编程效率高

MATLAB 是一种面向科学和工程计算的高级语言，具有数值计算和符号计算功能。以矩阵作为数据操作的基本单位，提供了十分丰富的数值计算函数；和著名的符号计算语言 Maple 相结合，使得 MATLAB 具有符号计算功能。以上两方面使得 MATLAB 用极少的代码即可实现复杂的功能。

2. 人机界面友善、交互性好

MATLAB 程序书写形式自由，用户无须对矩阵预定义就可使用。用 MATLAB 编写程序犹如在演算纸上排列出公式与求解问题，其函数名和表达更接近书写计算公式的思维表达方式，易学易懂。

MATLAB 语言将编辑、编译、连接和执行融为一体，其调试程序手段丰富、速度快、需要学习时间短。它能在同一窗口上进行灵活操作，快速排除输入程序中的书写错误、语法错误甚至语意错误，从而加快用户编写、修改和调试程序的速度。或者说，在编程和调试过程中，它是一种比 VB 还要简单的语言。

3. 绘图功能强大、便于数据可视化

懂得 FORTRAN、C 等编程语言的读者可能已经注意到，在 FORTRAN 语言和 C 语言里绘图都很不容易，但是，MATLAB 数据的可视化非常简单。MATLAB 具有非常强大的以图形化显示矩阵和数组的能力，同时它能给这些图形增加注释并且打印这些图形。MATLAB 提供了两个层次的绘图操作：一种是对图形句柄进行的低层绘图操作，另一种是建立在低层绘图操作之上的高层绘图操作。这使 MATLAB 可以方便地产生二维、三维科技专业图形，又可以让用户灵活控制图形特点。另外，用户还可以利用 MATLAB 的句柄图形技术创建图形用户界面。

4. 学科众多、领域广泛的 MATLAB 工具箱

MATLAB 在很多领域都有应用，各领域专业研究人员用 MATLAB 语句编写的函数文件集可以作为工具箱供 MATLAB 调用。有些工具箱在各学科都有应用，而有些工具箱只在某一学科应用，总的来说，MATLAB 的工具箱大致可以分为两类：功能型工具箱和领域型工具箱。功能型工具箱主要用来扩充 MATLAB 的符号计算功能、图形建模仿真功能、文字处理功能以及与硬件实时交互功能，能用于多种学科；领域型工具箱专业性强，譬如，控制工具箱、金融工具箱等。

5. 源程序的开放性

开放性也许是 MATLAB 最受欢迎的特点。除内部函数以外，所有 MATLAB 的核心文件和工具箱文件都是可读可改的源文件，用户可通过对源文件的修改以及加入自己的文件构成新的工具箱。

MATLAB 应用领域十分广泛，典型的应用举例如：①自动控制；②汽车；③电子；④仪器仪表；⑤生物医学；⑥地球科学；⑦通信。

1.1.3 MATLAB 的功能演示

本节通过几个有代表性的例子来演示 MATLAB 的功能，目的是使读者能初步领略到 MATLAB 的风格与特点。作为操作练习，读者可在 MATLAB 软件环境中验证下面的例子。

例 1.1 绘制地球物理数据平面等值线图。

解：在 MATLAB 命令行窗口输入命令

```
>> x=-40:1:40;
>> y=-40:1:40;
>> [Hax,Hay,Za,Delta_T]=MAG_sphere_FWD(pi/4,pi/4,x,y);
% Mag_sphere_FWD 为球体磁场正演函数，在附件中给出
>> h=figure;
```

```
>> contourf(x,y,Delta_T,15);
>> colormap(h,'jet');c=colorbar;
>> c.Label.String='\fontname{times new roman}\Delta\itT / \rmnT';
>> xlabel('\fontname{times new roman}\itx / \rmm', 'fontsize', 12);
>> ylabel('\fontname{times new roman}\ity / \rmm', 'fontsize', 12);
>> axis equal
```

程序运行结果如图 1.1 所示。

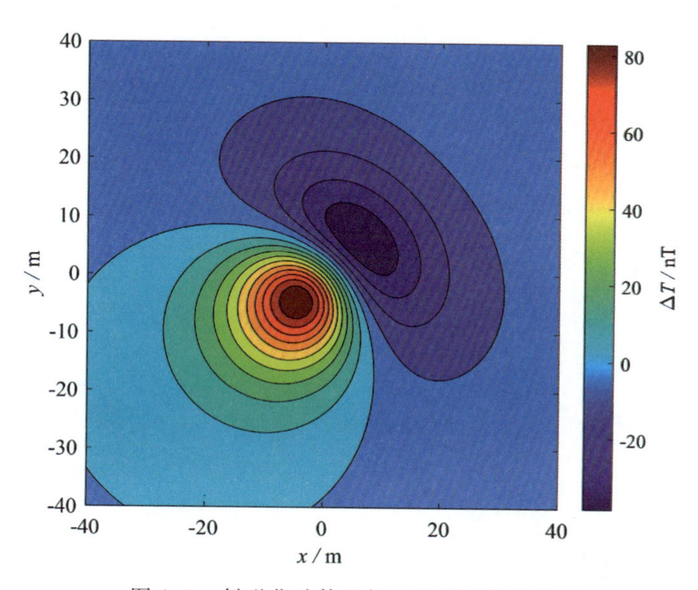

图 1.1　斜磁化球体磁场 ΔT 平面等值线图

例 1.2　求方程 $x^6 + 3x^4 - 21x^3 + 9x - 18 = 0$ 的解。

解:在 MATLAB 命令行窗口输入命令

```
>> p=[1,0,3,-21,0,9,-18];
>> x=roots(p)
```

其中第一条命令建立多项式系数向量,第二条命令调用 roots 函数求根,得到的结果如下

```
x=
   -1.2142+2.7588i
   -1.2142-2.7588i
   2.3861+0.0000i
   -1.0268+0.0000i
   0.5345+0.7231i
   0.5345-0.7231i
```

例 1.3　求解线性方程组:

$$\begin{cases} 2x + 3y - z = 2 \\ 8x + 2y + 3z = 4 \\ 45x + 3y + 9z = 23 \end{cases}。$$

解：在 MATLAB 命令行窗口输入命令

```
>> A=[2,3,-1;8,2,3;45,3,9];
>> b=[2;4;23];
>> X=inv(A)*b
```

其中前两条命令建立系数矩阵 $\boldsymbol{A}$ 和列向量 $\boldsymbol{b}$，第三条命令求根。inv（$\boldsymbol{A}$）为 $\boldsymbol{A}$ 的逆矩阵，也可以用 $X=\boldsymbol{A}\backslash\boldsymbol{b}$ 求根，得到的结果为

```
X=
    0.5531
    0.2051
    -0.2784
```

此外，也可以通过符号运算来解此方程。在 MATLAB 命令行窗口输入命令

```
>> syms x y z
>> [x y z]=solve(2*x+3*y-z-2,8*x+2*y+3*z-4,45*x+3*y+9*z-23)
```

得到的结果为

```
x=
    151/273
y=
    8/39
z=
    -76/273
```

例 1.4 求积分 $\int_0^1 x\ln(1+x)\mathrm{d}x$。

解：在 MATLAB 命令窗口输入命令

```
>> quad('x.*log(1+x)',0,1)
```

得到的结果是

```
ans=
    0.2500
```

此外，也可以通过符号运算来求符号积分。在 MATLAB 命令行窗口输入命令

```
>> syms x
>> int(x*log(1+x),0,1)
```

得到的结果为

```
ans=
    1/4
```

上述几个例子展示了 MATLAB 的强大功能，相信读者在接下来的学习与使用中，会有更深刻的体会。

1.2 MATLAB 操作界面

1.2.1 命令窗口

命令窗口是 MATLAB 的主要交互窗口，用于输入命令并显示除图形以外的所有执行结果。命令窗口既可以内嵌在 MATLAB 的工作界面，又可以独立窗口的形式浮动在界面上。选中命令窗口，再选择 Desktop 菜单中的 Undock Command Window 命令，就可以浮动命令窗口，如图 1.2 所示。若希望重新将命令窗口嵌入 MATLAB 的工作界面中，同样使用 Desktop 菜单中的 Undock window 命令。

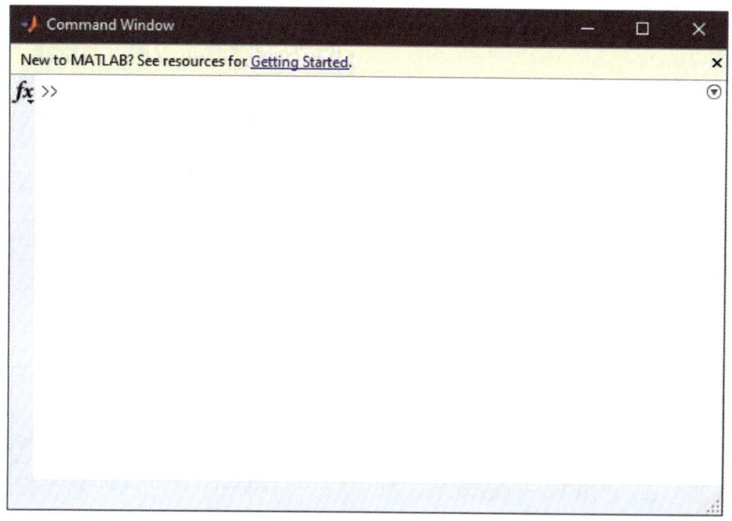

图 1.2 浮动的 MATLAB 命令窗口

命令窗口中的“>>”为命令提示符，表示 MATLAB 正处于准备状态。在命令提示符后输入命令并按回车键，MATLAB 就会解释执行所输入的命令，并在命令后面输出计算结果。一般来说，一个命令行输入一条命令，命令行以按回车键结束。视具体情况的需要，一个命令行也可以输入若干条命令，各命令之间以逗号分隔；若前一命令后带有分号，则逗号可以省略。例如

```
>> a=1; b=2; c=a+b
c=
    3
>> a=1, b=2, c=a+b
a=
    1
b=
    2
c=
    3
```

以上两个例子都是在一个命令行输入三条命令，不同的是两条命令之间的分隔符不同，一个是逗号，一个是分号。可以看出，一条命令后如果带一个分号，则该命令执行结果不显示。

如果一个命令行很长，在一个物理行之内写不下，可以在第一个物理行之后加上三个小黑点并按下回车键，然后在下一个物理行续写命令的其他部分。三个小黑点称为续行符，即把接下来的物理行看作该行的逻辑继续。例如

```
>> s=1+2+3+4+5+6+7+8+9+…
+10+11+12+13+14+15;
```

是一个命令行，但占用两个物理行，第一个物理行以续行符结束，第二个物理行是上一行的继续。须注意的是，如果命令行中存在多个以','分隔的参数时，应在某一参数完整表达之后再换行。譬如

```
legend('Ha', 'Za', ...
'\DeltaT')
```

命令窗口不仅能编辑和运行当前输入的语句，而且对曾经输入的语句也有快捷的方法进行重复调用、编辑和运行。成功实施重复调用的前提是已输入的语句仍然保存在命令历史窗口中(未对该窗口执行清除操作)。表 1.2 介绍了 MATLAB 命令行编辑的常用控制键及其功能。

表 1.2　命令行编辑中常用的控制键及其功能

键　名	功　能	键　名	功　能
↑	调用上一次的命令	Home	将光标移到当前行行首
↓	调用下一行的命令	End	将光标移到当前行行尾
←	在当前行中左移光标	Del	删除光标右边的字符
→	在当前行中右移光标	Backspace	删除光标左边的字符
PgUp	前寻式翻滚一页	Esc	删除当前行全部内容
PgDn	后寻式翻滚一页	Ctrl+C	中断程序运行

1.2.2　工作空间窗口

工作空间是 MATLAB 用于存储各种变量和结果的空间。工作空间窗口是 MATLAB 集成环境的重要组成部分，它与命令窗口一样，不仅可以内嵌在 MATLAB 的工作界面中，还可以独立窗口的形式浮动在界面上。浮动的工作空间窗口如图 1.3 所示，在该窗口中显示工作空间中所有变量的名称、取值和变量类型说明，可对变量进行观察、编辑、保存和删除。

1.2.3　历史命令窗口

历史命令窗口是 MATLAB 用来存放曾在命令窗口中使用过的语句。它借用计算机的存储器来保存信息，其主要目的是便于用户追溯、查找曾经用过的语句，利用这些既有的资源

Workspace

Name ▲	Value
A	0.7854
B	50000
ceof	3.6416e-04
d	15
h	*1x1 Figure*
Hay	*41x41 double*
Hay1	687.5000
Hay2	1.2728e+03
Hay3	2400
i	41
I	-0.7854
j	41
k	0.0150
m	2.5000e+12
M	5.9683e+08
mu_0	1.2566e-06
n_x	41

图 1.3　浮动的工作空间窗口

节省编程时间。对历史命令窗口中的内容，可在选中的前提下，将它们复制到当前正在工作的命令窗口中，以供进一步修改或直接运行。其优势在如下两种情形体现得尤为明显：一是需要重复处理长语句；二是在选择多行曾经用过的语句形成 M 文件时。MATLAB 9.0 的历史命令窗口可以内嵌在 MATLAB 的主窗口中，也可以浮动在主窗口上，如图 1.4 所示。

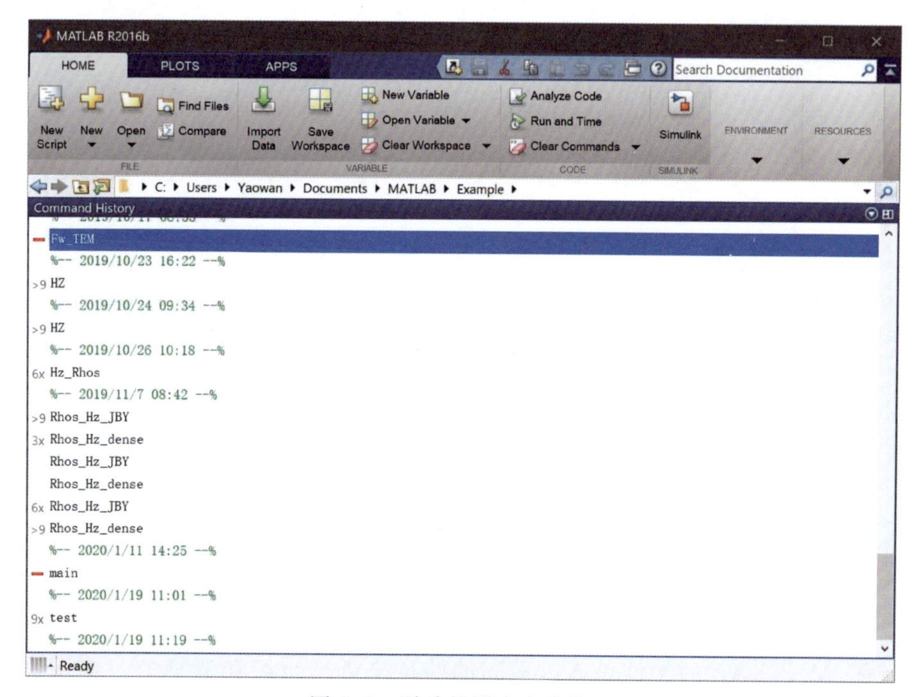

图 1.4　浮动的历史命令窗口

1.2.4 搜索路径和当前目录窗口

MATLAB 系统本身包含了数目繁多的文件，再加上用户自己开发的文件，更是数不胜数。如何管理和使用这些文件是十分重要的。为了对文件进行有效的组织和管理，MATLAB 有严谨的目录结构，不同类型的文件放在不同的目录下，而且可通过路径来搜索文件。

1. 当前目录窗口

当前目录是指 MATLAB 运行时的工作目录，只有在当前目录或搜索路径下的文件、函数才可以被运行或调用。如果没有特殊指明，数据文件也将存放在当前目录下。为了便于管理文件和数据，用户可以将自己的工作目录设置成当前目录，从而使得用户的操作都在当前目录中进行。

当前目录窗口也称为路径浏览器，它可以内嵌在 MATLAB 的主窗口中，也可以浮动在主窗口之上，浮动的当前目录窗口如图 1.5 所示。在当前目录窗口中，可以显示或改变当前目录，还可以显示当前目录下的文件并提供搜索功能。通过目录下拉列表框可以选择已经访问过的目录；单击右侧的选择按钮，用户可以设置或添加路径。

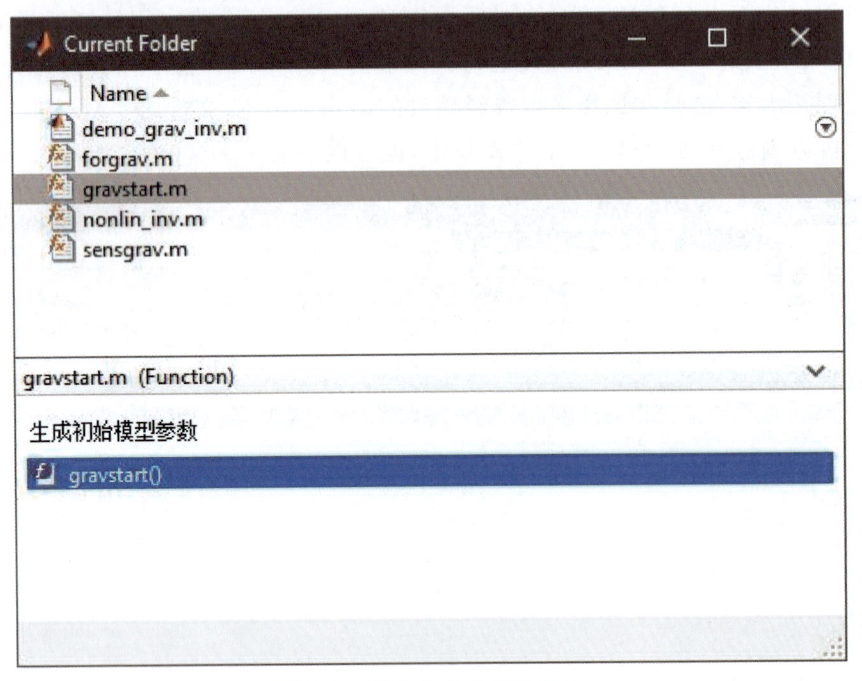

图 1.5 浮动的当前目录窗口

2. MATLAB 的搜索路径

如前所述，MATLAB 的文件是通过不同的路径来进行组织和管理的。当用户在命令行窗口输入一条命令后，MATLAB 将按照一定的次序寻找相关的文件。基本的搜索过程如下：

(1)检查该命令是不是一个变量。

(2)检查该命令是不是一个内部函数。

(3)检查该命令是不是当前目录下的 M 文件。

(4)检查该命令是不是 MATLAB 搜索路径中其他目录下的 M 文件。

假定建立一个变量 compute,同时在当前目录下建立一个 M 文件 compute. m,如果在命令行窗口输入 compute,按照上面介绍的搜索过程,应该是在屏幕上显示变量 compute 的值。如果没有建立 compute 变量,则执行 compute. m 文件。

用户可以将自己的工作目录列入 MATLAB 搜索路径,从而将用户目录纳入 MATLAB 系统统一管理。设置搜索路径的方法有以下几种。

1)用 path 命令设置搜索路径

使用 path 命令可以将用户目录临时纳入搜索路径。例如,若将用户目录 c:\mydir 添至搜索路径下,可在命令窗口输入命令

```
>> path(path, 'c:\mydir')
```

2)用对话框设置搜索路径

在 MATLAB 的 File 菜单中选择 Set Path 命令,或在命令窗口输入 pathtool 命令,将出现搜索路径设置(Set Path)对话框,如图 1.6 所示。单击 Add Folder 或 Add with Subfolders 命令按钮,可以将指定路径添加到搜索路径列表中。对于已经添加到搜索路径列表中的路径,可以单击 Move to Top 命令按钮,修改该路径在搜索路径列表中的顺序。对于那些不需要列表出现在搜索路径列表中的路径,可以单击 Remove 按钮,将其从搜索路径列表中删除。

在修改完搜索路径后,需要保存搜索路径,这时单击对话框中的 Save 按钮即可。单击 Save 按钮时,系统将所有搜索路径的信息保存在文件 pathdef. m(M 文件)中,通过修改该文件也可以修改搜索路径。

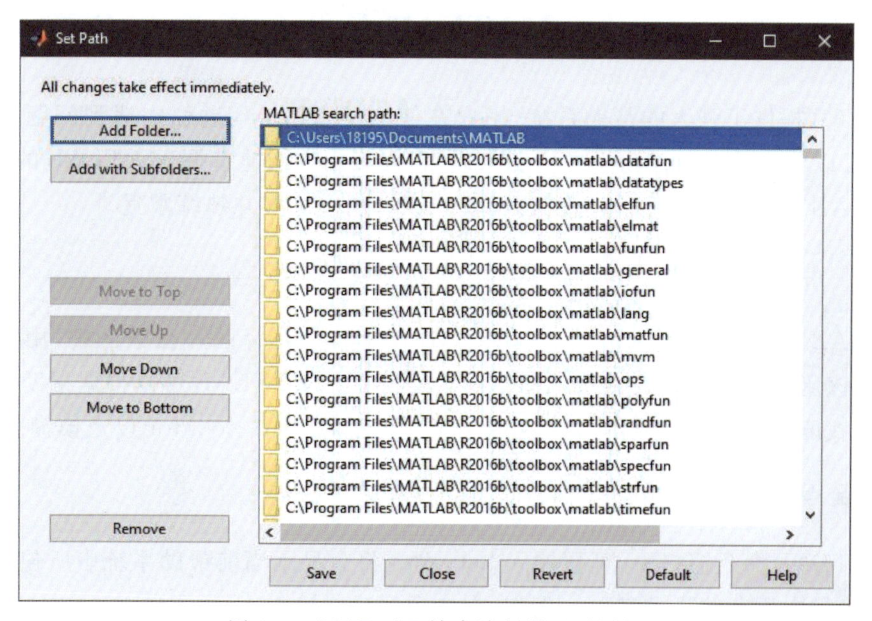

图 1.6　MATLAB 搜索路径设置对话框

1.2.5 APPS 菜单

在 MATLAB 9.0 主窗口还有一个 APPS 按钮，单击该按钮会弹出一个菜单，选择其中的命令可以执行 MATLAB 的各种工具，并且可以查阅 MATLAB 包含的各种资源。APPS 菜单如图 1.7 所示。

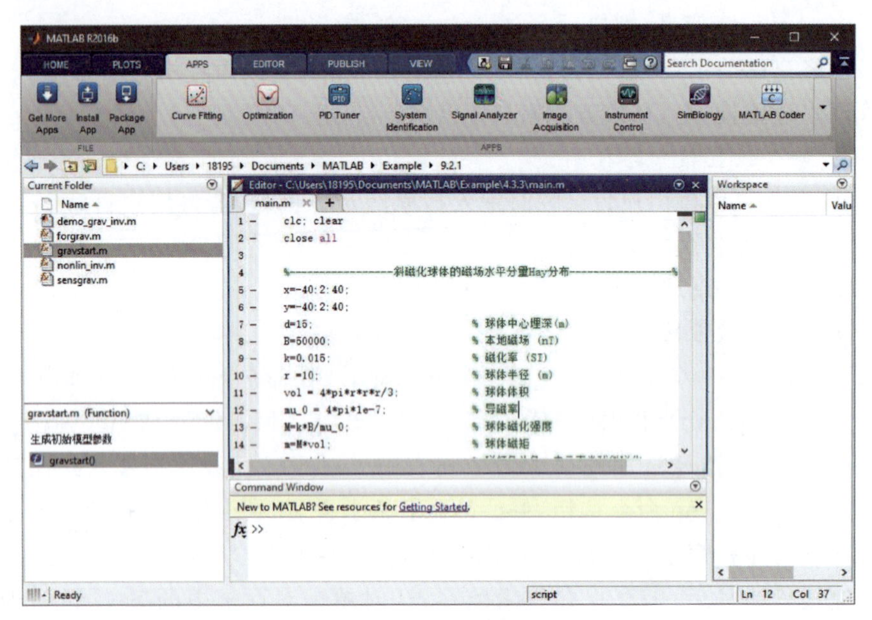

图 1.7　APPS 菜单

1.3 MATLAB 帮助系统

MATLAB 提供了强大的帮助系统，用户在使用 MATLAB 过程中遇到问题可以查询帮助系统，也可以将帮助系统作为学习资料来阅读，便于用户快速掌握 MATLAB 的使用。

MATLAB 提供了以下几种帮助方式，要求读者加以练习并熟练掌握。

1.3.1 帮助命令

MATLAB 的所有执行指令、函数的 M 文件都有一个注释区。在该区中，用纯文本形式简要地叙述该函数的调用格式和输入输出宗量的含义。MATLAB 可以根据帮助命令的形式去注释区寻找匹配的内容来显示帮助内容，帮助命令包括 help、lookfor 以及模糊查询。

1. help 命令

在 MATLAB 命令窗口中，直接输入 help 命令将会显示当前帮助系统中所包含的所有项目，即搜索路径中所有的目录名称。例如，在命令窗口中输入

```
>> help
HELP topics:

matlab\datafun          -Data analysis and Fourier transforms.
matlab\elfun            -Elementary math functions.
matlab\general          -General purpose commands.
matlab\iofun            -File input and output.
matlab\matfun           -Matrix functions    -numerical linear algebra.
matlab\ops              -Operators and special characters.
matlab\polyfun          -Interpolation and polynomials.
matlab\randfun          -Random matrices and random streams.
matlab\sparfun          -Sparse matrices.
matlab\specfun          -Specialized math functions.
matlab\strfun           -Character arrays and strings.
matlab\timefun          -Time and dates.
matlab\demos            -Examples.
matlab\guide            -Graphical user interface design environment
matlab\helptools        -Help commands.
```

同样,可以通过 help 加函数名来显示该函数的帮助说明。例如,在命令窗口输入

```
>> help sin
sin-Sine of argument in radians
This MATLAB function returns the sine of the elements of X.
Y=sin(X)
See also asin, asind, sind, sinh

Reference page for sin
Other functions named sin
```

2. lookfor 命令

help 命令只搜索出那些关键字完全匹配的结果,lookfor 命令对搜索范围内的 M 文件进行关键字搜索,条件比较宽松。lookfor 命令仅在 M 文件的第一行进行关键字搜索,若对 lookfor 命令附加-all 选项,则可对 M 文件进行全文搜索。例如,读者可以尝试在命令窗口输入 lookfor fourier 后按回车键看出现什么显示。

3. 模糊查询

MATLAB 6.0 以上的版本提供了一种类似模糊查询的命令查询方法,用户只需要输入命令的前几个字母,然后按 Tab 键,系统就会列出所有以这几个字母开头的命令。例如,读者可以尝试在命令窗口输入 fo 后按 Tab 键看出现什么显示。

1.3.2 帮助窗口

MATLAB 自 6.x 版以后提供了一个"交互界面"的帮助窗口，该窗口对 MATLAB 功能叙述最系统、丰富，界面也十分友好、方便，使用帮助窗口可以搜索和查看所有帮助文档，还能运行有关演示程序。通常可以通过以下三种方法打开 MATLAB 帮助窗口：

(1)单击 MATLAB 主窗口工具栏中的 Help 按钮。

(2)在命令窗口中运行 helpwin、helpdesk 或 doc 命令。

(3)选择 Help 菜单中的 MATLAB Help 命令。

MATLAB 帮助窗口如图 1.8 所示，该窗口包括左边的帮助向导(Help Navigator)窗格和右边的帮助显示窗格两部分。在左边的帮助向导窗格，选择项目名称或图标，将在右边的帮助显示窗格中显示对应的帮助信息。

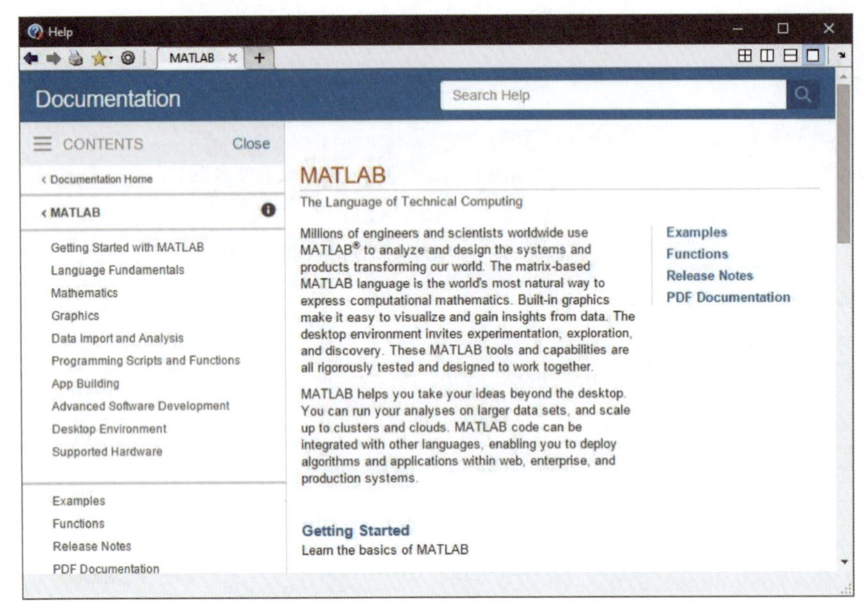

图 1.8 帮助窗口

帮助向导窗格包含有四个可供选择的选项卡：Contents 选项卡、Index 选项卡、Search 选项卡和 Demos 选项卡。Contents 选项卡用来查看帮助的主题；Index 选项卡根据指定的关键词进行查找；Search 选项卡查找指定的单词；Demos 选项卡查看和运行 MATLAB 演示程序。MATLAB 除了有超文本格式的帮助文档以外，还有 PDF 格式的帮助文档。

1.3.3 演示系统

MATLAB 主包和各工具包都有设计好的演示系统程序。在帮助窗口中，选择演示系统(Demos)选项卡，然后在其中选择相应的演示模块，或者在命令窗口输入 Demos，或者选择主窗口菜单命令 Help→Demos，都可以打开演示系统。

图 1.9 为分离的演示系统，演示窗口的左侧是库目录，右边是相对该库中各项目的名称。

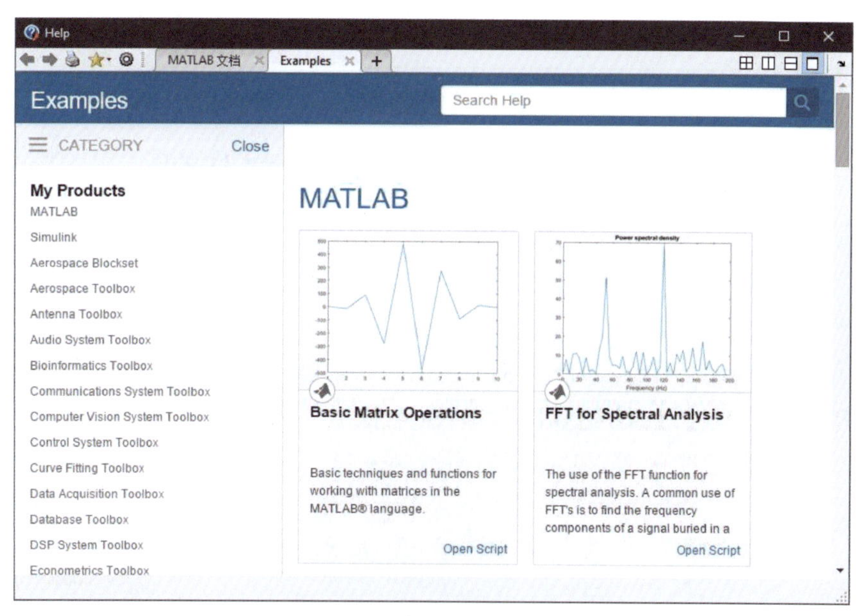

图 1.9　分离的演示系统

演示系统的具体使用方法不再详细介绍，读者自己练习使用。

1.3.4　远程帮助系统

除采用上述三种方法可以获得帮助以外，还可以通过网络获得远程帮助，譬如，在 MathWorks 公司的主页(http://www.mathworks.com)上可以找到很多有用的信息，国内的一些网站也有丰富的信息资源，例如，MATLAB 中国(http://www.mathworks.cn)；MATLAB 中文论坛(http://www.ilovematlab.cn)等。另外，还有很多别的专业学习论坛上面也有关于 MATLAB 在各领域应用方面的内容，用户可以到这些论坛上交流学习。例如，研学论坛(http://bbs.matwav.com)。

通过本章的学习，读者已经可以使用 MATLAB 做一些简单的计算工作，在后续章节中，将学习 MATLAB 更为强大的功能。

第 2 章　MATLAB 语言基础

MATLAB 基础知识的掌握是学习 MATLAB 的关键之一。本章涉及的基础知识包括：MATLAB 数据类型、MATLAB 运算符与运算、字符串处理、矩阵基础知识。通过对这些内容的学习，读者可以将已学的数学基础知识渐渐融入到 MATLAB 的学习中来。

2.1　变量及其操作

2.1.1　变量与赋值

1. 变量命名

变量是任何程序设计语言的基本元素之一。与常规的高级程序设计语言不同的是，MATLAB 不要求事先对所使用的变量进行声明，也不需要指定变量的类型，它会自动依据所赋变量的值或对变量进行的操作来识别变量类型。在赋值过程中，若变量已存在，MATLAB 将用新值代替旧值，以新值类型代替旧值类型。在 MATLAB 中，变量的命名应遵循如下规则：

(1)变量名必须以字母开头，之后可以是任意的字母、数字或下划线。

(2)变量名区分字母的大小写。

(3)变量名不超过 31 个字符，第 31 个字符以后的字符将被忽略。

与其他程序设计语言相同，MATLAB 语言中也存在变量作用域的问题。在未加特殊说明的情况下，MATLAB 语言将所识别的一切变量视为局部变量，即仅在其使用的 M 文件内有效。若要将变量定义为全局变量，则应当对变量进行声明，即在该变量前加关键字 global。一般来说，全局变量均用大写的英文字符表示。

2. 赋值语句

MATLAB 赋值语句有两种格式：

(1)变量＝表达式。

(2)表达式。

这里，表达式是用运算符将有关运算量连接起来的式子，其结果是一个矩阵。在第一种语句形式下，MATLAB 将右边表达式的值赋给左边的变量；在第二种语句形式下，将表达式的值赋给 MATLAB 的预定义变量 ans。

一般来说，运算结果在命令窗口中显示出来。如果在语句的最后加分号，那么 MATLAB 仅仅执行赋值操作，不再显示运算的结果。如果运算的结果是一个很大的矩阵或根本不需要运算结果，则可以在语句的最后加上分号。在 MATLAB 语句后面可以附上注释，用于解释或说明语句的含义，对语句处理结果不产生任何影响。注释以%开头，后面是注释的内容。

例 2.1　计算表达式 $\frac{5+\cos(47^{\circ})}{1+\sqrt{7}-2i}$ 的值，将结果赋给变量 x，并显示结果。

解：在 MATLAB 命令窗口输入命令

```
>> x=(5+ cos(47*pi/180))/(1+ sqrt(7)-2i)
```

其中，pi 和 i 都是 MATLAB 的预定义变量，分别代表圆周率 π 和虚数单位。该例的输出结果为

```
x=
     1.1980+0.6572i
```

3. 特殊变量

特殊变量是指 MATLAB 预定义的具有默认意义的变量。MATLAB 预定义了许多特殊变量，这些变量具有系统默认的含义，详见表 2.1。

表 2.1　MATLAB 特殊变量或函数

预定义变量	含　义	预定义变量	含　义
ans	系统默认保存运算结果的变量名	pi	圆周率
nargin	函数的输入参数个数	eps	机器零阈值
nargout	函数的输出参数个数	inf	无穷大
lasterr	存放最新的错误信息	i,j	虚数单位
lastwarn	存放最新的警告信息	NaN,nan	不定数
beep	使计算机发出“嘟嘟”声音	realmin	最小正实数
varargin	可变的函数输入参数个数	realmax	最大整实数
varargout	可变的函数输出参数个数	bitmax	最大正整数

MATLAB 预定义变量有特定的含义，在使用时应尽量避免对这些变量重新赋值。以 i 或 j 为例，在 MATLAB 中，i、j 代表虚数单位，如果给 i 重新赋值，就会覆盖掉原来虚数单位的定义，可能会导致一些很隐蔽的错误。例如，由于习惯的原因，程序中通常使用 i、j 作为循环变量，此刻若有复数运算就会导致错误。因此，建议不将 i、j 作为循环变量名，除非确认在程序的作用域内不会和复数产生关联，或者采用如 4+3 i、4+3×sqrt(−1) 的复数记法，而不是采用 4+3×i。

2.1.2　变量的管理

1. 变量的显示与删除

命令 who 和 whos 用于显示 MATLAB 工作空间中驻留的变量名清单。whos 在给出驻

留变量名的同时,还给出它们的维数、所占字节数以及变量的类型。下面的例子可以说明who和whos命令的区别。

```
>> who
Your variables are:
   a  b  c  d
>> whos
Name        Size                    Bytes    Class
  a          1x1                       8    double array
  b          1x3                       6    char array
  c          1x2                     134     cell array
  d          1x1                     262     struct array
Grand total is 16 elements using 410 bytes
```

命令clear用于删除MATLAB工作空间中的变量。注意,预定义变量不能被删除。

2. 变量的保存与再用

利用mat文件可以将当前工作空间中的一些有用变量长久地保留下来。mat文件是MATLAB保存数据的一种标准二进制格式文件,扩展名为.mat,mat文件的保存和载入通过命令save和load来完成,常用格式为

```
save 文件名 [变量名表] [-append][-ascii]
load 文件名 [变量名表] [-ascii]
```

其中,文件名可以带路径,不需带扩展名,命令默认对mat文件进行操作。变量名表中变量个数不限,只要内存或文件中存在即可,变量名之间以空格分隔。当省略变量名表时,保存或载入全部变量。-ascii选项使文件以ASCII格式处理,省略该选项时,文件将以二进制格式处理。save命令中的-append选项将变量追加到mat文件中。

假定变量rho和phase存在于MATLAB工作空间中,输入以下命令便可借助mydata.mat文件保存rho和phase

```
>> save mydata rho phase
```

当下次重新进入MATLAB平台,需要使用变量rho和phase时,可以用下述命令将mydata.mat中的内容载入到MATLAB工作空间

```
>> load mydata
```

执行上述命令后,在当前的MATLAB环境中,rho和phase就是两个已知变量了。

值得注意的是,mydata是用户定义的文件名,MATLAB默认其扩展名为.mat。执行上述save命令之后,文件mydat.mat将存放在当前目录下,若用户欲将文件mydat.mat存放在某一个指定的目录(比如D:\gut目录)下,那么save命令应改成

```
>> save D:\***\mydata rho phase
```

当然,相应的load命令也要在文件名前加上路径名。

除了操作命令以外,通过MATLAB命令窗口File菜单中的Save Workspace As命令可以保存工作空间中的全部变量。相应地,通过File菜单中的Import Data命令可以将保存在

mat 文件中的变量载入到 MATLAB 工作空间。

2.2　数据类型

在 MATLAB 中，数据类型主要包括：数值型数据、字符串型数据、结构型数据和单元型数据。本小节主要介绍这些基础数据类型及其相关的操作。

2.2.1　数值型数据

按数值在计算机中存储与表达的基本方式进行分类，数值型数据主要有整型、浮点型（单精度浮点数、双精度浮点数）、复数类型三类。在默认情况下，MATLAB 对所有数据按照双精度浮点数类型进行存储等操作。

1. 数值类型

1）整型

整型数据是不包含小数部分的数值型数据，用字母 I 表示。整型数据只用来表示整数，以二进制形式存储。下面介绍整型数据的分类。

(1)char：字符型数据，属于整型数据的一种，占用 1 个字节。

(2)unsigned char：无符号字符型数据，属于整型数据的一种，占用 1 个字节。

(3)short：短整型数据，属于整型数据的一种，占用 2 个字节。

(4)unsigned short：无符号短整型数据，属于整型数据的一种，占用 2 个字节。

(5)int：有符号整型数据，属于整型数据的一种，占用 4 个字节。

(6)unsigned int：无符号整型数据，属于整型数据的一种，占用 4 个字节。

(7)long：长整型数据，属于整型数据的一种，占用 4 个字节。

(8)unsigned long：无符号长整型数据，属于整型数据的一种，占用 4 个字节。

例 2.2　显示十进制数字。

解：在 MATLAB 命令行窗口输入

```
> >  2020
ans=
2020
> >  2020.00000
ans=
2020
> >  0.2020
ans=
0.2020
> >  0.02020
ans=
0.0202
```

2)浮点型

浮点型数据只采用十进制。它有两种形式,即十进制数形式和指数形式。

(1)十进制数形式:由数码 0～9 和小数点组成,如 0.0、0.25、5.789、0.13、5.0、300.0、-267.8230。

(2)指数形式:由十进制数、阶码标志"e"或"E",以及阶码(整数,可以带符号)组成。其一般形式为

```
aEn
```

其中,a 为十进制数,n 为十进制整数,表示的值为 $a \times 10^n$ 。譬如,

2.1 E 5 等于 2.1×10^5 ;

3.7 E-2 等于 3.7×10^{-2} ;

0.5 E 7 等于 0.5×10^7 ;

-2.8 E-2 等于 -2.8×10^{-2} 。

例 2.3 指数的显示。

解:在 MATLAB 命令行窗口输入

```
>> 8E6
ans=
    8000000
>> 8e6
ans=
    8000000
>> 5e0
ans=
    5
>> 0.5e5
ans=
    50000
```

下面,介绍常见的不合法的实数。

(1)345:无小数点。

(2)E7:阶码标志"E"之前无数字。

(3)-5:无阶码标志。

(4)53.-E3:负号位置不对。

(5)2.7E:无阶码。

浮点型变量还可分为两类:单精度型和双精度型。

(1)float:单精度说明符,占 4 个字节(32 位)内存空间,其数值范围为 3.4E-38～3.4E+38,只能提供 7 位有效数字。

(2)double:双精度说明符,占 8 个字节(64 位)内存空间,其数值范围为 1.7E-308～1.7E+308,可提供 16 位有效数字。

3)复数类型

将形如 $z=a+b\mathrm{i}$（a、b 均为实数)的数,称之为复数,其中 a 为实部,记作 $Re(z)=a$；b 为虚部,记作 $Im(z)=b$；i 为虚数单位。当 z 的虚部等于 0,即 $b=0$ 时,这个复数可以视为实数;当 z 的虚部不等于 0,实部等于 0,即 $a=0$、而 $b\neq 0$ 时,$z=b\mathrm{i}$,称 z 为纯虚数。

复数的四则运算规定如下。

(1)加法法则：$(a+b\mathrm{i})+(c+d\mathrm{i})=(a+c)+(b+d)\mathrm{i}$。

(2)减法法则：$(a+b\mathrm{i})-(c+d\mathrm{i})=(a-c)+(b-d)\mathrm{i}$。

(3)乘法法则：$(a+b\mathrm{i})(c+d\mathrm{i})=(ac-bd)+(bc+ad)\mathrm{i}$。

(4)除法法则：$\dfrac{a+b\mathrm{i}}{c+d\mathrm{i}}=\dfrac{ac+bd}{c^2+d^2}+\dfrac{bc-ad}{c^2+d^2}\mathrm{i}$。

例 2.4　复数的显示。

解:在 MATLAB 命令行窗口输入

```
>> 3+4i
ans=
    3.0000+4.0000i
>> 3-4i
ans=
    3.0000-4.0000i
>> 6+8i
ans=
    6.0000+8.0000i
>> 4i
ans=
    0.0000+4.0000i
>> -1i
ans=
    0.0000-1.0000i
```

2. 数值的显示格式

一般地,在 MATLAB 中,数据的存储与计算都是以双精度进行的。当对数据进行显示或输出时,在默认情况下,若数据为整数,就以整型显示;若数据为实数,则以保留小数点后四位的精度近似表示。

用户可以改变数值显示格式。控制数值显示格式的命令是 format,其调用格式为

format style, num

其中,格式符决定数据的输出格式,各种格式符及其含义见表 2.2。注意,format 命令只影响数据输出格式,而不影响数据的计算和存储。

表 2.2　format 调用格式

格式符	含　义
format short	5 位定点表示(默认值)
format long	15 位有效数字形式输出
format short e	5 位有效数字的科学记数形式输出
format long e	15 位有效数字的科学记数形式输出
format short g	从 short 和 short e 中自动选择最佳输出方式
format long g	从 long 和 long e 中自动选择最佳输出方式
format rat	以有理数形式输出结果
format hex	十六进制格式表示
format+	在矩阵中,用+、-、空格表示正号、负号和零
format bank	以货币格式输出,保留小数点后 2 位
format compact	抑制多余的空白行,在单个屏幕上显示更多的输出
format loose	增加空白行,使输出更具可读性

例 2.5　长浮点型圆周率显示。

解:在 MATLAB 命令行窗口输入

```
>> format long, pi
ans=
    3.141592653589793
```

如果输出矩阵的每个元素都是纯整数,MATLAB 就用不加小数点的纯整数格式显示结果。只要矩阵中有一个元素不是纯整数,MATLAB 将按当前的输出格式显示计算结果。默认的输出格式是 short 格式。

2.2.2　字符串型数据

MATLAB 真正强有力的地方在于它的数值处理能力。然而,经常希望操作文本,例如,将标号和标题放在图上。在 MATLAB 里,文本被当作特征字符串或被简单地当作字符串。

(1)字符串是用单撇号括起来的字符序列。例如

```
>> School='College of Earth Sciences, GUT'
```

输出结果是

```
School=
    College of Earth Sciences, GUT
```

MATLAB 将字符串当作一个行向量,每个元素对应一个字符,其标识方法和数值向量相同,也可以建立多行字符串矩阵,例如

```
ch=['abcde'; '12345']
```

这里要求各行字符数要相等。为此,有时不得不用空格来调节各行的长度,使它们彼此

相等。

字符串是以 ASCII 码形式存储的，abs 和 double 函数都可以用来获取字符串矩阵所对应的 ASCII 码数值矩阵；相反，char 函数可以将 ASCII 码矩阵转换为字符串矩阵。

例 2.6 建立一个字符串向量，然后对该向量进行如下处理：

(1)取前五个字符组成新的字符串。

(2)将字符串倒过来重新排列。

(3)将字符串中的小写字母变成相应的大写字母，其余字符不变。

(4)统计字符串中小写字母的个数。

解：在命令行窗口输入

```
> > puziren='AbCd2012Csu5e6fG88';
> > sub=puziren(1:5)                  % 取子字符串
```

输出结果

```
sub=
    AbCd2
```

在命令行窗口输入

```
> > rev=puziren(end:-1:1)             % 将字符串倒排
```

输出结果

```
rev=
    88Gf6e5usC2102dCbA
```

在命令行窗口输入

```
> > K=find(puziren > = 'a' & puziren < = 'z');  % 找小写字母的位置
> > puziren(K)=puziren(K)-('a'-'A');      % 将小写字母变成相应的大写字母
> > char(puziren)
```

输出结果

```
ans=
    ABCD2012CSU5E6FG88
```

在命令行窗口输入

```
> > length(K)   % 统计小写字母的个数
```

输出结果

```
ans=
    6
```

(2) 与字符串有关的另一个重要函数是 eval，其调用格式为

```
eval(t)
```

其中，t 为字符串，该函数将字符串的内容作为相应的 MATLAB 语句来执行。例如

```
> > t=2.5;
> > x='[t,3*t-2,t^3]';
> > y=eval(x)
y=
    2.5000    5.5000   15.6250
```

MATLAB 还有许多与字符串处理有关的函数，表 2.3 列出了几个常用的字符串函数，它们的调用格式可以查询 help 文件。

表 2.3　字符串处理函数及其含义

函数名	含　义	函数名	含　义
setstr	将 ASCII 码值转换成字符	str2num	将字符串转换成数值
mat2str	将矩阵转换成字符串	strcat	用于字符串的连接
num2str	将数值转换成字符串	strcmp	用于字符串的比较
int2str	将整数转换成字符串		

2.2.3　结构型数据

与 C 语言中的结构体类似，MATLAB 中的一个结构可以通过字段存储多个不同类型的数据。结构相当于一个数据容器，可以将多个相关联的、不同类型的数据封装在一个结构对象中。一个结构中可以具有多个字段，每个字段又可以存储不同类型的数据，通过这种方式就把多个不同类型的数据组织在了一个结构对象中。

如图 2.1 所示，结构 patient 中有三个字段，姓名字段 name 中存储了一个字符串类型的数据，账单字段 billing 中存储了一个浮点数值，检测字段 test 中存储了一个三维浮点数矩阵。下面通过示例来说明创建、访问和连接结构对象等基本操作。

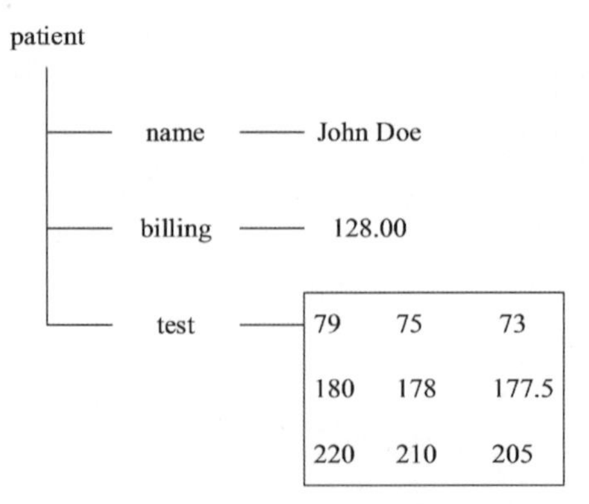

图 2.1　结构 patient 的示意图

1. 结构型数据的建立

创建结构对象的方法有两种：一是直接通过赋值语句给结构的字段赋值，二是利用函数 struct 创建结构。

1) 通过字段赋值创建结构

在对结构的字段进行赋值时，赋值表达式的变量名使用“结构名. 字段名”的形式，对同一个结构可以进行多个字段的赋值。

例 2.7　一个简单的描述 patient 信息的结构型数据如图 2.1 所示，试根据以上信息，通过赋值创建一个描述 patient 信息的结构型数据对象。

解:在命令行窗口输入

```
> > patient.name='Trump';
> > patient.billing=128.00;
> > patient.test=[79 75 73; 180 178 177.5; 220 210 205];
> > patient
```

输出结果如下

```
patient=
    struct with fields:
    name: 'Trump'
    billing: 128
    test: [3×3 double]
```

以及

```
> > whos
    Name          Size                Bytes  Class     Attributes
    patient     1x1                 618   struct
```

通过对三个字段赋值,创建了结构对象 patient,然后用函数 whos 分析出 patient 是一个 1×1 的结构数组。

2）利用函数 struct 创建结构

例 2.8　通过 struct 创建结构。

解:在命令行窗口输入

```
> > patient=struct('name', 'Trump', 'billing', 128.00, 'test', [79 75 73; 180 178 177.5; 220 210 205])
> > whos
```

输出结果如下

```
patient=
    struct with fields:
      name: 'Trump'
      billing: 128
      test: [3×3 double]
    Name          Size                Bytes  Class     Attributes
    patient     1x1               618   struct
```

2. 访问结构对象

通过结构对象的字段及其在结构对象中的位置,可以访问结构对象。

例 2.9　访问结构对象。

解:在命令行窗口输入

```
>> patient(1)=struct('name', 'Trump', 'billing', 128.00, 'test', [79 75 73; 180 178 177.5; 220 210 205]);
>> patient(2).name='Michael';
>> patient(2).billing=2020.00;
>> patient(2).test=[89 80 72; 183 175 172.5; 221 211 204];
>> p1=patient(1), p2=patient(2), p1name=patient(1).name, p2name=patient(2).name
```

输出结果如下

```
p1=
    struct with fields:
      name: 'Trump'
      billing: 128
      test: [3×3 double]
p2=
    struct with fields:
      name: 'Michael'
      billing: 2020
      test: [3×3 double]
p1name=
    'Trump'
p2name=
    'Michael'
```

3. 连接结构对象

使用直接连接的方式，可以将结构对象连接起来。

例 2.10 连接结构对象。

解：在命令行窗口输入

```
>> patient1=struct('name', 'Trump', 'billing', 128.00, 'test', [79 75 73; 180 178 177.5; 220 210 205]);
>> patient2=struct('name', 'Michael','billing', 2020.00, 'test', [89 80 72; 183 175 172.5; 221 211 204]);
>> patient=[patient1 patient2];
>> whos
```

输出结果如下

```
Name         Size        Bytes Class     Attributes
patient       1x2         1048  struct
patient1      1x1          618  struct
patient2      1x1          622  struct
```

从输出结果可以看出，结构对象 patient 由 patient1 和 patient2 连接而成。另外，在 MATLAB 中，与处理结构型数据变量相关的函数见表 2.4。

表 2.4　结构性变量的相关函数

函数名	说　　明	函数名	说　　明
struct	创建或转换结构型变量	rmfield	删除结构型变量中的属性值
fieldnames	得到结构型变量的属性名	isfield	判断是否为结构型变量的属性值
getfield	得到结构型变量的属性值	isstruct	判断变量是否为结构型变量
setfield	设定结构型变量的属性值		

2.2.4　单元型数据

单元型变量是 MATLAB 中较为特殊的一种数据类型。本质上讲，单元型变量是一种以任意形式的数组为元素的多维数组，它与结构型数据类似。所不同的是，结构型数据成员的元素属性相同，单元型数据成员的元素属性不同，通常没有成员名。

1. 创建单元数组

单元型变量的定义有两种方式：一是用赋值语句直接定义，二是由函数 cell 预先分配存储空间，再对单元元素逐一赋值。在直接赋值过程中，与在矩阵的定义中使用方括号不同，单元型变量的定义使用大括号，元素之间用逗号“，”或空格分隔，使用分号“；”分行。

例 2.11　建立单元数组。

解：在命令行窗口输入

```
>> A={'x', [2 8; 5 7; 3 6]; 2019, 2* pi}
>> B=cell(2, 2)
>> whos
```

输出结果如下

```
A=
    2×2 cell array
    {'x'    } {3×2 double}
    {[2019]}    {[  6.2832]}
B=
    2×2 cell array
    {0×0 double}     {0×0 double}
    {0×0 double}     {0×0 double}
    Name          Size              Bytes  Class     Attributes
    A              2x2              514   cell
    B              2x2               32   cell
```

2. 访问单元数组

在单元数组中，单元和单元中的内容属于不同范畴，简言之，寻访单元和单元中的内容是两个不同的操作。MATLAB 为上述两个操作设计了相应的操作对象：单元外标识和单元内编址。访问单元型变量元素应当采用大括号作为下标的标识；当小括号作为下标标识时，将只显示该元素的压缩形式。

例 2.12 单元数组的访问。

解：对上面所建立的单元数组 A 进行引用，在命令行窗口输入

```
>> A(3)
```

输出结果如下

```
ans=
    1×1 cell array
    {3×2 double}
```

反之，若在命令行窗口输入

```
>> A{3}
```

则输出结果如下

```
ans=
    2    8
    5    7
    3    6
```

3. 单元数组的操作

对单元数组的操作包括，合并、删除单元数组中的指定单元，改变单元数组的形状，等等。

1）单元数组的合并

例 2.13 单元数组的合并。

解：在命令行窗口输入

```
>> A={'x', [2 8; 5 7; 3 6]; 2019, 2*pi};
>> B=cell(2, 2)
>> C={A B}
>> whos
```

输出结果如下

```
B=
    2×2 cell array
    {0×0 double}      {0×0 double}
    {0×0 double}      {0×0 double}
C=
    1×2 cell array
    {2×2 cell}    {2×2 cell}
    Name     Size           Bytes  Class    Attributes
    A        2x2              514  cell
    B        2x2               32  cell
    C        1x2              770  cell
```

2）删除单元数组中的指定单元

如果要删除单元数组中指定的某一个单元，只需要将空矩阵赋给该单元。

例 2.14 删除单元数组指定单元。

解：在命令行窗口输入

```
>> A={'x', [2 8; 5 7; 3 6]; 2019, 2*pi};
>> A(3)=[];
>> B=A
>> whos
```

输出结果如下

```
B=
    1×3 cell array
    {'x'}    {[2019]}    {[6.2832]}
    Name     Size            Bytes  Class    Attributes
    A        1x3             354    cell
    B        1x3             354    cell
```

3）利用函数 reshape 改变单元数组的形状

例 2.15 改变单元数组的形状。

解：在命令行窗口输入

```
>> A={'x', [2 8; 5 7; 3 6]; 2019, 2*pi};
>> C=reshape(A, 1, 4)
>> whos
```

输出结果如下

```
C=
1×4 cell array
{'x'}    {[2019]}    {3×2 double}    {[6.2832]}
Name     Size            Bytes  Class    Attributes
A        2x2             514    cell
C        1x4             514    cell
```

关于单元型数组的若干函数见表 2.5。

表 2.5 与变量有关的函数

函数名	说　　明	函数名	说　　明
cell	生成单元型变量	deal	输入输出处理
cellfun	对单元型变量中元素进行处理	cell2struct	将单元数据转换为结构数据
celldisp	显示单元数据内容	struct2cell	将结构数据转换为单元数据
cellplot	显示单元数据图形描述	iscell	判断是否为单元型变量

2.3 MATLAB 矩阵的表示

矩阵是 MATLAB 语言中最基本的数据单元，从本质上讲，它是数组。向量可以视作只有一行或一列的矩阵（或数组）；数值也可以看作矩阵，即一行一列的矩阵；字符串也可以看作矩阵（或数组），即字符矩阵（或数组）；结构型数据和单元型数据可以视作以任意形式的数组为元素的多维数组，只不过结构型数据的元素具有属性名。

本书中，在不需要强调向量的特殊性时，向量和矩阵统称为矩阵（或数组）。

2.3.1 矩阵的创建

1. 向量的生成

MATLAB 中生成向量主要有三种方案：直接输入、冒号表达式、函数表示。

1）直接输入生成向量

格式上的要求是，向量元素需要用“[ ]”括起来，元素之间可以用空格、逗号或分号分隔；需要注意的是，用空格和逗号分隔生成行向量，用分号分隔生成列向量，例如：

```
> > s=[1,2,3,4,5,6,7,8];
> > s
s=
    1    2    3    4    5    6    7    8
```

2）利用冒号表达式生成向量

冒号表达式的基本形式为

```
s=number1:step:number2
```

其中，number1 表示向量起始值，step 表示步长，number2 表示终止值。譬如，建立一个由 1 到 10 的向量，步长为 1

```
> > s=1:1:10;
> > s
s=
    1    2    3    4    5    6    7    8    9    10
```

3）利用函数生成向量

用线性等分（linspace）和对数等分（logspace）函数来定义向量。其调用格式为：s＝linspace(x1, x2, n)，其中，x1 表示向量初始值，x2 表示向量终止值，n 表示由初始值到终止值之间线性划分的向量元素个数。

```
> > s=linspace(1,100,11);
> > s
s=
    1.0      10.9000      20.8000      30.7000      40.6000      50.5000
    60.4000  70.3000      80.2000      90.1000      100.0000
```

相应地，对数等分函数的调用格式为：s=logspace(x1, x2, n)，其中，x1 表示初始值为 10 的 x1 次方幂，x2 表示终止值为 10 的 x2 次方幂，n 表示元素个数。

```
> > s=logspace(0,4,5);
> > s
s=
    1          10          100          1000          10000
```

另外，向量还可以从矩阵中提取。实际上，向量可以看成是一个 $1\times n$ 阶矩阵或者 $n\times 1$ 阶矩阵，利用矩阵的提取方法可以生成向量。

2. 矩阵的生成

一般地，矩阵的生成可以通过在命令窗口直接输入，或者建立一个 M 文件之后，在 M 文件中编辑生成。建立矩阵的原则如下：输入矩阵时，以[?]符号作为标识，同时，矩阵内部的元素以空格或逗号分开，行与行之间以分号或回车键分开。例如

```
> > s=[1,2,3; 4,5,6; 7,8,9];
> > s
s=
    1    2    3
    4    5    6
    7    8    9
```

由于在命令窗口输入矩阵容易出错，也不易修改，因而，大型矩阵都只在 M 文件中输入，便于存储与调用。

MATLAB 提供了大量的特殊矩阵用于科学计算。常见的特殊矩阵有零矩阵、幺矩阵、单位矩阵，这些矩阵在应用中具有通用性；还有一类特殊矩阵在专门学科中得到应用，如 Hilbert 矩阵。此外，MATLAB 提供了一些函数，利用这些函数可以方便地生成一些特殊矩阵。

常用的产生通用特殊矩阵的函数有：

zeros：产生全 0 矩阵（零矩阵）；

ones：产生全 1 矩阵（幺矩阵）；

eye：产生单位矩阵；

rand：产生 0 ～ 1 间均匀分布的随机矩阵；

randn：产生均值为 0，方差为 1 的标准正态分布随机矩阵。

这几个函数的调用格式相似。下面以产生零矩阵的 zeros 函数为例进行说明，其调用格式如下：

(1) B=zeros(n)，生成 $n\times n$ 阶零矩阵。

(2) B=zeros(m, n)，生成 $m\times n$ 阶零矩阵。

(3) B=zeros(size(A))，生成与矩阵 **A** 相同大小的零矩阵。

例如，在命令行窗口输入

```
> > B=zeros(4,5)
```

输出结果

```
B=

    0    0    0    0    0
    0    0    0    0    0
    0    0    0    0    0
    0    0    0    0    0
```

下面是一个随机矩阵,它表示一个五阶的均值为零,方差为 1 的标准正态分布随机矩阵

```
> > s=randn(5)

s=

  -0.4326    1.1909  -0.1867    0.1139    0.2944
  -1.6656    1.1892    0.7258    1.0668  -1.3362
   0.1253  -0.0376  -0.5883    0.0593    0.7143
   0.2877    0.3273    2.1832  -0.0956    1.6236
  -1.1465    0.1746  -0.1364-0.8323  -0.6918
```

2.3.2 矩阵的拆分

MATLAB 具有强大的矩阵处理功能,不仅能对矩阵元素进行赋值操作,而且还能对矩阵的元素进行抽取、拆分以及重组处理。

(1) 对矩阵元素进行处理的过程中,不影响其他元素的值。例如,在命令窗口建立矩阵 **A**

```
> >  A=[23,30,12;30,59,90;10,38,100];
> >  A(3,3)=101;
> >  A
A=

    23    30    12
    30    59    90
    10    38   101
```

这里,$A(3,3)$表示矩阵 **A** 中第三行第三列的元素,针对该元素的修改,不影响其他元素值。

(2) 矩阵元素的拆分。

```
> > c=[20,23,12; 21,24,45; 34,65,93];
> > b=c(:,1)
b=

    20
    21
    34
```

其中,$c(:,1)$表示取矩阵 **c** 的第一列的全部元素。通常地,$c(i,j)$ 表示取矩阵 **c** 的第 i 行第 j 列元素,$c(:,j)$ 表示矩阵 **c** 的第 j 列所有元素,$c(i,:)$ 表示矩阵 **c** 的第 i 行所有元素。

(3) 将矩阵中的某些元素进行删除,可以使用'[ ]'符号,例如

```
> > A=[23,30,12; 30,59,90; 10,38,68];
> > A(2,:)=[];
```

```
A=
    23    30    12
    10    38    68
```

上面的例子表示删除矩阵 **A** 的第 2 行元素。

2.3.3　矩阵的结构变换

1. 矩阵的转置

求取矩阵转置,可用单撇号(')表示。

```
>> D=[ 1,23,34,52;
    22,34,54,67;
    12,23,45,76;
    98,76,34,100];
>> G=D'
G=
     1    22    12    98
    23    34    23    76
    34    54    45    34
    52    67    76   100
```

2. 矩阵换维

在某些数据处理过程中,需要将大型矩阵进行换维处理,MATLAB 中的 reshape 函数可以对矩阵进行换维处理。reshape(c, i, j)表示将矩阵 ***c*** 转换成 i 行 j 列的矩阵。例如

```
>> B=[20,23,30,35; 20,34,45,81; 21,32,87,90];
>> C=reshape(B, 2, 6)
C=
   20    21    34    30    87    81
   20    23    32    45    35    90
```

3. 构造对角矩阵

对角矩阵在科学计算和矩阵理论中占有重要地位。MATLAB 中的函数 diag 用于提取矩阵的对角元素,同时也可以构造对角矩阵。

提取对角线元素,diag(A)表示提取矩阵 **A** 的主对角元素;diag(A, n)表示提取矩阵 **A** 的第 n 条对角线元素,主对角线为第 0 条,向上为正,向下为负。例如

```
>> A=[23,30,12; 30,59,90; 10,38,68];
>> C=diag(A)
C=
    23
    59
    68
```

```
>> M=diag(A,1)
M=
   30
   90
```

diag(s)表示生成以向量 s 为主对角线元素的对角阵；diag(s, k)表示生成以向量 s 为第 k 条对角线元素的对角阵，如下列：

```
>> s=1:5;
>> A=diag(s)
A=
     1     0     0     0     0
     0     2     0     0     0
     0     0     3     0     0
     0     0     0     4     0
     0     0     0     0     5
>> B=diag(s,2)
B=
     0     0     1     0     0     0     0
     0     0     0     2     0     0     0
     0     0     0     0     3     0     0
     0     0     0     0     0     4     0
     0     0     0     0     0     0     5
     0     0     0     0     0     0     0
     0     0     0     0     0     0     0
```

4. 三角阵

三角阵分为上三角阵(triu)和下三角阵(tril)。triu(A, n)表示求取矩阵 **A** 的第 n 条对角线以上的元素；tril(A, n)表示求取矩阵 **A** 的第 n 条对角线以下的元素。例如

```
>> D=[1,23,34,52;
   22,34,54,67;
   12,23,45,76;
   98,76,34,100];
>> a=triu(D)
a=
    1    23    34    52
    0    34    54    67
    0     0    45    76
    0     0     0   100
>> b=tril(D,-1)
b=
    0     0     0     0
```

```
    22     0     0     0
    12    23     0     0
    98    76    34     0
```

5. 矩阵的变向

矩阵的变向操作包括矩阵的旋转、左右翻转和上下翻转，分别由函数 rot90、fliplr 和 flipud 来实现，函数 flipdim 用来对矩阵的指定维进行翻转。

rot90(A)将 **A** 逆时针方向旋转 90 °，或 rot90(A, N)将 **A** 逆时针方向旋转 90°N 度，N 值可为正值或负值；fliplr(A)将 **A** 实施左右翻转；flipud(A)将 **A** 实施上下翻转；flipdim(x, dim)将 x 的第 dim 维翻转。例如

```
>> A=[1, 23, 34, 52;
    22, 34, 54, 67;
    12, 23, 45, 76;
    98, 76, 34,100];
>> f=rot90(A)
f=
    52    67    76   100
    34    54    45    34
    23    34    23    76
     1    22    12    98
>>  L=flipud(A)
L=
    98    76    34   100
    12    23    45    76
    22    34    54    67
     1    23    34    52
```

2.3.4　矩阵的求值

1. 方阵的行列式值

把一个方阵看作一个行列式，对其按行列式的规则求值，这个值就称为该矩阵所对应的行列式的值。在 MATLAB 中，求方阵 **A** 所对应的行列式值的函数是 det(A)。

2. 矩阵的秩与迹

1）矩阵的秩

矩阵线性无关的行数或列数称为矩阵的秩。一个 $m \times n$ 阶矩阵 **A** 是由 m 个行向量组成，或由 n 个列向量组成。通常地，对于一组向量 x_1 , x_2 , $\cdots$, x_p ，若存在一组不全为零的数 k_i ($i = 1,2,\cdots,p$)，使得

$k_1 x_1 + k_2 x_2 + \cdots + k_p x_p = 0$ ，

成立，则称这 p 个向量线性相关，否则线性无关。对于 $m \times n$ 阶矩阵 $\boldsymbol{A}$ ，若 m 个行向量中有 $r(r \leqslant m)$ 个行向量线性无关，而其余为线性相关，称 r 为矩阵 $\boldsymbol{A}$ 的行秩；类似地，可以定义矩阵 $\boldsymbol{A}$ 的列秩。矩阵的行秩和列秩必定相等，行秩和列秩统称为矩阵的秩，有时也称为该矩阵的奇异值数。

在 MATLAB 中，求矩阵秩的函数是 rank。例如

```
>> A=[2,2,-1,1; 4,3,-1,2; 8,5,-3,4; 3,3,-2,2];
>> r=rank(A)
r=
     4
```

显然，$\boldsymbol{A}$ 是一个满秩矩阵。

2) 矩阵的迹

矩阵的迹等于矩阵的对角线元素之和，也等于矩阵的特征值之和。在 MATLAB 中，求矩阵的迹的函数是 trace。例如

```
>> A=[2,2,3; 4,5,-6; 7,8,9];
>> trace(A)
ans=
    16
```

3. 向量和矩阵的范数

在研究方程组近似解的误差估计和迭代法收敛性的过程中，需要对向量和矩阵的“大小”加以度量，向量范数和矩阵范数正是这种度量指标，在数值分析中起着重要作用。

1) 向量的范数

对于向量 $\boldsymbol{x} \in R^n$ ，常用的范数有以下几种。

(1)1 -范数。

$$\|\boldsymbol{x}\|_1 = \sum_{i=1}^{n} |x_i| \tag{2.1}$$

(2)2 -范数(Euclidean 范数)。

$$\|\boldsymbol{x}\|_2 = \sqrt{\boldsymbol{x}^{\mathrm{T}}\boldsymbol{x}} = \sqrt{\sum_{i=1}^{n} |x_i|^2} \tag{2.2}$$

(3)p -范数。

$$\|\boldsymbol{x}\|_p = \left[\sum_{i=1}^{n} |x_i|^p\right]^{\frac{1}{p}} \tag{2.3}$$

(4) ∞-范数。

$$\|\boldsymbol{x}\|_\infty = \max_{1 \leqslant i \leqslant n} |x_i| \tag{2.4}$$

2) 矩阵的范数

对于矩阵 $\boldsymbol{A} \in R^{m \times n}$ ，常用的范数有以下几种。

(1)列范数(1 -范数)。

$$\|\boldsymbol{A}\|_1 = \max_{1\leqslant j\leqslant n}\sum_{i=1}^{m}|a_{ij}| \tag{2.5}$$

(2)Euclidean 范数(2 -范数)。

$$\|\boldsymbol{A}\|_2 = \sqrt{\lambda_{max}(\boldsymbol{A}^{\mathrm{T}}\boldsymbol{A})} \tag{2.6}$$

其中,$\lambda_{\max}(\boldsymbol{A}^{\mathrm{T}}\boldsymbol{A})$ 是 $\boldsymbol{A}^{\mathrm{T}}\boldsymbol{A}$ 的最大特征值。

(3)Frobenius 范数(F -范数)。

$$\|\boldsymbol{A}\|_F = \left[\sum_{i=1}^{m}\sum_{j=1}^{n}|a_{ij}|^2\right]^{\frac{1}{2}} = \sqrt{trace(\boldsymbol{A}^{\mathrm{T}}\boldsymbol{A})} \tag{2.7}$$

(4)行范数(∞-范数)。

$$\|\boldsymbol{A}\|_\infty = \max_{1\leqslant i\leqslant m}\sum_{j=1}^{n}|a_{ij}| \tag{2.8}$$

3) 范数计算的 MATLAB 命令

常见的向量和矩阵范数计算的函数见表 2.6。

表 2.6 MATLAB 常用范数函数

调用格式	含　　义
n=norm(v,p)	返回广义向量 p -范数
n=norm(X,p)	返回矩阵 $\boldsymbol{X}$ 的 p -范数,其中 p 是 1、2 或 ∞
n=norm(X,'fro')	返回矩阵 $\boldsymbol{X}$ 的 Frobenius 范数
n=norm(v)	返回向量 $\boldsymbol{v}$ 的 Euclidean 范数
nrm=normest(S)	返回矩阵 $\boldsymbol{S}$ 的 2 -范数估计值
nrm=normest(S,tol)	使用相对误差 Tol。Tol 决定可以接受的估计
[nrm,count]=normest(...)	返回 2 -范数的估计,并给出计算中的迭代次数

例 2.16 计算向量的范数。

解:在 MATLAB 命令行窗口输入

```
>> A=[-1 1/2 1 8];
>> A1=norm(A, 1)
A1=
   10.5000
>> A2=norm(A, 2)
A2=
   8.1394
>> Ainf=norm(A, inf)
Ainf=
   8
>> Af=norm(A, 'fro')
Af=
   8.1394
```

例 2.17 计算矩阵的范数。

解:在 MATLAB 命令行窗口输入

```
>> B=[8 3 9;2 8 1;3 9 4];
>> B0=norm(B)
B0=
   16.1919
>> B1=norm(B, 1)
B1=
   20
>> B2=norm(B, 2)
B2=
   16.1919
>> Bf=norm(B, 'fro')
Bf=
   18.1384
>> Binf=norm(B, inf)
Binf=
   20
```

4. 矩阵的条件数

在求解线性方程组 $\boldsymbol{AX}=\boldsymbol{b}$ 时,一般而言,系数矩阵 $\boldsymbol{A}$ 中个别元素的微小扰动不会引起解向量的很大变化,这样的假设在工程应用中非常重要。系数矩阵的元素是由实验数据获得的,并非精确值,与精确值误差不大,上面的假设可以得出如下结论:当参与运算的系数与实际精确值误差很小时,所获得的解与问题的准确解误差也很小。遗憾的是,上述假设并非总是正确的。对于有的系数矩阵,个别元素的微小扰动会引起解的很大变化,在计算数学中,称这种矩阵是病态矩阵,称解不因系数矩阵的微小扰动而发生大的变化的矩阵为良性矩阵。

当然,良性与病态是相对的,需要一个参数来描述,条件数就是用来描述矩阵这种性能的一个参数。矩阵 $\boldsymbol{A}$ 的条件数等于 $\boldsymbol{A}$ 的范数与 $\boldsymbol{A}$ 的逆矩阵的范数的乘积,即

$$\mathrm{cond}(\boldsymbol{A})=\|\boldsymbol{A}\|\cdot\|\boldsymbol{A}^{-1}\| \tag{2.9}$$

容易知道,上面定义的条件数总是大于 1,条件数越接近于 1,矩阵的性能越好,反之,矩阵的性能越差。矩阵 $\boldsymbol{A}$ 有三种范数,相应地,可定义三种条件数。在 MATLAB 中,计算 $\boldsymbol{A}$ 的三种条件数的函数是

(1)cond(A, 1):计算 $\boldsymbol{A}$ 的 1 -范数下的条件数,即

$$\mathrm{cond}(\boldsymbol{A},1)=\|\boldsymbol{A}\|_1\cdot\|\boldsymbol{A}^{-1}\|_1 \tag{2.10}$$

(2)cond(A)或 cond(A, 2):计算 $\boldsymbol{A}$ 的 2 -范数下的条件数,即

$$\mathrm{cond}(\boldsymbol{A})=\|\boldsymbol{A}\|_2\cdot\|\boldsymbol{A}^{-1}\|_2 \tag{2.11}$$

(3)cond(**A**, inf):计算 $\boldsymbol{A}$ 的∞-范数下的条件数,即

$$\mathrm{cond}(\boldsymbol{A},\mathrm{inf})=\|\boldsymbol{A}\|_\infty\cdot\|\boldsymbol{A}^{-1}\|_\infty \tag{2.12}$$

例 2.18　计算矩阵的条件数。

解：在命令行窗口输入

```
> > A=[2,2,3;4,5,-6;7,8,9];
> > C1=cond(A)
C1=
    87.9754
> > B=[2,-5,4;1,5,-2;-1,2,4];
> > C2=cond(B)
C2=
    3.7515
```

矩阵 **B** 的条件数比 **A** 的条件数更接近于 1，因此，矩阵 **B** 的性能要好于矩阵 **A**。

5. 矩阵的特征值与特征向量

对于 n 阶方阵 **A**，求数 λ 和向量 ζ，使得 $\mathbf{A}\zeta=\lambda\zeta$ 成立，满足上式的数 λ 称为 **A** 的特征值，向量 ζ 称为 **A** 的特征向量。实际上，方程 $\mathbf{A}\zeta=\lambda\zeta$ 和 $(\mathbf{A}-\lambda I)\zeta=0$ 是两个等价方程。若要方程 $(\mathbf{A}-\lambda I)\zeta=0$ 有非零解 ζ，其系数行列式必须为 0，即 $|\mathbf{A}-\lambda I|=0$。线性代数中已经证明，行列式 $|\mathbf{A}-\lambda I|$ 是一个关于 λ 的 n 阶多项式，换言之，方程 $|\mathbf{A}-\lambda I|=0$ 是一个 n 次方程，它的 n 个根（含重根）就是矩阵 **A** 的 n 个特征值，每一个特征值对应无穷多个特征向量。矩阵的特征值问题有确定解，但特征向量问题没有确定解，特征值和特征向量在科学研究和工程计算中都有非常广泛的应用。

在 MATLAB 中，计算矩阵 **A** 的特征值和特征向量的函数是 eig，常用的调用格式有两种：

(1)E＝eig(A)：求矩阵 **A** 的全部特征值，构成列向量 ***E***。

(2)[V, D]＝eig(A)：求矩阵 **A** 的全部特征值，构成对角阵 ***D***，并由 **A** 的特征向量构成 **V** 的列向量。

一个矩阵的特征向量有无穷多个，eig 函数只找出其中的 n 个，**A** 的其他特征向量均可由这 n 个特征向量线性组合表示。例如

```
> >  A=[1,1,0.5;1,1,0.25;0.5,0.25,2];
> >  [V,D]=eig(A)
V=
    0.7212   0.4443   0.5315
   -0.6863   0.5621   0.4615
   -0.0937  -0.6976   0.7103
D=
-0.0166         0         0
          0   1.4801         0
          0         0   2.5365
```

求得的三个特征值是 -0.0166、1.4801 和 2.5365，各特征值对应的特征向量为 **V** 的各

列构成的向量。验证结果，**A**·**V** 和 **V**·**D** 的值均为

```
-0.0120    0.6576    1.3481
 0.0114    0.8320    1.1705
 0.0016   -1.0325    1.8018
```

例 2.19 用求特征值的方法解方程

$3x^5-7x^4+5x^2+2x-18=0$，

先构造与方程对应的多项式的伴随矩阵 **A**，再求 **A** 的特征值，**A** 的特征值即为方程的根。

解：在命令行窗口输入

```
>> p=[3,-7,0,5,2,-18];
>> A=compan(p);                  % p的伴随矩阵
>> x1=eig(A);                    % A的特征值
x1=
    2.1837+0.0000i
    1.0000+1.0000i
    1.0000-1.0000i
   -0.9252+0.7197i
   -0.9252-0.7197i
>> x2=roots(p)                   % 直接求多项式p的零点
x2=
    2.1837+0.0000i
    1.0000+1.0000i
    1.0000-1.0000i
   -0.9252+0.7197i
   -0.9252-0.7197i
```

可以看出，两种方法求得的方程的根是一致的。实际上，函数 root 正是应用求伴随矩阵特征值的方法来求方程的根。

2.4 MATLAB数据的运算

在 MATLAB 中，数据的运算分为算术运算、关系运算和逻辑运算三种。这三种运算可以分别使用，也可以同时出现。在一运算式中，若同时出现两种或两种以上的运算符时，按优先级顺序进行运算：算术运算符优先级最高，其次是关系运算符，最低级别是逻辑运算符。

2.4.1 算术运算

1. 基本算术运算

MATLAB 的基本算术运算有：+（加）、-（减）、*（乘）、/（右除）、\（左除）、^（乘方）。这些算术运算的运算规则不难理解，但必须注意，运算是在矩阵意义下进行的，单个数据的算术运算只是一种特例。

1）矩阵加减运算

矩阵的加减法比较简单。当两个矩阵进行加减运算时，对应元素相加减，这时要求两个矩阵必须为同维矩阵，如果两矩阵不同维，MATLAB 会出现错误信息，提示用户两个矩阵的维数不匹配。一个标量也可以和其他不同维数的矩阵进行加减运算。例如

```
> > A=[2,31,10; 30,59,0; 10,38,8];
> > B=A-2
B=
     0    29     8
    28    57    -2
     8    36     6
```

2）矩阵乘法运算

如果矩阵 **A** 的列数和矩阵 **B** 的行数相同，则 $\boldsymbol{K}=\boldsymbol{A}*\boldsymbol{B}$ 表示将矩阵 **A** 和 **B** 的乘积赋值给 **K** 。例如

```
> >  A=[2,4,10; 1,9,21];
> >  B=[2,5; 6,4; 5,9];
> >  K=A*B
K=
     78   116
    161   230
```

3）矩阵除法运算

MATLAB 中矩阵的除法有左除（ \ ）和右除（ / ）。若矩阵 **A** 为非奇异阵，则矩阵 **B**/**A** 与 **A****B** 表示的意义不同。一般地，**B**/**A** 与 **A****B** 不相等，**B**/**A** 等效于矩阵 **A** 的逆右乘 **B** ，即 **B** ∗ inv(**A**) ，**A****B** 等效于 **A** 的逆左乘 B ，即 inv(**A**) ∗ **B** ，例如

```
> >  A=[2,10; 5,15];
> >  B=[3,5; 4,12];
> >  C=A\B
C=
   -0.2500    2.2500
    0.3500    0.0500
> >  D=B/A
D=
   -1.0000    1.0000
    0.0000    0.8000
```

4）矩阵乘方运算

与标量的乘方类似，矩阵的乘方可以用 **X**^ (n) 表示，其中 **X** 必须为方阵，n 为标量，**X**^ (n) 相当于 n 个 **X** 相乘，也就是说，**X**^ (3) 等效于 **X** ∗ **X** ∗ **X** 。

```
> >  X=[2,3;1,4];
> >  K=X^(3)
```

```
K=
    32    93
    31    94
> >  M=X^(1/2)
M=
    1.3090    0.9271
    0.3090    1.9271
```

2. 矩阵的点运算

在MATLAB中，有一种特殊的运算，其运算符是在有关算术运算符前面加点，谓之点运算。点运算符有. *、. /、. \和. ^。矩阵进行点运算是指对它们的对应元素进行相关运算，要求两矩阵的维数相同，例如

```
> >  A=[1 2 3; 4 5 6; 7 8 9];
> >  B=A.*A
B=
     1     4     9
    16    25    36
    49    64    81
```

这里**A. * A**表示单个元素之间对应相乘，显然，与**A * A**的结果不同。矩阵的点运算是MATLAB极富特色的运算符，在实际应用中起着很重要的作用，也是许多初学者容易弄混淆的一个问题。

例2.20 有限延深直立板体磁场的Hilbert变换。考虑一个有限延深(沿平行y轴方向无限延伸)板状磁性体，该磁性体的垂直磁场表达式为

$$Z_a(x)=A\left(\frac{x\sin I-h_2\cos I}{x^2+h_2^2}-\frac{x\sin I-h_1\cos I}{x^2+h_1^2}\right),$$

式中，h_1、h_2分别为板的顶部和底部埋深；I是磁化倾角；A是与板的磁性有关的常数。将磁异常Z_a的Fourier变换记为$F(\omega)$，Z_a的Hilbert变换记为$H_l(x)$，于是：

$$H_l(x)=\frac{1}{\pi}\int_0^{\infty}[\mathrm{Im}F(\omega)\cos\omega x-ReF(\omega)\sin\omega x]\mathrm{d}x,$$

则垂直磁场的Hilbert变换可写成：

$$H_l(x)=A\left(\frac{h_1\sin I-x\cos I}{x^2+h_1^2}+\frac{x\cos I-h_2\sin I}{x^2+h_2^2}\right),$$

这里的符号Im、Re代表虚、实分量计算。

解：计算中选取模型参数$h_1=1m$、$h_2=3m$，$I=30°$，$A=1$，创建函数M文件，程序文本如下

```
function [Za, Hl]=HTforPlateMag(h1, h2, dip, A)
%    [Za, Hl]=HTforPlateMag(h1, h2, dip, A)
%    A Matlab function for calculating the Hilbert transform of the
%    magnetic field of the finitely deep vertical plate
```

```
%    input parameter
%    h1   Top depth of plate
%    h2   Bottom  depth of plate
%    dip Magnetization inclination
%    A   Constants related to magnetic properties of plates

% Versions:
% 1.0  January, 2020  Created

h12=h1*h1;
h22=h2*h2;
dip=dip*pi/180;

nx=120;
xmin=-10;
xmax=+10;
x=linspace(xmin, xmax, nx);

term1=(x*sin(dip)-h2*cos(dip))./(x.*x+h22);
term2=(x*sin(dip)-h1*cos(dip))./(x.*x+h12);
Za=A*(term1-term2);
term3=(h1*sin(dip)-x*cos(dip))./(h12+x.*x);
term4=(x*cos(dip)-h2*sin(dip))./(h22+x.*x);
Hl=A*(term3+term4);

yyaxis left
plot(x, Za,'Color','red', 'LineStyle', '-');
xlabel('\fontname{times new roman}\itx / \rmm', 'fontsize', 13)
ylabel('\fontname{times new roman}\itZ_{a} / \rmnT', 'fontsize', 13)
yyaxis right
plot(x, Hl,'Color','blue', 'LineStyle', '--');
ylabel('\fontname{times new roman}\itH_{l} / \rmnT', 'fontsize', 13)
set(gca,'yTickLabel',num2str(get(gca,'yTick')','% .1f'))
grid on, box on
str1='\fontname{times new roman}\itZ_{a}';
str2='\fontname{times new roman}\itH_{l}';
legend(str1, str2,'Location', 'northeast')
```

在 MATLAB 命令行窗口输入

```
>> [Za, Hl]=HTforPlateMag(1, 3, 30, 1)
```

窗口输出变量 Z_a、H_l，同时得到关于两分量的剖面曲线图 2.2。

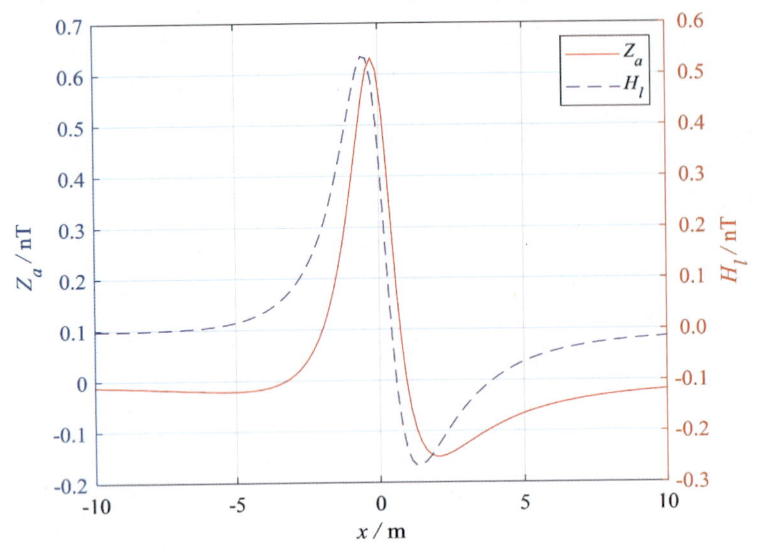

图 2.2　有限延深垂直板体的 Z_a 、H_l 曲线

3. MATLAB 常用数学函数

MATLAB 提供了许多数学函数，函数的自变量规定为矩阵变量，运算法则是将函数逐项作用于矩阵的元素上，因而，运算的结果是一个与自变量同维数的矩阵。表 2.7 列出了一些常用数学函数，这些函数的调用可以通过 help 文件查询使用方法(表 2.7)。

表 2.7　常用数学函数及其含义

函数名	含　义	函数名	含　义
sin	正弦函数	tril	求下三角函数
cos	余弦函数	triu	求上三角函数
tan	正切函数	sum	求和
asin	反正弦函数	prod	所有数相乘
acos	反余弦函数	max	求最大值
atan	反正切函数	min	求最小值
exp	自然数对数	mean	求平均
log	以 2 为底的对数	length	元素个数
pow2	2 的幂	size	求矩阵大小

续表 2.7

函数名	含　义	函数名	含　义
sqrt	平方根	diff	取差分
abs	求绝对值	sort	排序
angle	求幅角	diag	求对角线元素
real	求实部	sign	符号函数
imge	求虚部	fix	取整
rem	求余	cell	生成单元数据

2.4.2　关系运算

MATLAB 提供了六种关系运算符，其书写方法与数学中的不等式符号不尽相同，见表 2.8。

表 2.8　关系运算符及含义

运算符	含　义	运算符	含　义
＜	小于	＞=	大于等于
＞	大于	==	等于
＜=	小于等于	～=	不等于

关系运算符运算法则为：

(1)当两个比较量是标量时，直接比较两数的大小。若关系成立，关系表达式结果为 1，否则为 0。

(2)当参与比较的量是两个维数相同的矩阵时，比较是对两矩阵中相同位置的元素按标量关系运算规则逐个进行，并给出元素比较结果。最终的关系运算结果是一个维数与原矩阵相同的矩阵，它的元素由 0 或 1 组成。

(3)当参与比较的一个是标量，另一个为矩阵时，则将标量与矩阵中的每一个元素按标量关系运算规则逐一比较，并给出元素比较结果。最终的运算结果是一个维数与原矩阵相同的矩阵，它的元素由 0 或 1 组成。

此外，当判断一个矩阵是否为空矩阵时，一般不能使用“==”，应当使用函数 isempty，MATLAB 中的空矩阵意指矩阵存在，只是不含任何元素。

2.4.3　逻辑运算

MATLAB 提供了三种逻辑运算符，即与(&)，或(|)，非(～)，其功能见表 2.9。

表 2.9 逻辑运算符及功能

逻辑符号	功 能
&	A & B 当 A 与 B 都为 1 时,运算结果为 1,否则运算结果为 0
|	$A \mid B$ 当 A 与 B 都为零时输出为 0,否则运算结果为 1
~	$\sim A$ A 为零时运算结果为 1,A 非零时运算结果为 0

进行逻辑判断时,所有的非零元素均被认为真、零元素为假;在逻辑判断结果中,判断为真时输出 1 、判断为假时输出 0 。当标量与标量进行逻辑运算时,判断输出结果为标量;当矩阵与矩阵进行逻辑运算时,判断输出结果为相同维数的矩阵。例如

当逻辑运算数为标量时

```
> > a=2;
> > b=0;
> > c=a&b
c=
    0
```

当逻辑运算数为矩阵时

```
> > a=[1,-1,2;0,9,10;2,0,7];
> > b=[0,0,3;3,6,-10;2,0,4];
> > c=a|b
c=
    1    1    1
    1    1    1
    1    0    1
```

在算术、关系、逻辑三种运算符中,算术运算符优先级最高,关系运算符次之,逻辑运算符的优先级最低。在逻辑“与”“或”“非”三者中,“与”和“或”有相同的优先级,从左到右依次执行低于“非”的优先级。在实际应用中,可以通过括号来调整运算过程中的次序。

例 2.21 对于分段函数 y ,当 $-100 < x < 0$ 时,$y = x$;当 $x = 0$ 时,$y = 0$;当 $100 > x > 0$ 时,$y = x^{\wedge}(2)$ 。

解:在命令行窗口输入

```
> > x=-100:0.1:0;
> > y=x.* (x< 0 & x> -100);
> > x=0;
> > y=x.* (x= =0);
> > x=0:0.1:100;
> > y=x.^(2* (x > = 0 & x < = 100));
```

上例表明,MATLAB 以 0 或 1 表示关系运算和逻辑运算的结果,若可以巧妙地利用关系和逻辑运算对函数值进行分段处理,则不需要条件判断就能求分段函数的值。

第 3 章　MATLAB 程序设计

MATLAB 是强大的科学计算编程软件，要利用 MATLAB 进行分析计算，就必须能够使用其编程。本章将介绍使用 MATLAB 进行编程的基本内容，包括语句、程序控制、M 文件、脚本、函数、变量检查和程序调试等。

3.1　M 文件

3.1.1　M 文件的分类

用 MATLAB 语言编写的程序，称为 M 文件。M 文件是由若干条 MATLAB 命令组合在一起构成的，它可以完成某些操作，也可以实现某种算法。实际上，MATLAB 提供的内部函数以及各种工具箱，都是利用 MATLAB 命令开发的 M 文件。用户也可以结合个人的工作需要，开发相应的程序或工具箱。

通常地，M 文件可以根据调用方式的不同分为两类：脚本文件（Script file）和函数文件（Function file）。它们的扩展名均为.m，主要区别在于：

(1)脚本文件没有输入参数，也不返回输出参数，而函数文件可以带输入参数，也可以返回输出参数。

(2)脚本文件对 MATLAB 工作空间中的变量进行操作，文件中所有命令的执行结果也完全返回到工作空间中，而函数文件中定义的变量为局部变量，当函数文件执行完毕时，这些变量被清除。

(3)脚本文件可以直接运行，在 MATLAB 命令窗口输入脚本文件的名字，就会顺序执行文件中的命令，而函数文件不能直接运行，要以函数调用的方式来调用它。

例 3.1　联合剖面法过垂直接触面时的视电阻率剖面曲线。当 $MN \to 0$ 时，三极装置 AMN 在以下三种不同位置上的 ρ_a 表达式。

(1) 当供电电极 A 和测量电极中点 O 均在 ρ_1 岩石上时

$$\rho_a^a(1,1) = \rho_1\left[1 - \frac{K_{12}\,x^2}{(2d-x)^2}\right],$$

(2) 当 A 极在 ρ_1，而 O 点进入 ρ_2 岩石时

$$\rho_a^a(1,2) = \frac{2\rho_1\rho_2}{\rho_1+\rho_2},$$

(3) 当 A 极和 O 点全部进到 ρ_2 岩石时

$$\rho_a^a(2,2)=\rho_2\left[1-\frac{K_{12}\,x^2}{(2d+x)^2}\right],$$

其中

$$K_{12}=\frac{\rho_2-\rho_1}{\rho_2+\rho_1},$$

这里，x 为 A 至 O 的距离，d 为 A 与接触面的距离（图 3.1）。根据同样的道理，装置 MNB 过接触面时，ρ_a 的计算公式也有类似的三种情况，不再赘述。

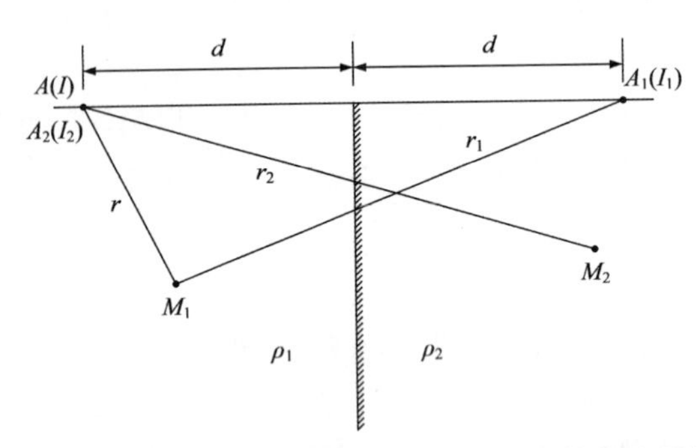

图 3.1 求解垂直接触面两边电场分布的“镜像法”图示

解：根据上式，建立计算 ρ_a 的脚本 M 文件，并以文件名 compprofileres.m 保存

```
clc
ao=10.0;
bo=ao;

rho1=100.0;
rho2=20.0;
k12=(rho2-rho1)/(rho2+rho1);

nx=120;
xmin=-50.0;
xmax=+50.0;
xo=linspace(xmin, xmax, nx);

rhosa=zeros(1, nx);
rhosb=zeros(1, nx);
for i=1:nx
      xoi=xo(i);
      da=xoi-ao;
      db=xoi+bo;

      tempu=k12*ao*ao;
      if xoi <= 0                                  % to calculate rhoa
```

```
        da=abs(da);
        tempd1=(2*da-ao)*(2*da-ao);
        rhosa(i)=rho1*(1-tempu/tempd1);
    elseif da <= 0 && xoi > 0
        rhosa(i)=2*rho1*rho2/(rho1+rho2);
    else
        tempd2=(2*da+ao)*(2*da+ao);
        rhosa(i)=rho2*(1-tempu/tempd2);
    end

    if db <= 0                                % to calculate rhob
        db=abs(db);
        tempd1=(2*db+bo)*(2*db+bo);
        rhosb(i)=rho1*(1+tempu/tempd1);
    elseif xoi <= 0 && db > 0
        rhosb(i)=2*rho1*rho2/(rho1+rho2);
    else
        tempd2=(2*db-bo)*(2*db-bo);
        rhosb(i)=rho2*(1+tempu/tempd2);
    end
end
```

然后，在 MATLAB 命令窗口中输入 compprofileres

```
>> compprofileres
```

将会执行该命令文件，计算结束，可将结果成图

```
plot(xo, rhosa,'r-', xo, rhosb, 'b--')
ylim([0.0 200.0])
xlabel('\fontname{times new roman}\itOx / \rmm');
ylabel('\rho_{\it\fontname{times new roman}a} / \rm\Omega\cdotm');
str1='\fontname{times new roman}\rho_{\ita}^{\ita} /\rm\Omega\cdotm';
str2='\fontname{times new roman}\rho_{\ita}^{\itb} /\rm\Omega\cdotm';
legend(str1, str2,'Location', 'northeast')
```

得到如图 3.2 所示的联合剖面法视电阻率曲线。很明显，调用该命令文件时，不用输入参数，也没有输出参数，文件自身建立所需要的变量。当文件执行完毕后，可以用命令 whos 查看工作空间中的变量

```
>> whos xo
  Name      Size            Bytes  Class     Attributes
  xo        1x120             960  double
>> whos rhosa
  Name      Size            Bytes  Class     Attributes
  rhosa     1x120             960  double
```

```
>> whos rhosb
  Name       Size          Bytes  Class    Attributes
  rhosb      1x120           960  double
```

这时会发现 xo、rhosa、rhosb 仍然驻留在工作空间中。

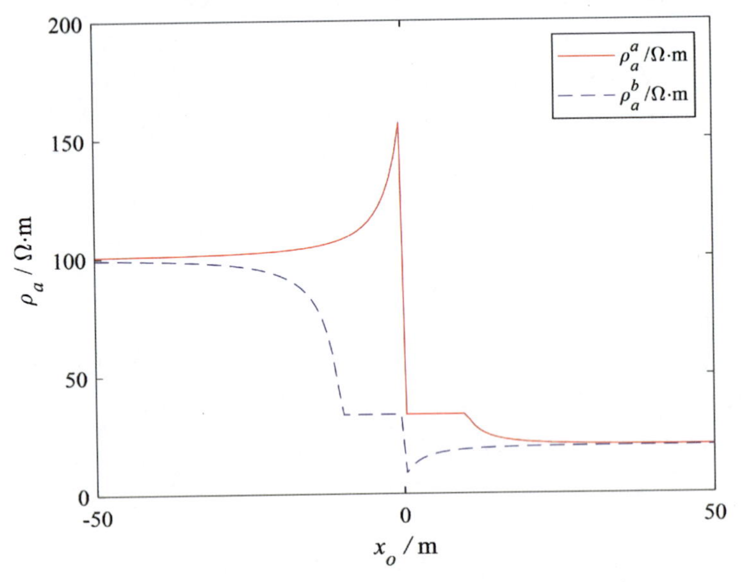

图 3.2 联合剖面法过垂直接触面时的视电阻率剖面曲线($\rho_1 > \rho_2$)

下面来建立函数文件 compprofileres. m

```
function [xo, rhosa, rhosb]=compprofileres(rho1, rho2, ao, nx, xmin, xmax)

bo=ao;
k12=(rho2-rho1)/(rho2+rho1);
xo=linspace(xmin, xmax, nx);

rhosa=zeros(1, nx);
rhosb=zeros(1, nx);
for i=1:nx
xoi=xo(i);
da=xoi-ao;
db=xoi+bo;

tempu=k12*ao*ao;
if xoi <= 0                                   % to calculate rhoa
da=abs(da);
tempd1=(2*da-ao)*(2*da-ao);
rhosa(i)=rho1*(1-tempu/tempd1);
elseif da <= 0 && xoi >0
```

```
rhosa(i)=2*rho1*rho2/(rho1+rho2);
else
tempd2=(2*da+ao)*(2*da+ao);
rhosa(i)=rho2*(1-tempu/tempd2);
end

if db < = 0                              % to calculate rhob
db=abs(db);
tempd1=(2*db+bo)*(2*db+bo);
rhosb(i)=rho1*(1+tempu/tempd1);
elseif xoi < = 0 && db > 0
rhosb(i)=2*rho1*rho2/(rho1+rho2);
else
tempd2=(2*db-bo)*(2*db-bo);
rhosb(i)=rho2*(1+tempu/tempd2);
end
end

%   PLOT

plot(xo, rhosa, 'r-', xo, rhosb, 'b--')
ylim([0.0 200.0])
xlabel('\fontname{times new roman}\itx_{o} / \rmm');
ylabel('\rho_{\it\fontname{times new roman}a} / \rm\Omega\cdotm');
str1='\fontname{times new roman}\rho_{\ita}^{\ita} / \rm\Omega\cdotm';
str2='\fontname{times new roman}\rho_{\ita}^{\itb} / \rm\Omega\cdotm';
legend(str1, str2, 'Location', 'northeast')
end
```

建立好 M 文件后，就可以在 MATLAB 命令窗口调用该函数文件

```
>> clear all;
>> [xo, rhosa, rhosb]=compprofileres(20, 100, 10, 120,-50, 50)
```

其输出结果为

```
xo=
    Columns 1 through 120
    ... ...(限于篇幅,这里不再一一列出)
rhosa=
    Columns 1 through 120
    ... ...(限于篇幅,这里不再一一列出)
rhosb=
    Columns 1 through 120
    ... ...(限于篇幅,这里不再一一列出)
```

通过上面的例子可见调用该函数文件时，既有输入参数，又有输出参数，根据输出参数绘制的过垂直接触面时联合剖面法视电阻率剖面曲线如图 3.3 所示。当函数调用完毕后，可以用命令 whos 查看工作空间中的变量，这时会发现函数参数 rho1、rho2、ao、nx、xmin、xmax 未被保留在工作空间中，而只有输出参数 xo、rhosa、rhosb 保留在工作空间中。

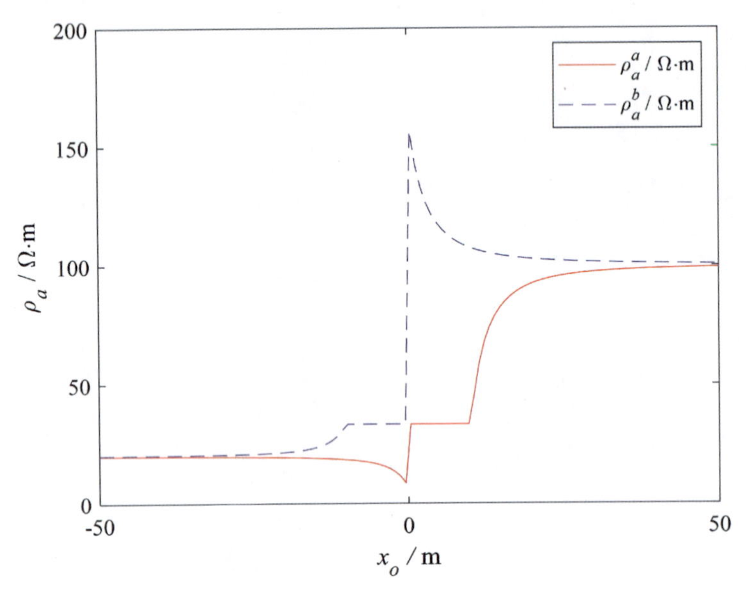

图 3.3　联合剖面法过垂直接触面时的视电阻率剖面曲线($\rho_1 < \rho_2$)

3.1.2　M 文件的建立与打开

M 文件是一个文本文件，它可以用任何编辑程序来建立和编辑，而一般常用且最为方便的是 MATLAB 提供的文本编辑器。

1. 建立新的 M 文件

为建立新的 M 文件，启动 MATLAB 文本编辑器有以下三种方法。

(1) 菜单操作。在 MATLAB 主窗口 HOME 的下拉式菜单 New 中选择 Script / Function 项，屏幕上将出现 MATLAB 文本编辑器窗口，如图 3.4 所示。MATLAB 文本编辑器是一个集编辑与调试功能于一体的工作环境。利用它不仅可以完成基本的文本编辑操作，还可以对 M 文件进行调试，MATLAB 文本编辑器的操作界面与使用方法和其他 Windows 编辑器相似。

(2) 命令操作。在 MATLAB 命令窗口输入命令 edit，回车即启动 MATLAB 文本编辑器，输入 M 文件的内容并保存。

(3) 命令按钮操作。单击 MATLAB 主窗口 HOME 工具栏上的 (Creat new document)按钮，启动 MATLAB 文本编辑器后，输入 M 文件的内容并保存。

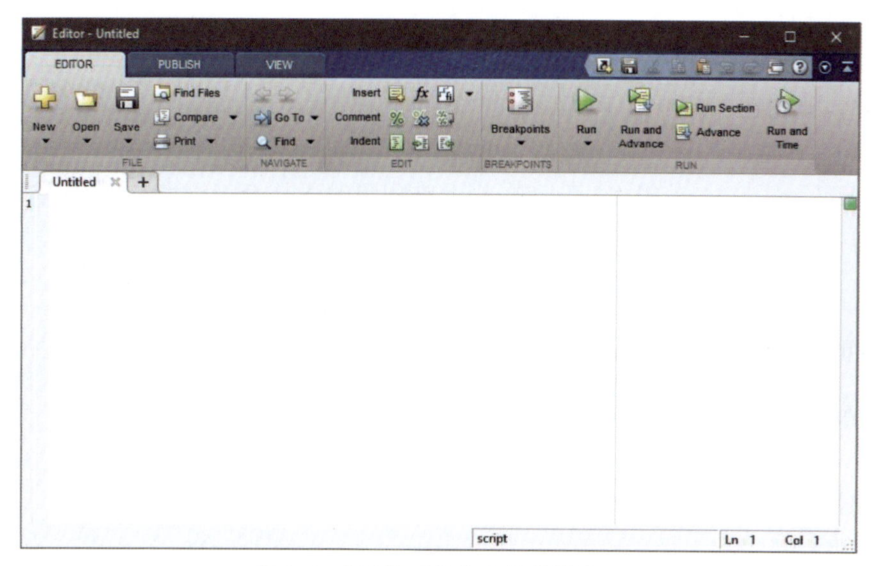

图 3.4　MATLAB 文本编辑器窗口

2. 打开已有的 M 文件

(1) 菜单操作。在 MATLAB 主窗口 HOME，单击下拉式菜单 Open，则屏幕出现 Open 对话框，在 Open 对话框中选中所需打开的 M 文件。在文本窗口可以打开 M 文件进行编辑、修改，编辑完成后，将 M 文件存盘。

(2) 命令操作。在 MATLAB 命令窗口，输入命令：edit+文件名，则打开指定的 M 文件。

(3) 命令按钮操作。单击 MATLAB 主窗口工具栏上的 (Open File)命令按钮，再从弹出的对话框中选择所需打开的 M 文件。

3.2　程序流程控制

程序的流程控制有三种：顺序结构、选择结构和循环结构，这一点 MATLAB 与其他高级程序语言完全一致。

3.2.1　顺序结构

顺序结构是指按照程序中语句的排列顺序依次执行，直至程序的最后一行语句，这就是最简单的一种程序结构。一般涉及数据的输入、数据的计算或处理、数据的输出等内容。

1. 数据的输入

由键盘输入数据，可以使用 input 函数来进行，该函数的调用格式为

```
STR=input(PROMPT, 's');
```

这里，PROMPT 为一个字符串，用于提示用户输入什么类型的数据。例如，由键盘输入矩阵

A,可以执行下面的命令

```
STR=input('Please enter the matrix A: ');
```

执行该语句时,首先在屏幕上显示提示信息“Please enter the matrix A:”,然后,等待用户由键盘按 MATLAB 规定的格式输入矩阵 **A** 的值。

在调用函数 input 时,若附加“s”选项,则允许用户输入一个字符串。例如,输入一个人的姓名,可执行命令

```
>> Name=input('What's your name? ', 's');
```

2. 数据的输出

MATLAB 提供的命令窗口输出函数主要有 disp,其调用格式为

```
disp(X)
```

其中,X 为输出项数组,若是字符串或字符数组,则显示文本。例如

```
>> A='Hello, China';
>> disp(A)
```

输出为

```
Hello, China
```

又如

```
>> A=[1 2 3; 4 5 6; 7 8 9];
>> disp(A)
```

输出为

```
     1     2     3
     4     5     6
     7     8     9
```

注意:这与前面介绍的矩阵显示方式不同,用函数 disp 显示矩阵时,不显示矩阵的名字,且输出格式更紧凑,不留任何没有意义的空行。

3. 程序的暂停

当程序运行时,为了查看程序中间过程或者中间结果,MATLAB 提供了暂停程序执行的函数 pause,其调用格式为

```
pause(n)
```

程序继续往下执行之前暂停 n 秒,若忽略时间项“n”,程序过程将暂停,直至用户按下任意键后,程序才继续执行。若要强行终止程序的运行,可按 Ctrl+C 键。

3.2.2 选择结构

根据给定的条件成立与否,选择结构分别执行不同的语句。本节只介绍 MATLAB 中最常用的条件控制(if、switch)语句。

1. if 语句

语句格式：

```
if expression 1
    statements 1
elseif expression 2
    statements 2
……
elseif expression n-1
    statements n-1
else
    statements n
end
```

语句 if 执行过程如图 3.5 所示。程序首先判断 *expression* 1，如果 *expression* 1 成立，则执行 statements 1，执行完 statements 1 便终止执行 if 语句。如果 *expression* 1 不成立，就对 *expression* 2 进行判断，若此表达式成立，就执行 statements 2，且忽略后面的语句。如果不成立，则继续后面的判断。若所有的表达式都不成立，就执行 else 后面的 statements *n*（如果 else 语句存在的话）。特作说明：else 语句也可以不存在，end 语句是必不可少的。

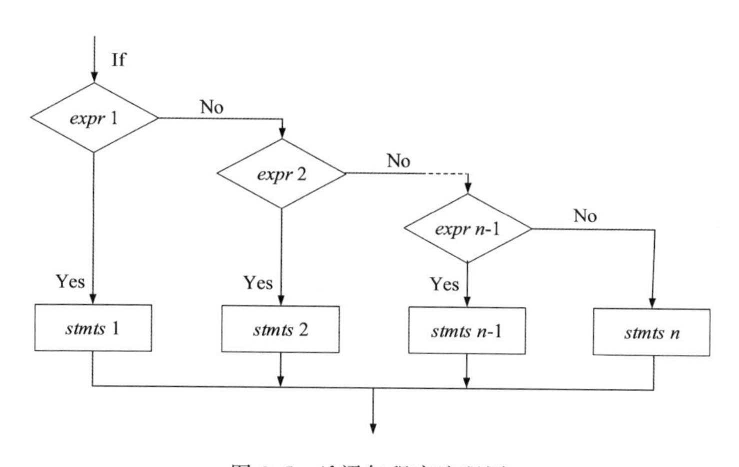

图 3.5　if 语句程序流程图

2. switch 语句

switch 语句根据表达式的取值不同，分别执行不同的语句，其语句格式为

```
switch switch_expr
    case case_expr 1
      statements 1
    case case_expr 2
      statements 2
```

```
    ...
    case case_expr n
      statements n
    otherwise
      statements n+1
end
```

switch 语句执行过程如图 3.6 所示。当 *switch_expr* 的值等于 *case_expr* 1 的值时，执行 statements 1；当 *switch_expr* 的值等于 *case_expr* 2 的值时，执行 statements 2；…；当 *switch_expr* 的值等于 *case_expr n* 的值时，执行 statements *n*；当 *switch_expr* 的值不等于 case 所列的 *case_expr* 的值时，执行 statements $n+1$。当任意一个分支的语句执行完后，直接执行 switch 语句的下一语句。

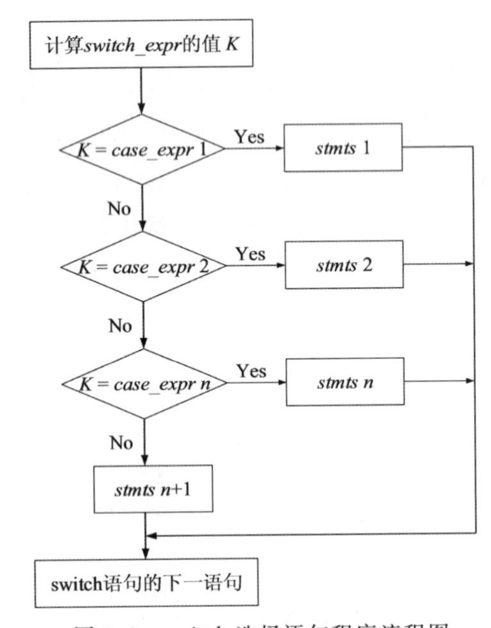

图 3.6　switch 选择语句程序流程图

例 3.2　利用 if 结构求以 x、y 为自变量的函数的值。

$$f(x,y)=\begin{cases} x+y & x\geqslant 0 \cup y\geqslant 0 \\ x+y^2 & x\geqslant 0 \cup y<0 \\ x^2+y & x<0 \cup y\geqslant 0 \\ x^2+y^2 & x<0 \cup y<0 \end{cases},$$

解：建立脚本 M 文件 funxy.m，程序如下

```
% Scripte file: funcxy.m
%
% This program solves the function f(x,y) for a user-specified x and y
%
```

```
% Define variables:
% x--First independent variable
% y--Second independent variable
% fun--Resulting function
% Prompt the user for the values x and y
x=input('Enter the x coefficient: ');
y=input('Enter the y coefficient: ');
% Calculate the function f(x,y) based upon
% the signs of x and y.
if x> = 0 && y> = 0
      fun=x+y;
elseif x> = 0 && y< 0
      fun=x+y^2;
elseif x< 0 && y> = 0
      fun=x^2+y;
else
      fun=x^2+y^2;
end
% Write the value of the function.
disp(['The vlaue of the function is ' num2str(fun)]);
```

在命令行窗口输入

```
> > funxy
Enter the x coefficient: 2
Enter the y coefficient: 3
```

输出结果为

```
The vlaue of the function is 5
```

例 3.3　举例说明 switch 语句一般形式的使用方法。

解:建立脚本 M 文件 test0304.m,程序文本如下

```
x=2.5;
switch x
      case {1,2}
          y=x*0.1;
      case {3,4}
          y=x*0.3;
      otherwise
          y=x*0.5;
end
y
```

在命令行窗口输入

```
> > test0304
```

输出结果为

```
y=
    1.2500
```

3.2.3 循环结构

循环是指按照给定的条件，重复执行指定的语句，这是一种十分重要的程序结构。作为一种计算机编程语言，MATLAB 提供了实现循环控制的语句：for、while、continue 和 break 语句。

1. for 语句

for 语句的格式为：

```
for index=initVal:step:endVal
      statements
end
```

其中，*initVal* 为循环变量的初始值，*step* 为步长，*endVal* 为循环变量的终值，*step* 为 1 时可以省略。

for 语句执行过程如图 3.7 所示。首先计算三个表达式的值，将 *initVal* 赋给循环变量 *index*，若此时循环变量的值介于 *initVal* 和 *endVal* 之间，则执行循环体语句，否则，结束循环的执行。执行完一次循环之后，循环变量自增一个 *step* 值，然后再判断循环变量的值是否介于 *initVal* 和 *endVal* 之间，如果是，仍然执行循环体，直至条件不满足，这时结束 for 语句的执行，继续执行 for 语句后面的语句。

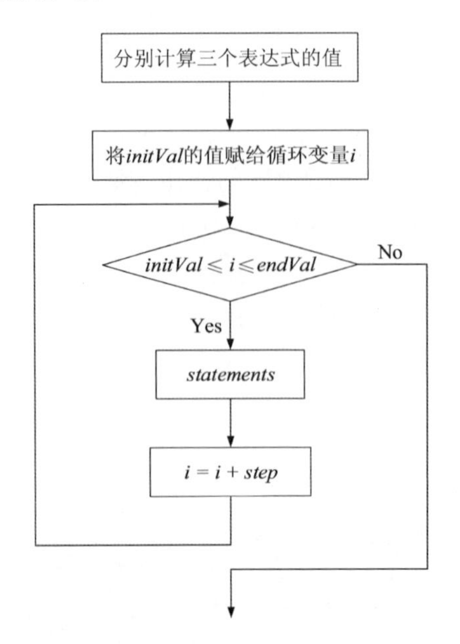

图 3.7　for 循环语句程序流程图

例 3.4　已知 $y=1-\frac{1}{2}+\frac{1}{3}-\frac{1}{4}+\cdots+(-1)^{n+1}\frac{1}{n}$，当 $n=100$ 时，求取 y 的值。

解：建立脚本 M 文件 test0304.m，程序如下

```
n=100;
y=0;
for i=1:n
      y=y+(-1)^(i+1)/i;
end
y
```

在命令行窗口输入

```
>> test0304
```

输出结果为

```
y=
    0.6882
```

为提高程序执行速度，MATLAB 中常用向量运算代替循环操作，于是，上面的程序可改写成

```
n=100;
i=1:n;
f=(-1).^(i+1)./i;
y=sum(f)
```

在这一程序中，首先生成一个向量 $\boldsymbol{i}$，进而通过向量 $\boldsymbol{i}$ 生成向量 $\boldsymbol{f}$，$\boldsymbol{f}$ 的各元素对应 $\boldsymbol{y}$ 的各累加项，再利用 MATLAB 提供的函数 sum 求 $\boldsymbol{f}$ 的各个元素之和。若程序中的 n 值由 100 改成 10 000，再分别运行这两个程序，不难发现，后一种方法编写的程序比前一种方法计算速度快。

在上述例子中，for 语句的循环变量都是标量，这与其他高级程序语言的循环语句（Fortran 语言中的 DO 语句、C 语言中的 for 语句）等价。按照 MATLAB 的定义，for 语句的循环变量可以是一个列向量，其更一般的格式为

```
for index=valArray
      statements
end
```

执行过程是依次将矩阵的各列元素赋给循环变量，然后执行循环体语句，直至对各列元素处理完毕。实际上，"*initVal*:*step*:*endVal*"是一个行向量，它可以被视作只有一行的矩阵，且每列仅为单个数据。

例 3.5　循环变量为矩阵的 for 语句。

解：建立脚本 M 文件 test0305.m，程序文本如下

```
s=0;
A=[1 2 3; 4 5 6; 7 8 9];
for i=A
      s=s+i;
end
disp(s')
```

在命令行窗口输入

```
>> test0305
```

该程序的功能是求矩阵各行元素之和，执行结果是

```
6    15    24
```

2. while 语句

while 语句的一般格式为

```
while expression
    statements
end
```

其执行过程为，若表达式 *expression* 为真，则执行循环体语句 statements，执行后，再判断表达式是否为真，如果不成立，则跳出循环，如图 3.8 所示。

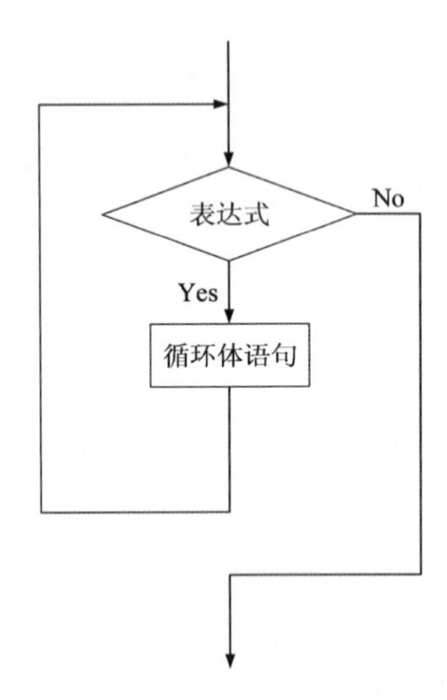

图 3.8　while 循环语句程序流程图

例 3.6　已知 $y=\frac{1}{1^2}+\frac{1}{2^2}+\frac{1}{3^2}+\cdots+\frac{1}{n^2}$，当 $n=100$ 时，求取 y 的值。

解：建立脚本 M 文件 test0306.m，程序如下

```
n=100;
y=0;
i=1;
while i <= n
    y=y+1/i/i;
    i=i+1;
end
y
```

在命令行窗口输入

```
>> test0306
```

输出结果为

```
y=
    1.6350
```

3. 循环语句的终止

跟循环结构相关的还有 break 和 continue 语句，一般地，它们与 if 语句配合使用。break 语句用于终止循环执行。在循环体内执行到该语句时，程序将跳出循环，继续执行循环语句的下一语句。continue 语句控制跳过循环体中的某些语句。当循环体执行到该语句时，程序将跳过循环体中所有剩下语句，继续下一次循环。

例 3.7　考虑迭代公式 $x_{n+1} = (x_n + 1)^{-1}$，试编程计算迭代结果。要求：迭代的终止条件为 $|x_{n+1} - x_n| \leqslant 10^{-5}$，迭代初始值为 $x_0 = 1.0$，迭代次数不超过 500 次。

解：建立脚本 M 文件 test0307. m，程序如下

```
x=1.0;
maxiter=500;
for i=1:maxiter
      x(i+1)=1/(x(i)+1);
      if norm(x(i+1)-x(i)) < = 1.0e-5
        break;
      end
end
x_new=x(i+1)
```

在命令行窗口输入

```
> > test0307
```

输出结果为

```
x_new=
    0.6180
```

4. 循环的嵌套

如果一个循环结构的循环体又包含一个循环结构，谓之循环的嵌套，或称为多重循环结构。实现多重循环结构仍用前面介绍的循环语句。任一循环语句的循环体部分都可以包含另一个循环语句，这种循环语句的嵌套为实现多重循环提供了方便。

多重循环的嵌套层数可以是任意的，可以按照循环嵌套层数，分别称作二重循环、三重循环，等等。处于内部的循环称作内循环，处于外部的循环谓之外循环。下面给出一个二重循环结构的例子。

例 3.8　接地导线间的互阻抗。在均匀和非磁半空间中，共线偶极—偶极排列导线间的互阻抗可表示为

$$Z_{EM} = \frac{\gamma\rho}{4\pi}(P - Q + S + T),$$

式中

$$P = \frac{2}{a(N+2)(N+1)N\gamma},$$

$$Q = 2G[\gamma(N+1)a],$$

$$S = G[\gamma(N+2)a],$$

$$T = G(\gamma Na),$$

这里

$$G(z) = e^{-z}\left(\frac{1}{z} - 1\right) + z\mathrm{Ei}(z),$$

$$\mathrm{Ei}(z) = \int_z^\infty \frac{e^{-v}}{v}\mathrm{d}v,$$

其中，a 为偶极长度，N 为隔离系数，ρ 为介质电阻率，$\gamma = \sqrt{i\omega\mu_0/\rho}$，$\mu_0$ 为真空中的磁导率，ω 为圆频率。

解：计算参数分别取值

$\rho = 100\Omega \cdot \mathrm{m}$，$N = [1,2,3,4,5]$，$a = 200\mathrm{m}$，$f \in [10^{-1}, 10^5]\mathrm{Hz}$，

创建脚本 M 文件 zem. m 如下

```
function zem
clc
mu=4*pi*1.0e-7;

rho0=100.00;
a=200;
n=[1 2 3 4 5];
ns=length(n);

nf=120;
fmin=1.0e-1;
fmax=1.0e+5;
freq=logspace(log10(fmin), log10(fmax), nf);

Zem=zeros(nf, ns);
ZZ0=zeros(nf, ns);
for j=1:nf
        omega=2*pi*freq(j);
        gamma=sqrt(1i*omega*mu/rho0);
        cons=gamma*rho0/4/pi;

        for k=1:ns
        N=n(k);
```

```
            term1=2/a/(N+2)/(N+1)/N/gamma;
            term2=2*Gfunc(gamma*(N+1)*a);
            term3=Gfunc(gamma*(N+2)*a);
            term4=Gfunc(gamma*N*a);

            Z0=rho0/pi/a/(N+2)/(N+1)/N;
            Zem(j,k)=cons*(term1-term2+term3+term4);
            ZZ0(j,k)=Zem(j,k)/Z0;
        end
    end

    %   PLOT
    figure(1)
    for k=1:ns
        semilogx(a*a*freq(:)/rho0, abs(ZZ0(:,k)))
        hold on
    end
    ylim([0 1.2])
    set(gca,'yTickLabel',num2str(get(gca,'yTick')','% .1f'))
    xlabel('\it\fontname{times new roman}a^{\rm2}f / \rho','FontSize',18);
    ylabel('\fontname{times new roman}\mid\itZ\rm\mid / \it\fontname{times new ... ro-
   man}Z_{\rm0}','FontSize',18);
    legend({'\itN=\rm1','\itN=\rm2','\itN=\rm3','\itN=\rm4','\itN=... \rm5'},'Loca-
   tion','southwest')
    ax=gca;
    ax.FontSize=15;

    figure(2)
    for k=1:ns
        semilogx(a*a*freq(:)/rho0, phase(Zem(:,k))*180/pi)
        hold on
    end
    xlabel('\it\fontname{times new roman}a^{\rm2}f / \rho','FontSize',18);
    ylabel('\fontname{times new roman}\phi / \rm(\circ)','FontSize',18);
    legend({'\itN=\rm1','\itN=\rm2','\itN=\rm3','\itN=\rm4','\itN=... \rm5'},'Loca-
   tion','southwest')
    ax=gca;
    x.FontSize=15;
    end
```

```
function g=Gfunc(z)
term1=exp(-z)*(1/z-1);
term2=-z*ei(-z);
g=term1+term2;
end
```

程序执行后，输出结果如图 3.9 所示。

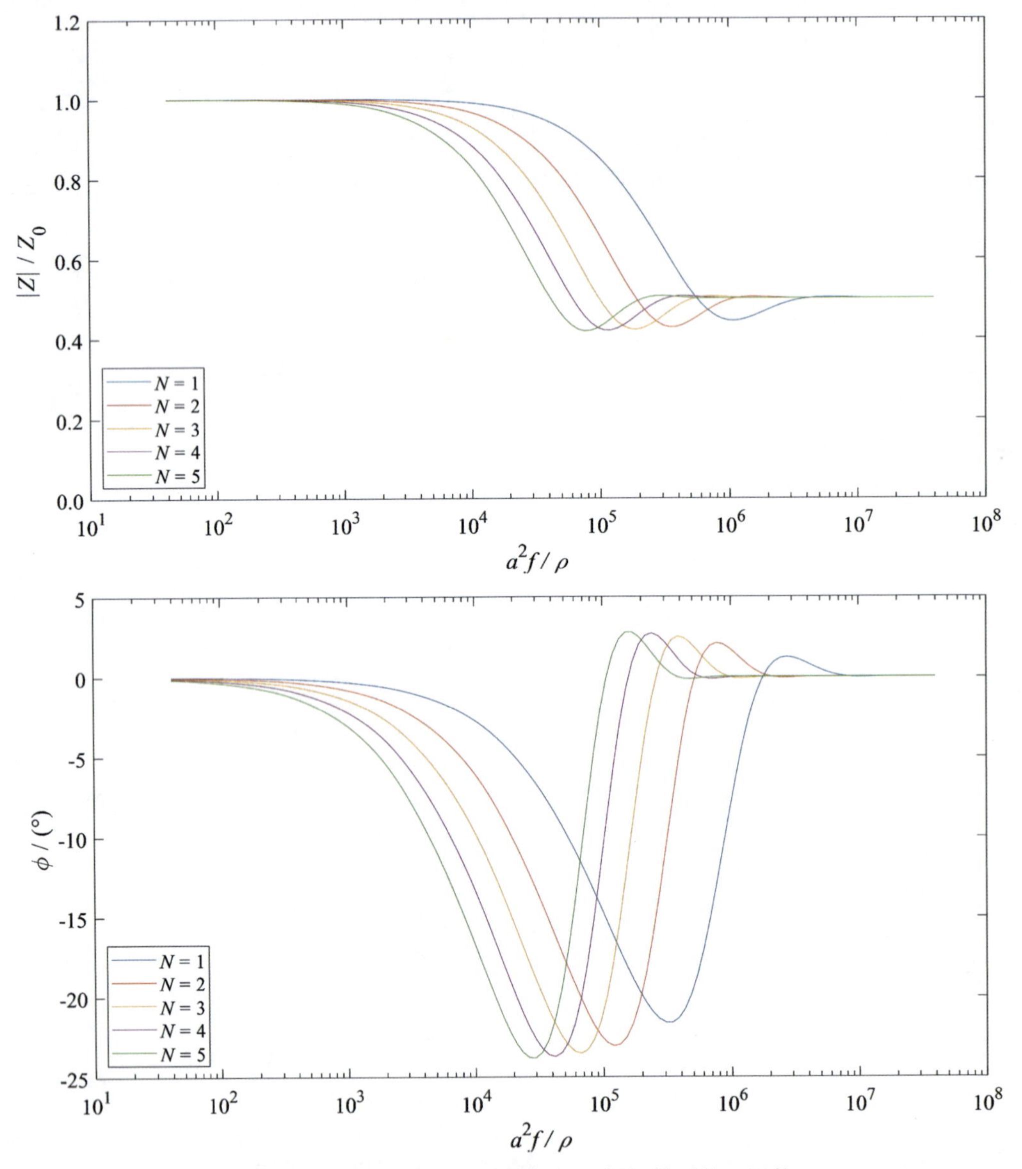

图 3.9　均匀半空间上共线偶极—偶极排列的互阻抗

在设计多重循环时，要特别注意内、外循环之间的关系，以及各语句放置的位置，千万不要弄混淆。

3.3　函数文件

函数文件是另一种形式的 M 文件，每一个函数文件都定义一个函数。函数文件能够接受用户的输入参数，进行计算，并将计算结果作为函数的返回值返回。事实上，MATLAB 提供的标准函数大部分都是由函数文件定义的。

3.3.1　基本结构

函数文件由 function 语句引导，其基本结构为

```
function [ output_args ]=Untitled( input_args )
% UNTITLED Summary of this function goes here
%    Detailed explanation goes here
…
end
```

其中，以 function 开头的一行为引导行，表示该 M 文件是一个函数文件。函数名的命名规则与变量名相同。input_args 为函数的输入参数，output_args 为函数的输出参数。当仅有一个 output_args 时，可以省略方括号。

功能说明：

1）关于函数文件名

函数文件名由函数名加上扩展名.m 组成。函数文件名与函数名可以相同，也可以不相同，当两者不同时，MATLAB 将忽略函数名而确认函数文件名，因此，调用函数时使用函数文件名。建议读者最好将文件名和函数名统一，以免出错。

2）关于注释说明部分

(1)紧随函数文件引导行以%开头的第一注释行。这一行一般包括大写的函数文件名和函数功能的简要描述，供 lookfor 关键词查询和 help 在线帮助时使用。

(2)第一注释行及之后连续的注释行。通常包括函数输入/输出参数的含义及调用格式说明信息，构成全部在线帮助文本。

(3)与在线帮助文本相隔一空行的注释行。包括函数文件编写和修改的信息，如作者、修改日期、版本等内容，用于软件档案管理。

3）关于 return 语句

如果在函数文件中插入了 return 语句，则执行到该语句就结束函数的执行，程序流程转至调用函数的位置。通常地，在函数文件中也可以不使用 return 语句，这时在被调用函数执行完成后自动返回。

例 3.9　编写函数文件，求半径为 R 的圆的面积和周长。

解：创建函数 M 文件，程序文本如下

```
function [S,C]=fcircle(R)
% FCIRCLE calculate the area and perimeter of a circle if radii R
% R            圆半径
% S            圆面积
% C            圆周长

% 2012 年 9 月 1 日,Maysnow
S=pi*R*R;
C=2*pi*R;
end
```

将以上函数文件以文件名 fcircle. m 保存，然后在 MATLAB 命令行窗口调用该函数

```
>> [S,C]=fcircle(1)
```

输出结果为

```
S=
   3.1416
C=
   6.2832
```

利用命令 help 或 lookfor 可以显示出注释说明部分的内容，其功能和 MATLAB 中一般函数的帮助信息是一致的

```
help fcircle
```

屏幕显示

```
FCIRCLE calculate the area and perimeter of a circle if radii R
R           圆半径
S           圆面积
C           圆周长
```

再用命令 lookfor 在第一注释行查询指定的关键词

```
lookfor perimeter
```

屏幕显示

```
fcircle.m: % FCIRCLE calculate the area and perimeter of a circle if radii R
```

3.3.2　函数调用

函数调用的一般格式为：[output_args]＝FunctionName(input_args)。须注意的是，函数调用时各实参出现的顺序、个数，应与函数定义时形参的顺序、个数一致，否则会出错。函数调用时，先将实参传递给相应的形参，实现参数传递，然后再执行函数的功能。

例 3.10　定义一个函数文件，累加求和 $\sum_{i=1}^{n} i^m$，再调用该函数求 $\sum_{k=1}^{10} \frac{1}{k}$。

解：建立函数 M 文件 add_fun. m

```
function y=add_fun(n,m)
y=0;
for i=1:n
    y=y+i^m;
end
end
```

调用 add_fun.m 的命令

```
y=add_fun(10,-1)
```

输出结果为

```
y=
   2.9290
```

在 MATLAB 中，函数可以嵌套调用，即一个函数可以调用别的函数，甚至调用它自身。一个函数调用它自身谓之函数的递归调用。

例 3.11　利用函数的递归调用，求 $n!$。

解：根据阶乘函数的定义

$$n! = \begin{cases} 1 & n \leqslant 1 \\ n(n-1)! & n > 1 \end{cases},$$

显然，求 $n!$ 需要求 $(n-1)!$。创建递归调用函数文件 fac.m 如下

```
function f=fac(n)
if n < = 1
    f=1;
else
    f=fac(n-1)*n;                    % 递归调用求 (n-1)!
end
end
```

在命令行窗口输入

```
> > fac(5)
```

输出结果如下

```
ans=
   120
```

另外，在一个函数文件中可以包含多个函数，文件中的第一个函数称为主函数，其余函数谓之子函数。在函数文件中，主函数必须出现在最上方，其后才是子函数，子函数的次序没有限制。子函数不能被其他文件中的函数调用，仅能被同一文件中的主函数或其他子函数调用。子函数没有在线帮助，用命令 help 和 lookfor 不能提供子函数的帮助信息。

例 3.12　设 Laplace 空间的象函数为 $F(s)$，实空间的象原函数为 $f(t)$，则

$$f(t) = \frac{\ln 2}{t}\sum_{i=1}^{N} V_i F\left(\frac{\ln 2}{t} i\right),$$

这里

$$V_i = (-1)^{i+N/2} \sum_{k=(i+1)/2}^{\min(i,N/2)} \frac{k^{N/2}(2k)!}{(N/2-k)!k!(k-1)!(i-k)!(2k-i)!},$$

上述 Laplace 数值反演算法在瞬变电磁测深的正演计算中有广泛应用，利用这种方法可以很方便地将频率域问题转化成对应的时间域问题。试利用子函数方法计算其中的反演系数 V_i 。

解：建立函数 M 文件 ILTCoef. m，程序文本如下

```
function v=ILTCoef(n)
% ILTCOEF to calculate the coefficients V(i) of numerical inversion of
% Laplace transform
clc

v=zeros(1,n);
for i=1:n
    cons=(-1)^(n/2+i);
    k1=floor((i+1)/2);
    k2=min(i, n/2);
    temp=0;
    for j=k1:k2
        tmp1=j^(n/2)/fac(j)/factorial(j-1);
        tmp2=fac(2*j)/fac(n/2-j)/fac(i-j)/fac(2*j-i);
        temp=temp+tmp1*tmp2;
    end
    v(i)=cons*temp;
end
end

function f=fac(n)
% FAC factorial function.
if n < = 1
    f=1;
else
    f=fac(n-1)*n;
end
end
```

在命令行窗口输入命令

```
> > z=ILTCoef(12)
```

运行该函数文件，输出结果

```
z=
    1.0e+06*
    -0.000000016666667  0.000016016666667
    -0.001247000000000  0.027554333333333
    -0.263280833333333  1.324138700000000
    -3.891705533333333  7.053286333333332
    -8.005336499999999  5.552830499999999
    -2.155507200000000  0.359251200000000
```

程序分析：主函数是 ILTCoef，子函数是 fac，在主函数中循环调用子函数，程序保存为 ILTCoef. m 文件。

3.3.3　函数参数的可调性

MATLAB 在函数调用上有一个与一般高级程序语言的不同之处，即函数所传递参数数目的可调性。凭借这一点，一个函数可完成多种功能。

在调用函数时，MATLAB 用两个预定义变量 nargin 和 nargout 分别记录调用该函数时的输入实参和输出实参的个数。只要在函数文件中包含这两个变量，就可以准确地知道该函数文件被调用时的输入/输出参数个数，从而决定函数如何进行处理。

例 3.13　nargin 用法示例。

解：创建函数文件 arg_adjust. m

```
function out=arg_adjust(a,b,c)
% 本函数用以示例输入不同数目参数的设计
if(nargin= =1)
    out=a;
elseif(nargin= =2)
    out=(a.^2+b.^2);
elseif(nargin= =3)
    out=(a*b*c)/2;
end
end
```

在命令窗口输入 arg_adjust(1)、arg_adjust(1,2)和 arg_adjust(1,2,3)，输出结果分别为 1 、3 、5 。三次调用函数文件 arg_adjust. m，因输入参数的个数分别是 1 、2 、3 ，从而执行不同的操作，返回不同的函数值。

3.3.4　函数句柄及串演算函数

1. 函数句柄

函数句柄是 MATLAB 的一种数据类型，可以用变量来表示函数的句柄。函数句柄的定义方法有两种：第一种是利用@符号，语法格式为

```
FunHandle=@Function_Name
```

这里的函数名是当前 MATLAB 中可以使用的任意函数,例如:hsin=@sin,之后 hsin 就和 sin 同样地使用,即 hsin(pi)和 sin(pi)的含义相同。第二种是利用转换函数 str2func,语法格式为

```
FunHandle=str2func(S)
```

例如:hsin=str2func('sin'),此后 hsin 和 sin 同样使用,hsin(pi)和 sin(pi)的含义相同。

对函数句柄的内涵观察需通过 functions 显示,例如

```
>> f=functions(@sin)
f=
    function: 'sin'
    type: 'simple'
    file: [1x39 char]
```

使用函数句柄主要有以下优点:

(1) 提高运行速度。MATLAB 对函数的每次调用都要为该函数进行全面的路径搜索,直接影响了速度。如果一个函数在程序中需要反复调用的情况下,使用函数句柄可以提高运行速度。

(2) 方便函数间互相调用。函数句柄携带着“相应函数创建句柄时的路径、视野、函数名,以及可能存在的重载方法”,当转到其他目录下的时候,创建的函数句柄还是可以直接调用的,不需要将那个函数文件复制过来。

2. 串演算函数

MATLAB 提供了两种演算函数来提高计算灵活性:一种是串演算函数 eval,它具有对字符串表达式进行计算的能力;另一种是函数句柄演算函数 feval,它具有对函数句柄进行操作的能力。

(1) 函数 eval 对字符串进行处理,得到数值型结果,语法格式如下

```
eval(expression)
```

在命令行窗口输入

```
>> clear, a='1+sqrt(2)', b=eval('1+sqrt(2)'), whos
```

则有

```
a=
    '1+sqrt(2)'
b=
    2.4142
    Name      Size                    Bytes  Class
    a         1x9                     18   char array
    b         1x1                      8   double array
    Grand total is 10 elements using 26 bytes
```

(2) 函数 feval 语法格式为

```
[y1, y2, …]=feval('FN', arg1, arg2, …)
```

表示用参量 arg1,arg2 等执行函数 FN 指定的计算。例如

```
> > a=feval('sqrt',2)
a=
     1.4142
```

等价于求 sqrt(2)的值。feval 用于模拟功能函数,如,sin、cos、sqrt,等等,输入参数'FN'只能是函数名,不能是表达式。另外,这里的函数名字还可以是一个函数句柄,例如

```
> > a=feval(@sqrt, 2)
a=
     1.4142
```

3.3.5　局部变量和全局变量

在 MATLAB 中,函数文件中的变量是局部的,与其他函数文件及 MATLAB 工作空间相互隔离,或者说,在一个函数文件中定义的变量不能被另一个函数文件所引用。如果在若干函数中,均将某一变量定义为全局变量,那么这些函数将共用这个变量。全局变量的作用域是整个 MATLAB 工作空间,即全程有效,所有的函数都可以对它进行存取和修改。定义全局变量是函数间传递信息的一种手段。

全局变量用命令 global 声明,其语法格式为

```
global var1 ... varN
```

例 3.14　全局变量应用示例。

解:先建立函数 wadd.m,该函数将输入的参数加权相加

```
function z=wadd(x,y)
global a b;
z=a*x+b*y;
end
```

在命令行窗口输入

```
global a b
a=1;
b=2;
y=wadd(1,2)
```

输出结果为:

```
y=
     5
```

由于在函数 wadd 和基本空间中均将变量 a 和 b 定义为全局变量,因而,只要在命令窗口中改变 a 和 b 的值,就可以改变加权值,而无需修改 wadd.m 文件。

在实际编程时,可在所有需要调用全局变量的函数文件里定义全局变量,这样就可以实现数据共享。为了在基本工作空间中使用全局变量,也要定义全局变量。在函数文件里,全局变量的定义语句应放在变量使用之前,为了便于了解所有的全局变量,一般将全局变量的定义语句放在文件的前部。

需要提出的是,在程序设计中,全局变量固然可以带来某些方便,但却破坏了函数对变量的封装,降低了程序的可读性。因而,在结构化程序设计中,全局变量是不受欢迎的。尤其当程序较大、子程序较多时,全局变量将给程序调试和维护带来不便,故而,不提倡使用全局变量。若一定要用全局变量,最好给它取一个能反映变量含义的名字,以免和其他变量混淆。

3.4 程序调试方法

若程序出现运行错误,或者输出结果与预期结果不一致,则需要对所编的程序进行调试。程序调试是程序设计的重要环节,也是程序设计人员必须掌握的一项基本技能。

3.4.1 程序出现的常见错误类型

表 3.1 中列出了程序研发中比较常见的错误类型,以及针对每一种错误类型的详细描述。

表 3.1 程序常见错误

错误类型	说 明
语法错误	变量名的命名不符合规则,函数名误写,函数的调用格式错误,标点符号的缺漏,循环遗漏 end,等等
逻辑错误	主要表现在程序运行后,得到的结果与预期设想的不一致,系统不会提示信息,很难发现
异 常	程序执行过程中由于不满足前置条件或后置条件造成的程序执行错误
运行错误	语法、逻辑、开发方向都是正确的,这种错误的出现往往表示整个程序的算法有问题,且算法导致内存泄露,存储空间不足等

3.4.2 程序调试

MATLAB 提供了相应的程序调试功能,既可以通过文本编辑器对程序进行调试,又可以在命令窗口结合具体的命令进行。最常用的调试方式有两种:一是直接调试;二是工具调试。

1. 直接调试

对于简单程序,直接调试法是一种简便快捷的方法。直接调试法采用的基本手段包括:

(1) 根据系统提示来调试,譬如,要调试下面的 test.m 文件

```
A=[1 2 4;3 4 6];
B=[1 2;3 4];
E=A*B;
C=[4 5 6 7;3 4 5 1];
D=[1 2 3 4;6 7 8 9];
F=C+D;
```

在 MATLAB 命令窗口运行该 M 文件时，系统会给出如下提示

```
>> test
Error using  *
Incorrect dimensions for matrix multiplication. Check that the number of columns in
the first matrix matches the number of rows in the second matrix.
To perform elementwise multiplication, use '.*'.

Error in test (line3)
E=A*B;
```

通过上面的提示可知，在所写程序的第三行出现错误，且错误为两个矩阵相乘时不符合维数要求。这里，仅须将 A 改为 A'即可。

（2）通过分析，将重点语句末尾的分号删除，显示其结果，与期望值比较，判断程序执行到该处时是否发生了错误。

（3）在适当的位置，添加输出变量值的语句。

（4）在程序的适当位置添加命令 keyboard，当程序执行到该处时暂停，并显示提示符“K>>”，用户可以查看或变更工作区中显示的各个变量的值。在提示符后输入指令 return，可以继续执行原文件。

（5）调试函数 M 程序时，可以利用注释符号“%”屏蔽函数声明行，定义输入变量的值，以脚本 M 文件的方式执行程序，查看中间变量，从而找出错误。

2. 工具调试

对于大型程序，直接调试已经不能满足要求，宜考虑利用 MATLAB 文件编辑器中集成的程序调试工具对程序进行调试，譬如，当程序在运行时，没有出现警告或错误提示，但输出结果与所预期的相差甚远，这时就需要用设置断点的方式来调试。所谓断点，即指用来临时中断 M 文件执行的一个标志。通过中断程序运行，可以观察一些变量在程序运行到断点时的值，并与所预期的值进行比较，以此来找出程序的错误。

1）设置断点

设置断点有三种方法：一是在 M 文件编辑器中，将光标放在某一行，然后按 F12 键，便在这一行设置了一个断点；二是在 M 文件编辑器中，选择 Debug→Set/Clear Breakpoint 命令，便会在光标所在行设置一个断点；三是利用命令 dbstop 设置断点，其调用格式如表 3.2 中所列。

表 3.2　dbstop 调用格式

调用格式	说　明
dbstop in mfile	在文件 mfile 的第一个可执行语句前设置断点
dbstop in mfile at lineno	在文件 mfile 的第 lineno 行设置断点
dbstop in file if expression	在文件的第一个可执行语句前设置条件断点

续表 3.2

调用格式	说　明
dbstop in file at location if expression	在指定的位置设置条件断点。只有当表达式值为 true 时，执行才会在该位置或之前暂停
dbstop if condition	暂停在满足特定条件的行，譬如，错误或 naninfs；当指定条件发生时，MATLAB 在任何文件中的任意一行暂停
dbstop(b)	恢复用户前期保存到 b 的断点。保存断点的文件必须在搜索路径或当前文件夹中。MATLAB 按行号分配断点，文件中的行必须与保存断点时的相同

2）清除断点

清除断点有三种做法：一是将光标放在断点所在行，再按 F12 键，便可清除断点；二是选择 Debug→Set/Clear Breakpoint 命令；三是利用 dbclear 命令来清除断点，其调用格式见表 3.3。

表 3.3　dbclear 调用格式

调用格式	说　明
dbclear all	清除所有文件中的所有断点
dbclear in mfile	清除文件 mfile 中第一个可执行语句前的断点
dbclear in file at location	删除指定文件中指定位置的断点设置。关键字 at/in 是可选的
dbclear if condition	删除使用指定条件设置的所有断点

3）列出全部断点

在调试 M 文件(尤其是一些大的程序)时，有时需要列出用户设置的全部断点，这可以通过调用函数 dbstatus 来实现，其调用格式如表 3.4 中所列。

表 3.4　dbstatus 调用格式

调用格式	说　明
dbstatus	列出所有有效断点，包括错误、捕获的错误、警告和 naninfs。对于非错误断点，MATLAB 显示设置断点的行号。每个行号都是一个超链接，单击它直接进入该行
dbstatus file	列出指定文件的所有有效断点
dbstatus-completenames	显示包含断点的函数名或文件名全称
dbstatus file-completenames	显示包含断点的函数名或文件名全称
b=dbstatus(___)	返回 $m\times 1$ 结构断点信息

4)从断点处执行程序

若调试中发现当前断点以前的程序没有任何错误，则需要从当前断点处继续执行该文件。函数 dbstep 可以实现该操作，其调用格式如表 3.5 中所列。

表 3.5　dbstep 调用格式

调用格式	说　明
dbstep	在调试期间，执行当前文件的下一个可执行行，跳过当前行调用的函数中的任何断点
dbstep in	执行下一行可执行语句，若有子函数，进入
dbstep out	执行当前函数的其余部分，离开函数时暂停
dbstep nlines	执行下 nlines 行可执行语句

函数 dbcont 也可实现这一功能，它可以执行所有行程序，直至遇到下一个断点或到达 M 文件的末尾。

5)断点的调用关系

在调试程序时，MATLAB 还提供了查看导致断点产生的调用函数及具体行号的命令 dbstack，其调用格式如表 3.6 中所列。

表 3.6　dbstack 调用格式

调用格式	说　明
dbstack	显示导致当前断点产生的调用函数的名称及行号，并按它们的执行次序将其列出
dbstack(n)	从显示器中省略前 n 个堆栈帧
[ST,I]=dbstack(___)	ST 返回调用信息，I 返回当前的工作空间索引

6)进入与退出调试模式

在设置好断点后，按 F5 键便可进入调试模式。在调试模式下，提示符变为“K>>”，此时可以访问函数的局部变量，不能访问 MATLAB 工作区中的变量。当程序出现错误时，系统会自动退出调试模式；若要强行退出调试模式，则需要输入命令。

例 3.15　程序 test.m 测试。

解：列出程序文件 test.m 如下

```
A=[1 2 4;3 4 6];
B=[1 2;3 4];
E=A*B;
C=[4 5 6 7;3 4 5 1];
D=[1 2 3 4;6 7 8 9];
F=C+D;
```

利用上面所述方法之一，在第二行设置断点，此刻第二行行首将出现一个红点作为断点标志(图 3.10)，之后，在 MATLAB 命令窗口运行程序，进入调试模式，其过程如图 3.11～图 3.13 所示。

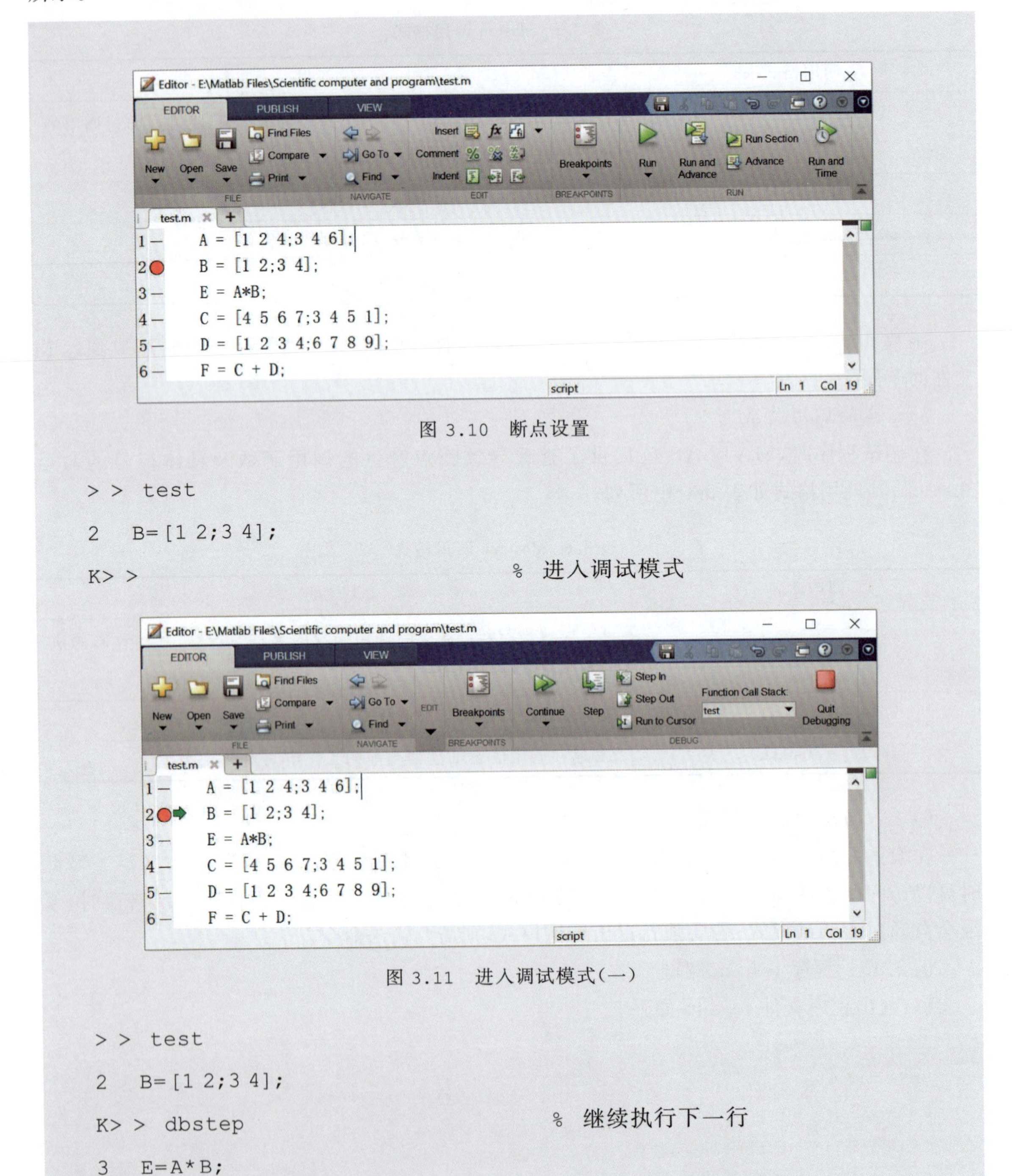

图 3.10 断点设置

```
>> test
2   B=[1 2;3 4];
K>>                                % 进入调试模式
```

图 3.11 进入调试模式(一)

```
>> test
2   B=[1 2;3 4];
K>> dbstep                         % 继续执行下一行
3   E=A*B;
K>>
```

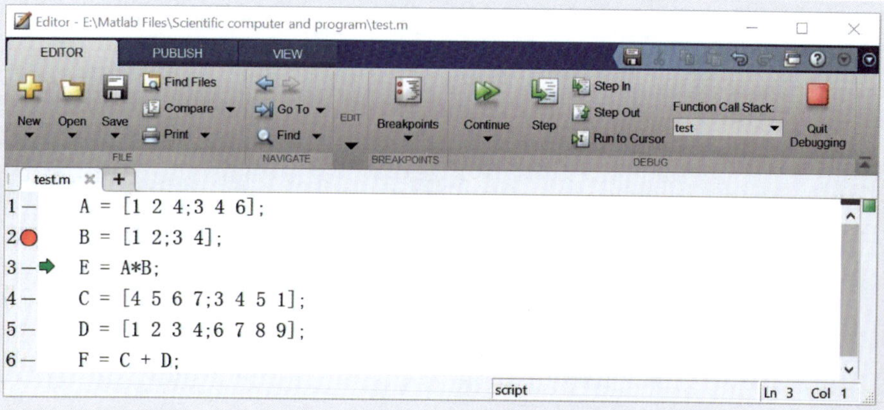

图 3.12　进入调试模式(二)

```
>> test
2   B=[1 2;3 4];
K>> dbstep
3   E=A*B;
K>> dbstop 4                                    % 在第四行设置断点
K>>
```

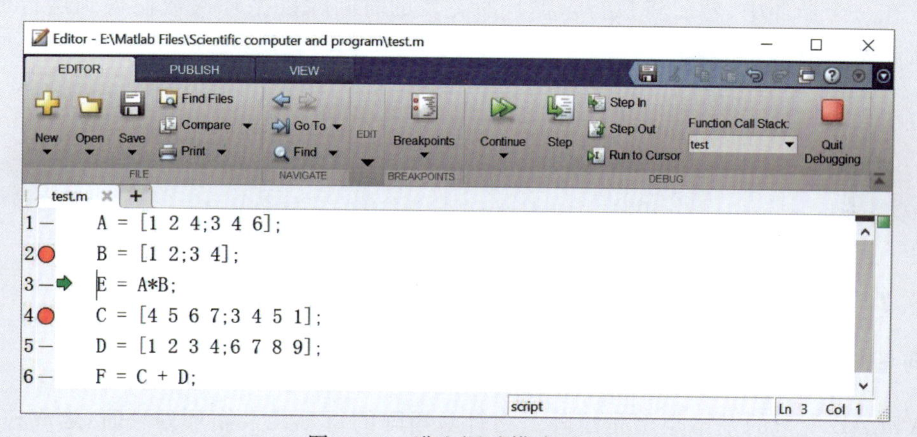

图 3.13　进入调试模式(三)

```
>> test
2   B=[1 2;3 4];       % 设置断点后的第二行
K>> dbstep             % 继续执行下一行
3   E=A*B;
K>> dbstop 4           % 在第四行设置断点
K>> dbcont             % 继续执行到下一个断点
Error using  *         % 在执行当前断点到下一个断点之间的行时出现错误
```

```
Incorrect dimensions for matrix multiplication. Check that the number of columns in
the first matrix matches the number of rows in the second matrix.
To perform elementwise multiplication, use '.*'.

Error in test (line 3)
E=A*B;

> >                                     % 系统自动返回 MATLAB 命令行窗口
```

3.5 程序设计优化

3.5.1 查看运行时间的函数

如果需要知道程序运行所需要的时间，或者比较不同程序的运行速度，可以使用查看运行时间的函数 tic 和 toc(其中，tic 启用计时器，而 toc 终止它并输出所花费的时间)。例如

```
tic;
```

运行要计算时间的程序段

```
toc;
```

若程序很短，程序运行速度太快，使用 tic 和 toc 得不到有用的信息。在这种情况下，可尝试将该程序放在一个循环中，然后将执行该循环所花费的时间除以循环次数便得到运行那个短程序一次所花费的时间。譬如

```
tic;
for k=1:100
    ……                      % 运行短程序 100 次
end;
toc;
```

3.5.2 循环语句的处理方法

1. 向量化方法

MATLAB 变量的基本类型是矩阵。当针对矩阵的每个元素循环处理时，运算速度很慢。因此，在编写程序时，应将矩阵视作一个整体来进行编程，而不是像其他的程序设计语言那样，使用循环结构对矩阵的元素循环进行处理。利用 MATLAB 提供的向量化操作函数，将循环向量化，这样既可以提高编程效率，也可以提高程序的执行效率。

向量化指的是将 for 循环和 whlie 循环转换为等价的向量或矩阵操作，如下例中所示

```
tic;
k=0;
for t=0:0.01:10
      k=k+1;
      Y(k)=sin(t);
End
toc;
```

运行结果为

```
Elapsed time is 0.003305 seconds.
```

向量化循环语句的代码为

```
tic;
t= 0:0.01:10;
Y= sin(t);
toc;
```

再一次运行的结果为

```
Elapsed time is 0.000153 seconds.
```

不难发现，向量化以后比未向量化时要快很多。

2. 使用向量化函数

在 MATLAB 中，有些函数内部已经采用了向量化处理，因而，运行效率比较高。

例 3.16　求 1＋2＋3＋…＋10 000 的值。

解：通常地，可以作下面的循环

```
tic;
mysum=0;
for i=1:10000
    mysum=mysum+i;
end
toc;
mysum
```

运行结果为

```
Elapsed time is 0.003724 seconds.
mysum=
    50005000
```

若采用向量化以及向量化的求和函数 sum，上面的代码可改写成

```
tic;
i=1:10000;
mysum=sum(i);
toc;
mysum
```

运行结果为

```
Elapsed time is 0.003310 seconds.
mysum=
    50005000
```

可以看出，采取向量化的方法比常规循环运算效率要高得多。

3. 注意循环次序

在必须使用多重循环的情况下，若两个循环执行的次数不同，建议外循环执行循环次数少的，内循环执行循环次数多的，这样也可以显著提高计算速度。

例 3.17 考虑生成一个 $5\times10\ 000$ 的 Hilbert 矩阵。该矩阵的定义是，它的第 i 行第 j 列元素 $h(i,j)=1/(i+j-1)$ 。用下面的代码比较先进行 $i=1:5$ 的循环和后进行该循环的耗时区别。

解：建立脚本 M 文件 test0317. m，程序文本如下

```
tic;
for i=1:5
    for j=1:10000
        H(i,j)=1/(i+j-1);
end
end
toc;
```

在命令行窗口输入

```
>> test0317
```

运行结果为

```
Elapsed time is 0.014563 seconds.
```

将上面程序的第二行和第三行对调位置，再次运行程序，其输出结果为

```
Elapsed time is 0.019679 seconds.
```

很明显，在程序中尽量对矢量和矩阵实施整体编程，避免循环操作矩阵的元素，可以有效提升程序运行速度。

用于矢量化操作的函数有：all、any、diff、permute、repmat、logical、find、sort 和 sum，等等。同时，还有一些程序优化方法，譬如，尽量使用函数文件而少使用脚本文件，也可以提升程序运行的速度；将循环体中的内容转换为 C-MEX，一般来说，C-MEX 文件的执行速度是相同功能的 M 文件执行速度的 20 ～ 40 倍。有关使用方法请参考相关资料，这里不再一一赘述。

3.5.3 大型矩阵的预先定维

MATLAB 中的变量在使用之前不需要明确定义和指定维数。但是，当未定义矩阵的维数，而需要赋值的元素下标超出当前维数时，MATLAB 就为该矩阵扩维一次，此举会大大降低程序的执行效率。因此，在使用矩阵之前，预定义维数可以提高程序的执行效率。

（1）给大型矩阵动态定维是一件很费时间的事情，建议在定义大矩阵时，先利用 MATLAB 内部函数实施定维，再进行赋值处理，这样会显著减少程序运行的时间。针对不同类型的数组，使用合适的预分配函数，例如，定义数值数组，可选用 zeros 或 ones，单元数组用 cell，结构数组用 struct 或 repmat，等等。

接下来，再考虑例子 3.17，在程序中的 for 语句前面添加一条命令 H＝zeros(5,10000)，则 elapsed_time＝0.7700。若采用预先定维的方法，再结合向量化的方法，可以给出下面的 MATLAB 程序

```
tic;
H=zeros(5,10000);
for i=1:5
      j=1:10000;
      H(i,j)=1./(i+j-1);
End
toc;
```

运行结果为

```
Elapsed time is 0.373331 seconds.
```

可见，预先定维后，计算所需要的时间显著地减少了。对于前面二重循环这样的特殊问题，使用 meshgrid 函数构造 5×10 000 矩阵得到向量 i 和 j，进而直接得出 $\boldsymbol{H}$ 矩阵，同样可以加快速度

```
tic;
[i,j]=meshgrid(1:5,1:10000);
H=1./(i+j-1);
toc;
```

(2) 若给非 double 型以外的矩阵预分配一个内存块，使用函数 repmat 的效果更佳，可以取得更好的效率和更快的运行速度，譬如，语句

```
A=int8(zeros(100));
```

首先创建一个 double 型 100×100 的满秩矩阵，然后将其转换为 int8 型，这将导致不必要的时间和内存花费。若用

```
A=repmat(int8(0),100,100);
```

只需要创建一个 double 值，从而减少了内存需求。在不能进行预分配的时候，可考虑能否通过函数 repmat 使数组变大，用函数 repmat 扩展矩阵时，可以获得连续的内存块。

3.5.4 内存优化

MATLAB 进行复杂的运算时需要占用大量的内存。合理使用内存和提高内存的使用效率，可以加速程序运行速度，减少系统资源的浪费。

1) 内存管理函数和命令

(1)clear variablename，从内存中删除名称为 variablename 的变量。

(2)clear all，从内存中删除所有的变量。

(3)save，将指定的变量存入磁盘。

(4)load，将命令 save 存入的变量载入内存。

(5)quit，退出 MATLAB，并释放所有分配的内存。

(6)pack，将内存中的变量存入磁盘，再用内存中的连续空间载回这些变量。考虑到执行效率问题，不要在循环中使用。

2）节约内存的方法

(1)把数据压入内存。

MATLAB 用堆管理内存，程序运行时会产生内存碎片。pack 函数将内存中所有 MATLAB 使用的变量暂存入磁盘，再用内存中的连续空间存储这些变量。当出现 out of memory 错误时，通过 pack 命令重新分配内存，可以在一定程度上解决问题。当然，由于要跟磁盘之间进行数据交换，该命令的执行速度较慢。

(2)从内存中清除不再使用的变量。

若使用 pack 命令后，内存不够，可能需要从内存中删除(clear)一些不再使用的变量；如果程序生成大量的数据，建议周期性地将数据存入磁盘(save)，保存一部分数据以后，再从内存中清除变量并继续生成数据。

(3)将满秩矩阵转换为稀疏矩阵。

大部分元素为 0 的矩阵最好保存为稀疏矩阵，稀疏矩阵使用的内存更少，并且比满秩矩阵运行更快，可用函数 sparse 进行转换，例如，比较两个 1000×1000 的矩阵 $\boldsymbol{X}$ 和 $\boldsymbol{Y}$，其中 $\boldsymbol{X}$ 为 double 型，有 2/3 的元素为 0，$\boldsymbol{Y}$ 为 $\boldsymbol{X}$ 的稀疏矩阵形式，如下所示，$\boldsymbol{Y}$ 所占用的内存大约只有 $\boldsymbol{X}$ 的一半。

```
> > whos
Name  Size       Bytes     Class
X     1000x1000  8000000   double array
Y     1000x1000  4004000   double array(sparse)
```

3.5.5 哪些情况下 MATLAB 不能加速

(1)使用了 MATLAB 不能加速的元素。

(2)在一行中有多个操作符，而某些操作不能加速，从而整行不能加速。比如有以下一些命令

```
x=a.name; for k=1:10000, sin(A(k)), end
```

由于 MATLAB 的处理方式是按行处理，当行中出现一个 MATLAB 不能加速的情况时，整行都不能加速。若改为

```
x=a.name;
for k=1:10000, sin(A(k)), end
```

则可对 for 循环进行加速。

(3) 在程序中改变已有变量的数据类型和数组，使 MATLAB 暂时停止代码的加速过程。

(4)在脚本中使用复数常数。若使用 $x = 7 + 2 * i$，MATLAB 会将 i 解释成一个没有定义数据类型和数组大小的变量，暂时终止加速处理和解释语句。如果写成 $x = 7+2i$，此时的 i 只能是复数常数，则可以加速。

MATLAB 提供了能监测程序运行状况的工具函数 profiler 和 profile，它可以告诉你 M 文件中哪些代码耗时最多，哪些行被调用的次数最多，由此，用户利用上述信息对代码进行改进，可以改善整个程序的性能。

第 4 章　可视化基础

对数据的可视化操作是利用 MATLAB 进行数据分析的一个重要方面，本章主要介绍使用 MATLAB 进行数据可视化操作的基础，内容包括：二维和三维图形的高层绘图函数，以及其他图形控制函数的使用方法。在此基础上，介绍可以操作和控制各种图形对象的低层绘图操作。

4.1　二维图形绘制

二维图形是将平面坐标上的数据点连接起来的平面图形。可以采用不同的坐标系，除直角坐标系外，还可以采用对数坐标、极坐标。数据点可以用向量或矩阵形式给出，数据类型可以是实型或复型。

4.1.1　绘制二维图形的基本函数

在 MATLAB 中，最基本且应用最为广泛的绘图函数为 plot，利用它可以在二维平面上绘制不同的曲线。

1. plot 函数的基本用法

函数 plot 用于绘制 xy 平面上的线性坐标曲线图，因此，需要提供一组 x 坐标及其对应的 y 坐标，这样就可以绘制分别以 x 和 y 为横、纵坐标的二维曲线。函数 plot 的基本调用格式如下：

（1）plot(X, Y)

（2）plot(X, Y, LineSpec)

（3）plot(X1, Y1, LineSpec1, ..., Xn, Yn, LineSpecn)

其中，$\boldsymbol{X}$ 和 $\boldsymbol{Y}$ 为长度相同的向量，分别用于存储 x 坐标和 y 坐标数据；选项 LineSpec 设置线条样式、标记符号和颜色，如表 4.1 所示，它们可以组合使用，譬如，'r:'表示红色虚线，'b-.d'表示蓝色点划线，并用菱形符标记数据点；$\boldsymbol{Xn}$ 、$\boldsymbol{Yn}$ 为共轴的多组向量对。

表 4.1 线型、颜色和标记符号选项

线型		颜色		标记符号			
-	实线	b	蓝色	•	点	s	方块符/square
:	虚线	g	绿色	○	圆圈	d	菱形符/diamond
? .	点划线	r	红色	×	叉号	∨	朝下三角符号
--	双划线	c	青色	+	加号	∧	朝上三角符号
		m	品红色	*	星号	<	朝左三角符号
		y	黄色			>	朝右三角符号
		k	墨色			p	五角星符/pentagram
		w	白色			h	六角星符/hexagram

例 4.1 绘制正弦函数 $y = \sin(x)$ 的曲线。

解:在命令行窗口输入

```
> > clc
> > x=0 : 0.01 : 2*pi;
> > y=sin(x);
> > plot(x, y)
> > set(gca,'yTickLabel',num2str(get(gca,'yTick')','% .1f'))
> > xlabel('\fontname{times new roman}\itx', 'fontsize', 15)
> > ylabel('\fontname{times new roman}\ity= \rmsin(\itx\rm)','fontsize',15)
```

程序执行后,打开一个图形窗口,并绘出如图 4.1 所示的曲线。

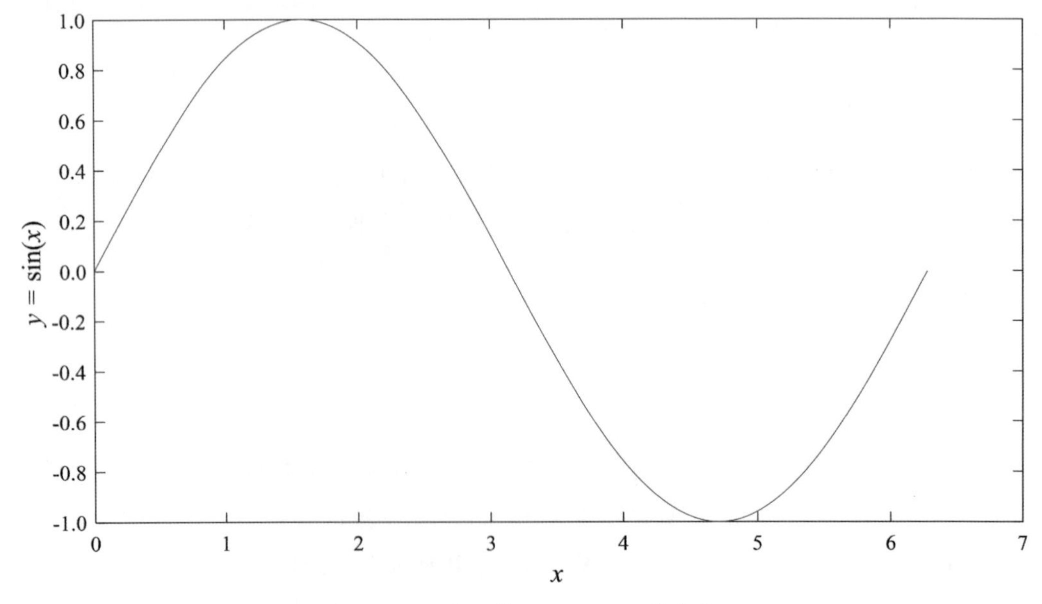

图 4.1 正弦函数 $y = \sin(x)$ 的曲线

2. fplot 绘图指令

函数 plot 是将用户指定的或者计算得到的数据转换成图形，然而，在实际应用中，函数随自变量的变化趋势常常是未知的，若自变量的离散间隔不合理，利用 plot 指令绘图往往无法反映出函数的变化趋势。fplot 指令可以很好地解决这一问题，该函数通过自适应算法动态决定自变量的离散间隔，即当函数变化缓慢时，离散间隔大一些，当函数变化剧烈时，离散间隔小一些。其具体语法格式如下：

（1）fplot(fun, limits)，在 limits 定义的取值范围内，绘制函数 fun。

（2）fplot(fun, limits, LineSpec)，在 limits 定义的取值范围内，采用 LineSpec 指定的线型、颜色、标记，绘制 fun 函数。

（3）fplot(fun, limits, tol)，在 limits 定义的自变量取值范围内，绘制误差允许范围 tol 内的 fun 函数。

（4）fplot(fun, limits, tol, LineSpec)，在 limits 定义的取值范围内，根据 LineSpec 指定的线型、颜色、标记，绘制误差范围 tol 内的函数 fun。

（5）fplot(fun, limits, n)，在 limits 定义的取值范围内，绘制 $n+1$ 个点上的 fun 函数。

例 4.2　利用 fplot 绘制函数 $Y_v(z)$ 曲线，其中 $v=0,1,2,3,4$ 。

解：创建脚本 M 文件 test0402.m，程序文本如下

```
clc
symsz

for i=0 : 4
      fplot(@ (z) bessely(i, z), [0, 20],'o')
      axis([-0.1 20.2 -2 0.6])
      hold on
end

set(gca,'yTickLabel', num2str(get(gca,'yTick')', '% .1f'))
xlabel('\fontname{times new roman}\itz', 'fontsize', 13)
ylabel('\fontname{times new roman}\itY_{v}\rm(\itz\rm)', 'fontsize', 13)
str0='\fontname{times new roman}\itY_{\rm0}';
str1='\fontname{times new roman}\itY_{\rm1}';
str2='\fontname{times new roman}\itY_{\rm2}';
str3='\fontname{times new roman}\itY_{\rm3}';
str4='\fontname{times new roman}\itY_{\rm4}';
legend(str0, str1, str2, str3, str4,'Location', 'southeast')
grid on
```

在命令行窗口输入

```
> > test0402
```

输出结果如图 4.2 所示，很明显，在 limits 定义的取值范围［0,20］内，自变量 z 是非等间隔采样的。

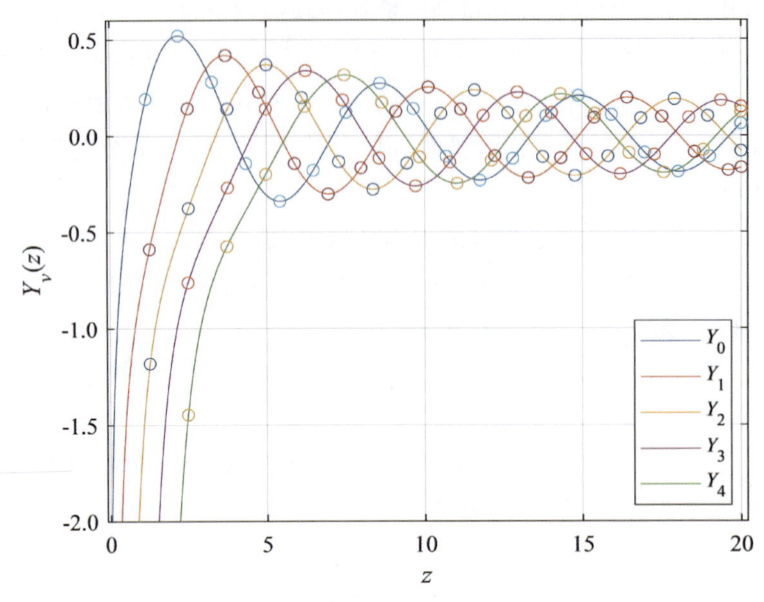

图 4.2　Bessel 函数 $Y_v(z)$ 的曲线

3. 对数坐标图形

在实际应用中，经常用到对数坐标，例如，直流电阻率测深曲线图。MATLAB 提供了绘制半对数、双对数坐标曲线的函数，调用格式为

(1) semilogx(X1, Y1, LineSpec, ...)

(2) semilogy(X1, Y1, LineSpec, ...)

(3) loglog(X1, Y1, LineSpec, ...)

其中，参数的定义与函数 plot 中的完全一致，只不过显示的坐标轴比例不同。函数 semilogx 使用半对数坐标，x 轴为对数刻度，y 轴保持线性刻度；函数 semilogy 也使用半对数坐标，y 轴为对数刻度，x 轴保持线性刻度；loglog 函数使用双对数坐标，x 、y 轴均采用对数刻度。

4. 双纵坐标函数 plotyy

在 MATLAB 中，如果需要绘制出具有不同纵坐标标度的两个图形，可以使用函数 plotyy。这种图形能将具有不同量纲、不同数量级的两个函数呈现在同一坐标中，有利于图形数据的对比分析。函数 plotyy 的调用格式为

```
plotyy(X1, Y1, X2, Y2)
```

其中，$X1$、$Y1$ 对应一条曲线，$X2$、$Y2$ 对应另一条曲线。横坐标的标度相同，纵坐标有两个，左纵坐标用于 $X1$、$Y1$ 数据对，右纵坐标用于 $X2$、$Y2$ 数据对。

例 4.3　绘制双坐标图形示例。

解:在命令行窗口输入

```
>> clc
>> x=linspace(0,10);
>> y=sin(3*x);
>> yyaxis left
>> plot(x,y)
>> set(gca,'yTickLabel', num2str(get(gca,'yTick')', '% .1f'))
>> ylabel('\fontname{times new roman}sin(3\itx\rm)', 'fontsize', 15)

>> z=sin(3*x).*exp(0.5*x);
>> yyaxis right
>> plot(x,z)
>> ylim([-150 150])
>> xlabel('\fontname{times new roman}\itx', 'fontsize', 15)
>> str='\fontname{times new roman}sin(3\itx\rm)\cdot\ite^{x\rm/2}';
>> ylabel({str},'fontsize', 15)
```

程序运行结果如图 4.3 所示。

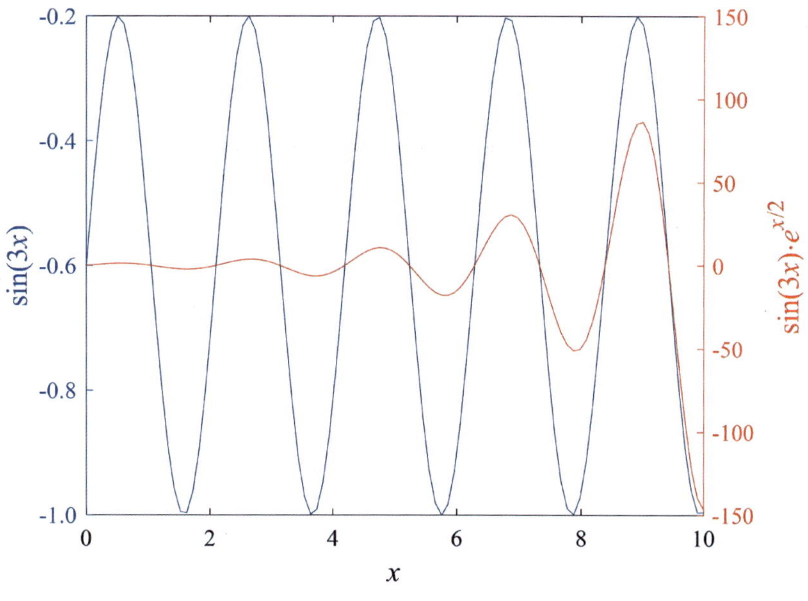

图 4.3　用双坐标绘制的曲线

4.1.2　绘制图形的辅助操作

绘制完图形后,可能还需要对图形进行一些辅助操作,以使图形意义更加明确,可读性更强。

1. 图形标注

在绘制图形时，可以对图形加上一些说明，譬如，图形名称、坐标轴说明以及图形某一部分的含义，等等，这些操作称为图形的标注。有关图形标注函数的调用格式为：

(1) title('text', 'Property1', PropertyValue1, ...)：在当前轴的顶部添加文本，设置指定属性的值。

(2) xlabel('text', 'Property1', PropertyValue1, ...)：在当前轴上的 x 轴旁边添加文本，设置指定属性的值。

(3) ylabel('text', 'Property1', PropertyValue1, ...)：在当前轴上的 y 轴旁边添加文本；

(4)text(x, y, str)：使用 str 指定的文本向当前轴中的一个或多个数据点添加文本描述。

(5)legend(label1, ..., labelN, Name, Value)：创建一个带有描述性标签的图例。

例 4.4 坐标轴及标题的标注。

解：在命令行窗口输入

```
>> x=-10:0.1:10;
>> y=sin(x)./x;
>> plot(x,y);
>> xlabel('\fontname{times new roman}\itx');
>> ylabel('\fontname{times new roman}\ity=\rmsin(\itx\rm) / \itx')
>> title('\fontname{times new roman}The spectrum of the gatefunction');
```

程序运行结果如图 4.4 所示。

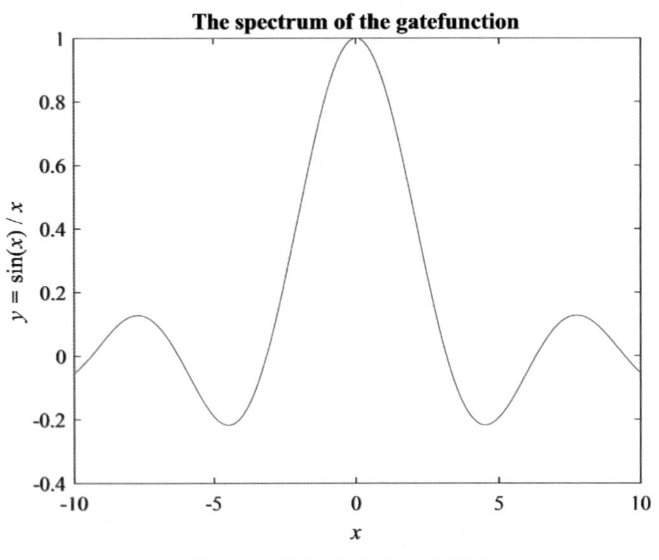

图 4.4 坐标轴及标题的标注

例 4.5 在图形中添加文本字符串。

解：在命令行窗口输入

```
>> x=0:0.1:10;
>> y=sin(x);
>> plot(x,y);
>> xlabel('\fontname{times new roman}\itx');
>> ylabel('\fontname{times new roman}\ity=\rmsin(\itx\rm)')
>> text(0,sin(0),'\leftarrow\fontname{times new roman}sin(\itx\rm)=0');
>> text(3*pi/4,sin(3*pi/4),'\rightarrow\fontname{times new roman}sin(\itx\rm)=
   0.707');
>> text(7*pi/4,sin(7*pi/4),'\leftarrow\fontname{times new roman}sin(\itx\rm)=
   -0.707');
```

程序运行结果如图 4.5 所示。

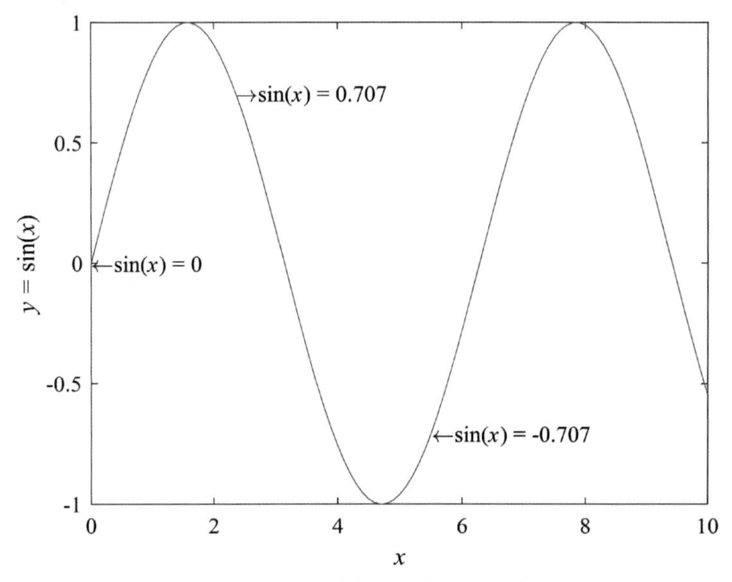

图 4.5　在图形中添加文本字符串

例 4.6　在图形中添加图例。

解：在命令行窗口输入

```
>> x=0:0.01:2*pi;
>> y1=sin(x);
>> y2=cos(x);
>> plot(x,y1,x,y2,'r:'), axis tight
>> str1='\fontname{times new roman}\ity\rm_{1}=sin(\itx\rm)';
>> str2='\fontname{times new roman}\ity\rm_{2}=cos(\itx\rm)';
>> legend(str1,str2,'fontsize',12);
>> xlabel('\fontname{times new roman}\itx','fontsize',14);
>> ylabel('\fontname{times new roman}\ity','fontsize',14);
>> grid on
```

程序运行结果如图 4.6 所示。

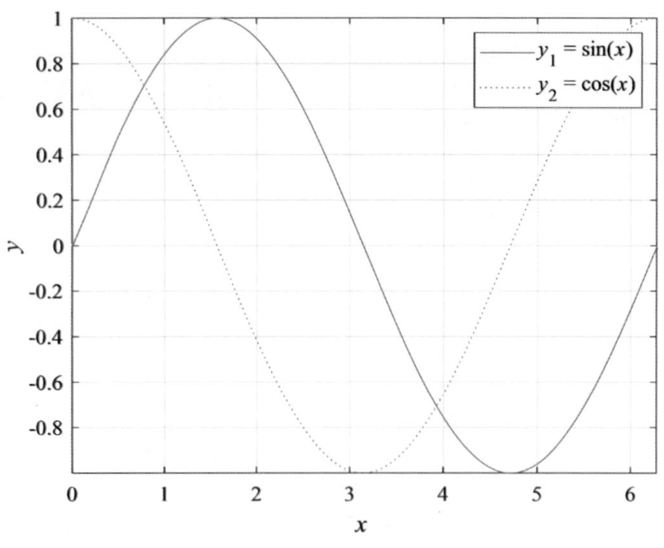

图 4.6 在图形中进行图例标注

上述图形标注函数的说明文字，除使用标准的 ASCII 字符串外，还可以使用 LaTeX 格式的控制字符，可以在图形上添加希腊字母、数学符号及公式等内容。一些常用的 LaTeX 字符见表 4.2，其中的各个字符既可以单独使用，又可以和其他字符及命令配合使用。例如，ylabel('\rho_{\it\fontname{times new roman}a} / \rm\Omega\cdotm')，将得到坐标轴标注效果"$\rho_a/\Omega \cdot \mathrm{m}$"。

表 4.2 常用的 LaTeX 字符

标识符	符号	标识符	符号	标识符	符号
\alpha	α	\epsilon	ε	\infty	∞
\beta	β	\eta	η	\int	$\int$
\gamma	γ	\Gamma	Γ	\partial	∂
\delta	δ	\Delta	Δ	\leftarrow	$\leftarrow$
\theta	θ	\Theta	Θ	\uparrow	$\uparrow$
\lambda	λ	\Lambda	Λ	\rightarrow	$\rightarrow$
\xi	ξ	\Xi	Ξ	\downarrow	$\downarrow$
\pi	π	\Pi	Π	\div	$\div$
\omega	ω	\Omega	Ω	\times	$\times$
\sigma	σ	\Sigma	Σ	\pm	$\pm$
\phi	ϕ	\Phi	Φ	\leq	$\leqslant$
\psi	φ	\Psi	ψ	\geq	$\geqslant$
\rho	ρ	\tau	τ	\neq	$\neq$
\mu	μ	\zeta	ζ	\forall	$\forall$
\nu	ν	\chi	χ	\exists	$\exists$

2. 坐标控制

在绘制图形时,MATLAB 根据待绘制数据的范围自动选择坐标刻度,使得图形尽可能清晰地显示出来。一般情况下,用户不必定义坐标轴的刻度范围。若用户对坐标系不满意,也可利用函数 axis 对其重新设定。该函数的调用格式为

```
axis([xmin xmax ymin ymax zmin zmax])
```

若只给出前四个参数,则按照给出的 x 、y 轴最小值和最大值选择坐标系范围,以便绘出合适的二维图形。如果给出全部参数,系统则按照给出的三个坐标轴的最小值和最大值设置坐标系范围,以便绘制出合适的三维图形。

函数 axis 功能丰富。其调用格式有:

(1) axis equal:纵、横坐标轴采用等长刻度。

(2) axis square:产生正方形坐标系(默认为矩形)。

(3) axis auto:使用默认设置。

(4)axis on/off:显示或取消坐标轴。

给坐标加网格线,用命令 grid 来控制,命令 grid on/off 控制画或者不画网格线,不带参数的 grid 命令在两种状态之间进行切换;给坐标加边框用命令 box 来控制,命令 box on/off 控制添加或不添加边框线,不带参数的 box 命令在两种状态之间进行切换。

3. 图形保持

一般情况下,每执行一次绘图命令,就刷新一次当前图形窗口,图形窗口原有图形将不复存在。若希望在已存在的图形上继续添加新的图形,可使用图形保持命令 hold。命令 hold on/off 控制保持原有图形或者刷新原有图形,不带参数的 hold 命令在两种状态之间进行切换。

例 4.7　用图形保持功能在同一坐标内绘制正余弦曲线。

解:在命令行窗口输入

```
>> x=0 : 0.01 : 2*pi;
>> y1=sin(x);
>> y2=cos(x);
>> plot(x,y1)
>> hold on
>> plot(x,y2,'r:') , axis tight
>> xlabel('\fontname{times new roman}\itx','fontsize',14);
>> ylabel('\fontname{times new roman}\ity','fontsize',14);
>> grid on
```

程序运行结果如图 4.7 所示。

4. 子图

MATLAB 系统提供了函数 subplot,用来将当前图形窗口分割成若干个绘图区。每个区

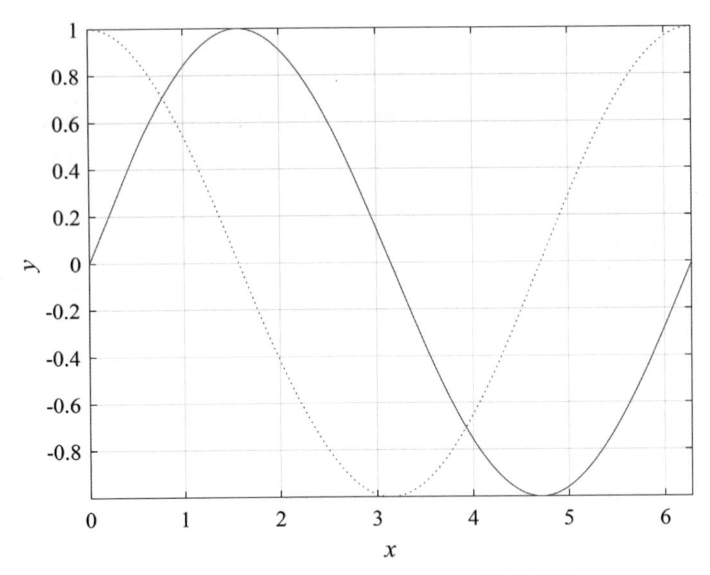

图 4.7　利用图形保持绘制正余弦曲线

域代表一个独立子图，也是一个独立坐标系，通过函数 subplot 激活某一区域，该区为活动区，所发出的绘图命令都将作用于活动区域。函数 subplot 的调用格式为：

(1) subplot(m,n,p)，使 $m \times n$ 幅子图中的第 p 幅成为当前图。

(2) subplot('Position', pos)，在指定位置 pos 开辟子图，并成为当前图。

在每一个绘图区允许以不同的坐标系单独绘制图形。

例 4.8　子图绘制示例。

解：创建脚本 M 文件 test0407.m，程序文本如下

```
clf
t=(pi*(0:1000)/1000)';
y1=sin(t);
y2=sin(10*t);
y3=sin(t).*sin(10*t);

subplot(2,2,1), plot(t, y1); axis([0, pi,-1, 1])
set(gca,'yTickLabel', num2str(get(gca,'yTick')', '% .1f'))
xlabel('\fontname{times new roman}\itx', 'fontsize', 12)
ylabel('\fontname{times new roman}\ity_{\rm1}', 'fontsize', 12)
subplot(2,2,2), plot(t, y2); axis([0, pi,-1, 1])
set(gca,'yTickLabel', num2str(get(gca,'yTick')', '% .1f'))
xlabel('\fontname{times new roman}\itx', 'fontsize', 12)
ylabel('\fontname{times new roman}\ity_{\rm2}', 'fontsize', 12)
subplot('position', [0.2, 0.1, 0.6, 0.40])
plot(t, y3,'b-', t, [y1,-y1], 'r:')
set(gca,'yTickLabel', num2str(get(gca,'yTick')', '% .1f'))
```

```
xlabel('\fontname{times new roman}\itx', 'fontsize', 12)
ylabel('\fontname{times new roman}\ity_{\rm3}', 'fontsize', 12)
axis([0, pi,-1, 1])
```

在命令行窗口输入

```
> > test0407
```

程序运行结果如图 4.8 所示。

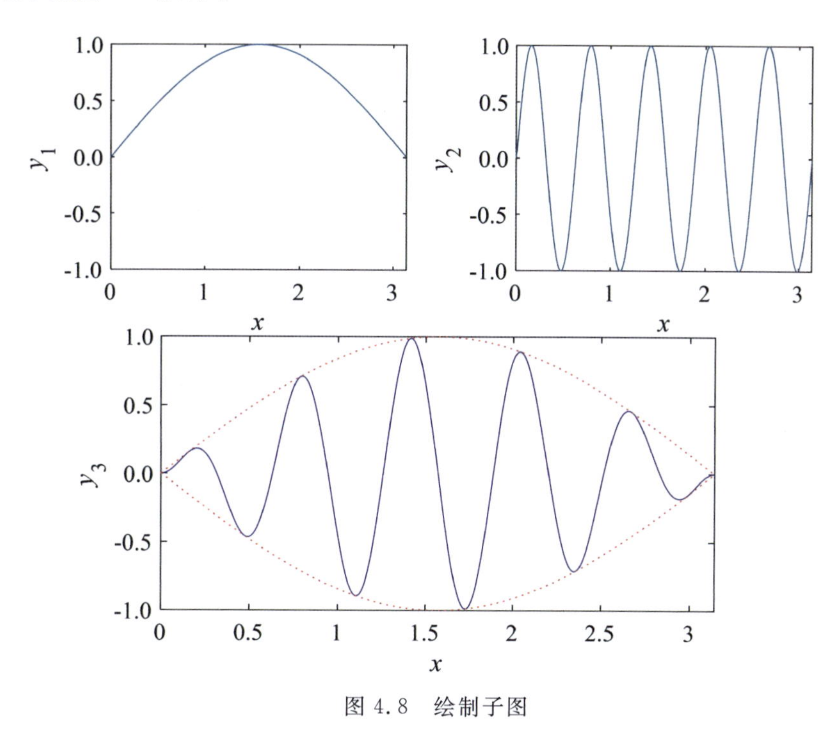

图 4.8　绘制子图

4.1.3　绘制二维图形的其他函数

在 MATLAB 中，还有其他绘图函数可以绘制不同类型的二维图形，以满足不同的需求。

1. 极坐标图的绘制

极坐标也是一种常用的坐标形式，在有些场合使用起来非常方便。极坐标图的绘制函数是 polar，其调用格式为

```
polar(theta, rho, LineSpec)
```

即用极角 theta 和极径 rho 画出极坐标图形，参量 LineSpec 指定极坐标图中线条的线型、标记符号和颜色等。

例 4.9　绘制函数 $\rho = \sin(2\theta)\cos(2\theta)$ 的极坐标图。

解：在命令行窗口输入

```
> > theta=0:0.01:2*pi;
> > rho=sin(2*theta).*cos(2*theta);
```

```
>> figure
>> polar(theta,rho,'r');
```

程序运行结果如图 4.9 所示。

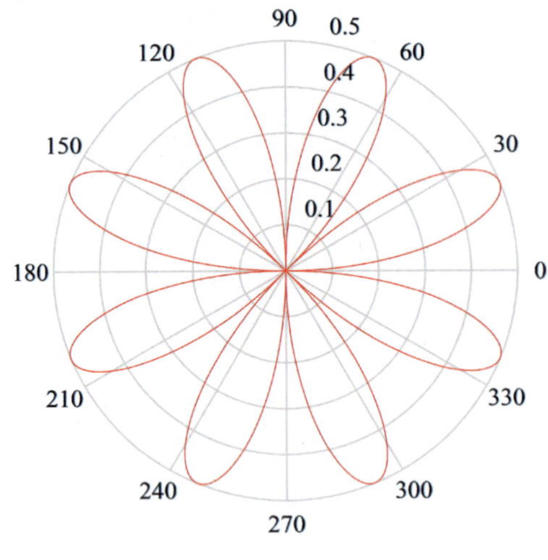

图 4.9 极坐标图

2. 二维条形图的绘制

在 MATLAB 中,可以用函数 bar 来绘制二维条形图。调用格式为

```
bar(x, y, width, style, Linespec)
```

其中,参数 width 代表条形宽度,当 width 的值大于 1 时,条形将会出现交叠,默认为 0.8;参数 style 用来定义条形的类型,可选值为 group 或 stack,默认为 group,若选 stack,则对 $m\times n$ 矩阵只绘制 n 组条形,每组一个条形,且条形的高度为这一列中所有元素的和;参数 Linespec 用来定义条形的颜色。

例 4.10 绘制二维条形图示例。

解:在命令行窗口输入

```
>> x=-2.9:0.2:2.9;
>> figure, bar(x,exp(-x.*x))
>> xlabel('\fontname{times new roman}\itx','fontsize',14);
>> ylabel('\fontname{times new roman}\ite^{-\itx^{\rm2}}','fontsize',14)
```

程序运行结果如图 4.10 所示。

3. 二维区域图的绘制

区域图的绘制采用函数 area,用于在图形窗口中显示一段曲线。该曲线可由一个矢量生成,也可由矩阵中的列生成。如果矩阵的列数大于 1,函数 area 将矩阵中每一列的值都绘制成独立曲线,并且对曲线之间和曲线与 x 轴之间的区域进行填充。

例 4.11 根据矩阵数据来绘制区域图。

解:在命令行窗口输入

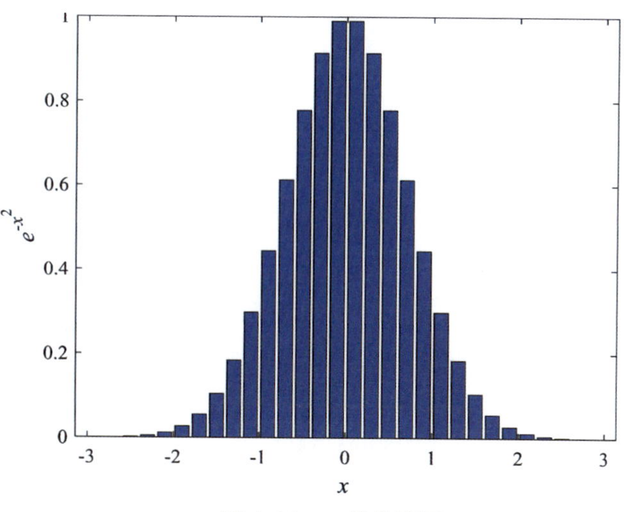

图 4.10　二维条形图

```
>> Y=[1, 5, 3;    % 注意Y是4行3列的数值矩阵
      3, 2, 7;
      1, 5, 3;
      2, 4, 1];
>> h=figure;
>> area(Y)
>> grid on
>> colormap(h, 'summer');
>> set(gca,'Layer','top')
>> xlabel('\fontname{times new roman}\itColumn');
>> set(gca,'XTick',1:1:4);
>> ylabel('\fontname{times new roman}\itY ')
```

程序运行结果如图 4.11 所示。

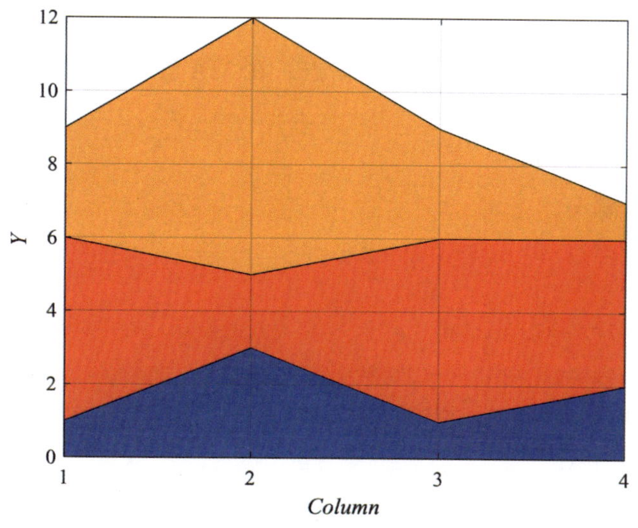

图 4.11　根据矩阵数据绘制的区域图

4. 离散数据的图形绘制

常见离散数据的图形有两种:枝干图和阶梯图。枝干图是将每个离散数据显示为末端带有标记符号的线条,调用函数为 stem。在二维枝干图中,枝干线条的起点在 x 坐标轴上。

例 4.12 绘制二维枝干图示例。

解:在命令行窗口输入

```
> > x=0:0.25:(3*pi);
> > figure
> > stem(x,sin(x)); axis tight
> > xlabel('\fontname{times new roman}\itx');
> > ylabel('\fontname{times new roman}\ity=\rmsin(\itx\rm)')
```

程序运行结果如图 4.12 所示。

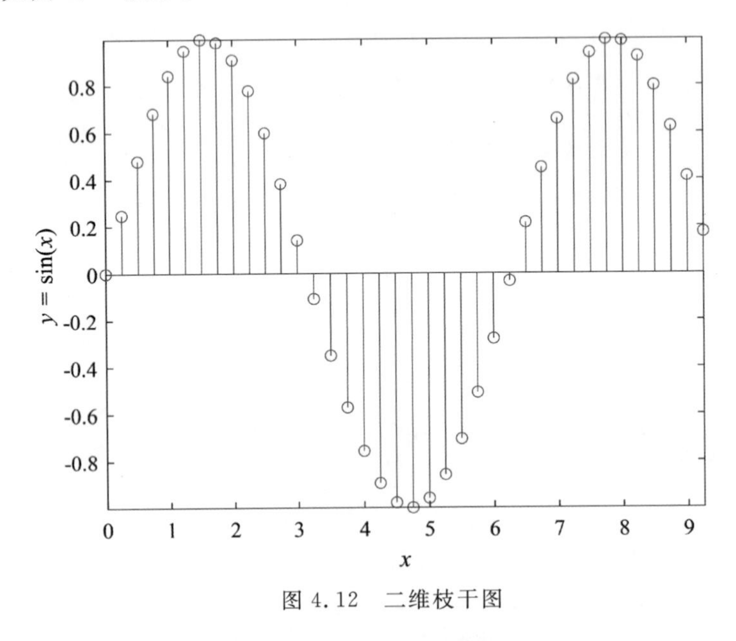

图 4.12　二维枝干图

阶梯图是以一个恒定间隔的边沿显示数据点。在 MATLAB 中,绘制阶梯图所用的函数是 stairs。

例 4.13 绘制阶梯图示例。

解:在命令行窗口输入

```
> > x=0:0.25:(3*pi);
> > figure
> > stem(x,sin(x)); axis tight
> > xlabel('\fontname{times new roman}\itx');
> > ylabel('\fontname{times new roman}\ity=\rmsin(\itx\rm)')
```

程序运行结果如图 4.13 所示。

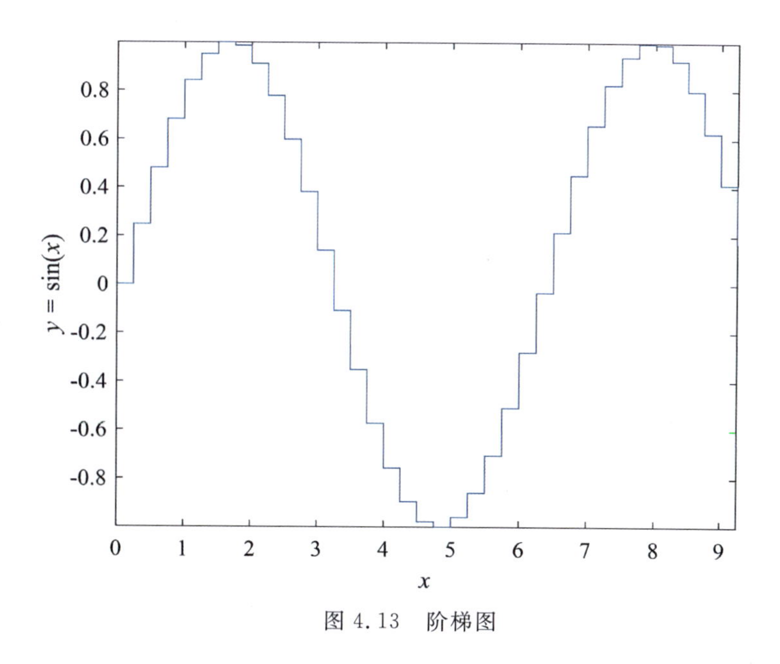

图 4.13　阶梯图

4.2　三维图形绘制

4.2.1　绘制三维图形的基本函数

最基本的三维图形函数为 plot3,它将二维绘图函数 plot 的有关功能扩展到三维空间,用来绘制三维曲线。函数 plot3 与 plot 用法相似,其调用格式为

```
plot3(X1, Y1, Z1, LineSpec, ...)
```

其中,参数 LineSpec 的定义和函数 plot 中的相同。当 $\boldsymbol{x}$ 、$\boldsymbol{y}$ 、$\boldsymbol{z}$ 是同维向量时,$\boldsymbol{x}$ 、$\boldsymbol{y}$ 、$\boldsymbol{z}$ 对应元素构成一条三维曲线;当 $\boldsymbol{x}$ 、$\boldsymbol{y}$ 、$\boldsymbol{z}$ 是同维矩阵时,则以 $\boldsymbol{x}$ 、$\boldsymbol{y}$ 、$\boldsymbol{z}$ 对应列元素绘制三维曲线,曲线条数等于矩阵列数。

例 4.14　绘制一个三维螺旋线。

解:在命令行窗口输入

```
> > t=0:0.1:8*pi;
> > plot3(sin(t),cos(t),t)
> > xlabel('\fontname{times new roman}\rmsin(\itt\rm)','fontsize',12);
> > ylabel('\fontname{times new roman}\rmcos(\itt\rm)','fontsize',12)
> > zlabel('\fontname{times new roman}\itt','fontsize',12)
> > grid on
```

运行后结果如图 4.14 所示。

在图 4.14 中,若将图中的 z 轴去掉,从上往下看时,它是一个圆,和 plot(sint, cost)绘制的曲线相同,由此可见,plot3 实际上就是二维函数 plot 在三维空间上的扩展。

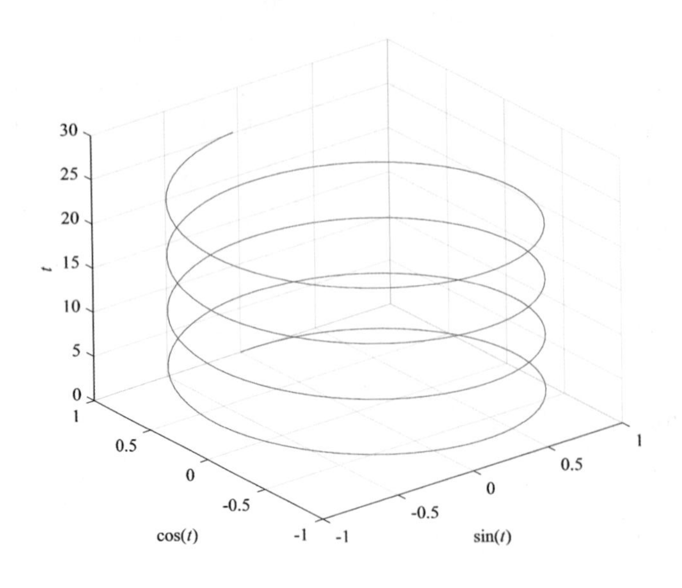

图 4.14　三维螺旋线

4.2.2　绘制三维曲面图

1. 平面网格点的生成

绘制 $z=f(x,y)$ 所代表的三维曲面图，先在 xy 平面选定一矩形区域，设矩形区域 $D=[a,b]\times[c,d]$，将 $[a,b]$ 在 x 方向分成 m 份，将 $[c,d]$ 在 y 方向分成 n 份，再由各划分点分别作平行于两坐标轴的直线，将区域 D 分成 $m\times n$ 个小矩形，生成代表每一个小矩形顶点坐标的平面网格点矩阵，最后利用有关函数成图。

在 MATLAB 中，用函数 meshgrid 生成平面网格点。其调用形式为

```
(1) [X, Y]=meshgrid(x, y)
(2) [X, Y]=meshgrid(x)
(3) [X, Y, Z]=meshgrid(x, y, z)
```

如果不采用 meshgrid 函数，则只能用 for 循环或 while 循环来生成平面网格点，下面举例说明之。

例 4.15　已知 $z=x\mathrm{e}^{-x^2-y^2}$，其定义域 $x,y\in[-2,2]$。生成平面网格点后，计算网格点上的函数值。

解：在命令行窗口输入

```
% ---------程序 1---------%
> > x=-2:2:2;
> > y=-2:2:2;
> > [X, Y]=meshgrid(x, y);
> > Z=X .*exp(-X.^2-Y.^2);
> > Z
```

```
%---------程序 2---------%
>> x=-2:2:2;
>> y=-2:2:2;
>> for i=1:size(x,2)
    >> Z(:,i)=x(i)*exp(-x(i)^2-y.^2);
>> end
>> Z
%---------程序 3---------%
>> x=-2:2:2;
>> y=-2:2:2;
>> for j=1:size(y,2)
    >> Z(j,:)=x.*exp(-x.^2-y(j)^2);
>> end
>> Z
%---------程序 4---------%
>> x=-2:2:2;
>> y=-2:2:2;
>> for i=1:size(x,2)
>> for j=1:size(y,2)
    >> Z(j,i)=x(i)*exp(-x(i)^2-y(j)^2);
>> end
>> end
>> Z
```

程序执行结果均为

```
Z=
   -0.000670925255805              0   0.000670925255805
   -0.036631277777468              0   0.036631277777468
   -0.000670925255805              0   0.000670925255805
```

2. 三维网格图

网格图是将相邻的数据点连接起来形成的网状曲面。MATLAB 提供了函数 mesh 来绘制三维网格图，其主要调用格式如下：

（1）mesh(X, Y, Z)：以 Z 确定网格图的高度和颜色。

（2）mesh(X, Y, Z, C)：以 Z 确定网格图的高度，C 确定颜色。

例 4.16　绘制三维曲面图形。

解：在命令行窗口输入

```
% ---------------坐标、磁化参数---------------%
>> x=-40:1:40;            % x 方向观测范围
>> y=-40:1:40;            % y 方向观测范围
>> I=-pi/4;               % 磁倾角,负数表示在南半球磁化
>> A=pi/4;                % 磁偏角
% ------调用磁化球体的磁场正演函数-----%
>> [Hax, Hay, Za, Delta_T]=MAG_sphere_FWD(pi/4,-pi/4, x, y);
% ---------------绘制三维网格图---------------%
>> h=figure;
>> mesh(x,y,Hay); axis tight;
>> colormap(h,'jet');
>> xlabel('\fontname{times new roman}\itx / \rmm');
>> ylabel('\fontname{times new roman}\ity / \rmm');
>> zlabel('\fontname{times new roman}\itH_{\itay} / \rmnT');
```

运行后结果如图 4.15 所示。

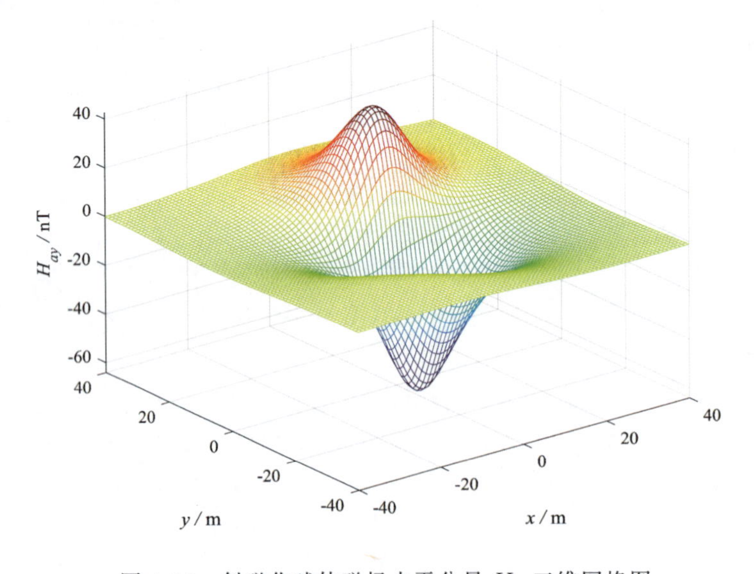

图 4.15　斜磁化球体磁场水平分量 H_{ay} 三维网格图

此外,还有两个与 mesh 类似的函数,即带等高线的三维网格图 meshc 和带底座的三维网格图函数 meshz。它们的调用形式与函数 mesh 相同,其区别在于 meshc 在 xy 平面上绘制等高线、meshz 在 xy 平面上绘制曲面的底座。

例 4.17　演示函数 meshc 和 meshz 的用法,注意比较它们的不同,这里直接套用例 4.16 中的 H_{ay} 数据。

解:在命令行窗口输入

```
> > figure
> > h1=subplot(1,2,1);
> > meshc(x,y,Hay); colormap(h1,'jet'); axis square
> > xlabel('\fontname{times new roman}\itx / \rmm');
> > ylabel('\fontname{times new roman}\ity / \rmm');
> > zlabel('\fontname{times new roman}\itH_{\itay} / \rmnT');

> > h2=subplot(1,2,2);
> > meshz(x,y,Hay); colormap(h2,'jet'); axis square
> > xlabel('\fontname{times new roman}\itx / \rmm');
> > ylabel('\fontname{times new roman}\ity / \rmm');
> > zlabel('\fontname{times new roman}\itH_{\itay} / \rmnT');
```

运行后结果如图 4.16 所示。

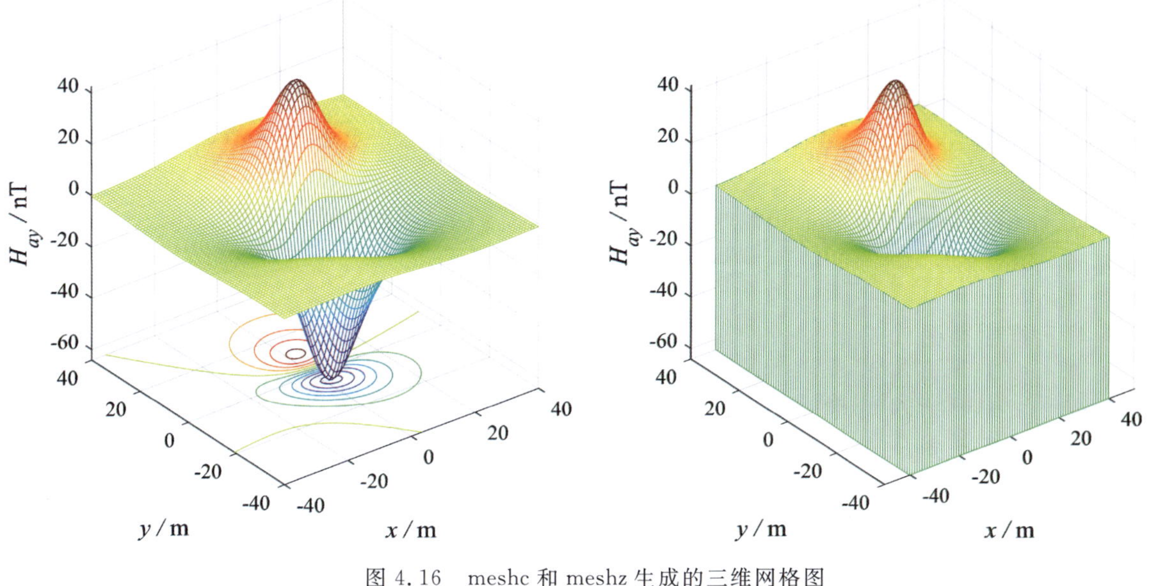

图 4.16　meshc 和 meshz 生成的三维网格图

3. 三维表面图

MATLAB 提供函数 surf 来绘制三维表面图，函数 surf 的曲面生成过程与 mesh 相似，但着色机理与 mesh 不同。mesh 仅对网格线着色，而 surf 是对网格片着色，网格线用黑色标出（默认）。其调用格式与 mesh 相同，这里不再重复，仅仅给出例子予以说明。

例 4.18　利用例 4.16 中的 H_{ay} 数据，绘制三维表面图形。

解：在命令行窗口输入

```
> > h=figure;
> > surf(x,y,Hay); colormap(h,'jet'); axis tight
> > xlabel('\fontname{times new roman}\itx / \rmm');
```

```
>> ylabel('\fontname{times new roman}\ity / \rmm');
>> zlabel('\fontname{times new roman}\itH_{\itay} / \rmnT');
```

运行后结果如图 4.17 所示。

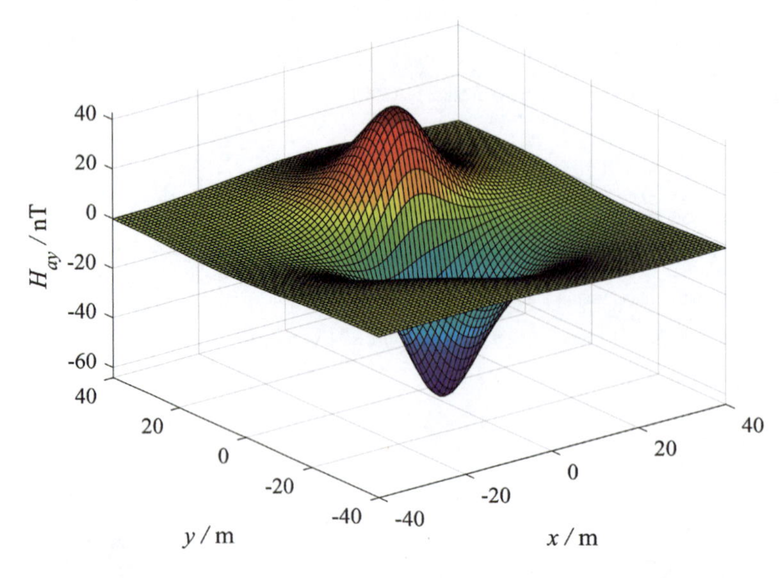

图 4.17　斜磁化球体磁场水平分量 H_{ay} 三维表面图

此外，函数 surf 也有两个相似的函数，即具有等高线的三维表面图函数 surfc、具有光照效果的三维表面图函数 surfl。

4. 三维曲面图

MATLAB 提供了一些函数用于绘制标准三维曲面，这些函数可以产生相应的绘图数据，用于三维图形的演示。

(1) 用函数 sphere 绘制三维球面，调用格式为

```
[X, Y, Z]=sphere(n)
```

返回三个 $(n+1)\times(n+1)$ 阶矩阵，n 决定球面的光滑程度，默认值为 20。

(2) 用函数 cylinder 绘制三维柱面，调用格式为

```
[X, Y, Z]=cylinder(r, n)
```

其中，$\boldsymbol{r}$ 是一个向量，存放柱面各等间隔高度上的半径，n 表示圆柱圆周上有 n 个间隔点，默认值为 20。

(3) 多峰函数 peaks，常用于三维函数的演示，函数形式为

$$f(x,y)=R+S+T \tag{4.1}$$

这里，

$$R=3(1-x^2)\mathrm{e}^{-x^2-(y+1)^2} \tag{4.2a}$$

$$S=-10\left(\frac{x}{5}-x^3-y^5\right)\mathrm{e}^{-x^2-y^2} \tag{4.2b}$$

$$T = -\frac{1}{3} e^{-(x+1)^2 - y^2} \tag{4.2c}$$

其中 $x, y \in [-3, 3]$。函数 peaks 的调用格式为

```
Z=peaks(n)
```

将生成一个 $n \times n$ 的矩阵 $\boldsymbol{Z}$，n 的默认值为 48。或者

```
Z=peaks(X, Y)
```

根据平面网格点 X、Y，计算函数值矩阵 $\boldsymbol{Z}$。

例 4.19　绘制标准三维曲面图形。

解：建立脚本 M 文件 test419.m，程序文本如下

```
t=0:pi/20:2*pi;
[x,y,z]=sphere;
h1=subplot(2,2,1); colormap 'jet'
surf(x,y,z)
xlabel('\fontname{times new roman}\itx','fontsize',14)
ylabel('\fontname{times new roman}\ity','fontsize',14)
zlabel('\fontname{times new roman}\itz','fontsize',14)
axis square
title('\fontname{times new roman}\itSphere')
[x,y,z]=cylinder(2+sin(2*t),30);
h2=subplot(2,2,2);
surf(x,y,z)
xlabel('\fontname{times new roman}\itx','fontsize',14)
ylabel('\fontname{times new roman}\ity','fontsize',14)
zlabel('\fontname{times new roman}\itz','fontsize',14)
axis tight
title('\fontname{times new roman}\itCylinder')
[x,y,z]=peaks(20);
h3=subplot(2,2,[3,4]);
surf(x,y,z)
xlabel('\fontname{times new roman}\itx','fontsize',14);
ylabel('\fontname{times new roman}\ity','fontsize',14)
zlabel('\fontname{times new roman}\itz','fontsize',14)
axis tight
title('\fontname{times new roman}\itPeaks')
```

在命令行窗口输入

```
> > test419
```

运行后结果如图 4.18 所示。

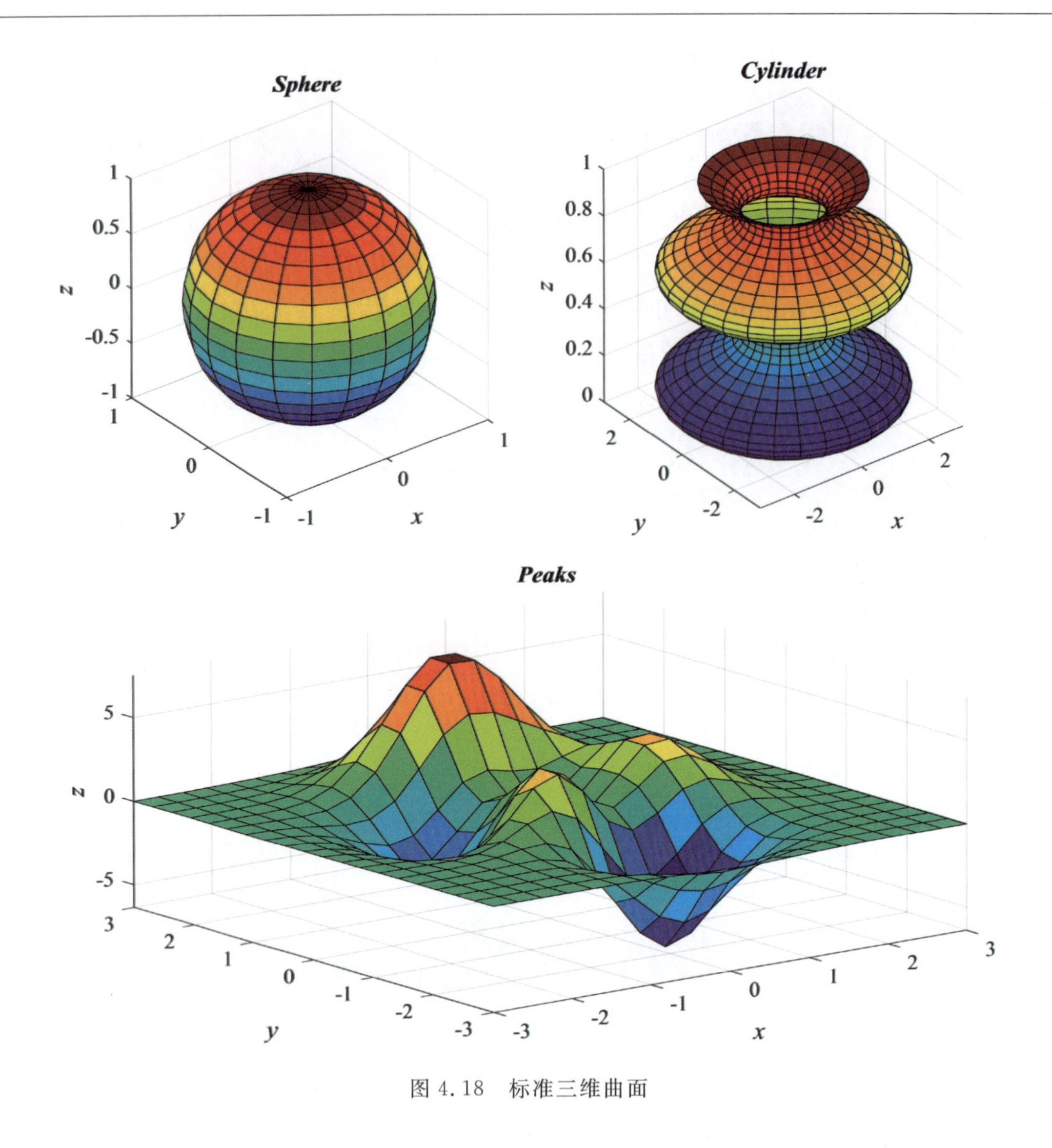

图 4.18　标准三维曲面

4.3　其他图形绘制

4.3.1　三维数据的二维图

有些情况下，希望得到三维数据的二维表示，MATLAB 提供了绘制等值线图和伪彩图的函数。

1. 等值线图

MATLAB 中的等值线图是指将某一平面上具有同一高度的点连成一条曲线，该高度由高度矩阵来反映。绘制等值线图的函数为 contour，其调用格式为

```
contour(X, Y, Z, levels)
```

绘制矩阵 **Z** 的等值线,其中 X 和 Y 指定等值线的 x 、y 坐标,levels 代表绘制等值线的条数。

例 4.20　利用例 4.16 中的 H_{ay} 数据,绘制等值线图。

解:在命令行窗口输入

```
>> h=figure;
>> contour(x,y,Hay,15); colormap(h,'jet'); axis tight; axis equal
>> xlabel('\fontname{times new roman}\itx / \rmm','fontsize',14);
>> ylabel('\fontname{times new roman}\ity / \rmm','fontsize',14);
```

运行后结果如图 4.19 所示。

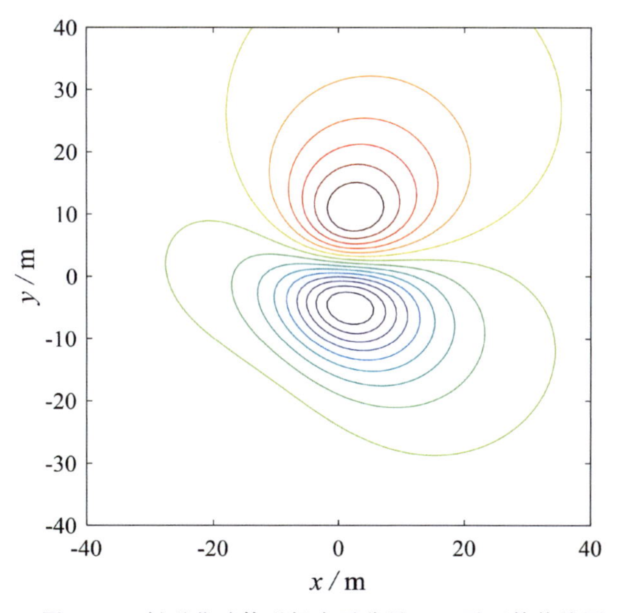

图 4.19　斜磁化球体磁场水平分量 H_{ay} 平面等值线图

在等值线图中,每条等值线都有相应的值与之关联,可以调用函数 clabel 对等值线进行标注。

例 4.21　利用例 4.16 中的 H_{ay} 数据,绘制带有标注的等值线图。

解:在命令行窗口输入

```
>> h=figure;
>> [C,h1]=contour(x,y,Hay); colormap(h,'jet'); axis tight; axis equal
>> xlabel('\fontname{times new roman}\itx / \rmm','fontsize',14);
>> ylabel('\fontname{times new roman}\ity / \rmm','fontsize',14);
>> v=[-50,-30,-10, 0, 10, 30, 50];
>> clabel(C,h1,v);
```

运行后结果如图 4.20 所示。

MATLAB 还可以使用函数 contourf 绘制填充的等值线图,该函数的基本用法和函数 contour 的相同。

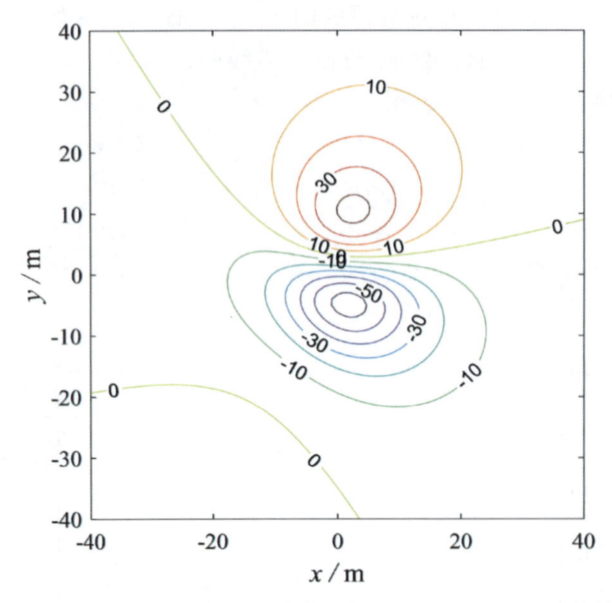

图 4.20 带有标注的斜磁化球体磁场水平分量 H_{ay} 平面等值线图

例 4.22 利用例 4.16 中的 H_{ay} 数据,绘制填充的等值线图。

解:在命令行窗口输入

```
> > h=figure;
> > contourf(x,y,Hay,15); axis tight; axis equal
> > colormap(h,'jet'); c= colorbar;
> > c.Label.String='\fontname{times new roman}\itH_{ay} / \rmnT' ;
> > xlabel('\fontname{times new roman}\itx / \rmm','fontsize',14);
> > ylabel('\fontname{times new roman}\ity / \rmm','fontsize',14);
```

运行后结果如图 4.21 所示。

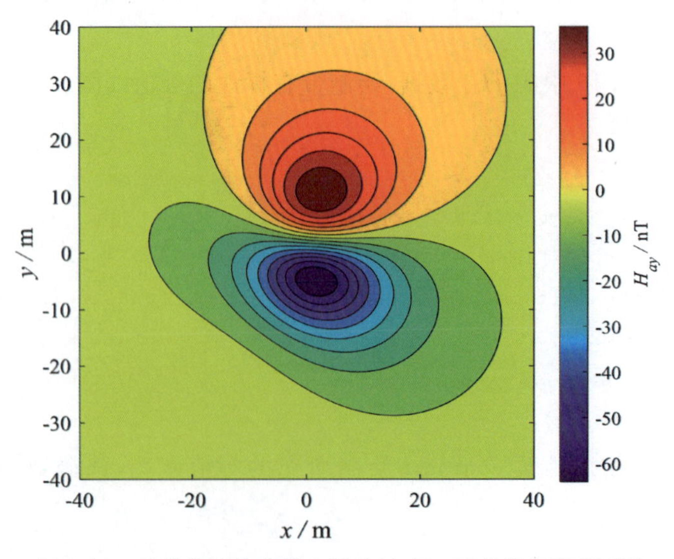

图 4.21 斜磁化球体磁场水平分量 H_{ay} 填充等值线平面图

2. 伪彩图

函数 pcolor 是 surf 的二维等效函数，它代表伪彩色，其调用格式为

```
pcolor(X, Y, C)
```

在 X 和 Y 定义的位置上画 C 的伪色彩图。这个图像逻辑上是矩形的，二维网格的顶点坐标是 $[x(i,j), y(i,j)]$。$\boldsymbol{X}$ 和 $\boldsymbol{Y}$ 是定义网格线间距的向量或者矩阵，如果 $\boldsymbol{X}$ 和 $\boldsymbol{Y}$ 是向量，$\boldsymbol{X}$ 对应于 $\boldsymbol{C}$ 的列，$\boldsymbol{Y}$ 对应于 $\boldsymbol{C}$ 的行；如果 $\boldsymbol{X}$ 和 $\boldsymbol{Y}$ 是矩阵，它们必须和 $\boldsymbol{C}$ 的大小、形状相同。

例 4.23　利用例 4.16 中的 H_{ay} 数据，绘制伪彩图示例。

解：在命令行窗口输入

```
>> h=figure;
>> pcolor(x,y,Hay); axis tight; axis equal
>> colormap(h,'jet'); c= colorbar;
>> c.Label.String='\fontname{times new roman}\itH_{ay} / \rmnT' ;
>> xlabel('\fontname{times new roman}\itx / \rmm','fontsize',14);
>> ylabel('\fontname{times new roman}\ity / \rmm','fontsize',14);
```

运行后结果如图 4.22 所示。

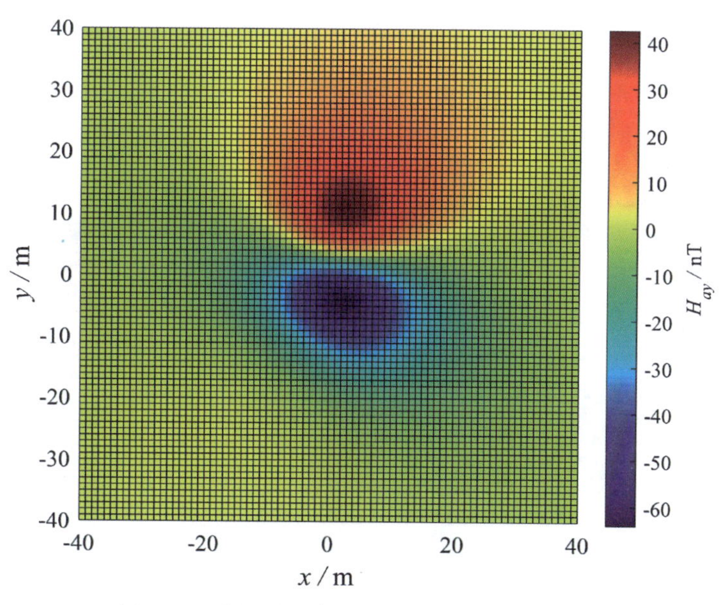

图 4.22　斜磁化球体磁场水平分量 H_{ay} 伪彩图

4.3.2　四维数据的三维图

对于含三个自变量的函数 $v = f(x,y,z)$，其图形应该是四维的。受空间和思维的局限性，计算机屏幕上只能表现出三维空间。为了呈现四维图像，可利用三维实体的四维切片色图，通过三维实体上的颜色来描述函数值的变化情况。

MATLAB 中提供函数 slice 绘制三维物体切片图，用于四维数据的可视化。函数 slice 的调用格式如下：

(1) slice(X, Y, Z, V, xslice, yslice, zslice)：绘制数据 V 的切片图。其中 X、Y 和 Z 为坐标数据，xslice、yslice 和 zslice 为切片位置。

(2) slice(X, Y, Z, V, XI, YI, ZI)：沿着 XI、YI、ZI 定义的表面绘制切片。

(3) slice(V, xslice, yslice, zslice)：利用默认坐标数据绘制 V 的切片。

例 4.24 图形表现 $v = x\,e^{-x^2-y^2-z^2}$。

解：在命令行窗口输入

```
>> clf
>> [x,y,z]=meshgrid(-2:.2:2,-2:.25:2,-2:.16:2);
>> v=x.*exp(-x.^2-y.^2-z.^2);
>> xs=[-0.7,0.7]; ys=0; zs=0;
>> slice(x,y,z,v,xs,ys,zs); shading interp
>> colormap jet; colorbar
>> xlabel('\fontname{times new roman}\itx '),
>> ylabel('\fontname{times new roman}\ity'),
>> zlabel('\fontname{times new roman}\itz')
>> title('\fontname{times new roman}\itThe color-to-v(x,y,z) mapping')
>> view([-22,39]); alpha(0.3)
```

程序运行结果如图 4.23 所示。

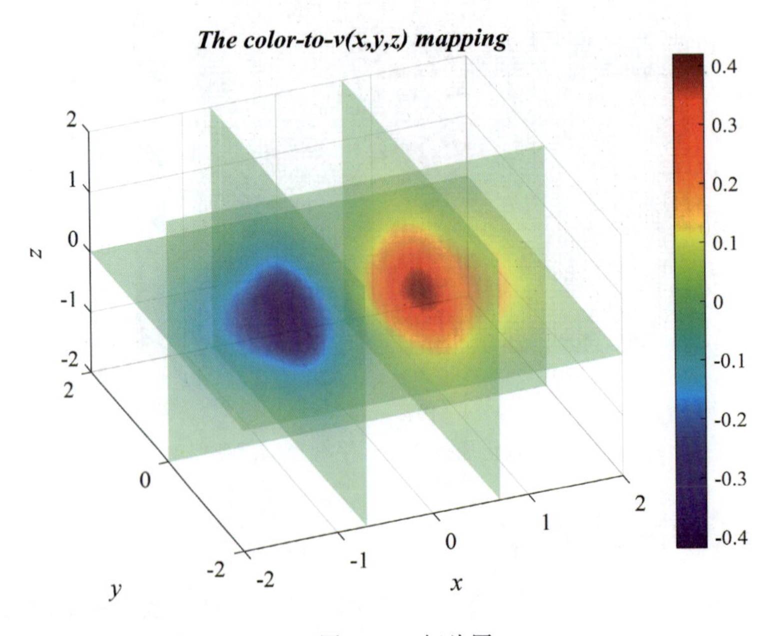

图 4.23　切片图

4.3.3　向量场图

1. 平面向量场图

MATLAB 提供了绘制平面向量场图的函数 quiver，该函数使用箭头直观显示矢量场。其调用格式为

```
quiver(x, y, u, v)
```

通过在(x,y)指定的位置绘制小箭头来表示以该点为起点的向量($\boldsymbol{u}$,$\boldsymbol{v}$)。$\boldsymbol{x}$、$\boldsymbol{y}$、$\boldsymbol{u}$、$\boldsymbol{v}$ 的行数、列数必须对应相等，即 $\boldsymbol{x}$、$\boldsymbol{y}$、$\boldsymbol{u}$、$\boldsymbol{v}$ 必须是同型矩阵。需要注意的是，如果 x、y 不是矩阵，MATLAB 会调用 meshgrid 函数将其扩展，之后再调用 quiver 函数。在这种情况下，x 中的元素个数必须等于 u、v 的列数，y 中的元素个数必须等于 u、v 的行数。

例 4.25　利用例 4.16 中的 H_{ay} 数据，绘制平面向量场图示例。

解：在命令行窗口输入

```
>> h=figure;
>> contourf(x,y,Hay,10); colormap(h,'jet'); axis square
>> hold on
>> [X,Y]= gradient(Hay);
>> quiver(x,y,X,Y,'k');
>> xlabel('\fontname{times new roman}\itx / \rmm','fontsize',14);
>> ylabel('\fontname{times new roman}\ity / \rmm','fontsize',14);
>> zlabel('\fontname{times new roman}\itH_{\itay} / \rmnT','fontsize',14);
```

程序运行结果如图 4.24 所示。

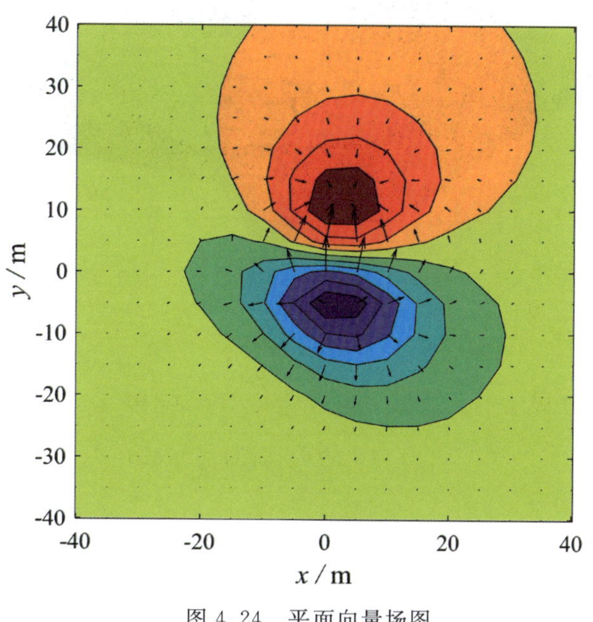

图 4.24　平面向量场图

2. 空间向量场图

MATLAB 提供了绘制空间向量场图的函数 quiver3,该函数使用箭头来直观显示空间向量场,其调用格式为

```
quiver3(x, y, z, u, v, w)
```

其中,x、y、z 是箭头位置的坐标,u、v、w 分别是向量场沿三个坐标轴分量的大小。

例 4.26 利用例 4.16 中的 H_{ay} 数据,绘制空间向量场图示例。

解:在命令行窗口输入

```
>> [U,V,W]= surfnorm(Hay);
>> h=figure;
>> surf(x,y,Hay); shading interp; colormap(h,'jet'); axis tight
>> grid on
>> hold on
>> quiver3(x,y,Hay,U,V,W,'k');
>> xlabel('\fontname{times new roman}\itx / \rmm','fontsize',14);
>> ylabel('\fontname{times new roman}\ity / \rmm','fontsize',14);
>> zlabel('\fontname{times new roman}\itH_{\itay} / \rmnT','fontsize',14);
>> view([-30,39])
```

程序运行结果如图 4.25 所示。

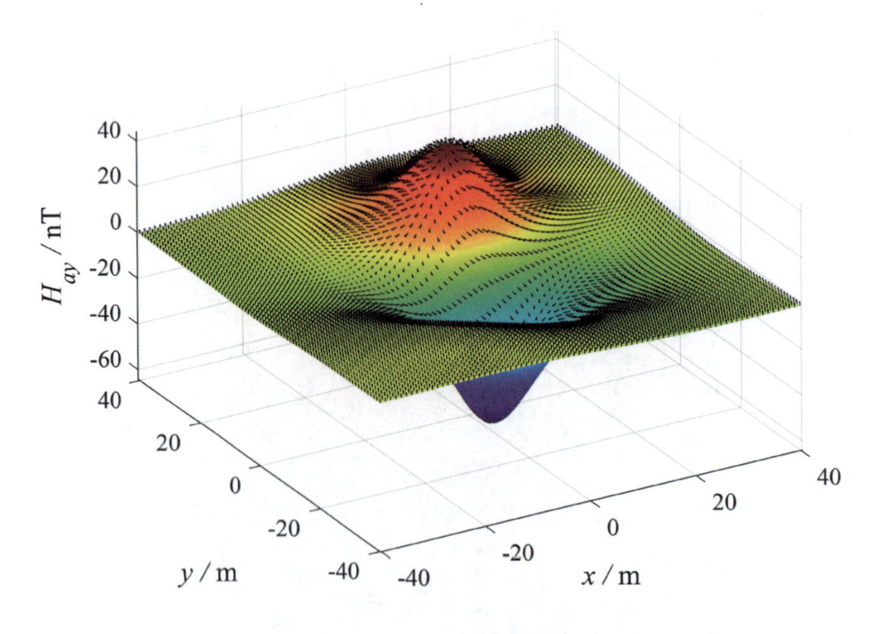

图 4.25 空间向量场图

4.4　图形处理基本技术

4.4.1　视点处理

在日常生活中，从不同的角度观察物体，所看到的物体形状是不一样的，同样地，从不同视点绘制的三维图形形状也是不一样的。MATLAB 提供了设置视点的函数 view，其调用格式为

```
view(az, el)
```

其中，az 为方位角，el 为仰角，它们均以度为单位。系统默认的视点定义为，方位角 -37.5°，仰角 30°。

例 4.27　从不同视点绘制多峰函数曲面。

解：创建脚本 M 文件 test427.m，程序文本如下

```
>> [x,y,z]=peaks;
>> subplot(221);mesh(z) , colormap jet, axis tight;
>> view(-37.5,30);            % 指定子图 1 的视点
>> title('\fontname{times new roman}\itaz=\rm-37.5^{o},\itel=\rm30^{o}')
>> subplot(222);mesh(z) , colormap jet, axis tight;
>> view(0,90);                % 指定子图 2 的视点
>> title('\fontname{times new roman}\itaz=\rm0^{o},\itel=\rm90^{o}')
>> subplot(223);mesh(z) , colormap jet, axis tight;
>> view(90,0);                % 指定子图 3 的视点
>> title('\fontname{times new roman}\itaz=\rm90^{o},\itel=\rm0^{o}')
>> subplot(224);mesh(z) , colormap jet, axis tight;
>> view(-7,-10);              % 指定子图 4 的视点
>> title('\fontname{times new roman}\itaz=\rm-7^{o},\itel=\rm-10^{o}')
```

在命令行窗口输入

```
>> test427
```

程序运行结果如图 4.26 所示。

4.4.2　色彩处理

1. 颜色映像表示

颜色映像就是将红(R)、绿(G)、蓝(B)三个基色按照不同的比例组合起来，形成新的颜色。颜色映像的数据结构是若干行三列的矩阵，矩阵元素为 0～1 之间的数，这些数表示相应颜色的强度。表 4.3 中列出了几种常见颜色的 RGB 值。

MATLAB 还提供了几种典型的颜色映像，它们各自侧重于不同的色调，这些颜色映像如表 4.4 所示。

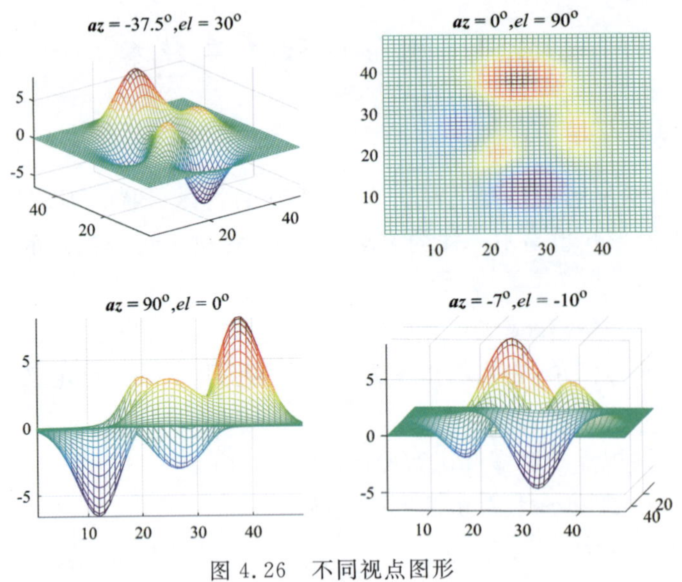

图 4.26　不同视点图形

表 4.3　几种常见颜色的 RGB 值

RGB 值	颜色	字符	RGB 值	颜色	字符
[001]	蓝色	b	[1.00 1.00 1.00]	白色	w
[010]	绿色	g	[0.50 0.50 0.50]	灰色	
[100]	红色	r	[0.67 0.00 1.00]	紫色	
[011]	青色	c	[1.00 0.50 0.00]	橙色	
[101]	品红色	m	[1.00 0.62 0.40]	铜色	
[110]	黄色	y	[0.49 1.00 0.83]	宝石蓝	
[000]	黑色	k			

表 4.4　几种典型色调的颜色映像

颜色映像	颜　色　范　围
Hsv	色彩饱和值：从红色开始，依次经过黄、绿、青、蓝、紫，最后再回到红色。这种颜色映像尤其适合周期函数
Hot	从黑到红到黄到白
Gray	线性灰度
Bone	带一点蓝色调的灰度
Copper	线性铜色调
Pink	粉红、柔和的色调

续表 4.4

颜色映像	颜　色　范　围
White	白色
Flag	交替的红色、白色、蓝色和黑色
Lines	线性颜色
Colorcube	增强的颜色立方
Vga	Windows 的 16 位颜色映像
Jet	hsv 的一种编写
Prism	棱镜。交替的红色、橘黄色、黄色、绿色和天蓝色
Cool	青和洋红的色调
Autumn	红、黄色调
Spring	洋红、黄色调
Winter	蓝、绿色调
Summer	绿、黄色调

MATLAB 的每个图形窗口只有一个色图，色图为 $m\times 3$ 的矩阵。按默认方式，上面所列各种颜色映像都产生一个 64×3 的矩阵，指定 64 种 RGB 颜色描述。例如，hot(m)产生一个 $m\times 3$ 的矩阵，它包含的 RGB 颜色的色值范围从黑经过红、橘红和黄到白。

2. 颜色映像的应用

函数 colormap 对图形窗口色图进行设置和改变。其调用格式为

```
colormap(map)
```

该函数将当前颜色映像设为 map，map 可以是 MATLAB 提供的颜色映像，譬如“cool”，也可以是用户自定义颜色映像矩阵。另外，MATLAB 还提供了函数 colorbar，用于在当前图形窗口中增加水平或者垂直的颜色标尺来显示当前坐标轴的颜色映像。该函数的调用格式如下：

(1) colorbar('horiz')：在当前的图形下面放一个水平色标。

(2) colorbar('vert')：在当前的图形右边放一个垂直色标。

对于无参量的 colorbar，在当前轴或图表右侧放一个垂直的色标，或者更新现有的色标。

例 4.28　颜色映像应用示例。

解：在命令行窗口输入

```
>> [X, Y]=meshgrid(-2:0.2:2);
>> Z=X.*exp(-X.^2-Y.^2);
>> surf(X,Y,Z), colormap hsv, colorbar('vert')
>> xlabel('\fontname{times new roman}\itx','fontsize',16);
>> ylabel('\fontname{times new roman}\ity','fontsize',16);
>> zlabel('\fontname{times new roman}\itz','fontsize',16);
```

程序运行结果如图 4.27 所示。

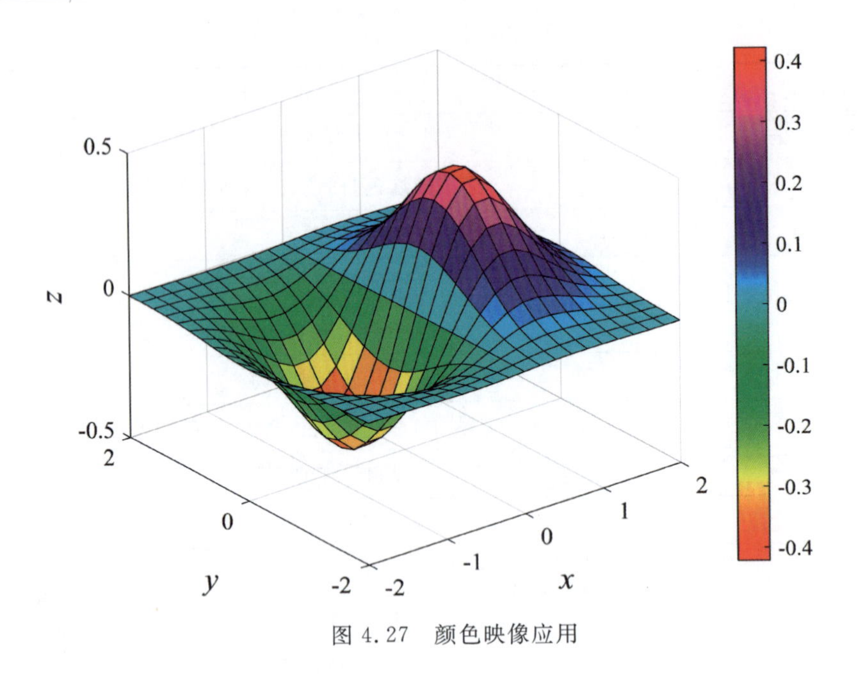

图 4.27　颜色映像应用

3. 三维表面图形的着色

三维表面图就是对网格图的每一个网格片涂上颜色。函数 surf 用默认的着色方式对网格片着色，除此之外，还可以用命令 shading 来改变着色方式。其调用格式有：

（1）shading faceted，将每个网格片用与其高度对应的颜色进行着色，但网格线仍保留着，其颜色是黑色（默认）。

（2）shading flat，将每个网格片用同一个颜色进行着色，且网格线也用相应的颜色，从而使得图形表面显得更加光滑。

（3）shading interp，在网格片内采用颜色插值处理。

例 4.29　三种图形着色方式的效果展示。

解：在命令行窗口输入

```
>> [x,y,z]=peaks;
>> colormap jet
>> subplot(131), surf(x,y,z); axis equal;
>> shading faceted
>> xlabel('\fontname{times new roman}\itx');
>> ylabel('\fontname{times new roman}\ity');
>> zlabel('\fontname{times new roman}\itz');
>> subplot(132), surf(x,y,z); axis equal;
>> shading flat
>> xlabel('\fontname{times new roman}\itx');
>> ylabel('\fontname{times new roman}\ity');
```

```
>> zlabel('\fontname{times new roman}\itz');
>> subplot(133), surf(x,y,z); axis equal;
>> shading interp
>> xlabel('\fontname{times new roman}\itx');
>> ylabel('\fontname{times new roman}\ity');
>> zlabel('\fontname{times new roman}\itz');
```

程序运行结果如图 4.28 所示。

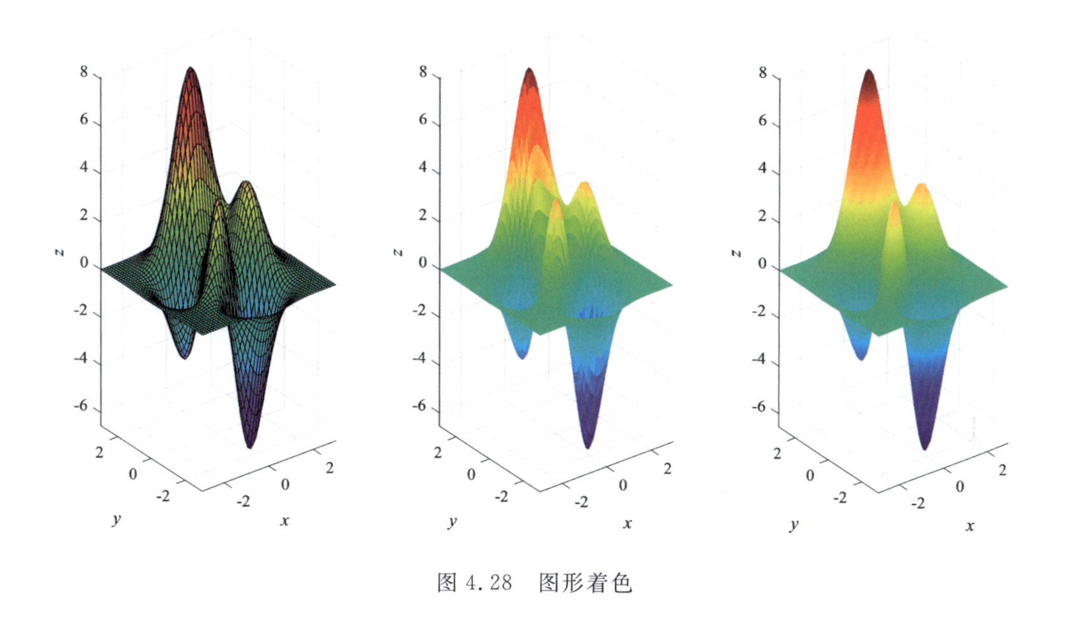

图 4.28　图形着色

4.5　低层绘图操作

绘图本来是一项很繁琐的工作，需要确定诸多参数，MATLAB 高层绘图函数通过设定参数默认值，使得用户可以回避很多操作细节，用起来非常方便。但是，遇到默认值不能满足实际需求时，仍然需要用户的干预，即低层绘图操作。

4.5.1　图形对象及其句柄

1. 图形对象

构成图形的各个基本要素称为图形对象，这些对象包括计算机屏幕、图形窗口(Figure)、用户菜单(Uimenu)、坐标轴(Axes)、用户控件(Uicontrol)、曲线(Line)、曲面(Surface)、文字(Text)、图像(Image)、光源(Light)、区域块(Patch)和方框(Rectangle)。系统将每一个对象按树形结构组织起来，每个图形对象都可以被独立地操作。

计算机屏幕是产生其他对象的基础，称为根对象，它包含一个或多个图形窗口对象。一个图形窗口对象有三种不同类型的子对象，即坐标轴、用户菜单和用户控件，其中后两类对象用于构建图形用户界面，本书不作专门介绍，有兴趣的读者可以查阅相关参考资料。坐标轴有七种不同类型的子对象：曲线、曲面、文字、图像、光源、区域块和方框。

2. 图形对象句柄

在创建图形对象时，MATLAB为该对象分配一个唯一的值，称为图形对象句柄（Handle）。句柄是图形对象的唯一标识符，不同对象的句柄不可能重复和混淆。

作为根对象，计算机屏幕由系统自动建立，其句柄值为0，图形窗口对象的句柄值为一正整数，并显示在该窗口的标题栏，其他图形对象的句柄为浮点数。MATLAB提供了有关函数用于获取已有图形对象的句柄，常用的函数如表4.5所示。

表4.5 常用的获取图形对象句柄的函数

函 数	功 能
gcf	获取当前图形窗口的句柄(Get Current Figure)
gca	获取当前坐标轴的句柄(Get Current Axis)
gco	获取最近被选中的图形对象的句柄(Get Current Object)
findobj	按照指定的属性来获取图形对象的句柄

例4.30 绘制曲线，并查看有关对象句柄。

解：在命令行窗口输入

```
> > x=0:0.1:2*pi;
> > y=sin(x);
> > h0=plot(x,y ,'r*')                    % 曲线对象的句柄
```

输出结果

```
h0=
    152.0062
> > h1=gcf
h1=
    1
> > h2=gca
h2=
    151.0033
> > h3=findobj(gca,'Marker','*')
h3=
    152.0062
```

图形对象的句柄由系统自动分配，每次分配的值不一定相同。在获取对象的句柄后，可以通过句柄来设置或获取对象的属性。

4.5.2　图形对象属性

1. 属性名与属性值

每一个图形对象都具有各种各样的属性，MATLAB 通过对属性的操作来控制和改变图形对象。为方便属性的操作，MATLAB 给每一个对象的每一个属性都规定了一个名字，称为属性名，属性名的取值称为属性值。例如，LineStyle 是曲线对象的一个属性名，它的值决定着线型，取值可以是'-'、':'、'-.'、'--'或'none'。在属性名的写法中，不区分字母的大、小写，而且在不引起歧义的前提下，属性名不必写全。例如，line 就代表 Linestyle。此外，属性名要用单撇号括起来。

2. 属性的操作

当创建一个对象时，必须给对象的各种属性赋予必要的属性值，否则，系统自动使用默认属性值。用户可以通过函数 set 重置对象属性，也可以通过函数 get 获取这些属性值。

（1）函数 set 的调用格式为

```
set(H, 'PropertyName1', PropertyValue1, ...)
```

其中，句柄 ***H*** 用于指明要操作的对象。在调用函数 set 时，如果省略全部属性名和属性值，则将显示句柄所有的允许属性。绘制二维曲线时，通过选择不同的选项可以设置曲线的颜色、线型和数据点的标记符号。例如，用图形句柄操作实现正弦曲线绘制，在命令行窗口输入

```
> > x=0 : pi/10 : 2*pi;
> > h=plot(x, sin(x));
> > set(h, 'Color', 'r', 'LineStyle', '-.', 'Marker', 'p')
```

先用默认属性绘制正弦曲线，并保存曲线句柄，然后通过改变曲线的属性来设置曲线的颜色、线型和数据点的标记符号。事实上，还有很多其他属性，通过改变这些属性，可对曲线做进一步的控制。

（2）函数 get 的调用格式为

```
V=get(H, 'PropertyName')
```

其中 V 是返回的属性值。在调用函数 get 时，如果省略 PropertyName，则将返回句柄 ***H*** 的所有属性值。例如，用函数 get 获得上面曲线的属性值

```
col=get(H, 'Color')
```

将得到曲线的颜色属性值 [100]，即红色。用函数 get 可获取屏幕的分辨率，在命令行窗口输入

```
> > V=get(0,'ScreenSize')
V=
     1       1       1024       768
```

函数 get 将返回一个 1×4 的向量 ***V***，其中，前两个分量分别是屏幕左下角横、纵坐标(1,1)，后面两个分量分别是屏幕宽度和高度。若屏幕分辨率设置为 1024×768，则 ***V*** 的值为

[1 1 1024 768],这有助于依据当前屏幕分辨率来设置窗口大小。

3. 对象的公共属性

图形对象具有各种各样的属性,有些属性是所有对象共同具备的,有些是某个对象所特有的。这里先介绍对象常用的公共属性。

(1)Children 属性。该属性的取值是该对象所有子对象的句柄组成的一个向量。

(2)Parent 属性。该属性的取值是该对象的父对象的句柄。显然,窗口图形对象的 Parent 属性总是 0。

(3)Tag 属性。该属性的取值是一个字符串,相当于给该对象定义了一个标识符。定义了 Tag 属性后,在任何程序中都可以通过函数 findobj 获取该标识符所对应图形对象的句柄。例如

```
hf=findobj(0, 'Tag', 'Flag1')
```

将在屏幕对象及其子对象中寻找属性 Tag 为 Flag1 的对象,并返回句柄。

(4)Type 属性。表示该对象的类型。

(5)UserData 属性。该属性的取值是一个矩阵,默认值是空矩阵。在程序设计中,可以将一个与图形对象有关的比较重要的数据存储在这个属性中,借此可以达到传递数据之目的。

(6)Visible 属性。该属性的取值是 on(默认值)或 off,决定着窗口是否在屏幕上显示出来。当它的值为 off 时,可以用来隐藏该图形窗口的动态变化过程,譬如,窗口大小的变化,颜色的变化等。

(7)ButtonDownFcn 属性。该属性的取值是一个字符串,一般是某个 M 文件的文件名或一小段 MATLAB 语句。

(8)CreateFcn 属性。该属性的取值是一个字符串,一般是某个 M 文件的文件名或一小段 MATLAB 语句。当创建该对象时,MATLAB 自动执行的程序段。

(9)DeleteFcn 属性。该属性的取值是一个字符串,一般是某个 M 文件的文件名或一小段 MATLAB 语句。当取消该对象时,MATLAB 自动执行的程序段。

例 4.31 在同一坐标系下,绘出蓝色和红色两条不同的曲线(sin 和 cos),希望获得红色曲线的句柄,并对其进行设置。

解:创建脚本 M 文件 test430. m,程序文本如下

```
x=0:0.1:2*pi;
y=sin(x);
z=cos(x);
plot(x, y, 'b', x, z, 'r');
H=get(gca, 'Children');                 % 获取两曲线句柄向量 H
for k=1:length(H)
    if get(H(k),'Color')= =[1 0 0]      % [1 0 0]代表红色
      Hg=H(k);                          % 获取红色句柄
```

```
        end
    end
    pause % 便于观察设置效果
    set(Hg, 'Linestyle', ':', 'Marker', 'p');      % 对红色曲线进行设置
```

在命令行窗口输入

```
>> test430
```

执行该段程序后，结果如图 4.29 所示。

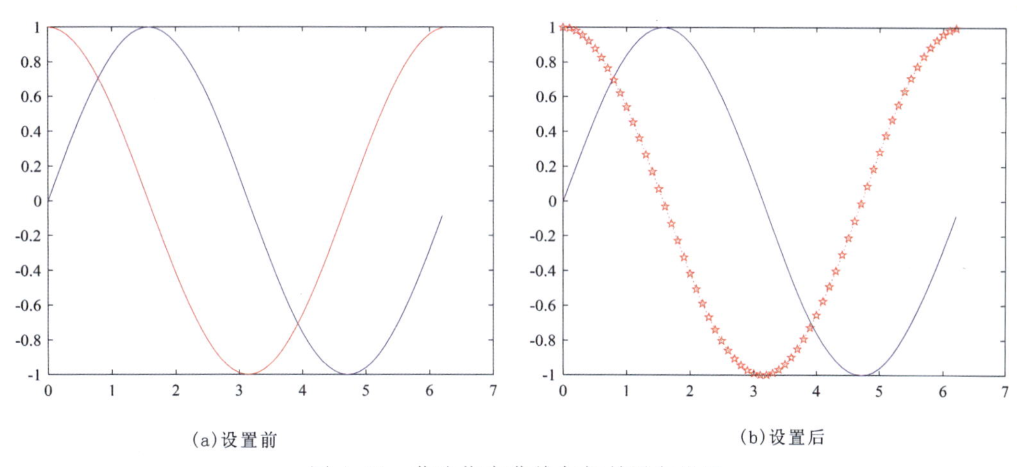

图 4.29 获取指定曲线句柄并进行设置

4.5.3 图形对象创建

除根对象外，所有图形都可以由与之同名的低层函数创建。创建的对象置于适当的父对象中，当父对象不存在时，MATLAB 会自动创建它，例如，用 line 函数画一条曲线，假如在划线之前，坐标轴和图形窗口不存在，MATLAB 会自动创建它们。若在划线之前，坐标轴和图形窗口已经存在，将在当前坐标轴上划线，且不影响该坐标轴上已有的其他对象。这一点与高层绘图函数完全不同，需特别注意。

创建对象的低层函数调用格式与前面类似，关键是要了解对象的属性及其取值。前面介绍了诸对象的公共属性，下面介绍常用图形对象的创建方法及特殊属性。

1. 图形窗口对象

图形窗口是 MATLAB 中很重要的一类图形对象，一切图形图像的输出都是在图形窗口中完成的。掌握图形窗口的控制方法，对于充分发挥 MATLAB 的图形功能和设计高质量的用户界面是十分重要的。

(1) 建立图形窗口对象使用函数 figure。其调用格式为

```
f=figure(Name, Value)
```

通过对属性的操作来改变图形窗口的形式。也可以按 MATLAB 默认属性值，利用函数 figure建立图形窗口，格式为

```
figure 或者 f=figure
```

通过函数 figure 建立窗口之后，还可以调用函数 figure 来显示该窗口，并将其设定为当前窗口，调用格式为

```
figure(f)
```

如果这里的句柄不是已经存在的图形窗口句柄，而是一个整数，也可以使用这一函数，其作用是对这一句柄生成一个新的窗口，并将其定义为当前窗口。如果引用的窗口句柄不是一个图形窗口的句柄，也不是一个整数，则该函数返回一条错误信息。

(2) 要关闭图形窗口，使用函数 close。其调用格式为

```
close(h)
```

另外，命令 close all 可以关闭所有的图形窗口，命令 clf 是清除当前图形窗口的内容，但不关闭窗口。

(3) MATLAB 为每个图形窗口提供了很多属性。这些属性及其取值控制着图形窗口对象。除公共属性外，其他常用属性如下：

① MenuBar 属性。该属性的取值可以是 figure(默认值)或 none，用来控制图形窗口是否应该具有菜单条。

② Name 属性。该属性取值可以是任何字符串，其默认值为空，这个字符串为图形窗口的标题。

③ NumberTitle 属性。该属性取值 on(默认值)或 off，决定图形窗口的标题是否以“Figure No. n:”为标题前缀，这里 n 是图形窗口的序号，即句柄值。

④ Resize 属性。该属性取值 on(默认值)或 off，决定在图形窗口建立后可否用鼠标改变该窗口的大小。

⑤ Position 属性。该属性的取值是一个由四个元素构成的向量，其形式为 $[x,y,w,h]$。这个向量定义了图形窗口对象在屏幕上的位置和大小，其中 x、y 分别为窗口左下角的横、纵坐标值，w、h 分别为窗口宽度和高度，它们的单位由 Units 属性决定。

⑥ Units 属性。该属性的取值可以是下面字符串中的任意一种：pixel(像素，为默认值)、normalized(相对单位)、inches(英寸)、centimeters(厘米)和 points(磅)。Units 属性定义图形窗口使用的长度单位，决定图形窗口的大小与位置。

⑦ Color 属性。该属性的取值是一个颜色值，既可以用字符表示，也可以用 RGB 三元组表示，默认值为“k”，即黑色。用于设定图形窗口背景颜色。

⑧ Pointer 属性。该属性取值 arrow(默认值)、crosshair、watch、topl、botl、botr、circle、cross、fleur、custom 等，用于设定鼠标标记的显示形式。

⑨ 键盘及鼠标响应属性。MATLAB 允许对按下键盘按键和鼠标键的动作进行响应，这类属性所对应的属性值可以为用 MATLAB 编写的函数名或命令名，一旦键盘按键或鼠标键按下之后，将自动调用给出的函数或命令。

例 4.32 分别在四个不同的图形窗口绘制出正弦、余弦、正切、余切曲线。要求先建立一个图形窗口并绘图，然后每关闭一个再建立下一个，直到建立第四个窗口并绘图。

解：建立脚本 M 文件 test431. m，程序文本如下

```
x=linspace(0,2*pi,60);
y=sin(x);
z=cos(x);
t=tan(x);
ct=1./(t+eps);
C4=['figure("Name","cotangent(x)","NumberTitle",',...
                    '"off");plot(x,ct);axis([0,2*pi,-40,40]);'];
C3=['figure("Name","tangent(x)","DeleteFcn",C4, ',...
                    '"NumberTitle","off");plot(x,t);axis([0,2*pi,-1,1]);'];
C2=['figure("Name","cos(x)","DeleteFcn",C3,',...
                    '"NumberTitle","off");plot(x,z);axis([0,2*pi,-1,1]);'];
figure('Name','sin(x)','DeleteFcn',C2,'NumberTitle','off');
plot(x,y);
axis([0,2*pi,-1,1]);
```

2. 坐标轴对象

坐标轴是 MATLAB 中另一类很重要的图形对象。坐标轴对象是图形窗口的子对象，每个图形窗口中可以定义多个坐标轴对象，但只有一个坐标轴是当前坐标轴，在没有指明坐标轴时，所有的图形图像都是在当前坐标轴中输出。必须弄清一个概念，所谓在某个图形窗口中输出图形图像，实质上是指在该图形窗口的当前坐标轴中输出图形图像。

（1）建立坐标轴对象使用函数 axes。其调用格式为

```
ax=axes(Name, Value)
```

用指定的属性在当前图形窗口创建坐标轴，并将其句柄赋给左边的句柄变量 ax。也可以调用函数 axes 按 MATLAB 默认的属性值在当前图形窗口创建坐标轴，格式为

```
axes 或 ax=axes
```

用函数 axes 建立坐标轴之后，还可以调用函数 axes 将之设定为当前坐标轴，且坐标轴所在的图形窗口自动成为当前图形窗口，格式为

```
axes(cax)
```

值得注意的是，这里引用的坐标轴句柄必须存在。

（2）MATLAB 为每个坐标轴对象提供了很多属性。除公共属性外，其他常用属性如下：

① Box 属性。该属性取值 on 或 off(默认值)，它决定坐标轴是否带有边框。

②GridLineStyle 属性。该属性取值可以是':'(默认值)、'-'、'-.'、'--'或者' none '，定义网络线的类型。

③Position 属性。该属性的取值是一个由四个变量构成的向量，其形式为 $[x,y,w,h]$。这个向量在图形窗口中定义一个矩形区域，坐标轴就位于其中。该矩形的左下角相对于图形窗口左下角的坐标为 (x,y)，矩形的宽和高分别为 w 和 h，它们的单位由 Units 属性决定。

④Units 属性。该属性的取值是 normalized(相对单位，为默认值)、inches(英寸)、centimeters(厘米)和 points(磅)。Units 属性定义 Position 属性的度量单位。

⑤Title 属性。该属性的取值是坐标轴标题文字对象的句柄，通过该属性对坐标轴标题文字对象进行操作，例如，要改变标题的颜色，可执行命令

```
h=get(gca, 'Title'),                    % 获得标题文字对象句柄
set(h, 'Color', 'r'),                   % 设置标题颜色
```

⑥XLabel、Ylabel、Zlabel 属性。三种属性的取值分别是 x 、y 、z 轴说明文字的句柄。譬如

```
h=get(gca, 'XLabel'),                   % 获得 x 轴文字对象句柄
set(h, 'String', 'Values of X axis'),      % 设置 x 轴文字说明
```

⑦XLim、YLim、ZLim 属性。三种属性取值都是具有两个元素的数值向量，分别定义各坐标轴的上限和下限，默认值为 [0,1] 。

⑧XScale、YScale、ZScale 属性。三种属性取值都是' linear '(默认值)或' log '，定义各坐标轴的刻度类型。

⑨View 属性。该属性的取值是二元素数值向量，定义视点方向。

例 4.33 利用坐标轴对象实现图形窗口的任意分割。在不影响图形窗口其他坐标轴的前提下，利用函数 axes 建立一个新的坐标轴，实现图形窗口的任意分割。

解：建立脚本 M 文件 test433. m，程序文本如下

```
> > x=linspace(0,2*pi,20);
> > y=sin(x);
> > axes('Position',[0.2,0.2,0.2,0.7], 'GridLineStyle', '-.');
> > plot(y,x); title('\fontname{times new roman}fig.1'); axis tight
> > axes('Position',[0.4,0.5,0.2,0.1]);
> > stairs(x,y); title('\fontname{times new roman}fig.2') ; axis tight
> > axes('Position',[0.55,0.6,0.25,0.3]);
> > stem(x,y); title('\fontname{times new roman}fig.3') ; axis tight
> > axes('Position',[0.55,0.2,0.25,0.3]);
> > [x,y]=meshgrid(-8:0.5:8);
> > z=sin(sqrt(x.^2+y.^2))./sqrt(x.^2+y.^2+eps);
> > mesh(x,y,z); title('\fontname{times new roman}fig.4') ; axis tight
```

在命令行窗口输入

```
> > test433
```

程序执行结果如图 4.30 所示。

3. 曲线对象

曲线对象是坐标轴的子对象，它既可以定义在二维坐标系中，也可以定义在三维坐标系中。

(1) 建立曲线对象使用函数 line，其调用格式为

```
line(x, y, z, Name, Value)
```

其中 x、y、z 的含义与 plot、plot3 等高层曲线函数一样，其余选项的含义与前面介绍过的 figure和 axes 函数中的类似。

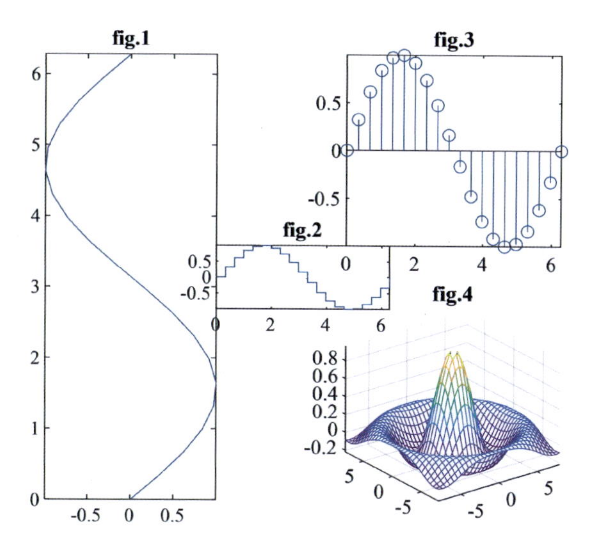

图 4.30　图形窗口的任意分割

(2) 每个曲线对象也具有很多属性。除公共属性外，其他常用属性如下：

① Color 属性。该属性取值是代表某颜色的字符或 RGB 值，定义曲线颜色。

② LineStyle 属性。定义线型。

③ LineWidth 属性。定义线宽，默认值为 0.5 磅。

④ Marker 属性。定义数据点标记符号，默认值为 none。

⑤ MarkerSize 属性。定义数据点标记符号的大小，默认值为 6 磅。

⑥ XData、YData、ZData 属性。三种属性的取值都是数值向量或矩阵，分别代表曲线对象的三个坐标轴数据。

例 4.34　利用曲线对象绘制曲线 $y=\sin(2\pi t)$ 和 $y=\cos\left(\frac{\sqrt{3}}{4}\pi t+\frac{\sqrt{3}}{2}\pi\right)$。

解：创建脚本 M 文件 test434.m，程序文本如下

```
> > t=0:pi/100:pi/2;
> > y1=sin(2*pi*t);
> > y2=sin(sqrt(3)*pi*t.^2/4+sqrt(3)*pi/2);
> > figure
> > axes('GridLineStyle', '--', 'XLim', [0,pi/2], 'YLim',[-1,1]);
> > line('XData',t, 'YData',y1, 'LineWidth',1);
> > line(t,y2);
> > grid on;
> > box on
> > xlabel('\fontname{times new roman}\itt');
> > ylabel('\fontname{times new roman}\ity');
> > str1='\fontname{times new roman}\ity=\rmsin(2\it\pi\rmt) ';
> > str2='\fontname{times new roman}\ity=\rmcos(\surd\rm3\it\pit \rm/4+\surd3\it\
pi \rm/2) ';
> > legend(str1,str2)
```

在命令行窗口输入

```
>> test434
```

程序执行结果如图 4.31 所示。

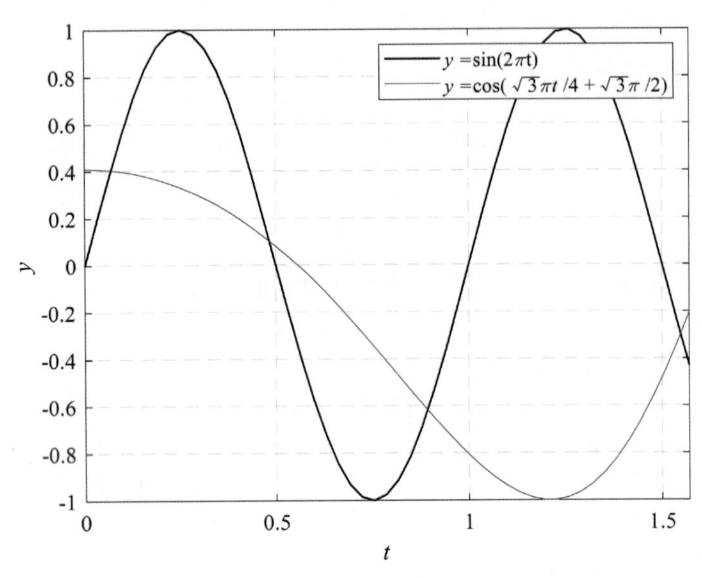

图 4.31 曲线对象绘制曲线

4. 文字对象

文字对象主要用于给图形添加文字标注。在文字对象中，除使用一般的文字外，还允许使用 LaTeX 字符。

(1) 根据指定位置和属性值，调用函数 text 可以添加文字说明，并保存句柄。该函数的调用格式为

```
t=text(x, y, z, txt, Name, Value)
```

其中，说明文字部分除可以使用标准 ASCII 字符之外，亦可使用 LaTeX 格式的控制字符。例如

```
h=text(0.5,0.5, '\fontname{times new roman}\omega=\itt+\beta^{\rm2}')
```

将得到标注效果：$\omega = t + \beta^2$ 。

(2) 除公共属性外，文字对象的其他常用属性如下：

① Color 属性。定义文字对象的显示颜色。

② String 属性。该属性的取值是字符串或字符串矩阵，它记录着文字标注的内容。

③ Interpreter 属性。该属性的取值是 latex(默认值)或 none，控制对文字标注内容的解释方式。

④ FontSize 属性。定义文字对象的大小，默认值为 10 磅。

⑤ Rotation 属性。该属性的取值是数值量，默认值为 0。它定义文字对象的旋转角度，取正值时表示逆时针旋转，取负值时表示顺时针旋转。

例 4.35　利用曲线对象绘制 $y_1 = \sin\theta$ 和 $y_2 = \cos\theta$，并利用文字对象完成标注。

解：建立脚本 M 文件 test435.m，程序文本如下

```
theta=-pi:.1:pi;
y1=sin(theta);
y2=cos(theta);
h=line(theta,y1, 'LineStyle', ':', 'Color', 'b');
line(theta,y2,'LineStyle', '--', 'Color', 'b'); axis tight
xlabel('-\pi\leq\theta\leq\pi')
ylabel('sin(\theta)')
title('Plot of sin(\theta)')
text(-pi/4,sin(-pi/4),'\leftarrow sin(-\pi/4)','FontSize',12)
set(h,'Color', 'r', 'LineWidth',2);            % 改变曲线 1 的颜色和线宽
```

在命令行窗口输入

```
>> test435
```

程序执行结果如图 4.32 所示。

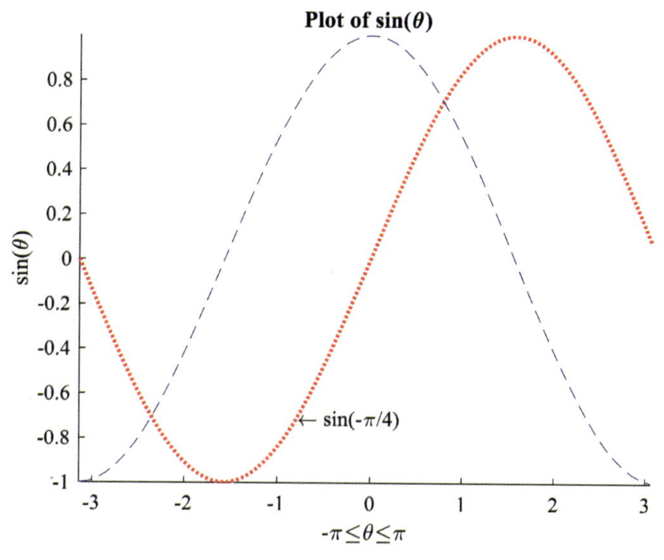

图 4.32　曲线对象绘制曲线并加文字标注

5. 曲面对象

曲面对象也是坐标轴的子对象，它定义在三维坐标系中，坐标系可以在任何视点下。

(1) 建立曲面对象使用函数 surface，其调用格式为

```
h=surface(X, Y, Z, C, 'PropertyName', PropertyValue, ...)
```

其中，X、Y、Z 的含义与高层曲面函数 mesh 和 surf 等一样，其余选项的含义与前面介绍过的函数 figure 和 axes 等类似。

(2) 每个曲面对象也具有很多属性，除公共属性外，其他常用属性如下：

①EdgeColor 属性。该属性的取值是代表某颜色的字符或 RGB 值，还可以是 flat、interp 或 none，默认为黑色。定义曲面网格线的颜色或着色方式。

②FaceColor 属性。该属性的取值是代表某颜色的字符或 RGB 值，还可以是 flat(默认值)、interp 或 none。定义曲面网格片的颜色或着色方式。

③LineStyle 属性。定义曲面网格线的线型。

④LineWidth 属性。定义曲面网格线的宽度，默认值为 0.5 磅。

⑤Marker 属性。定义曲面数据点标记符号，默认值为 none。

⑥MarkerSize 属性。定义曲面数据点标记符号的大小，默认值为 6 磅。

⑦Xdata、Ydata、Zdata 属性。三种属性的取值都是数值向量或矩阵，分别代表曲面对象的三个坐标轴数据。

例 4.36 利用曲面对象绘制三维曲面 $z = \sin x \cos y$ 。

解：创建脚本 M 文件 test436.m，程序文本如下

```
x=0:0.1:2*pi;
[x,y]=meshgrid(x); colormap jet
z=sin(x).*cos(y);
axes('view',[-37.5,30]);
hs=surface(x,y,z, 'FaceColor', 'w', 'EdgeColor', 'flat');
grid on;
xlabel('\fontname{times new roman}\itx');
ylabel('\fontname{times new roman}\ity');
zlabel('\fontname{times new roman}\itz');
title('mesh-surf');
pause;
set(hs, 'FaceColor', 'flat');
```

在命令行窗口输入

```
> > test436
```

程序执行后，输出结果如图 4.33 所示，开始网格片的颜色设为白色，此刻得到的是网格图，这与高层函数 mesh 所画曲面相同，暂停后，重新设置网格片的颜色，得着色表面图。

4.6 图像显示与动画制作

4.6.1 图像显示

MATLAB 系统提供了几个用于简单图像处理的函数，利用这些函数可进行图像的读/写和显示。此外，MATLAB 还有一个功能更强的图像处理工具箱，可以对图像进行专业的处理。

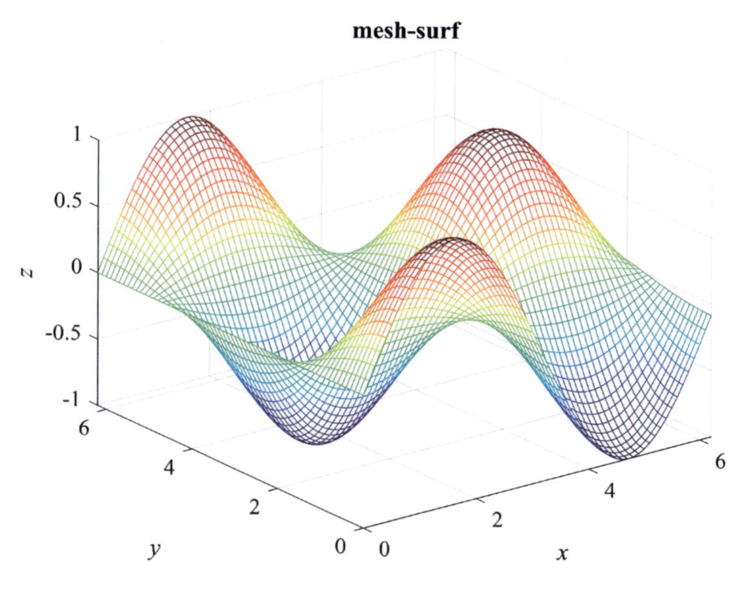

图 4.33　利用曲面对象绘制的曲面

1. 图像的读/写

不同类型的图像有其固定的数据格式，若要在 MATLAB 中使用其他软件形成的图像，需要用函数 imread 读取该图像。究其实质，它是一个数据转换的过程，即将该图像的数据转换成 MATLAB 图像的数据格式。

(1) 函数 imread 的调用格式如下：

① A＝imread(filename, fmt)：filename 是图像文件名，fmt 是图像文件格式，MATLAB 支持多种图像文件格式，譬如，*.bmp、*.jpg、*.emf，等等。省略 fmt 参数时，通过文件的内容自动判断其格式。矩阵 **A** 是由图像文件中读出并转化成 MATLAB 可识别的图像格式矩阵。在 MATLAB 中，图像通常由数据矩阵和色彩矩阵组成，若该图像为灰度图像，那么 **A** 是二维矩阵；如果图像是真彩色的，那么 **A** 是三维矩阵。

② [X, map]＝imread(filename,fmt)：将经过转换的图像数据保存到 X 中，同时，将相关的色图数据读到 map 中。例如

```
> > A=imread('lena.jpg');
> >  size(A)
ans=
     254   254     3
```

调用函数 imread 读取真彩色文件 lena.jpg。三维矩阵 **A** 有三个面，它们依次为 R、G、B 三种颜色，面上的数据分别对应三种颜色的强度值，面中的元素对应图像中的像素点，故而，面中的行数和列数与图中像素的行数和列数是一致的。

(2) MATLAB 中的函数 imwrite 用于将图像输出到文件，其调用格式为

```
imwrite(A, map, filename, fmt)
```

该函数将图像数据 A 输出到文件 filename,图像的格式类型为 fmt。例如

```
>> imwrite(A, 'lena.jpg', 'bmp')
```

将前面读进来的图像另存为 bmp 类型的文件。保存后的 bmp 文件比原来读入的 jpg 文件要大得多,原因在于 bmp 文件未经过压缩。

2. 图像的显示

MATLAB 用函数 image 显示图像,其调用格式如下

```
image(C)
```

其中,$\boldsymbol{C}$ 为图形的颜色矩阵。

例 4.37 函数 image 应用示例。

解:创建脚本 M 文件 test439.m,程序文本如下

```
figure
ax(1)= subplot(1,2,1);
rgb= imread('dianluban.bmp');
image(rgb);
title('RGB image')
ax(2)= subplot(1,2,2);
im= mean(rgb,3);
image(im);
title('Intensity Heat Map')
colormap(hot(256))
linkaxes(ax,'xy')
axis(ax,'image')
```

在命令行窗口输入

```
>> test439
```

程序运行结果如图 4.34 所示。

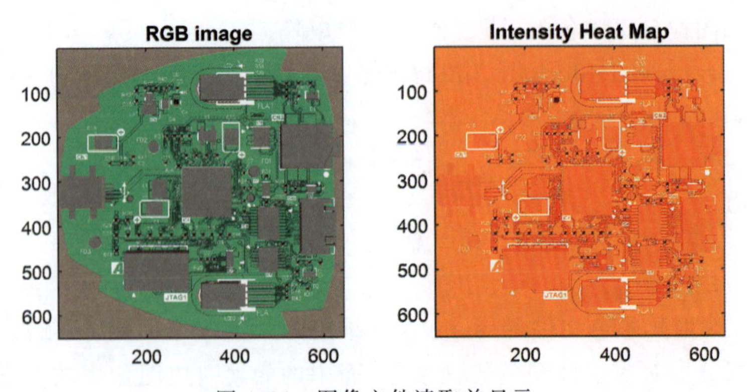

图 4.34 图像文件读取并显示

4.6.2 动画制作

如果将 MATLAB 产生的多幅图形保存起来，并利用系统提供的函数进行播放，就可以产生动画效果。MATLAB 提供了三个函数用于捕捉和播放动画，它们分别为 moviein、getframe 和 movie。

(1) 函数 moviein(n)，用来建立一个足够大的 n 列矩阵。该矩阵用来保存 n 副画面的数据，以备播放。

(2) 函数 getframe，用于截取每一幅画面信息而形成一个很大的列向量。

(3) 函数 movie(m, n)，播放由矩阵 $\boldsymbol{m}$ 定义的画面 n 次，默认播放 1 次。

例 4.38　大地电磁场传播规律的动画制作。

解：建立脚本 M 文件 mtfld. m，程序文本如下

```
mu=4*pi*1.0e-7;
sigma=0.1;
freq=10;
omega=2*pi*freq;
xg=[-1.5,1.5];
zg=[0,0];
iz=0;
for zdum=-5000:50:5000
    iz=iz+1;
    z(iz)=zdum;
end
nz=length(z) ;
k=sqrt(-1i*mu*sigma*omega);
real_k=real(k);
imag_k=imag(k);
n=45;
M=moviein(n);
for it=1:n
    t=(it*2*pi)/n;
    for iz=1:nz
        if z(iz) > = 0
            realex_t(iz)=cos(imag_k*z(iz)+t)*exp(-real_k*z(iz));
        else
            realex_t(iz)=cos(imag_k*z(iz)+t);
        end
    end
```

```
    plot(realex_t,-z*0.001,'b'); hold on
    plot(xg,zg,':'); hold off
    axis([-1.1,1.1,-5,5])
    xlabel ('\fontname{times new roman}\itE_{x} / \rm(vm^{-1})');
    ylabel ('\fontname{times new roman}\itDepth / \rmkm')
    M(:,it)=getframe;
end
movie(M,2)
```

在命令行窗口输入

```
>> mtfld
```

运行程序，动画截图见图 4.35。

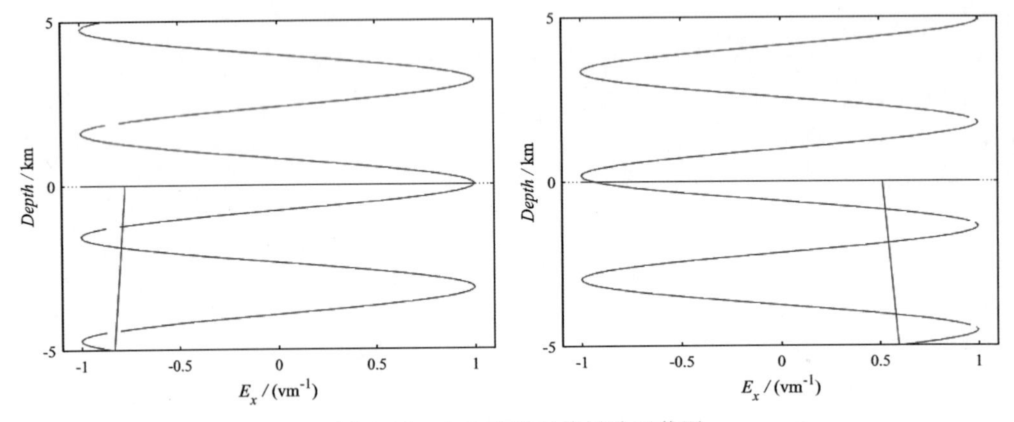

图 4.35 大地电磁场传播动画截图

第 5 章　数值计算

数值计算在科学研究与工程应用领域有着非常广泛的应用。本章将介绍与数值计算密切相关的几种常见的数值运算方法，包括数据分析、数据插值和曲线拟合、求解线性方程组、数值微分与积分等内容。

5.1　数据分析

数据分析和处理是各种应用中非常重要的问题。针对数据分析和处理，MATLAB 提供了大量的函数。本节将介绍 MATLAB 强大的数据分析和处理功能。

5.1.1　统计特征

本小节讲解常见的数值统计特征的求取方法。

1. 求矩阵最大元素和最小元素

1）求向量的最大元素和最小元素

求一个向量 **A** 最大值的函数有两种调用格式，分别是：

(1)M＝max(A)：返回向量 **A** 的最大元素。

(2)[M,I]＝max(A)：返回向量 **A** 的最大元素存入 M，最大元素的索引号存入 I。

求向量 **A** 的最小元素的函数是 min(A)，用法和 max(A)完全相同。

例 5.1　求向量 $\boldsymbol{x}$ 的最大值。

解：在命令行窗口输入

```
>> x=[-43, 72, 9, 16, 23, 47];
>> y=max(x)              % 求向量 x 中的最大值
```

输出结果

```
y=
    72
```

若在命令行窗口输入

```
>> [y,ind]=max(x)            % 求向量 x 中的最大值及其该元素的位置
```

有

```
y=
    72
ind=
    2
```

以上是对向量进行操作。事实上,对列向量的操作与对行向量的操作,结果是一样的。例如,对上述 $\boldsymbol{x}$ 转置,有

```
>> [y,ind]=max(x')
y=
    72
ind=
    2
```

2) 求矩阵的最大元素和最小元素

求矩阵 **A** 的最大元素的函数有三种调用格式,分别是:

(1)max(A):返回一个行向量,向量的第 i 个元素是矩阵 **A** 的第 i 列上的最大元素。

(2)[Y,U]=max(A):返回两个行向量,**Y** 向量记录 **A** 的每列的最大元素,**U** 向量记录每列最大元素的行号。

(3)max(A,[],dim):dim 取 1 或 2。dim 取 1 时,该函数和 max(A)完全相同。dim 取 2 时,该函数返回一个列向量,其第 i 个元素是 **A** 的第 i 行上的最大元素。

求矩阵最小元素的函数是 min,其用法和 max 完全相同。

例 5.2 求矩阵 **A**

$$\boldsymbol{A}=\begin{bmatrix}43 & -65 & 72 & 29\\ -49 & 16 & -24 & 44\\ 53 & 27 & 32 & -54\end{bmatrix}$$

的每行及每列的最大和最小元素,并求整个矩阵的最大和最小元素。

解:在命令行窗口输入

```
>> A=[43,-65, 72, 29;-49, 16,-24, 44; 53, 27, 32,-54];
>> max(A,[],2)                          % 求每行最大元素
ans=
    72
    44
    53
>> min(A,[],2)                          % 求每行最小元素
ans=
    -65
    -49
    -54
>> max(A)                   % 求每列最大元素
ans=
    53  27  72  44
```

```
>> min(A)                    % 求每列最小元素
ans=
   -49  -65  -24  -54
>> max(max(A))               % 求整个矩阵的最大元素。同 max(A(:))
ans=
   72
>> min(min(A))               % 求整个矩阵的最小元素。同 min(A(:))
ans=
   -65
```

3）两个向量或矩阵对应元素的比较

函数 max 和 min 还能对两个同型的向量或矩阵进行比较。

(1)U=max(A,B):**A**、**B** 是两个同型的向量或矩阵。结果 **U** 是与 **A**、**B** 同型的向量或矩阵,**U** 的每个元素等于 **A**、**B** 对应元素的较大者。

(2)U=max(A,n):n 是一个标量。结果 **U** 是与 **A** 同型的向量或矩阵,**U** 的每个元素等于 **A** 对应元素和 n 中的较大者。

函数 min 的用法和 max 完全相同。

例 5.3　求两个 2×3 矩阵所有同一位置上的较大元素构成的新矩阵 **P**。

解:在命令行窗口输入

```
>> X=[1,2,3; 4,5,6]
X=
   1  2  3
   4  5  6
>> Y=[5,1,4; 7,6,3]
Y=
   5  1  4
   7  6  3
>> P=max(X,Y)      % 在 X,Y 同意位置上的两个元素中找出较大值
```

输出结果

```
P=
   5  2  4
   7  6  6
```

上例是对两个同样大小的矩阵操作,MATLAB 还允许对一个矩阵和一个常数或单变量操作。沿用上面例子中的矩阵 **X** 和已赋值为 2.6 的变量 **Z**,在命令行窗口输入

```
>> Z=2.6;
>> P=max(X,Z)
```

输出结果

```
P=
   2.6000  2.6000  3.0000
   4.0000  5.0000  6.0000
```

2. 求矩阵的平均值和中值

数据序列的平均值指的是算术平均值。所谓中值是指在数据序列中,其值的大小恰好处在中间的元素,譬如,有一元素个数为奇数的数据序列 1、3、5、7、9,其中值为 5,比它大和比它小的数均有 2 个,即它的大小恰好处于数据序列各个值的中间。若元素个数为偶数,则中值等于中间两项的平均值,例如,对于序列 1、3、5、7、9、11,处于中间的数是 5 和 7,故而,其中值为它们的平均值 6。

求矩阵或向量元素平均值的函数是 mean,求中值的函数是 median,它们的调用方法和 max 函数完全相同。设 **X** 是一个向量,**A** 是一个矩阵,两个函数的用法如下:

(1)mean(X):返回向量 **X** 的算术平均值。

(2)median(X):返回向量 **X** 的中值。

(3)mean(A):返回一个行向量,其第 i 个元素是 **A** 的第 i 列的算术平均值。

(4)median(A):返回一个行向量,其第 i 个元素是 **A** 的第 i 列的中值。

(5)mean(A,dim):当 dim 为 1 时,该函数等同于 mean(A);当 dim 为 2 时,返回一个列向量,其第 i 个元素是 **A** 的第 i 行的算术平均值。

(6)median(A,dim):当 dim 为 1 时,该函数等同于 median(A);当 dim 为 2 时,返回一个列向量,其第 i 个元素是 **A** 的第 i 行的中值。

例 5.4 求向量 **X** 的平均值和中值。

```
> > Y= [2,6,-7,3,19,5];          %  偶数个元素
> > mean(Y)
ans=
    4.6667
> > median(Y)
ans=
4
```

3. 矩阵元素求和与求积

矩阵和向量求和与求积的基本函数是 sum 和 prod,其使用方法类似。设 **X** 是一个向量,**A** 是一个矩阵,函数的调用格式为:

(1) sum(X):返回向量 **X** 的各元素的和。

(2) prod(X):返回向量各元素的乘积。

(3) sum(A):返回一个行向量,其第 i 个元素是 **A** 的第 i 列的元素和。

(4)prod(A):返回一个行向量,其第 i 个元素是 **A** 的第 i 列的元素乘积。

(5)sum(A,dim):当 dim 为 1 时,该函数等同于 sum(A);当 dim 为 2 时,返回一个列向量,其第 i 个元素是 **A** 的第 i 行的元素和。

例 5.5 求矩阵 **A** 的每行元素的乘积和全部元素的乘积。

解:在命令行窗口输入

```
>> A=[1,2,3;4,5,6;7,8,9;10,11,12];
>> S=prod(A,2)
```

输出结果

```
S=
    6
    120
    504
    1320
```

在命令行窗口输入

```
>> prod(S)      % 求 A 全部元素的乘积,也可以使用命令 prod(A(:))
有
ans=
    479001600
```

4. 矩阵元素累加与累乘积

设 $\boldsymbol{U}=(u_1,u_2,u_3,\cdots,u_n)$ 是一个向量，$\boldsymbol{V}$、$\boldsymbol{W}$ 是与 $\boldsymbol{U}$ 等长的另外两个向量，并且：

$$\boldsymbol{V}=\left(\sum_{i=1}^{1}u_i,\sum_{i=1}^{2}u_i,\cdots,\sum_{i=1}^{n}u_i\right),\tag{5.1}$$

$$\boldsymbol{W}=\left(\prod_{i=1}^{1}u_i,\prod_{i=1}^{2}u_i,\cdots,\prod_{i=1}^{n}u_i\right),\tag{5.2}$$

称 $\boldsymbol{V}$ 为 $\boldsymbol{U}$ 的累加和向量，$\boldsymbol{W}$ 为 $\boldsymbol{U}$ 的累乘积向量。在 MATLAB 中，调用函数 cumsum 和 cumprod，能方便地求得向量与矩阵元素的累加和与累乘积向量，函数的调用格式为：

(1) cumsum(X)：返回向量 $\boldsymbol{X}$ 累加和向量。

(2) cumprod(X)：返回向量 $\boldsymbol{X}$ 累乘积向量。

(3) cumsum(A)：返回一个矩阵，其第 i 列是 $\boldsymbol{A}$ 的第 i 列元素的累加和向量。

(4) cumprod(A)：返回一个矩阵，其第 i 列是 $\boldsymbol{A}$ 的第 i 列元素的累乘积向量。

(5) cumsum(A,dim)：当 dim 为 1 时，该函数等同于 cumsum(A)；当 dim 为 2 时，返回一个矩阵，其第 i 行是 $\boldsymbol{A}$ 的第 i 行的累加和向量。

(6) cumprod(A,dim)：当 dim 为 1 时，该函数等同于 cumprod(A)；当 dim 为 2 时，返回一个矩阵，其第 i 行是 $\boldsymbol{A}$ 的第 i 行的累乘积向量。

例 5.6　求向量 $\boldsymbol{X}=(1!,2!,3!,\cdots,10!)$。

解：在命令行窗口输入

```
>> X=cumprod(1:10)
```

输出结果

```
X=
    1       2       6       24      120
    720     5040    40320   362880  3628800
```

5. 标准方差

对于具有 N 个元素的数据序列 x_1 , x_2 , x_3 , … , x_N ,标准方差的计算公式如下

$$S_1 = \sqrt{\frac{1}{N-1}\sum_{i=1}^{N}(x_i - \bar{x})^2} \tag{5.3}$$

或

$$S_2 = \sqrt{\frac{1}{N}\sum_{i=1}^{N}(x_i - \bar{x})^2} \tag{5.4}$$

其中

$$\bar{x} = \frac{1}{N}\sum_{i=1}^{N} x_i \tag{5.5}$$

在MATLAB中,提供了计算数据序列标准方差的函数std。对于向量 **X**,std(X)返回一个标准方差。对于矩阵 **A**,std(A)返回一个行向量,它的各个元素便是矩阵 **A** 的各列或各行的标准方差。函数std的一般调用格式为

```
std(A,flag,dim)
```

其中dim取1或2,当dim=1时,求 **A** 中各列元素的标准方差,当dim=2时,求各行的标准方差;flag取0或1,当flag=0时,按 S_1 计算标准方差,当flag=1时,按 S_2 计算标准方差;默认情况下flag=0,dim=1。

例5.7 对二维矩阵 **X**,从不同维方向求出其标准方差。

解:在命令行窗口输入

```
> > X=[4,6,8; 1,2,4];                        % 产生一个二维矩阵
> > Y1=std(X,0,1)
```

输出结果

```
Y1=
    2.1213    2.8284    2.8284
> > Y2=std(X,1,1)
Y2=
    1.5000    2.0000    2.0000
> > Y3=std(X,0,2)
Y3=
    2.0000
    1.5275
> > Y4=std(X,1,2)
Y4=
    1.6330
    1.2472
```

6.相关系数

对于两组数据序列 x_i 、y_i ($i = 1,2,\cdots,n$),可以由下式计算出两组数据的相关系数

$$r=\frac{\sqrt{\sum(x_i-\bar{x})(y_i-\bar{y})}}{\sqrt{\sum(x_i-\bar{x})^2}\sqrt{\sum(y_i-\bar{y})^2}} \tag{5.6}$$

MATLAB 提供了函数 corrcoef，可以求出数据的相关系数矩阵。函数 corrcoef 的调用格式为：

(1) corrcoef(X)：返回由矩阵 ***X*** 形成的一个相关系数矩阵。此相关系数矩阵的大小与矩阵 ***X*** 一样，它将矩阵 ***X*** 的每列作为一个变量，然后求它们的相关系数。

(2) corrcoef(X,Y)：这里 ***X***、***Y*** 是向量，它们的作用与 corrcoef([X,Y]) 一样，用于求 ***X***、***Y*** 向量之间的相关系数。

例 5.8　生成满足正态分布的 10 000×5 随机矩阵，求各列元素的均值、标准方差，以及五列随机数据的相关系数矩阵。

解：在命令行窗口输入

```
>> X=randn(10000,5);
>> M=mean(X)
```

输出结果

```
M=
    0.0004    0.0059    0.0021    0.0259    0.0101
```

在命令行窗口输入

```
>> D=std(X)
```

可得

```
D=
    1.0015    1.0035    1.0045    1.0069    1.0047
```

以及

```
>> R=corrcoef(X)
R=
    1.0000    0.0127    0.0040    -0.0097    -0.0007
    0.0127    1.0000    0.0097    0.0005     0.0058
    0.0040    0.0097    1.0000    0.0043     0.0082
    -0.0097   0.0005    0.0043    1.0000     -0.0017
    -0.0007   0.0058    0.0082    -0.0017    1.0000
```

求得的均值接近于 0，标准方差接近于 1，根据标准正态分布的随机数性质可以看出，这个结果是正确的。此外，由于相关系数矩阵趋于单位阵，可知函数 randn 产生的随机数是独立的。

7.元素排序

在 MATLAB 中，命令 sort(X) 对向量 ***X*** 进行排序，返回一个对 ***X*** 中元素按升序排列的新向量，它也可以对矩阵 ***A*** 的各列(行)重新排序。其调用格式为

```
[Y,I]=sort(A,dim)
```

其中，dim 指明对 ***A*** 按列(行)进行排序，若 dim=1，按列排；若 dim=2，则按行排。***Y*** 是排序

后的矩阵，$\boldsymbol{I}$ 记录 $\boldsymbol{Y}$ 中的元素在 $\boldsymbol{A}$ 中的位置。

例 5.9 对下列矩阵

$$\boldsymbol{A}=\begin{bmatrix}1 & 5 & -27\\ -16 & 8 & 11\\ 6 & -7 & -14\end{bmatrix},$$

做各种排序。

解：在命令行窗口输入

```
>> A=[1,5,-27;-16,8,11;6,-7,-14];
>> sort(A)        % 对 A 的每列按升序排序
```

输出结果

```
ans=
    -16    -7    -27
      1     5    -14
      6     8     11
```

在命令行窗口输入

```
>> -sort(-A,2)        % 对 A 的每行按降序排列
```

输出结果

```
ans=
    5     1    -27
    11    8    -16
    6    -7    -14
```

在命令行窗口输入

```
>> [X,I]=sort(A)        % 对 A 按列排序，并将每个元素所在行号送矩阵 I
```

输出结果

```
X=
    -16    -7    -27
      1     5    -14
      6     8     11
```

以及

```
I=
    2    3    1
    1    1    3
    3    2    2
```

5.1.2 多项式计算

在 MATLAB 中，n 次多项式用一个长度为 $n+1$ 的行向量表示，缺少的幂次项系数为 0。对于 n 次多项式

$$p(x)=a_0x^n+a_1x^{n-1}+a_2x^{n-2}+\cdots+a_{n-1}x+a_n \tag{5.7}$$

其向量表达形式为 $[a_0, a_1, a_2, \cdots, a_{n-1}, a_n]$。

1. 多项式的四则运算

多项式之间可以进行四则运算,其运算结果仍为多项式。

1) 多项式的加减运算

MATLAB 没有提供专门进行多项式加减运算的函数。事实上,多项式的加减运算就是其所对应的系数向量的加减运算。对于次数相同的两个多项式,可直接对多项式系数向量进行加减运算。如果两个多项式的次数不同,则应该将低次的多项式系数不足的高次项用 0 补足,然后进行加减运算。例如,计算

$(x^3 - 2x^2 + 5x + 3) + (6x - 1)$,

对于和式的后一个多项式 $6x - 1$,它仅为一次多项式,而前面的是三次。为确保两者次数相同,应将后者的系数向量处理成 $[0,0,6,-1]$。

2) 多项式乘法运算

函数 conv(P1,P2)用于求多项式 **P**1 和 **P**2 的乘积。这里,**P**1、**P**2 是两个多项式系数向量。

3) 多项式除法

函数[Q,r]=deconv(P1,P2)用于对多项式 **P**1 和 **P**2 做除法运算。其中,**Q** 返回多项式 **P**1 除以 **P**2 的商式,**r** 返回 **P**1 除以 **P**2 的余式。这里,**Q** 和 **r** 仍是多项式系数向量,即 $\boldsymbol{P}_1 = \text{conv}(\boldsymbol{P}_2, \boldsymbol{Q}) + \boldsymbol{r}$。

例 5.10　设

$f(x) = 3x^5 - 5x^4 + 2x^3 - 7x^2 + 5x + 6$,

$g(x) = 3x^2 + 5x - 3$,

(1) 求 $f(x) + g(x)$、$f(x) - g(x)$,(2) 求 $f(x) \times g(x)$、$f(x)/g(x)$。

解:在 MATLAB 命令行窗口,输入命令

```
>> f=[3,-5,2,-7,5,6];g= [3,5,-3];g1= [0,0,0,g];
>> f+g1
ans=
    3    -5    2    -4    10    3
>> f-g1
ans=
    3    -5    2    -10    0    9
>> conv(f,g)
ans=
    9    0  -28    4  -26   64   15  -18
>> [Q,r]=deconv(f,g)                % 求f(x)/g(x),商式送Q,余式送r
Q=
    1.0000  -3.3333    7.2222  -17.7037
r=
    0   -0.0000    0    0    115.1852    -47.1111
```

2. 多项式的导函数

对多项式求导数的函数是 polyder，其调用格式有

（1）k=polyder(p)：

$$k(x)=\frac{d}{dx}p(x) \tag{5.8}$$

（2）k=polyder(a,b)：

$$k(x)=\frac{d}{dx}[a(x)b(x)] \tag{5.9}$$

（3）[q,d]=polyder(a,b)：

$$\frac{q(x)}{d(x)}=\frac{d}{dx}\left[\frac{a(x)}{b(x)}\right] \tag{5.10}$$

上述函数中，参数 p、a、b 是多项式的向量表示，结果中 k、q、d 也是多项式的向量表示。

例 5.11 求有理分式

$$f(x)=\frac{3x^5+5x^4-8x^2+x-5}{10x^{10}+5x^9+6x^6+7x^3-x^2-100},$$

的导数。

解：在命令行窗口输入

```
>> P=[3,5,0,-8,1,-5];
>> Q=[10,5,0,0,6,0,0,7,-1,0,100];
>> [p,q]=polyder(P,Q)
```

输出结果

```
p=
   -150  -360  -125   640   172   400   225   234    -4
    170  -1444  -2014   106  1590    -100
q=
    100   100   25    0   120   60    0   140   86  -10  -2000
   -916   -12    0  -1151  -14    1  -1400   200    0  10000
```

很明显，导数的分子是一个 14 次多次项，其 14 次幂的系数是 −150，常数项是 −100；分母是一个 20 次多项式，其 20 次幂的系数是 100，常数项是 10 000。

3. 多项式求值

MATLAB 提供了两个求多项式值的函数：polyval 与 polyvalm，它们的输入参数均为多项式系数向量 $\boldsymbol{P}$ 和自变量 $\boldsymbol{X}$。两者的区别在于，前者是代数多项式求值，后者是矩阵多项式求值。

1）代数多项式求值

函数 polyval 用来求代数多项式的值，其调用格式为

```
Y=polyval(P,X)
```

若 X 为一数值，则求多项式在该点的值；若 $\boldsymbol{X}$ 为向量或矩阵，则对向量或矩阵中的每个元素

求其多项式的值。

例 5.12 已知多项式 x^4+8x^3-10，分别取 $x=1.2$ 和一个 2×3 矩阵为自变量，计算该多项式的值。

解：在命令行窗口输入

```
>> A=[1,8,0,0,-10];                    % 4次多项式系数
>> x=1.2;                              % 取自变量为一数值
>> y1=polyval(A,x)
y1=
    5.8976
>> x=[-1,1.2,-1.4;2,-1.8,1.6];%  给出一个矩阵x
>> y2=polyval(A,x)
y2=
    -17.0000     5.8976    -28.1104
    70.0000    -46.1584    29.3216
```

2）矩阵多项式求值

函数 polyvalm 用来求矩阵多项式的值，其调用格式与 polyval 相同，但含义不同。设 **A** 为方阵，P 代表多项式 x^3-5x^2+8，那么 polyvalm(P,A)含义是

A. * **A**. * **A** − 5 * **A**. * **A** + 8 * eye(size(**A**))，

而 polyval(P,A)的含义是

A. * **A**. * **A** − 5 * **A**. * **A** + 8 * ones(size(**A**))。

4. 多项式求根

n 次多项式有 n 个根。当然，这些根可能是实根，也可能含有若干对共轭复根。MATLAB 提供的函数 roots 用于求多项式的全部根，其调用格式为

```
x=roots(P)
```

其中，**P** 为多项式的系数向量，求得的根赋给向量 **x**，即 $x(1)$、$x(2)$、…、$x(n)$，分别代表多项式的 n 个根。

例 5.13 已知 $f(x)=3x^5+4x^3-5x^2-7.2x+5$，求：(1) 计算 $f(x)=0$ 的全部根。(2) 由方程 $f(x)=0$ 的根构造一个多项式 $g(x)$，并与 $f(x)$ 进行对比。

解：在命令行窗口输入

```
>> P=[3,0,4,-5,-7.2,5];
>> X=roots(P)                          % 求方程 f(x)=0 的根
```

输出结果

```
X=
    -0.3046+1.6217i
    -0.3046-1.6217i
    -1.0066
    1.0190
    0.5967
```

同样地,在命令行窗口输入

```
>> G=poly(X)                         % 求多项式 g(x)
G=
    1.0000    0.0000    1.3333    -1.6667    -2.40000    1.6667
```

这是多项式 $f(x)$ 除以首项系数 3 的结果,两者的零点相同。

5.2 数据插值和曲线拟合

5.2.1 数据插值

在地球物理勘探和科学实验中,所得到的数据通常都是离散的。若要得到这些离散点以外的其他点上的数值,就需要根据这些已知数据进行插值。

1. 一维数据插值

若被插值函数是一个单变量函数,则该数据插值问题称为一维插值。一维插值方法有线性方法、最近邻点方法、三次样条和三次 Hermite 多项式插值。在 MATLAB 中,实现这些插值的函数是 interp1,其调用格式为

```
vq=interp1(x,v,xq,method)
```

根据 $\boldsymbol{x}$、$\boldsymbol{v}$ 的值,计算函数在 xq 处的值。$\boldsymbol{x}$、$\boldsymbol{v}$ 是两个等长的已知向量,分别描述采用点和样本值,xq 是一个向量或标量,描述欲插值的点,vq 是一个与 xq 等长的插值结果。method 是插值方法,允许的插值方式有:

(1)'linear':线性插值(缺省方式)。它是将与插值点靠近的两个数据点用直线连接,然后在直线上选取对应插值点的数据。

(2)'nearest':最近邻点插值。根据插值点与已知数据点的远近程度进行插值,插值点优先选择较近的数据点进行插值操作。

(3)'pchip':分段三次 Hermite 多项式插值。

(4)'spline':三次样条插值。所谓三次样条插值,是指在每个子区间内构造一个三次多项式,使插值函数满足插值条件,且在各节点处具有光滑条件。

进行插值计算时,若 xq 的取值超过了 $\boldsymbol{x}$ 的范围,则指定参数'extrap',进行外插运算,即函数的使用方法为

```
vq=interp1(x,v,xq,method,'extrap')
```

例 5.14 一维数据插值示例。

解:建立脚本 M 文件 test511.m,文件文本如下

```
clc
x=0 : 0.25 : 10;
y=sin(x);
xi=0:0.1:10;
yil=interp1(x,y,xi,'linear');
yin=interp1(x,y,xi,'nearest');
```

```
yip=interp1(x,y,xi,'pchip');
yis=interp1(x,y,xi,'spline');
subplot(221)
plot(x,y,'*',xi,yil)
set(gca,'yTickLabel',num2str(get(gca,'yTick')','%.1f'))
xlabel('\fontname{times new roman}\itx', 'fontsize', 15)
ylabel('\fontname{times new roman}sin(\itx\rm)', 'fontsize', 15)
title('Linear interpolation')
subplot(222)
plot(x,y,'*',xi,yin)
set(gca,'yTickLabel',num2str(get(gca,'yTick')','%.1f'))
xlabel('\fontname{times new roman}\itx', 'fontsize', 15)
ylabel('\fontname{times new roman}sin(\itx\rm)', 'fontsize', 15)
title('Nearest interpolation')
subplot(223)
plot(x,y,'*',xi,yip)
set(gca,'yTickLabel',num2str(get(gca,'yTick')','%.1f'))
xlabel('\fontname{times new roman}\itx', 'fontsize', 15)
ylabel('\fontname{times new roman}sin(\itx\rm)', 'fontsize', 15)
title('Pchip interpolation')
subplot(224)
plot(x,y,'*',xi,yis)
set(gca,'yTickLabel',num2str(get(gca,'yTick')','%.1f'))
xlabel('\fontname{times new roman}\itx', 'fontsize', 15)
ylabel('\fontname{times new roman}sin(\itx\rm)', 'fontsize', 15)
title('Spline interpolation')
```

在命令行窗口输入

```
>> test511
```

程序执行后，输出结果如图 5.1 所示。

从上面的例子中不难发现，三次样条和三次 Hermite 多项式的插值结果优于最近邻点插值法和线性插值法。若考虑机时和内存等系统资源的消耗，nearest 是最快又最节省资源的一种算法，三次 Hermite 插值或样条插值运算则需要消耗较多的系统资源，故而，用户可根据需要选择合适的插值算法。

MATLAB 中有一个专门的三次样条插值函数 yi=spline(x,y,xi)，其功能及使用方法与函数 yi=interp1(x,y,xi,'spline')完全相同。

2. 二维数据插值

当函数依赖于两个自变量变化时，其采样点是由两个参数组成的一个平面区域，插值函数是一个二维函数。对依赖于两个参数的函数进行插值的问题谓之二维插值。同样地，在

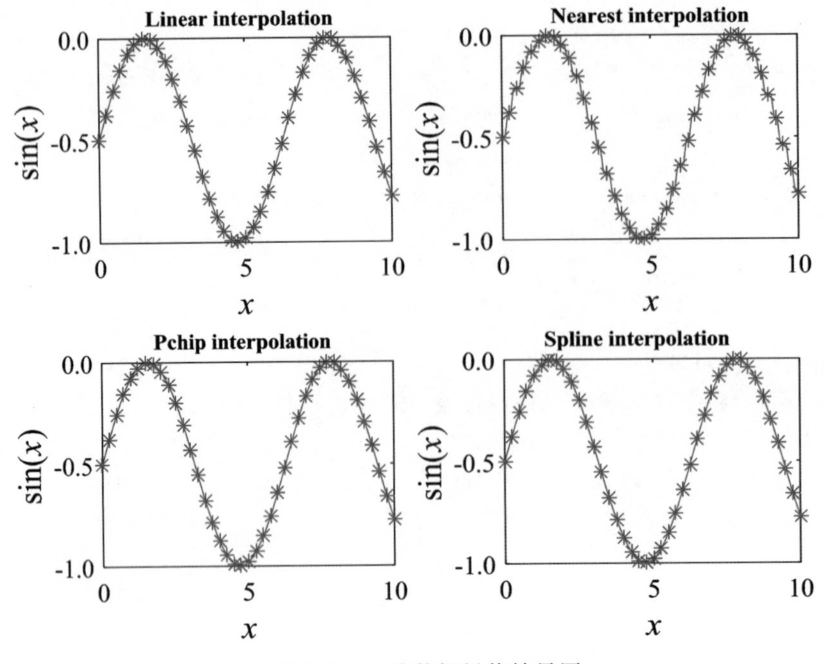

图 5.1　一维数据插值结果图

MATLAB 中，提供了解决二维插值问题的函数 interp2，其调用格式为

```
ZI=interp2(X, Y, Z, XI, YI, method)
```

其中 $\boldsymbol{X}$、$\boldsymbol{Y}$ 是两个向量，分别描述两个参数的采样点，Z 是与采样点对应的函数值；XI、YI 是两个向量或标量，描述欲插值的点，ZI 是根据相应的插值方法得到的插值结果；method 为插值方法，与一维插值函数的用法相同。

例 5.15　二维数据插值示例。

解：建立脚本 M 文件 test512. m，程序文本如下

```
clc
[x, y]=meshgrid(-5 : 1 : 5);
z=peaks(x, y);
[xi, yi]=meshgrid(-5 : 0.1 : 5);
zi1=interp2(x, y, z, xi, yi,'linear');
zi2=interp2(x, y, z, xi, yi,'nearest');
zi3=interp2(x, y, z, xi, yi,'cubic');
zi4=interp2(x, y, z, xi, yi,'spline');
subplot(2,2,1)
contourf(xi, yi, zi1),axissquare
colormap jet
title('2D linear interpolation')
xlabel('\itx'),ylabel('\ity')
subplot(2,2,2)
```

```
contourf(xi, yi, zi2),axis square
colormap jet
title('2D nearest interpolation')
xlabel('\itx'),ylabel('\ity')
subplot(2,2,3)
contourf(xi, yi, zi3),axis square
colormap jet
title('2D cubic interpolation')
xlabel('\itx'),ylabel('\ity')
subplot(2,2,4)
contourf(xi, yi, zi4),axissquare
colormap jet
title('2D spline interpolation')
xlabel('\itx'),ylabel('\ity')
```

在命令行窗口输入

```
> > test512
```

程序执行结果如图 5.2 所示。

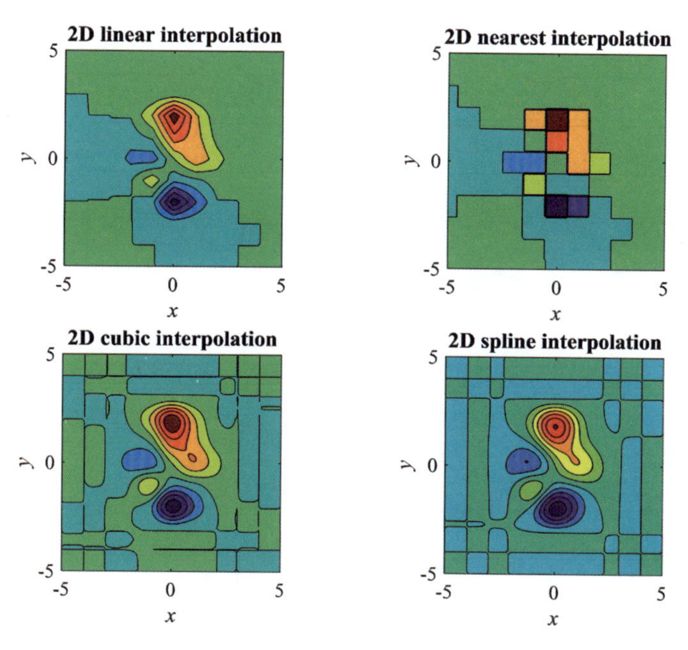

图 5.2　二维数据插值结果图

3. 杂乱或散射数据的插值

对于数据非单调或不规则分布的情况，MATLAB 提供了 griddata 函数，其调用格式为

```
ZI=griddata(x, y, z, XI, YI, method)
```

其中 method 的选择方式有：

(1)' linear ':线性插值(缺省方式)。

(2)' nearest ':最近邻点插值。

(3)' cubic ':三次插值。

(4)' natural ':自然邻域插值。

(5)' v4 ':仅限二维插值的双谐样条插值。

例 5.16 二维杂乱数据的 griddata 函数插值应用示例,套用软件 Surfer 中的示例数据 DEMOGRID. DAT,见表 5.1。

表 5.1 二维杂乱数据表

Easting	Northing	Elvation	Easting	Northing	Elvation
0.1	0.0	90	4.5	2.5	80
3.5	0.0	45	4.6	3.6	95
4.9	0.0	65	4.5	4.2	80
6.2	0.0	40	4.3	5.1	70
7.0	0.0	55	4.4	6.0	60
9.0	0.0	25	5.3	5.3	78
9.0	5.0	55	6.0	5.7	88
9.0	3.0	48	6.9	5.6	102
9.0	7.0	45	7.1	5.0	104
6.5	7.0	75	7.0	3.5	90
4.5	7.0	50	6.9	2.7	80
2.9	7.0	75	6.9	1.9	70
1.3	7.0	52	7.0	0.6	60
0.0	7.0	70	6.0	1.0	51
0.0	4.1	90	6.0	2.0	54
0.0	2.1	105	5.9	3.0	60
1.7	5.6	75	6.0	4.0	64
2.2	4.5	66	6.3	4.8	71
2.5	3.6	60	3.0	6.0	75
2.9	2.4	55	4.0	5.5	75
3.2	1.1	50	5.0	4.5	73
1.6	6.6	60	0.6	5.0	80
4.7	1.0	66	1.8	2.0	70
4.6	1.6	70			

解：创建脚本 M 文件 test513. m，程序文本如下

```
data=importdata('Demogrid.dat');
min_x=min(data.data(:,1));
max_x=max(data.data(:,1));
min_y=min(data.data(:,2));
max_y=max(data.data(:,2));
x=min_x:0.2:max_x;
y=min_y:0.2:max_y;
[X,Y]=meshgrid(x,y);
Z=griddata(data.data(:,1),data.data(:,2),data.data(:,3),X,Y,'v4');
h=figure;
contourf(X,Y,Z,18)
colormap(h,jet)
xlabel('Easting')
ylabel('Northing')
```

在命令行窗口输入

```
> > test513
```

程序执行结果如图 5.3(b)所示，与 Surfer13.0 成图结果 5.3(a)相近。

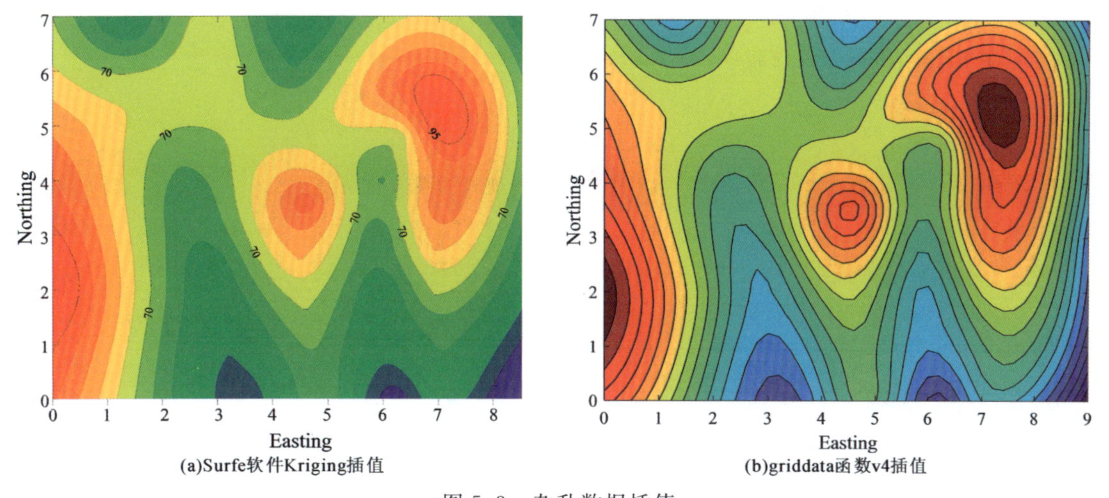

(a)Surfe软件Kriging插值　　(b)griddata函数v4插值

图 5.3　杂乱数据插值

5.2.2　曲线拟合

1. 曲线拟合与最小二乘原理

与数据插值类似，曲线拟合是用一个较简单的函数去逼近一个复杂的或未知的函数，所依据的条件是在一个区间或一个区域上的有限个采样点的函数值。数据插值要求逼近函数在采样点与被逼近函数相等，由于实验或测量中的误差，所获得的数据不一定准确。在这种情况下，强求逼近函数通过各采样点，显然是不合理的。

基于此，构造函数 $y = g(x)$ 去逼近 $f(x)$，不要求曲线 $g(x)$ 严格通过采样点，但希望 $g(x)$ 尽量地靠近这些点，使误差 $\delta_i = g(x_i) - f(x_i)$，$(i = 1,2,\cdots,n)$ 在某种意义上达到最小。设测量获得 n 个离散数据点 (x_i, y_i)，$(i = 1,2,\cdots,n)$，欲构造一个 m $(m \leqslant n)$ 次多项式 $p(x)$

$$p(x) = a_1 x^m + a_2 x^{m-1} + \cdots + a_m x + a_{m+1}\ , \tag{5.11}$$

使上述拟合多项式在各节点处的偏差 $p(x_i) - y_i$ 的平方和 $\sum_{i=1}^{n} [p(x_i) - y_i]^2$ 达到最小。数学上已经证明，上述最小二乘逼近问题的解总是确定的。

2. 曲线拟合的实现

采用最小二乘法进行曲线拟合，实际上是求一个多项式的系数向量。用函数 polyfit 求得最小二乘拟合多项式系数，再利用函数 polyval 按所得的多项式计算给出的点上的函数近似值。函数 polyfit 的调用格式为

```
[P, S]=polyfit(X, Y, m)
```

根据采样点 **X** 和采样点函数值 **Y**，产生一个 m 次多项式 **P**，以及在采样点的误差向量 **S**。其中 **X**、**Y** 是两个等长的向量，**P** 是一个长度为 $m+1$ 的向量，**P** 的元素为多项式系数。

例 5.17 用一个三次多项式在区间 $[0,2\pi]$ 内逼近函数 $\sin x$。

解：在给定区间上，均匀地选择 50 个采样点，计算采样点上的函数值，然后利用三次多项式逼近。于是，在命令行窗口输入

```
> > X=linspace(0,2*pi,50);
> > Y=sin(X);
> > P=polyfit(X,Y,3)              % 得到三次多项式的系数和误差
```

输出结果

```
P=
0.0912    -0.8596    1.8527    -0.1649
```

以上求得了三次拟合多项式 $p(x)$ 的系数，即

$$p(x) = 0.0912\,x^3 - 0.8596\,x^2 + 1.8527x - 0.1649\ , \tag{5.12}$$

继而，图示多项式 $p(x)$ 和函数 $\sin(x)$ 之间的拟合情况，在命令行窗口输入

```
x=linspace(0,2*pi,20);
y1=sin(x);
P=polyfit(x,y1,3);
y2=polyval(P,x);
plot(x,y1,'r',x,y2,'b:o')
xlabel('\itx'),ylabel('\ity')
str1='\ity\rm_{1}=sin(\itx\rm)';
str2='\ity\rm_{2}=p(\itx\rm)';
legend(str1,str2)
```

程序执行结果如图 5.4 所示。

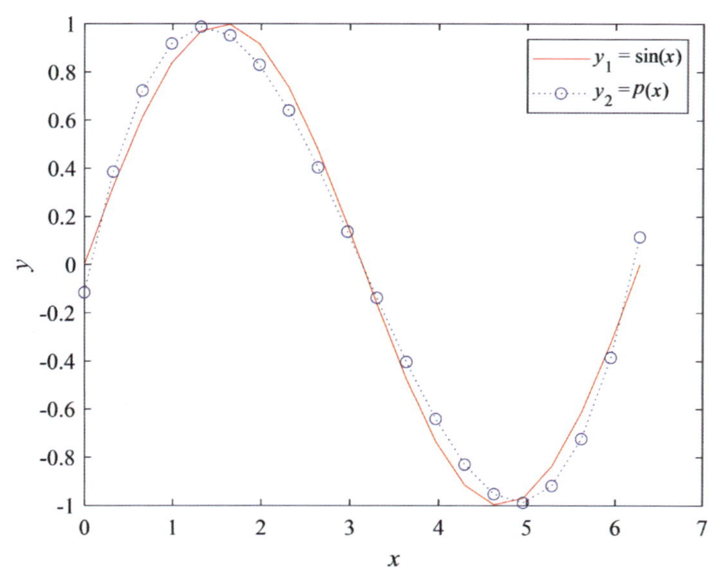

图 5.4　用三次多项式对正弦函数进行拟合

5.3　数值微积分与贝塞尔(Bessel)函数

5.3.1　数值微分

一般来说，函数的导数依然是一个函数。设函数 $f(x)$ 的导数 $f'(x)=g(x)$，高等数学关心的是 $g(x)$ 的形式和性质，数值分析关心的问题是怎样计算 $g(x)$、在一串离散点 $X=(x_1,x_2,\cdots,x_n)$ 上的近似值 $G=(g_1,g_2,\cdots,g_n)$，以及所计算的近似值有多大误差？

1. 数值差分与差商

任意函数 $f(x)$ 在 x 点的导数是通过极限定义的

$$f'(x)=\lim_{h\to 0}\frac{f(x+h)-f(x)}{h}, \tag{5.13}$$

$$f'(x)=\lim_{h\to 0}\frac{f(x)-f(x-h)}{h}, \tag{5.14}$$

$$f'(x)=\lim_{h\to 0}\frac{f(x+h/2)-f(x-h/2)}{h}, \tag{5.15}$$

上述式子中均假设 $h>0$，如果去掉上述等式右端的 $h\to 0$ 的极限过程，并引入记号：

$$\Delta f(x)=f(x+h)-f(x), \tag{5.16}$$

$$\nabla f(x)=f(x)-f(x-h), \tag{5.17}$$

$$\delta f(x)=f(x+h/2)-f(x-h/2), \tag{5.18}$$

称 $\Delta f(x)$、$\nabla f(x)$ 及 $\delta f(x)$ 分别为函数在 x 点处以 h（$h>0$）为步长的向前、向后差分和中心差分。当步长 h 充分小时，有

$$f'(x) \approx \frac{\Delta f(x)}{h}, \tag{5.19}$$

$$f'(x) \approx \frac{\nabla f(x)}{h}, \tag{5.20}$$

$$f'(x) \approx \frac{\delta f(x)}{h}, \tag{5.21}$$

和差分一样，称 $\Delta f(x)/h$ 、$\nabla f(x)/h$ 及 $\delta f(x)/h$ 分别为函数在 x 处以 h（$h>0$）为步长的向前差商、向后差商和中心差商。当步长 h（$h>0$）充分小时，函数 f 在点 x 处的微分接近于函数在该点的任意差分，而 f 在点 x 处的导数接近于函数在该点的任意差商。

2. 数值微分的实现

有两种方式计算任意函数 $f(x)$ 在给定点 x 处的数值导数：① 用多项式或样条函数 $g(x)$ 对 $f(x)$ 进行逼近（插值或拟合），然后，用逼近函数 $g(x)$ 在点 x 处的导数作为 $f(x)$ 在点 x 处的导数；②用 $f(x)$ 在点 x 处的某种差商作为其导数。在 MATLAB 中，没有提供直接求数值导数的函数，只有计算向前差分的函数 diff，其调用格式为：

(1)DX=diff(X)：计算向量 **X** 的向前差分，DX $(i)=X(i+1)-X(i)$，$i=1,2,\cdots n-1$。

(2)DX=diff(X,n)：计算向量 **X** 的 n 阶向前差分，diff(X, 2)=diff(diff(X))。

(3)DX=diff(X,n,dim)：计算矩阵 **X** 的 n 阶差分。Dim=1(默认状态)，按列计算差分；dim=2，按行计算差分。

例 5.18 设 x 由 $[0,2\pi]$ 间均匀分布的 10 个点组成，求 $\sin x$ 的 1 ～ 3 阶差分。

解：创建脚本 M 文件 test515. m，程序文本如下

```
X=linspace(0,2*pi,10);
Y=sin(X);
DY1=diff(Y);          % 计算 Y 的一阶差分
DY2=diff(Y,2);         % 计算 Y 的二阶差分，同 diff(DY1)
DY3=diff(Y,3);         % 计算 Y 的三阶差分，同 diff(DY2)
```

在命令行窗口输入

```
> > test515
```

输出结果分别是

```
X=
         0    0.6981    1.3963    2.0944    2.7925    3.4907
    4.1888    4.8869    5.5851    6.2832
DY1=
    0.6428    0.3420   -0.1188   -0.5240   -0.6840   -0.5240
   -0.1188    0.3420    0.6428
DY2=
   -0.3008   -0.4608   -0.4052   -0.1600    0.1600    0.4052
    0.4608    0.3008
```

```
DY3=
    -0.1600 0.0556 0.2452 0.3201 0.2452 0.0556
    -0.1600
```

5.3.2 数值积分

1. 数值积分的基本原理

数值积分研究定积分的数值求解方法。设

$$I_1 = \int_a^b f(x)\mathrm{d}x , \tag{5.22}$$

$$I_2 = \int_a^b p(x)\mathrm{d}x , \tag{5.23}$$

从高等数学中知道,当 $|f(x)-p(x)|<\varepsilon$ 时,$|I_1-I_2|<\varepsilon(b-a)$,这表明,当 ε 充分小时,可用 I_2 近似地代替 I_1 。换言之,当求任意函数 $f(x)$ 在 $[a,b]$ 上的定积分时,若用解析的方法难以求出 $f(x)$ 的原函数,则可以寻找一个在 $[a,b]$ 上逼近 $f(x)$ 、形式上简单且易于求积分的函数 $p(x)$,用 $p(x)$ 在 $[a,b]$ 上的积分值近似地代替 $f(x)$ 在 $[a,b]$ 上的积分值。

一般地,选择被积函数的插值多项式充当这样的替代函数。选择的插值多项式的次数不同,就形成了不同的数值积分公式。选择一次多项式时,称为梯形公式,选择二次多项式时,谓之 Simpson 公式。如果将积分区间 $[a,b]$ 划分为 n 个等长的子区间,即

$$[a,b]=[a,a_1]\cup[a_1,a_2]\cup\cdots\cup[a_{n-1},b] , \tag{5.24}$$

在每个子区间 $[a_i,a_{i+1}]$ 上用 $f(x)$ 的插值多项式 $p(x)$ 代替 $f(x)$,其逼近效果一般会比在整个区间上使用一个统一的插值多项式时更好,这样就形成了数值积分复合公式。对被积函数 $f(x)$ 采用一、二次多项式插值,然后对插值多项式求积分,就得到几个常见的数值积分公式

$$S_1 = \frac{b-a}{2}[f(a)+f(b)] , \tag{5.25}$$

$$S_2 = \frac{b-a}{6}\left[f(a)+4f\left(\frac{a+b}{2}\right)+f(b)\right] , \tag{5.26}$$

$$S_3 = \frac{h}{2}\left[f(a)+f(b)+2\sum_{i=1}^{n-1}f(a+ih)\right] , \tag{5.27}$$

$$S_4 = \frac{h}{6}\sum_{i=0}^{n-1}\left\{f(a+ih)+4f\left[a+\frac{i+1}{2}h+f(a+ih+h)\right]\right\} , \tag{5.28}$$

这里 S_1 、S_2 是基本梯形公式和基本 Simpson 求积公式,S_3 、S_4 是复合梯形公式和复合 Simpson 求积公式。计算数学中已经证明,对一般工程问题,复合 Simpson 求积公式具有足够的精度。

2. 数值积分的实现

被积函数一般是用一个解析式给出,但也有很多情况下用一个表格给出。在 MATLAB

中，对上述两种给定被积函数的方法，提供了不同的数值积分函数。

1）解析给出被积函数

MATLAB 提供了函数 integral 来求定积分，调用格式为

```
Q= integral(FUN,A,B,PARAM1,VAL1,PARAM2,VAL2,…)
```

其中 FUN 是被积函数名；A 和 B 分别是定积分的下限和上限；参数 PARAM1、PARAM2 为附加可选项，譬如，'AbsTol'、'RelTol'，即绝对和相对容许误差。

例 5.19 计算图 5.5 中半球形电极的接地电阻。对于任意一层半球层而言，由于 $dr \ll r$，半球面 $S=2\pi r^2$，可知半球层的电阻 dR 为

$$dR = \rho \frac{dr}{2\pi r^2},$$

将上式对 r 积分，便可求得半球形电极的接地电阻

$$R = \int_{r_0}^{\infty} dR = \int_{r_0}^{\infty} \rho \frac{dr}{2\pi r^2} = \frac{\rho}{2\pi r_0},$$

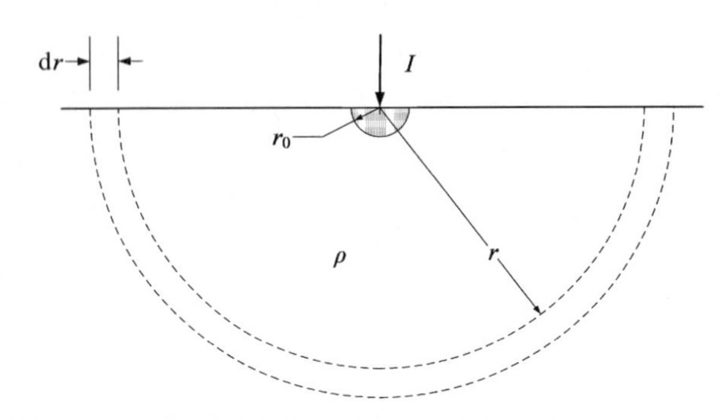

图 5.5 计算半球形电极的接地电阻

可见 R 与电极半径成反比，与大地电阻率成正比。于是，从电极表面到某一半径 r，球层呈现的电阻可写成：

$$R_r = \int_{r0}^{r} \rho \frac{dr}{2\pi r^2} = \frac{\rho}{2\pi r_0}\left(\frac{1}{r_0} - \frac{1}{r}\right)。$$

解：不失一般性，这里设大地电阻率 $\rho = 100\Omega \cdot m$，$r_0 = 0.01m$，分别考虑 $r = 5r_0$ 和 $r = 10r_0$ 时的接地电阻 R_r。MATLAB 计算程序代码如下：

```
function [R, Rr, RrR]=GndResis(rho, r0, r)

%   [R, Rr, RrR]=GndResis(rho, r0, r)
%   A Matlab function is used to calculate the grounding resistance of
%   the hemispherical electrode in the DC resistivity method

%   input parameter
%   rho  earth resistivity
%   ro   Radius of spherical electrode
%   r    Distance to the center of the spherical electrode
```

```
%   output parameter
%   R  Ground resistance of hemispherical electrodes
%   Rr  The resistance of the spherical layer from the surface of the spherical
electrode to a certain radius
%   RrR  Ratio of Rr to R

% Versions:
% 1.0  January, 2020  Created
clc
dR=@(rad, c) c/2/pi./rad./rad;

R=integral(@(rad)dR(rad,rho), r0, Inf);
Rr=integral(@(rad)dR(rad,rho), r0, r);

RrR=Rr/R;
end
```

当 $r = 5r_0$ 时，在 MATLAB 命令窗口输入命令

```
>> [R, Rr, RrR]=GndResis(100, 0.01, 0.05)
R=
   1.5915e+03
Rr=
   1.2732e+03
RrR=
     0.8000
```

当 $r = 10r_0$ 时，在 MATLAB 命令窗口输入命令

```
R=
   1.5915e+03
Rr=
   1.4324e+03
RrR=
   0.9000
```

很明显，接地电阻主要由电极附近[$r = (5 \sim 10)r_0$]土壤或岩石的电阻决定。可用解析方法计算一下该例，并与上面所显示的结果进行比较。

2) *表格定义被积函数*

在科学实验和工程应用中，函数关系往往是不知道的，只有实验测定的一组样本点和样本值，无法使用函数 quad 计算定积分。在 MATLAB 中，若对表格形式定义的函数求定积分，可选用函数 trapz(X, Y)，这里的 $\boldsymbol{X}$、$\boldsymbol{Y}$ 是两个等长度的向量，即

$$\boldsymbol{X} = (x_1, x_2, \cdots, x_n), \quad x_1 < x_2 < \cdots < x_n, \tag{5.29}$$

$$\boldsymbol{Y} = (y_1, y_2, \cdots, y_n), \tag{5.30}$$

显然,表格形式定义的函数关系为

$$Y = f(X) \text{ ,} \tag{5.31}$$

积分区间是 $[x_1, x_n]$ 。

例 5.20 利用函数 trapz 计算

$$I = \int_0^1 e^{-x^2} dx \text{ 。}$$

解:在 MATLAB 命令窗口,输入命令

```
> > X=0:0.01:1;
> > Y=exp(-X.^2);
> > trapz(X, Y)
```

输出结果

```
ans=
    0.7468
```

3) 二重积分数值求解

考虑下面的二重定积分问题

$$I = \int_a^b \int_c^d f(x,y) dx dy \text{ ,} \tag{5.32}$$

使用 MATLAB 提供的函数 dblquad 可以直接求出上述二重定积分的数值解。该函数的调用格式为

```
I=dblquad(f, a, b, c, d, tol, trace)
```

求 $f(x,y)$ 在区域 $[a,b]\times[c,d]$ 上的二重定积分,参数 tol、trace 的用法与函数 quad 中的完全相同。

须注意的是,本函数不返回被积函数的调用次数,若用户需要,可以在被积函数中设置一个记数变量,统计被积函数的调用次数。

例 5.21 计算二重积分

$$I = \int_{-1}^1 \int_{-2}^2 e^{-x^2} \sin(x^2 + y) dx dy \text{ 。}$$

解:(1) 建立一个函数 M 文件 DJF.m

```
function y=DJF(x, y)
global k;
k=k+1;              % k用于统计被积函数的调用次数
y=exp(-x.^2).*sin(x.^2+y);
end
```

(2) 调用函数 dblquad 求解。在命令行窗口输入

```
> > global k; k=0;
> > I=dblquad('DJF',-2, 2,-1, 1)
```

输出结果

```
I=

    0.9702

k

k=

    626
```

如果使用 inline 函数,则程序如下

```
> > f=inline('exp(-x.^2).*sin(x.^2+y)', 'x', 'y');

> > I=dblquad(f,-2, 2,-1, 1)

I=

    0.9702
```

5.3.3　Bessel 函数

MATLAB 提供了各类贝塞尔函数,它们分别为:

(1)第一类 Bessel 函数:besselj。

(2)第二类 Bessel 函数:bessely。

(3)第三类 Bessel 函数:besselh。

(4)第一类修正 Bessel 函数:besseli。

(5)第二类修正 Bessel 函数:besselk。

关于上述函数的调用格式,可查阅 MATLAB 的帮助文档。

例 5.22　均匀大地表面上,垂直磁偶极子源形成的磁场水平分量表达式可写成

$$H_r = \frac{-mk^2}{4\pi r}\left[I_1\left(\frac{ikr}{2}\right)K_1\left(\frac{ikr}{2}\right) - I_2\left(\frac{ikr}{2}\right)K_2\left(\frac{ikr}{2}\right)\right],$$

式中,m 为磁矩,I_n 为第一类修正 Bessel 函数,K_n 为第二类修正 Bessel 函数,$n=1,2$,k 为地下介质中的波数,r 为发收距,即观察点到偶极源之间的距离。

解:设计算频率范围为 $10^{-1} \sim 10^5$ Hz,均匀半空间电阻率为 $100\Omega \cdot m$,发收距 $r=100$m,编写相应的函数 M 文件 VMDHr.m 如下

```
function VMDHr
clc


epsilon=1.0e-9/4.0/pi/8.9880;
mu=4.0*pi*1.0e-7;


rho=100.0;
r=100.0;
m=1.0;


nf=120;
```

```
fmin=1.0e-1;
fmax=1.0e+5;
freq=logspace(log10(fmin), log10(fmax), nf);

Hr_re=zeros(1, nf);
Hr_im=zeros(1, nf);
for i=1:nf
omega=2.0*pi*freq(i);
k2=omega*omega*mu*epsilon-1i*omega*mu/rho;
k=sqrt(k2);

temp=-m*k2/4.0/pi/r;
ikr=1i*k*r;
term1=besseli(1, ikr/2.0)*besselk(1, ikr/2.0);
term2=besseli(2, ikr/2.0)*besselk(2, ikr/2.0);

Hr=temp*(term1-term2);
Hr_re(i)=real(Hr);
Hr_im(i)=imag(Hr);
end

%    PLOT
loglog(freq, Hr_re,'r-'), axis square, axis tight
hold on
loglog(freq(Hr_im >0),+Hr_im(Hr_im >0),'b-')
loglog(freq(Hr_im <0),-Hr_im(Hr_im <0),'b--')
ylim([1.0e-12 1.0e-6])
xlabel('\it\fontname{times new roman}f / \rmHz');
ylabel('\fontname{times new roman}\itH_{r} / \rmA\cdotm^{-1}');
str1='Real components';
str2='imaginary component(+)';
str3='imaginary component(-)';
legend({str1, str2, str3},'Location','northwest')
end
```

在命令行窗口输入

```
>> VMDHr
```

程序执行结果如图 5.6 所示。

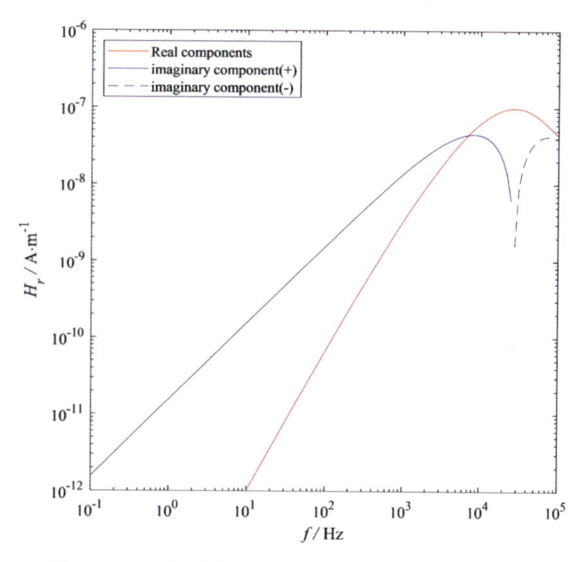

图 5.6　垂直磁偶极的水平磁场随频率的变化曲线

5.4　离散 Fourier 变换及其逆变换

Fourier 变换的原理是将一个时间域信号分解成用不同频率的三角函数(或复函数)叠加组成的形式。Fourier 变换将时间域信号转换为频率域信号,其逆变换将频率域信号转换为时间域信号。离散 Fourier 变换 DFT 是数字信号处理的主要工具,快速 Fourier 变换 FFT 是对 DFT 进行快速计算的有效算法。

5.4.1　离散 Fourier 变换算法

在某时间段等距地取 n 个抽样时间,t_j 处的样本值为 $f(t_j)$,记作 $f(j)$,这里 $j=0,1,2,\cdots,n-1$,称向量 $\boldsymbol{F}(k)$ 为 $f(j)$ 的一个 DFT,这里

$$F(k)=FFT[f(j)]=\sum_{j=0}^{n-1} f(j)\mathrm{e}^{-\frac{2\pi i}{n}jk}, \tag{5.33}$$

其中,$k=0,1,2,\cdots,n-1$。考虑到 MATLAB 中不允许零下标,于是

$$F(k)=FFT[f(j)]=\sum_{j=1}^{n} f(j)\mathrm{e}^{-\frac{2\pi i}{n}(j-1)(k-1)}, \tag{5.34}$$

式中,$k=1,2,\cdots,n$。

相应地,逆变换为

$$f(j)=FFT^{-1}[F(k)]=\frac{1}{n}\sum_{k=1}^{n} F(k)\mathrm{e}^{\frac{2\pi i}{n}(j-1)(k-1)}, \tag{5.35}$$

这里,$j=1,2,\cdots,n$。

5.4.2　离散 Fourier 变换的实现

进行 DFT 的函数为 fft,调用格式是

```
Y=fft(X, n, dim)
```

当 **X** 是一个向量时，返回对 **X** 的 DFT；当 **X** 是一个矩阵时，返回一个矩阵 **Y**，其列(行)是对 **X** 的列(行)的 DFT。

例 5.23 对信号

$$x = \sin(2*\pi*60*t) + 2\sin(2*\pi*160*t) + \text{randn}[\text{size}(t)],$$

实施 DFT，并画出它们的图像。

解：在命令行窗口输入

```
>> t=0 : 0.001 : 1;
>> x=sin(2*pi*60*t)+2*sin(2*pi*160*t)+randn(size(t));
>> y=fft(x, 256);                    % 对 x 的前 256 点离散 Fourier 变换
>> plot(x); axis tight
>> plot(y)
```

运行结果如图 5.7 和图 5.8 中所示。

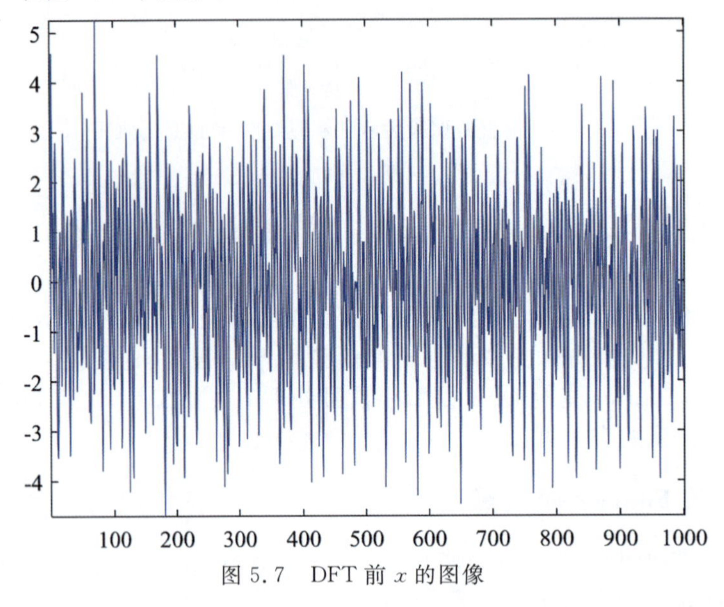

图 5.7　DFT 前 x 的图像

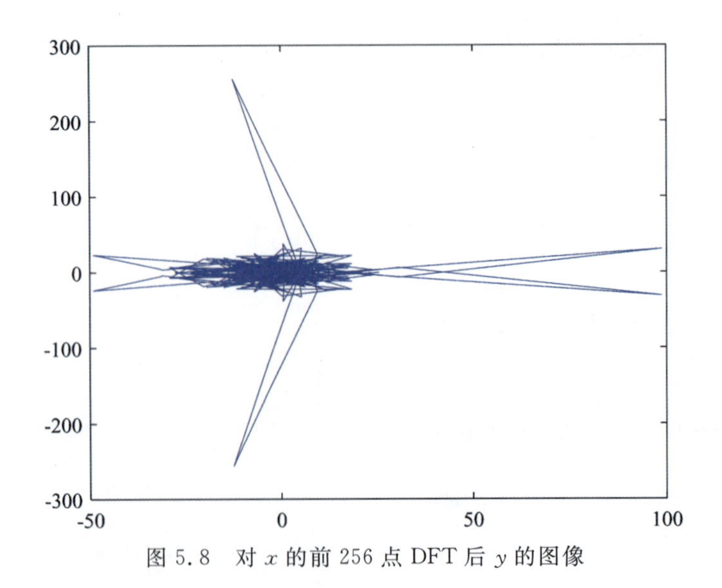

图 5.8　对 x 的前 256 点 DFT 后 y 的图像

5.4.3　离散 Fourier 逆变换

进行离散 Fourier 逆变换 IDFT 的函数为 ifft，调用方法是

```
Y=ifft(X, n, dim)
```

函数对 **X** 进行 IDFT。其中 **X**、n、dim 的意义及用法和 DFT 函数 fft 中的完全相同。

例 5.24　对信号

$x = \sin(120 * \mathrm{pi} * t) + 2\sin(320 * \mathrm{pi} * t) + \mathrm{randn}[\mathrm{size}(t)]$，

实施 IDFT，并画出它们的图像。

解：在命令行窗口输入

```
> > clear
> > t=0 : 0.001 : 1;
> > x=sin(2*pi*60*t)+2*sin(2*pi*160*t)+randn(size(t));
> > y=ifft(x);
> > c=fft(y);
> > plot(y)
> > plot(c)
```

运行结果如图 5.9 和图 5.10 中所示。

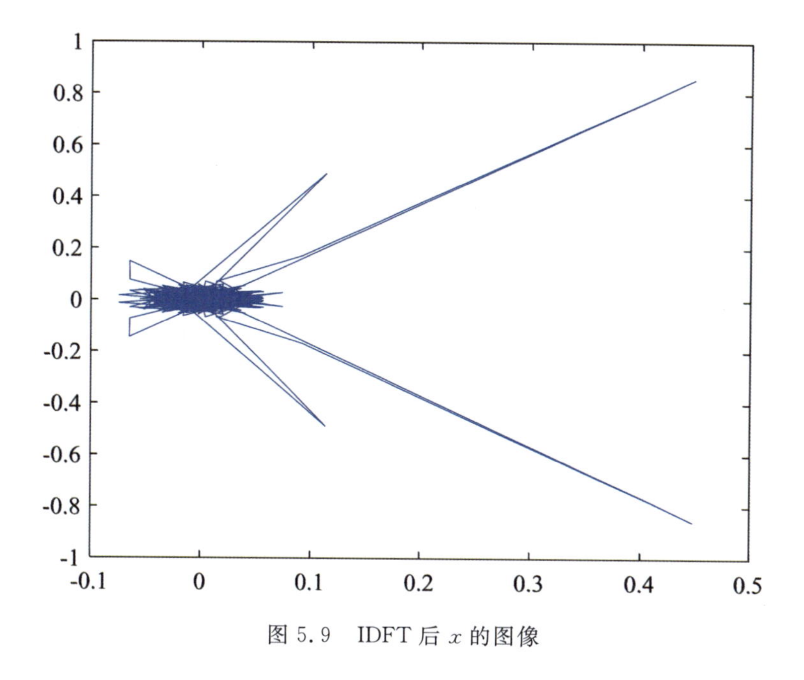

图 5.9　IDFT 后 x 的图像

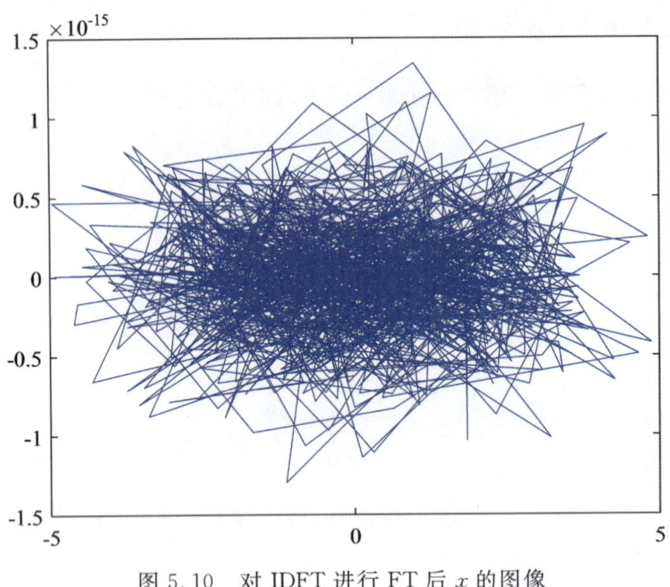

图 5.10 对 IDFT 进行 FT 后 x 的图像

5.5 线性方程组求解

在 MATLAB 中，关于线性方程组的解法可以分为两类：①直接解法，就是在没有舍入误差的情况下，通过有限步的矩阵初等运算，求得方程组的解；②迭代解法，事先给定一个解的初始值，继而按照一定的迭代算法进行逐步逼近，最终求出更精确的近似解。

5.5.1 直接解法

1. 利用左除运算符的直接解法

线性方程组的直接解法大多基于高斯消元法、主元素消元法、平方根法、追赶法，等等。在 MATLAB 中，这些算法已经被编为现成的库函数或运算符，只需调用相应的函数或运算符，即可完成线性方程组的求解。最简单的方法是使用左除运算符“\”，程序会根据输入的系数矩阵自动判断并选用合适的方法进行求解。

对于线性方程组 $\boldsymbol{Ax} = \boldsymbol{b}$，利用左除运算符求解

$$\boldsymbol{x} = \boldsymbol{A} \backslash \boldsymbol{b}, \tag{5.36}$$

当系数矩阵 $\boldsymbol{A}$ 为 $N \times N$ 的方阵时，MATLAB 会自行采用高斯消元法求解线性方程组。注意，如果矩阵 $\boldsymbol{A}$ 是奇异的或接近奇异的，MATLAB 会给出警告信息。

例 5.25 用直接解法求解下列线性方程组

$$\begin{cases} 2x_1 + x_2 - 5x_3 + x_4 = 8 \\ x_1 - 3x_2 - 6x_4 = 9 \\ 2x_2 - x_3 + 2x_4 = -5 \\ x_1 + 4x_2 - 7x_3 + 6x_4 = 0 \end{cases}。$$

解：在命令行窗口输入

```
>> A=[2 1 -5 1; 1 -3 0 -6; 0 2 -1 2; 1 4 -7 6];
>> b=[8 9 -5 0]';
>> x=A\b
```

输出结果如下

```
x=
    +3.0000
    -4.0000
    -1.0000
    +1.0000
```

2. 利用矩阵分解的直接解法

矩阵分解是将一个矩阵分解成若干个矩阵的乘积，常见的分解方法有 LU 分解、QR 分解、Cholesky 分解、奇异值分解，等等。通过这些分解方法求解线性方程组的优点是运算速度快，且节省内存空间。

1）LU 分解

矩阵的 LU 分解是，将任意矩阵 $\boldsymbol{A}$ 分解为下三角矩阵和上三角矩阵的乘积形式，即

$$\boldsymbol{A}=\boldsymbol{LU}\ , \tag{5.37}$$

其中 $\boldsymbol{L}$ 为下三角矩阵，$\boldsymbol{U}$ 为上三角矩阵。实现 LU 分解后，线性方程组

$$\boldsymbol{Ax}=\boldsymbol{b}\ , \tag{5.38}$$

的解可写成

$$\boldsymbol{x}=\boldsymbol{U}\backslash(\boldsymbol{L}\backslash\boldsymbol{b})\ , \tag{5.39}$$

这样就可以大大提高运算速度。MATLAB 提供了函数 lu 对矩阵进行 LU 分解，其调用格式为：[L, U]=lu(A)。

例 5.26　用 LU 分解法求解下列线性方程组

$$\begin{cases} 12x_1-3x_2+3x_3=15 \\ -16x_1+3x_2-x_3=-13 \\ x_1+x_2+x_3=6 \end{cases}。$$

解：在命令行窗口输入

```
>> A=[12 -3 3;-16 3 -1; 1 1 1];
>> b=[15 -13 6]';
>> [L,U]=lu(A)
L=
    -0.7500    -0.6316    1.0000
    1.0000     0          0
    -0.0625    1.0000     0
U=
    -16.0000   3.0000     -1.0000
    0          1.1875     0.9375
    0          0          2.8421
>> x=U\(L\b)
```

输出结果如下

```
x=
    1.0000
    2.0000
    3.0000
```

2）QR 分解

矩阵的 QR 分解是，将任意矩阵 $\boldsymbol{A}$ 分解为正交矩阵和上三角矩阵的乘积形式，即

$$\boldsymbol{A}=\boldsymbol{QR}\ ,\tag{5.40}$$

这里 $\boldsymbol{Q}$ 为正交矩阵，$\boldsymbol{R}$ 为上三角矩阵。实现 QR 分解后，线性方程组

$$\boldsymbol{Ax}=\boldsymbol{b}\ ,\tag{5.41}$$

的解可写成

$$\boldsymbol{x}=\boldsymbol{R}\backslash(\boldsymbol{Q}\backslash\boldsymbol{b})\ ,\tag{5.42}$$

MATLAB 提供了函数 qr 对矩阵进行 QR 分解，其调用格式为：[Q,R]=qr(A)。

例 5.27 用 QR 分解法求解下列线性方程组

$$\begin{cases}x_1+2x_2+3x_3=10\\ x_1+8x_2-x_3=16\\ x_1-4x_2+3x_3=1\end{cases}\ 。$$

解：在命令行窗口输入

```
> > A=[1 2 3; 1 8 -1; 1 -4 3];
> > b=[10 16 1]';
> > [Q,R]=qr(A)
Q=
    -0.5774    0          -0.8165
    -0.5774    -0.7071    0.4082
    -0.5774    0.7071     0.4082
R=
    -1.7321    -3.4641    -2.8868
    0          -8.4853    2.8284
    0          0          -1.6330
> > x=R\(Q\b)
```

输出结果如下

```
x=
    4.7500
    1.5000
    0.7500
```

3）Cholesky 分解

如果 $\boldsymbol{A}$ 为对称正定矩阵，则 Cholesky 分解可将矩阵 $\boldsymbol{A}$ 分解成上三角矩阵及其转置矩阵的乘积形式，即

$$\boldsymbol{A} = \boldsymbol{R}^{\mathrm{T}}\boldsymbol{R}, \tag{5.43}$$

式中，$\boldsymbol{R}$ 为上三角矩阵。实现 Cholesky 分解后，线性方程组

$$\boldsymbol{Ax} = \boldsymbol{b}, \tag{5.44}$$

的解可写成

$$\boldsymbol{x} = \boldsymbol{R}\backslash(\boldsymbol{R}^{\mathrm{T}}\backslash\boldsymbol{b}), \tag{5.45}$$

MATLAB 提供了函数 chol 对矩阵进行 Cholesky 分解，其调用格式为：R=chol(A)。

例 5.28　用 Cholesky 分解法求解下列线性方程组

$$\begin{cases} 16x_1 + 4x_2 + 8x_3 = 28 \\ 4x_1 + 5x_2 - 4x_3 = 5 \\ 8x_1 - 4x_2 + 22x_3 = 26 \end{cases}。$$

解：在命令行窗口输入

```
>> A=[16 4 8;4 5 -4;8 -4 22];
>> b=[28 5 26]';
>> R=chol(A)
R=
     4     1     2
     0     2    -3
     0     0     3
>> x=R\(R'\b)
```

输出结果如下

```
x=
     1
     1
     1
```

5.5.2　迭代解法

迭代解法非常适合求解大型系数矩阵的方程组。在数值分析中，迭代解法主要包括 Jacobian 迭代法、Gauss-Seidel 迭代法、Successive Over Relaxation(SOR)迭代法。

1. Jacobian 迭代法

对于线性方程组

$$\boldsymbol{Ax} = \boldsymbol{b}, \tag{5.46}$$

如果系数矩阵 $\boldsymbol{A}$ 为非奇异方阵，则 $\boldsymbol{A}$ 可分解为

$$\boldsymbol{A} = \boldsymbol{D} - \boldsymbol{L} - \boldsymbol{U}, \tag{5.47}$$

其中 $\boldsymbol{D}$ 为对角阵，其元素为 $\boldsymbol{A}$ 的对角元素，$\boldsymbol{L}$ 与 $\boldsymbol{U}$ 为 $\boldsymbol{A}$ 的严格下三角阵和严格上三角阵。于是，Jacobian 迭代格式可写为

$$x^{(k+1)} = \boldsymbol{D}^{-1}(\boldsymbol{L}+\boldsymbol{U})x^{(k)} + \boldsymbol{D}^{-1}b, \tag{5.48}$$

取

$$\boldsymbol{B} = \boldsymbol{D}^{-1}(\boldsymbol{L}+\boldsymbol{U}), \boldsymbol{f} = \boldsymbol{D}^{-1}b, \tag{5.49}$$

则有

$$x^{(k+1)} = \boldsymbol{B}x^{(k)} + \boldsymbol{f}, \tag{5.50}$$

于是,编写 Jacobian 迭代法的 MATLAB 函数文件 Jacobian. m 如下

```
function [x,k]=Jacobian(A, b, x0, eps)
% Jacobian iterative method,x0 为迭代初始值,eps 为迭代精度
if nargin= =3
    eps=1.0e-6;
else if nargin <  3
    error
    return
end
D=diag(diag(A));    % 对角矩阵
L=-tril(A,-1);        % 下三角矩阵
U=-triu(A,1);       % 上三角矩阵
B=inv(D)*(L+U);
f=inv(D)*b;
x=B*x0+f;
k=1;                % 迭代次数
while norm(x-x0) > = eps
    x0=x;
    x=B*x0+f;
    k=k+1;
end
end
```

例 5.29 用 Jacobian 迭代法求解下列线性方程组

$$\begin{cases} 10x_1 - x_2 = 9 \\ -x_1 + 10x_2 - 2x_3 = 7, \\ -2x_2 + 10x_3 = 6 \end{cases}$$

假定初始值为[0;0;0],且迭代期望精度为 10^{-6} 。

解:在命令行窗口输入

```
> > A=[10 -1 0; -1 10 -2; 0 -2 10];
> > b=[9 7 6]';
> > [x,k]=Jacobian(A, b, [0 0 0]', 1.0e-6)
```

输出结果

```
x=
    0.9958
    0.9579
    0.7916
k=
    11
```

2. Gauss-Seidel 迭代法

如果线性方程组为 $\boldsymbol{A}\boldsymbol{x}=\boldsymbol{b}$，则 Gauss-Seidel 迭代公式可写为

$$\boldsymbol{x}^{(k+1)}=\boldsymbol{G}x^{(k)}+\boldsymbol{f}\,, \tag{5.51}$$

其中，$\boldsymbol{G}$ 为 Gauss-Seidel 迭代矩阵，$\boldsymbol{G}=-(\boldsymbol{D}+\boldsymbol{L})^{-1}\boldsymbol{b}$，$\boldsymbol{f}=(\boldsymbol{D}+\boldsymbol{L})^{-1}\boldsymbol{b}$，$\boldsymbol{D}$ 为对角阵，$\boldsymbol{L}$ 与 $\boldsymbol{U}$ 为 $\boldsymbol{A}$ 的严格下三角阵和严格上三角阵。

编写 Gauss-Seidel 迭代法的函数 M 文件 Gauss_seidel.m 如下

```
function [x, k]=Gauss_seidel(A, b, x0, eps)
% Gauss-Seidel iterative method,x0 为迭代初始值,eps 为迭代精度
if nargin= =3
    eps=1.0e-6;
else if nargin < 3
    error
    return
end
D=diag(diag(A));          % 对角矩阵
L=-tril(A,-1);            % 下三角矩阵
U=-triu(A,1);             % 上三角矩阵
G=inv(D-L)*U;
f=inv(D-L)*b;
x=G*x0+f;
k=1;                    % 迭代次数
while norm(x-x0) > = eps
    x0=x;
    x=G*x0+f;
    k=k+1;
end
end
```

例 5.30 用 Gauss-Seidel 迭代法求解下列线性方程组

$$\begin{cases}10x_1-2x_2-x_3=6\\-2x_1+2x_2-x_3=10\\-x_1-2x_2+5x_3=10\end{cases},$$

假定初始值为[0;0;0]，且迭代期望精度为 10^{-6} 。

解：在命令行窗口输入

```
> > A=[10-2-1;-2 2-1;-1-2 5];
> > b=[6 10 10]';
> > [x, k]=gauss_seidel(A, b, [0 0 0]', 1.0e-6)
```

输出结果

```
x=
    5.0000
    15.0000
    8.0000
k=
    25
```

3. SOR 迭代法

假定线性方程组表示为 $\boldsymbol{Ax}=\boldsymbol{b}$，则 SOR 迭代公式可写为

$$\boldsymbol{x}^{(k+1)}=\boldsymbol{L}_{\omega}x^{(k)}+\boldsymbol{f},$$

其中，$\boldsymbol{L}_{\omega}$ 为 SOR 迭代矩阵，$\boldsymbol{L}_{\omega}=(\boldsymbol{D}-\omega\boldsymbol{L})^{-1}[(1-\omega)\boldsymbol{D}+\omega\boldsymbol{U}]$，$f=\omega(\boldsymbol{D}-\omega\boldsymbol{L})^{-1}b$，$\omega(\omega>0)$ 为松弛因子，$\boldsymbol{D}$ 为对角阵，$\boldsymbol{L}$ 与 $\boldsymbol{U}$ 为 $\boldsymbol{A}$ 的严格下三角阵和严格上三角阵。

编写 SOR 迭代法的函数 M 文件 Sor.m 如下

```
function [x, k]=Sor(A, b, x0, w, eps)
% SOR iterative method,x0 为迭代初始值,eps 为迭代精度
if nargin= =4
    eps=1.0e-6;
else if nargin <  4
    error
    return
end
D=diag(diag(A));        % 对角矩阵
L=-tril(A,-1);          % 下三角矩阵
U=-triu(A,1);           % 上三角矩阵
Lw=inv(D-w*L)*((1-w)*D+w*U);
f=w*inv(D-w*L)*b;
x=Lw*x0+f;
k=1;                    % 迭代次数
while norm(x-x0) > = eps
    x0=x;
    x=Lw*x0+f;
    k=k+1;
end
end
```

例 5.31 用 SOR 迭代法求解下列线性方程组

$$\begin{cases}4x_1-3x_2-x_3=19\\3x_1+4x_2-x_3=30\\x_1-x_2+4x_3=27\end{cases},$$

假定初始值为 $[0;0;0]$，$\omega=1.03$，且迭代期望精度为 10^{-6}。

解:在命令行窗口输入

```
>> A=[4-3-1; 3 4-1; 1-1 4];
>> b=[19 30 27]';
>> [x, k]=Sor(A, b, [0 0 0]', 1.03, 1.0e-6)
```

输出结果

```
x=
    8.1509
    2.7358
    5.3962
k=
    35
```

5.6　稀疏矩阵

当一个矩阵中仅含一部分非零元素,而其余均为"0"元素时,称这一类矩阵为稀疏矩阵。在实际问题中,相当一部分线性方程组的系数矩阵是大型稀疏矩阵,且非零元素在矩阵中的位置呈现得很有规律。若按满矩阵模式存储所有元素,对计算机资源是一种很大的浪费。为了节省存储空间、计算时间,提高工作效率,MATLAB 提供了稀疏矩阵的创建命令和稀疏矩阵的存储方式。

5.6.1　稀疏矩阵的建立

1. 以 sparse 创建稀疏矩阵

在 MATLAB 中,可以由函数 sparse 创建一个稀疏矩阵。其调用格式为:

(1)S=sparse(A):将一个满矩阵 $\boldsymbol{A}$ 转化为一个稀疏矩阵 $\boldsymbol{S}$。若 $\boldsymbol{A}$ 本身就是一个稀疏矩阵,则 sparse(A)返回 $\boldsymbol{S}$。

(2)S=sparse(i,j,v,m,n,nz):利用向量 $\boldsymbol{i}$、$\boldsymbol{j}$ 和 $\boldsymbol{v}$ 产生一个 $m\times n$ 阶矩阵,nz 用于指定 $\boldsymbol{A}$ 中非零元素所用存储空间大小(可省略),向量 $\boldsymbol{i}$、$\boldsymbol{j}$ 和 $\boldsymbol{v}$ 长度相同。

(3)S=sparse(i,j,v,m,n):在第 i 行、第 j 列输入数值 v,矩阵共 m 行 n 列,输出 $\boldsymbol{S}$ 为一个稀疏矩阵。

(4)S=sparse(i,j,v):比较简单的格式,只输入非零元的数据 v 以及各非零元的行下标 i 和列下标 j。

(5)S=sparse(m,n):是 sparse([],[],[],m,n,0)的省略形式,用来产生一个 $m\times n$ 的全零矩阵。

例 5.32　将满矩阵 $\boldsymbol{A}$

$$\boldsymbol{A}=\begin{bmatrix}3 & -4 & 19 & 2\\ 11 & 32 & -2 & -4\\ -6 & 5 & 10 & 7\end{bmatrix},$$

转化为一个稀疏矩阵。

解:在命令行窗口输入

```
> > A=[3,-4,19,2; 11,32,-2,-4;-6,5,10,7];
> > S=sparse(A)
```

输出结果

```
S=
    (1,1)        3
    (2,1)       11
    (3,1)       -6
    (1,2)       -4
    (2,2)       32
    (3,2)        5
    (1,3)       19
    (2,3)       -2
    (3,3)       10
    (1,4)        2
    (2,4)       -4
    (3,4)        7
```

这是特殊的稀疏矩阵存储方式,它的特点是所占内存少,运算速度快。若想得到矩阵的全元素存储方式,可用下面的程序

```
> > B=full(A)
B=
     3    -4    19     2
    11    32    -2    -4
    -6     5    10     7
```

例 5.33 创建下面 3×4 阶矩阵的稀疏矩阵

$$A=\begin{bmatrix}3 & 0 & 0 & 0\\ 0 & 0 & -2 & 0\\ 0 & 5 & 0 & 0\end{bmatrix}。$$

解:在命令行窗口输入

```
> > i=[1,3,2];
> > j=[1,2,3];
> > s=[3,5,-2];
> > A=sparse(i,j,s)
```

输出结果

```
A=
    (1,1)        3
    (3,2)        5
    (2,3)       -2
```

2. 以 spdiags 创建对角稀疏矩阵

经常会遇到这样一类问题，即创建非零元素位于矩阵的对角线上的稀疏矩阵，这可通过函数 spdiags 来完成。函数 spdiags 的调用格式如下：

（1）[B,d]＝spdiags(A)：从 $m\times n$ 阶矩阵 $\boldsymbol{A}$ 中抽取所有非零对角线元素，$\boldsymbol{B}$ 是 $\min(m,n)\times p$ 阶矩阵，其列向量为矩阵 $\boldsymbol{A}$ 中 p 个非零对角线，$\boldsymbol{d}$ 为 $p\times 1$ 阶矩阵，指出矩阵 $\boldsymbol{A}$ 中所有非零对角线的编号。

（2）B＝spdiags(A,d)：从矩阵 $\boldsymbol{A}$ 中抽取指定编号 d 的对角线元素。

（3）A＝spdiags(B,d,A)：用 $\boldsymbol{B}$ 的列向量替换矩阵 $\boldsymbol{A}$ 中被 d 指定的对角线元素，输出仍然是稀疏矩阵。

（4）A＝spdiags(B,d,m,n)：通过取 $\boldsymbol{B}$ 的列向量，并将其放置在 d 所指定的对角线位置，创建一个 $m\times n$ 大小的稀疏矩阵 $\boldsymbol{A}$。

例 5.34　创建矩阵 $\boldsymbol{A}$ 的对角稀疏矩阵

$$A=\begin{bmatrix}3 & 0 & 0 & 0\\ 0 & 0 & -2 & 0\\ 0 & 5 & 0 & 0\end{bmatrix}。$$

解：在命令行窗口输入

```
> > A=[3, 0, 0, 0; 0, 0,-2, 0; 0, 5, 0, 1];
> > [B, d]=spdiags(A)
```

输出结果

```
B=
     0     3     0
     0     0    -2
     5     0     1
d=
    -1
     0
     1
```

若在命令行窗口输入

```
> > s=spdiags(B, d, A)              % 或者 s =  spdiags(B,d,3,4)
```

则有

```
s=
     (1,1)         3
     (3,2)         5
     (2,3)        -2
     (3,4)         1
```

5.6.2 稀疏矩阵的存储

对于满矩阵,MATLAB存储矩阵中的每一个元素,零元素占用的存储空间同其他任何非零元素的相同。对于稀疏矩阵,MATLAB只存储非零元素的值及其对应的标号。对一个大部分元素都是零的大型矩阵来说,这种存储机制能大大降低对存储空间的要求。

MATLAB采用压缩列格式来存储稀疏矩阵。考虑一个 $m \times n$ 的稀疏矩阵,该矩阵的 nnz 个非零元素存储在长度为 $nzmax$ 的数组中,一般情况下, $nzmax$ 等于 nnz 。在MATLAB中,存储该稀疏矩阵时对应的三个数组分别为:

(1)第一个数组以浮点格式存放数组中所有的非零元素,该数组的长度为 $nzmax$ 。

(2)第二个数组存放非零元素对应的行号,行号为整数,数组长度也等于 $nzmax$ 。

(3)第三个数组存放 $n+1$ 个整型指针,其中的 n 个整型指针分别指向前两个数组中每个列的起始处,另一个指针用来标记前两个数组的结尾,该数组长度为 $n+1$ 。

根据上面的讨论可知,一个稀疏矩阵需要存储 $nzmax$ 个浮点数和 $nzmax+n+1$ 个整型数。假设每个浮点数需 $8B$,每个整型数需 $4B$,存储一个稀疏矩阵所需的总字节数为 $8 \times nzmax + 4 \times (nzmax + n + 1)$ 。

在MATLAB中,用函数spalloc来分配稀疏矩阵所需的存储空间,其调用格式为

```
S=spalloc(m,n,nz)
```

例5.35 比较一个 10×10 的单位矩阵 **A** 及对应的稀疏矩阵B=sparse(A)所需的存储量。

解:在命令行窗口输入

```
>> A=eye(10);
>> B=sparse(A);
>> whos A B
```

输出结果

```
Name     Size          Bytes  Class
A        10x10         800    double array
B        10x10         164    double array(sparse)
```

5.6.3 稀疏矩阵的应用

稀疏矩阵与普通矩阵只是矩阵存储方式不同,运算规则是一样的。在运算过程中,稀疏矩阵可以直接参与运算。当参与运算的对象不全是稀疏矩阵时,所得结果一般是完全存储形式。

例5.36 求下列三对角线性方程组的解。

$$\begin{bmatrix} 2 & 3 & & & \\ 1 & 4 & 1 & & \\ & 1 & 6 & 4 & \\ & & 2 & 6 & 2 \\ & & & 1 & 1 \end{bmatrix} \begin{bmatrix} x_1 \\ x_2 \\ x_3 \\ x_4 \\ x_5 \end{bmatrix} = \begin{bmatrix} 0 \\ 3 \\ 2 \\ 1 \\ 5 \end{bmatrix} 。$$

解:在命令行窗口输入

```
>> B=[1,2,0; 1,4,3; 2,6,1; 1,6,4; 0,1,2];      % 产生非 0 对角元素矩阵
>> d=[-1;0;1];                                 % 产生非 0 对角元素位置向量
>> A=spdiags(B,d,5,5)
A=
   (1,1)        2
   (2,1)        1
   (1,2)        3
   (2,2)        4
   (3,2)        1
   (2,3)        1
   (3,3)        6
   (4,3)        2
   (3,4)        4
   (4,4)        6
   (5,4)        1
   (4,5)        2
   (5,5)        1
>> f=[0; 3; 2; 1; 5];                          % 方程右边参数向量
>> x=(inv(A)*f)'                               % 求解
```

输出结果

```
x=
   -0.1667    0.1111    2.7222   -3.6111    8.6111
```

也可以采用完全存储方式来存储系数矩阵,在命令行窗口输入

```
>> A=full(A)
A=
    2    3    0    0    0
    1    4    1    0    0
    0    1    6    4    0
    0    0    2    6    2
    0    0    0    1    1
>> x=(inv(A)*f)'
```

输出结果

```
x=
   -0.1667    0.1111    2.7222   -3.6111    8.6111
```

从本例可见,无论用完全存储还是用稀疏存储,所得到的线性代数方程组的解是唯一的。

第6章　符号计算

所谓符号计算是指:解算数学表达式、方程不是在离散化的数值点上进行,而是凭借一系列恒等式、数学定理,通过推理和演绎,力求获得解析结果。这种计算建立在数值完全准确表达和推演严格解析的基础之上,因此,所得结果是完全准确的。

本章将主要介绍符号计算表达式、函数及常见的符号计算等。

6.1　符号对象及其表达式

符号对象是对参与符号运算的各种形式的量的一个统称,包括符号常量、符号变量、符号表达式、符号矩阵或数组。

6.1.1　符号常量和变量

符号常量和变量是最基本的两种符号对象。与数值常量和变量相比,仅从概念上去理解并无明显区别,符号常量依然是常量,符号变量仍旧是变量。值得注意的是,在被当作符号对象引用时,符号常量和符号变量必须有关于符号对象的说明,这种说明借助函数 sym 或命令 syms 来完成。

1. 定义符号常量

符号数学工具箱中的函数 sym 可以将一个数值常量 num 定义成一个符号常量。其一般的使用形式为:

(1) sym(num)

(2) sym(num, flag)

其中 flag 为可选参数,它有四种形式,分别是'r'、'd'、'e'和'f'。它们将数值量转换成符号量,并以各自不同的格式表达结果,其具体含义如下:

① r:用有理数格式表达符号量,譬如,p/q、10^n 或 2^n、sqrt(p),等等。参数省略时,r 还是默认的表达格式。

② d:用十进制格式表达符号量(默认时,其显示精度可达 32 位)。

③ e:用带有机器浮点误差的有理数格式表达符号量。

④ f:用浮点数格式表达符号量。

例 6.1　将一组数值常量定义成符号常量。

解:在命令行窗口输入

```
>> log(2)                        % 数值常量
```

输出结果

```
ans=
    0.6931
```

若输入

```
>> (3*4-2)/5+1                   % 表达式形式的数值常量
```

则有

```
ans=
    3
```

同样地,如果在命令行窗口输入

```
>> f1=str2sym('log(2)')          % 符号常量,注意 f1 在工作空间中的类型
```

可得

```
f1=
    log(2)
```

以及

```
>> f2=sym('(3*4-2)/5+1')     % 表达式形式的符号常量
f2=
    (3*4-2)/5+1          % 注意符号结果与数值结果在显示形式上不同
```

例 6.2　体会在使用 sym 定义符号常量时不同参数所表达的含义。

解:在命令行窗口输入

```
>> num=log(2)
```

输出结果如下

```
num=
    0.6931                          % 数值常量 log(2)的执行结果
```

若输入

```
>> a=sym(log(2),'d')
```

可得

```
a=
    .69314718055994528622676398299518          % 十进制数格式,长达 32 位
```

类似地,若在命令行窗口输入

```
>> b=sym(log(2),'f')
```

可以得到

```
b=
    '1.62e42fefa39ef'*2^(-1)                % 浮点数格式
```

经类似处理,有

```
>> c=sym(log(2),'r')
c=
    6243314768165359*2^(-53)              % 指数形式的有理数格式
```

以及

```
>> d=sym(log(2))
d=
    6243314768165359*2^(-53)          % 作为默认参数时采用有理数格式
>> e=sym(log(2),'e')
e=
    6243314768165359*2^(-53)          % 带有机器浮点误差的有理数格式
```

考察本例的执行结果,若单纯从形式上去分辨,数值常量和符号常量的界限并不清晰。但是,如果查看工作空间,不难发现,num 是双精度的数值类型,而 a 、b 、c 、d 、e 为符号对象类型。

2. 定义符号变量

定义符号变量有两种方法。

1)使用函数 sym

```
sym('x')
sym('x','real')
sym('x','unreal')
```

2)使用命令 syms

```
syms arg1 arg2 ...
syms arg1 arg2 ... real
syms arg1 arg2 ... unreal
```

其中,参数'real'定义实型符号量,'unreal'定义非实型符号量。

例 6.3 用函数 sym 定义符号变量。

解:在命令行窗口输入

```
>> sym('x')          % 定义符号变量 x
ans=
    x
```

在命令行带参数输入

```
>> sym('y','real')      % 定义符号变量 y,且为实型符号量
ans=
    y
```

以及

```
>> sym('z','unreal')      % 定义符号变量 z,且为非实型符号量
ans=
    z
```

例 6.4 用命令 syms 定义符号变量。

解:在命令行窗口输入

```
>> syms  a b c
>> syms  m n  real
>> syms  x y z  unreal
```

命令 syms 可以同时定义多个符号变量，与函数 sym 相比，这种方法更简洁高效。但是，在使用时，只能用空格分隔各个变量，不能在各变量之间加逗号。

6.1.2　符号表达式

符号对象参与运算的表达式即为符号表达式。与数值表达式不同，符号表达式中的变量不要求有预先确定的值。符号方程式是含有等号的符号表达式。

例 6.5　构造符号表达式。

解：在命令行窗口输入

```
>> syms x y z r s t;
>> x^2+2*x+1
ans=
   x^2+2*x+1
>> exp(y)+exp(z)^2
ans=
   exp(2*z)+exp(y)
>> r^2+sin(x)+cos(y)+log(s)+exp(t)
ans=
   r^2+sin(x)+cos(y)+log(s)+exp(t)
>> f1=r^2+sin(x)+cos(y)+log(s)+exp(t)
f1=
   r^2+sin(x)+cos(y)+log(s)+exp(t)
>> f2=sym(r^2+sin(x)+cos(y)+log(s)+exp(t))
f2=
   r^2+sin(x)+cos(y)+log(s)+exp(t)
>> f3=str2sym('r^2+sin(x)+cos(y)+log(s)+exp(t)')
f3=
   r^2+sin(x)+cos(y)+log(s)+exp(t)
```

可以从工作空间中查证，f1、f2、f3 均为符号表达式。但是，下面的写法却不能构成符号表达式

```
>> f4='r^2+sin(x)+cos(y)+log(s)+exp(t)';
>> g='sin(a)+cos(b)';                    %   f4 和 g 均为字符串变量
```

6.1.3　符号矩阵

符号矩阵的元素可以是符号常量、符号变量和符号表达式。可用函数 sym 直接创建符号矩阵、用类似创建普通数值矩阵的方法创建符号矩阵、由数值矩阵转换为符号矩阵和以矩阵元素的通式来创建符号矩阵。

例 6.6　构造符号矩阵。

解：在命令行窗口输入

```
>> syms  l x y z n u v w a b c d g h j p
>> S=[l,x,y,z;n,u,v,w;a,b,c,d;g,h,j,p]
```

输出结果如下

```
S=
    [ l, x, y, z]
    [ n, u, v, w]
    [ a, b, c, d]
    [ g, h, j, p]
```

若在命令行窗口输入

```
>> H=str2sym('[cos(t),-sin(t); sin(t), cos(t)]')
```

则

```
H=
    [cos(t),-sin(t)]
    [sin(t),   cos(t)]
```

例 6.7 用函数 sym 将数值矩阵转换成符号矩阵。

解:先建立一个数值矩阵

```
>> M=[1.1, 1.2, 1.3; 2.1, 2.2, 2.3; 3.1, 3.2, 3.3]
M=
    1.1000    1.2000    1.3000
    2.1000    2.2000    2.3000
    3.1000    3.2000    3.3000
```

再通过命令 sym 直接将数值矩阵转换为符号矩阵

```
>> S=sym(M)
S=
    [11/10,     6/5,    13/10]
    [21/10,    11/5,    23/10]
    [31/10,    16/5,    33/10]
```

若数值矩阵的元素可以指定为小的整数之比,函数 sym 将采用有理分式表示。如果元素是无理数,符号形式中命令 sym 将用符号浮点数表示元素。

```
>> A=[sin(1) cos(2)]
A=
    0.84147098480790  -0.41614683654714
>> sym(A)
ans=
    [7579296827247854*2^(-53),-7496634952020485*2^(-54)]
```

用函数 size 可以得到符号矩阵的大小(行数、列数),函数返回数值或向量,而不是符号表达式。

例 6.8 用函数 size 求符号矩阵的大小。

解:由命令行窗口输入

```
>> A=[sin(1)  cos(2)];
>> s=size(A)
```

输出结果

```
s=
    1        2
```

若输入命令

```
> >  [s_r, s_c]=size(A)
```

则有

```
s_r=
    1
s_c=
    2
```

同样地

```
> >  s_r=size(A,1)
s_r=
    1
```

以及

```
> >  s_c=size(A,2)
s_c=
    2
```

与数值矩阵或数组一样，可以用下标方式抽取或访问符号矩阵中的元素。

例 6.9　抽取符号矩阵中的元素。

解：在命令行窗口输入

```
> >  syms  a b c d e f g h k
> >  B=[a, b, c; d, e, f; g, h, k]
```

有

```
B=
    [a, b, c]
    [d, e, f]
    [g, h, k]
```

以及

```
> >  B(2, 3)
ans=
    f
```

6.2　符号算术运算

MATLAB 的符号算术运算主要是针对符号对象的加减、乘除运算，其运算法则和运算符号同第二章中介绍的数值运算相同，其不同点在于，参与运算的对象和运算所得结果是符号的，而非数值的。

6.2.1 符号对象的加减

$A+B$、$A-B$ 可分别用来求 A 和 B 两个符号数组的加法与减法。若 A、B 为同型数组时，$A+B$、$A-B$ 分别对对应元素进行加减；若 A、B 中至少有一个为标量，则将标量扩大为数组，其大小与相加的另一数组同型，再按对应的元素进行加减。

例 6.10 求两个符号表达式的和与差。

```
>> syms x fx gx      % 定义符号变量与符号表达式
>> fx=2*x^2+3*x-5
fx=
    2*x^2+3*x-5
>> gx=x^2 - x+7
gx=
    x^2 - x+7
>> fx+gx
ans=
    3*x^2+2*x+2
>> fx-gx
ans=
    x^2+4*x-12
```

例 6.11 求两个符号矩阵的加减运算。

```
>> syms a b c d e f g h;
>> A=[a b; c d]; B=[e f; g h];
>> A+B
ans=
    [a+e, b+f]
    [c+g, d+h]
>> A-B
ans=
    [a-e, b-f]
    [c-g, d-h]
```

6.2.2 符号对象的乘除

$\boldsymbol{A}*\boldsymbol{B}$、$\boldsymbol{A}/\boldsymbol{B}$ 可分别用来求 $\boldsymbol{A}$、$\boldsymbol{B}$ 两个符号矩阵的乘法与除法。$\boldsymbol{A}.*\boldsymbol{B}$ 则用来实现两个符号数组的乘法，其中，矩阵除法也可用来求解符号线性方程组的解。

例 6.12 符号矩阵与数组的乘除示例。

```
> > syms a b c d e f g h;
> > A=[a b; c d];
> > B=[e f; g h];
> > C1=A.*B
C1=
    [a*e, b*f]
    [c*g, d*h]
> > C2=A*B/A
C2=
    [(d*a*e+d*b*g-c*a*f-c*b*h)/(d*a-c*b),-(b*a*e+b^2*g-a^2*f-b*h*a)/(d*a-c
    *b)]
    [(d^2*g+d*c*e-c^2*f-c*d*h)/(d*a-c*b),-(d*b*g+b*c*e-c*a*f-d*h*a)/(d*a-c
    *b)]
> > C3=A.*A-A^2
C3=
    [-c*b, b^2-b*a-d*b]
    [c^2-c*a-d*c,-c*b]
> > syms a11  a12  a21  a22  b1  b2;
> > A=[a11 a12; a21 a22];
> > B=[b1 b2];
> > X=B/A;              % 求解符号线性方程组 X* A= B的解
> > x1=X(1)
x1=
    -(-a22*b1+b2*a21)/(-a12*a21+a11*a22)
> > x2=X(2)
x2=
    (-a12*b1+a11*b2)/(-a12*a21+a11*a22)
```

例 6.13　已知多项式

$f(x)=3x^5-x^4+2x^3+x^2+3$，

$g(x)=x^3/3+x^2-3x-1$，

求两个多项式的积和商。

解:在命令行窗口输入

```
> > syms x fx gx
> > fx=3*x^5-x^4+2*x^3+x^2+3
fx=
    3*x^5-x^4+2*x^3+x^2+3
> > gx=1/3*x^3+x^2-3*x-1
```

```
gx=
    1/3*x^3+x^2-3*x-1
> > fx*gx
ans=
    (3*x^5-x^4+2*x^3+x^2+3)*(1/3*x^3+x^2-3*x-1)
> > expand(fx*gx)        % 展开积的符号表达式
ans=
    x^8+8/3*x^7-28/3*x^6+7/3*x^5-4*x^4-4*x^3+2*x^2-9*x-3
> > fx/gx
ans=
    (3*x^5-x^4+2*x^3+x^2+3)/(1/3*x^3+x^2-3*x-1)
> > expand(fx/gx)        % 展开商的符号表达式
ans=
    3/(1/3*x^3+x^2-3*x-1)*x^5-1/(1/3*x^3+x^2-3*x-1)*x^4+2/(1/3*x^3+...
    x^2-3*x-1)*x^3+1/(1/3*x^3+x^2-3*x-1)*x^2+3/(1/3*x^3+x^2-3*x-1)
```

6.3 符号微积分运算

极限、微分和积分是微积分学研究的核心，并广泛地用于许多工程学科中。求符号极限、微分和积分是 MATLAB 符号运算能力的重要和突出表现。

6.3.1 符号极限

函数的极限在高等数学中占有基础性地位，MATLAB 提供了求极限的函数 limit，可用来求函数在指定点的极限值和左右极限值。其调用格式见表 6.1。

表 6.1 函数 limit 调用格式

调用格式	含　义
limit(f,var,a)	当 var 接近 a 时，返回符号表达式 f 的极限
limit(f,a)	返回符号对象 f 在默认的独立变量趋近于 a 时的极限
limit(f)	返回 0 处的极限
limit(f,var,a,'left')	当 var 接近 a 时，返回 f 的左侧极限
limit(f,var,a,'right')	当 var 接近 a 时，返回 f 的右侧极限

例 6.14 求极限示例。

解：在命令行窗口输入

```
> > syms x a t h n;
> > L1=limit((cos(x)-1)/x)
```

输出结果

```
L1=
    0
```

同样地

```
>> L2=limit(1/x^2,x,0,'right')
L2=
    inf
>> L3=limit(1/x,x,0,'left')
L3=
    -inf
>> L4=limit((log(x+h)-log(x))/h,h,0)
L4=
    1/x
>> v=[(1+a/x)^x, exp(-x)];
>> L5=limit(v,x,inf,'left')
L5=
    [exp(a),      0]
>> L6=limit((1+2/n)^(3*n),n,inf)
L6=
    exp(6)
```

例 6.15 求 $f(x)=\lim\limits_{x\to 0}\dfrac{\sin x}{x}$、$g(x)=\lim\limits_{y\to 0}\sin(x+2y)$。

解：在命令行窗口输入

```
>> syms  x  y
>> f=sin(x)/x;           % 表达式赋值
>> g=sin(x+2*y);         % 表达式赋值
>> fx=limit(f)           % 求f(x)的极限
```

输出结果

```
fx=
    1
```

类似地

```
>> gx=limit(g,y,0)       % 求f(x)的极限
```

可以得到

```
gx=
    sin(x)
```

6.3.2 符号微分

函数 diff 可用来求符号对象的微分，其调用的格式为：

(1) diff(S,'v')：对符号对象 S 中指定的符号变量 v 求一阶导数。

(2) diff(S)：对符号对象 S 中默认的独立变量求一阶导数。

(3) diff(S,n):对符号对象 S 中默认的独立变量求 n 阶导数。

(4)diff(S,'v',n):对符号对象 S 中指定的符号变量 v 求 n 阶导数。

例 6.16 求一次符号微分示例。

解:在命令行窗口输入

```
> > syms x n
> > y=sin(x)^n*cos(n*x);
> > Xd=diff(y)
```

输出结果

```
Xd=
    sin(x)^n*n*cos(x)/sin(x)*cos(n*x)-sin(x)^n*sin(n*x)*n
> > Nd=diff(y, n)
Nd=
    sin(x)^n*log(sin(x))*cos(n*x)-sin(x)^n*sin(n*x)*x
```

例 6.17 求二次符号微分示例。

解:在命令行窗口输入

```
> > syms t
> > f=exp(-t)*sin(t);
> > diff(f,t,2)
```

输出结果

```
ans=
    -2*exp(-t)*cos(t)
```

例 6.18 对符号数组求其各元素的符号微分。

解:在命令行窗口输入

```
> > syms x
> > f1=2*x^2+log(x);
> > f2=1/(x^3+1);
> > f3=exp(x)/x;
> > F=[f1 f2 f3];
> > diff(F,2)
```

输出结果

```
ans=
    [4-1/x^2,18/(x^3+1)^3*x^4-6/(x^3+1)^2*x,exp(x)/x-2*exp(x)/x^2+2*exp(x)/x^
    3]
```

同样地

```
> > Fdd=simple(diff(F,2))
Fdd=
    [(4*x^2-1)/x^2,6*x*(2*x^3-1)/(x^3+1)^3,exp(x)*(x^2-2*x+2)/x^3]
```

6.3.3　符号积分

MATLAB 提供的符号积分函数 int，既可以计算不定积分，又可以计算定积分、广义积分。其具体调用格式为：

(1) R=int(S,v)：对 S 中指定的符号变量 v 计算不定积分。须注意的是，表达式 R 只是函数 S 的一个原函数，后面没有带任意常数 C。

(2) R=int(S)：对 S 中默认的独立变量计算不定积分。

(3) R=int(S,v,a,b)：对 S 中指定的符号变量 v 计算从 a 到 b 的积分。

(4) R=int(S,a,b)：对 S 中默认的独立变量计算从 a 到 b 的积分。

例 6.19　在 [0,1] 区间，图示 $\frac{1}{\ln t}$ 和 $\int_0^x \frac{1}{\ln t}\mathrm{d}t$ 。

解：创建脚本 M 文件 test0619.m，程序文本如下

```
clf,clc
syms t x s(x)

ft=1/log(t);
s(x)=int(ft, t, 0, x)
x=0.1 : 0.05 : 0.9;
sx=s(x);

fplot(@(t) 1./log(t), [0.1, 0.9])
grid on
hold on
plot(x, sx,'LineWidth', 2)
xlabel('\fontname{times new roman}\itt', 'fontsize', 13)
Char1='1/ln(t)';
Char2='{\int_0^x} 1/ln(t) dt';
legend(Char1, Char2,'Location', 'SouthWest')
```

在命令行窗口输入

```
>> test0619
```

输出结果如下

```
s(x)=
    piecewise(x < 1, logint(x), 1 <= x, int(1/log(t), t, 0, x))
```

被积函数符号积分的数值化如图 6.1 所示。

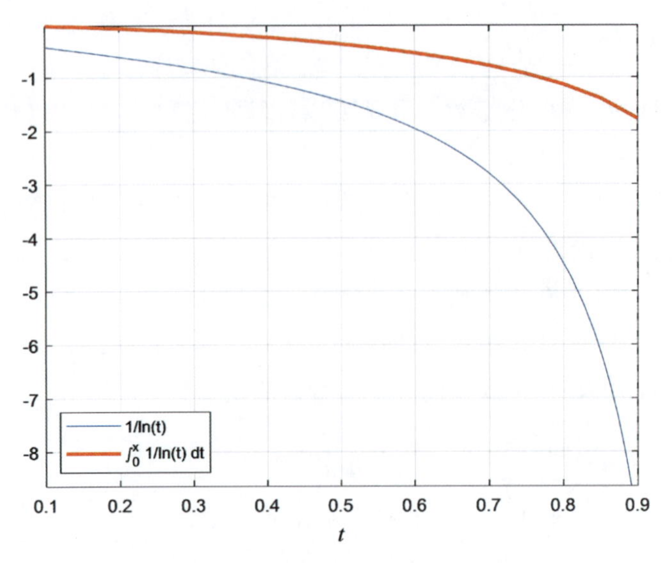

图 6.1　被积函数曲线和积分函数曲线

正如微积分课程中介绍的那样，积分比微分复杂得多。积分不一定是以封闭形式存在，或许存在，但软件也许找不到；或者软件可明显地求解，但超过内存或时间限制。当 MATLAB 不能找到积分表达式时，它将返回未经计算的函数形式，例如

```
>> int(log(x)/exp(x^2))                    % 试图对 log(x)/exp(x^2) 求积分运算
ans=
   int(exp(-x^2)*log(x), x)
```

6.3.4　Taylor 级数

函数 taylor 可以实现一元函数的 Taylor 级数展开。其调用的格式为：

(1) r=taylor(f,x)：返回符号表达式 f 关于 x 的五阶 Taylor 多项式近似。

(2) r=taylor(f)：返回符号表达式 f 中默认变量的五阶 Taylor 多项式近似。

(3) r=taylor(f,x,a)：返回符号表达式 f 中变量 x 在指定点 a 处的展开式。

解析函数 $f(x)$ 在点 $x=a$ 的 Taylor 级数定义为

$$f(x)=\sum_{n=0}^{\infty}\frac{f^{(n)}(a)}{n!}(x-a)^n \text{。} \tag{6.1}$$

例 6.20　借助可视化手段，加深 Taylor 展开的邻域近似概念。图形研究函数

$$f(x,y)=\sin(x^2+y+1)\text{，}$$

在 $x=0$、$y=0$ 处的截断八阶小量的 Taylor 展开。

解：建立脚本 M 文件 test0620.m，程序文本如下

```
clf
syms x y

fxy=sin(x.^2+y+1);
tl=taylor(fxy, [x, y], [0, 0],'Order', 8)
```

```
    fsurf(fxy, [-4, 4,-6, 6],'LineStyle', 'none')
    xlabel('\fontname{times new roman}\itx', 'fontsize', 12)
    ylabel('\fontname{times new roman}\ity', 'fontsize', 12)
    zlabel('\fontname{times new roman}\itz', 'fontsize', 12)
    colormap jet
    shading interp
    view([-20, 50])
```

在命令行窗口输入

```
>> test0620
```

输出结果

```
tl=
    (sin(1)*x^6*y)/6-(cos(1)*x^6)/6+(cos(1)*x^4*y^3)/12+...
    (sin(1)*x^4*y^2)/4-(cos(1)*x^4*y)/2-(sin(1)*x^4)/2-...
    (sin(1)*x^2*y^5)/120+(cos(1)*x^2*y^4)/24+(sin(1)*x^2*y^3)/6-
    (cos(1)*x^2*y^2)/2-sin(1)*x^2*y+cos(1)*x^2-(cos(1)*y^7)/5040-
    (sin(1)*y^6)/720+(cos(1)*y^5)/120+(sin(1)*y^4)/24-(cos(1)*y^3)/6-
    (sin(1)*y^2)/2+cos(1)*y+sin(1)
```

原函数 $f(x,y)$ 的空间分布示于图 6.2。

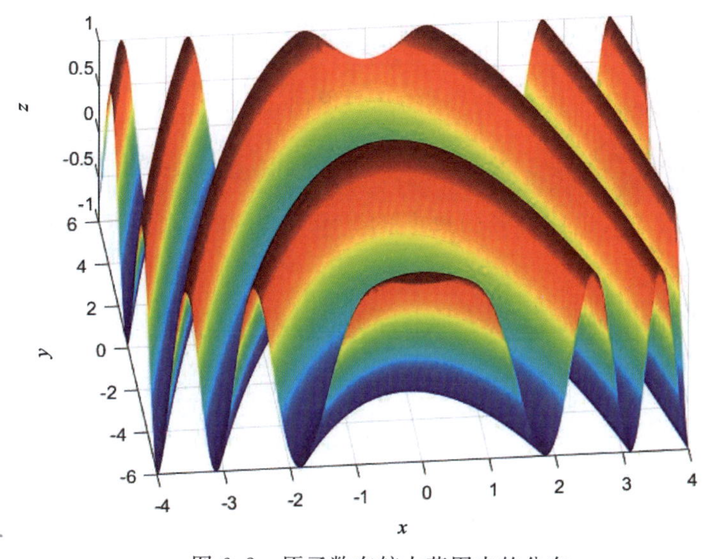

图 6.2　原函数在较大范围内的分布

6.4　符号积分变换

Fourier 变换、Laplace 变换和 Z 变换在许多专业领域都有着十分重要的应用，譬如，信号处理和系统动态特性研究、应用地球物理数据处理，等等。为适应积分变换的需要，MATLAB 提供了关于上述这类积分变换的函数。本节的任务就是讨论这些积分变换函数的具体使用方法。

6.4.1 Fourier 变换

1. Fourier 变换

MATLAB 提供了对函数 $f(x)$ 实施 Fourier 变换的函数 fourier。其调用格式为：

(1)F=fourier(f)：返回符号表达式或函数 f 关于默认变量的 Fourier 变换，即

$$F(\omega)=\int_{-\infty}^{\infty} f(x)\mathrm{e}^{-i\omega x}\,\mathrm{d}x \text{ 。} \tag{6.2}$$

(2)F=fourier(f,v)：返回关于指定变量 v 的函数 $F(v)$，即

$$F(v)=\int_{-\infty}^{\infty} f(x)\mathrm{e}^{-ivx}\,\mathrm{d}x \text{ 。} \tag{6.3}$$

(3)F=fourier(f,u,v)：返回符号函数 f 的 Fourier 变换。这里 f 的参量为 u，即

$$F(v)=\int_{-\infty}^{\infty} f(u)\mathrm{e}^{-ivu}\,\mathrm{d}u \text{ 。} \tag{6.4}$$

2. Fourier 反变换

在 MATLAB 中，利用函数 ifourier 来完成 Fourier 反变换。调用格式如下：

(1)f=ifourier(F)：返回符号表达式或函数 F 关于默认独立变量的 Fourier 反变换，即

$$f(x)=\frac{1}{2\pi}\int_{-\infty}^{\infty} F(\omega)\mathrm{e}^{i\omega x}\,\mathrm{d}\omega \text{ 。} \tag{6.5}$$

(2)f=ifourier(F,u)：将 f 作为变量 u 的函数返回，即

$$f(u)=\frac{1}{2\pi}\int_{-\infty}^{\infty} F(\omega)\mathrm{e}^{i\omega u}\,\mathrm{d}\omega \text{ 。} \tag{6.6}$$

(3)f=ifourier(F,v,u)：返回符号函数 F 的 Fourier 反变换。这里 F 的参量为 v，即

$$f(u)=\frac{1}{2\pi}\int_{-\infty}^{\infty} F(v)\mathrm{e}^{ivu}\,\mathrm{d}v \text{ 。} \tag{6.7}$$

例 6.21 求

$$f(t)=\begin{cases}\mathrm{e}^{-(t-x)} & t\geqslant x\\ 0 & t<x\end{cases},$$

的 Fourier 变换，其中 x 是参数，t 是时间变量。

解：创建脚本命令，在命令行窗口输入

```
>> syms t x w;
>> ft=exp(-(t-x))*heaviside(t-x);
>> F1=simplify(fourier(ft,t,w))
>> F2=simplify(fourier(ft))
>> F3=simplify(fourier(ft,t))
```

相应地，输出结果如下

```
F1=
    exp(-w*x*1i)/(1+w*1i)
F2=
    (exp(-t*w*1i)*(1+w*1i))/(w^2+1)
F3=
    -exp(-t^2*1i)/(-1+t*1i)
```

例 6.22　根据 Fourier 变换之定义,用积分指令求方波脉冲

$$y=\begin{cases}A & -\tau/2<t<\tau/2\\ 0 & \text{else}\end{cases},$$

的 Fourier 变换。

解:(1) 创建脚本命令文件 symint623.m,内容如下

```
syms A t w
syms tao positive
yt=heaviside(t+tao/2)-heaviside(t-tao/2);
Yw=fourier(A*yt,t,w)
```

在命令行窗口输入脚本命令,执行之,可得

```
Yw=
    A*((cos((tao*w)/2)*1i+sin((tao*w)/2))/w-(cos((tao*w)/2)*1i - ...
    sin((tao*w)/2))/w)
```

(2)计算 Fourier 反变换

```
>> Yt=ifourier(Yw, w, t)
```

输出结果

```
Yt=
    -(A*(2*pi*heaviside(t-tao/2)-2*pi*heaviside(t+tao/2)))/(2*pi)
```

(3)图示计算结果。在命令行窗口输入

```
>> yt3=subs(yt, tao, 3)
>> Yw3=subs(Yw, [A,tao], [1,3])
>> subplot(2, 1, 1)
>> Ht=fplot(yt3, [-3,3]);
>> set(Ht, 'Color', 'r', 'LineWidth', 3)
>> set(gca, 'yTickLabel', num2str(get(gca,'yTick')', '% .1f'))
>> title('heaviside(t+3/2)-heaviside(t-3/2)', 'fontsize', 12)
>> subplot(2, 1, 2)
>> fplot(Yw3)
>> set(gca, 'yTickLabel', num2str(get(gca,'yTick')', '% .1f'))
>> str='\fontname{times new roman}2/\omegasin(3/2\omega)';
>> title(str, 'fontsize', 12)
```

输出结果如图 6.3 中所示。

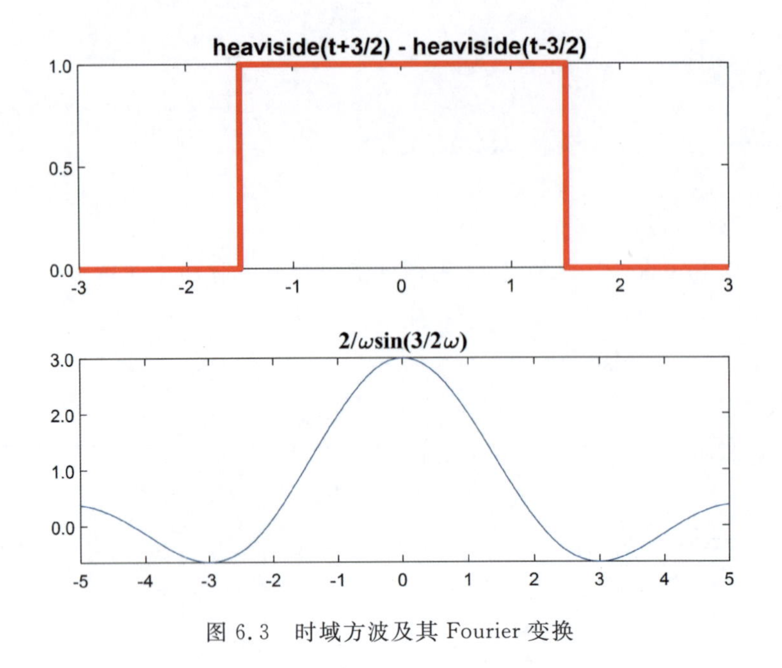

图 6.3 时域方波及其 Fourier 变换

6.4.2 Laplace 变换

1. Laplace 变换

MATLAB 中利用函数 laplace 实现 Laplace 变换。调用格式如下：

(1)L=laplace(F)：返回符号函数 F 关于默认独立变量 t 的 Laplace 变换，即

$$L(s)=\int_0^\infty F(t)\mathrm{e}^{-st}\mathrm{d}t\text{。} \tag{6.8}$$

(2)L=laplace(F,z)：返回符号函数 F 的 Laplace 变换。返回值 L 的参量为指定变量 z，即

$$L(z)=\int_0^\infty F(t)\mathrm{e}^{-zt}\mathrm{d}t\text{。} \tag{6.9}$$

(3)L=laplace(F,w,u)：返回符号函数 F 的 Laplace 变换。返回值 L 的参量为指定变量 u，即

$$L(u)=\int_0^\infty F(w)\mathrm{e}^{-uw}\mathrm{d}w\text{。} \tag{6.10}$$

例 6.23 Laplace 变换示例。

解：在命令行窗口输入

```
>> syms x s t v
>> f1= sqrt(t);
>> L1=laplace(f1)
```

可以得到

```
L1=
    laplace(exp(-1/8*w^2/a^2),w,s)
> > f2=1/sqrt(s);
> > L2=laplace(f2)
L2=
    (pi/t)^(1/2)
> > f3=exp(-a*t);
> > L3=laplace(f3,x)
L3=
    1/(x+a)
> > f4=1-sin(t*v);
> > L4=laplace(f4,v,x)
L4=
    1/x-t/(x^2+t^2)
```

2. Laplace 逆变换

Laplace 逆变换以函数 ilaplace 实现。其调用格式如下：

(1)F=ilaplace(L)：返回符号函数 L 关于独立变量 s 的 Laplace 逆变换，即

$$F(t)=\int_{c-i\infty}^{c+i\infty}L(s)\mathrm{e}^{st}\mathrm{d}s\ 。\tag{6.11}$$

(2)F=ilaplace(L,y)：返回符号函数 L 的 Laplace 逆变换。返回值 F 的参量为指定变量 y，即

$$F(y)=\int_{c-i\infty}^{c+i\infty}L(s)\mathrm{e}^{sy}\mathrm{d}s\ 。\tag{6.12}$$

(3)F=ilaplace(L,y,x)：返回符号函数 L 的 Laplace 逆变换。返回值 F 的参量为指定变量 x，即

$$F(x)=\int_{c-i\infty}^{c+i\infty}L(y)\mathrm{e}^{xy}\mathrm{d}y\ 。\tag{6.13}$$

例 6.24　Laplace 逆变换示例。

解：在命令行窗口输入

```
> > syms a s t u v x
> > f=exp(x/s^2);
> > IL1=ilaplace(f)
```

输出相应的结果

```
IL1=
    ilaplace(exp(x/s^2),s,t)
> > g=1/(t-a)^2;
> > IL2=ilaplace(g)
IL2=
    x*exp(a*x)
```

```
>> k=1/(u^2-a^2);
>> IL3=ilaplace(k,x)
IL3=
    1/a*sinh(a*x)
>> y=s^3*v/(s^2+v^2);
>> IL4=ilaplace(y,v,x)
IL4=
    s^3*cos(s*x)
```

6.4.3 Z 变换

1. Z 变换

MATLAB 中利用函数 ztrans 实施 Z 变换。其调用格式主要有：

(1) F＝ztrans(f)：返回符号函数 f 关于默认独立变量 n 的 Z 变换，即

$$F(z)=\sum_{n=0}^{\infty}\frac{f(n)}{z^{n}}。\tag{6.14}$$

(2) F＝ztrans(f,w)：返回值 F 的参量为符号变量 w，有

$$F(\omega)=\sum_{n=0}^{\infty}\frac{f(n)}{\omega^{n}}。\tag{6.15}$$

(3) F＝ztrans(f,k,w)：f 的参量为符号变量 k，即

$$F(\omega)=\sum_{k=0}^{\infty}\frac{f(k)}{\omega^{k}}。\tag{6.16}$$

例 6.25 Z 变换示例。

解：在命令行窗口输入

```
>> syms a k w x n z
>> f1=n^4;
>> ZF1=ztrans(f1)
```

输出结果

```
ZF1=
    z*(z^3+11*z^2+11*z+1)/(z-1)^5
>> f2=a^z;
>> ZF2=ztrans(f2)
ZF2=
    w/a/(w/a-1)
>> f3=sin(a*n);
>> ZF3=ztrans(f3,w)
ZF3=
    w*sin(a)/(w^2-2*w*cos(a)+1)
>> f4=exp(k*n^2)*cos(k*n);
>> ZF4=ztrans(f4,k,x)
ZF4=
    (x/exp(n^2)-cos(n))*x/exp(n^2)/(x^2/exp(n^2)^2-2*x/exp(n^2)*cos(n)+1)
```

2. Z 反变换

常见的 Z 反变换计算方法有：幂级数展开法、部分分式展开法和围道积分法。在 MATLAB 中，采用围道积分法设计了求取 Z 反变换的函数 iztrans。其调用格式为：

(1)f=iztrans(F)：返回符号函数 F 关于默认独立变量 z 的 Z 反变换。

(2)f=iztrans(F,k)：返回值 f 的参量为 k。

(3)f=iztrans(F,w,k)：返回符号函数 F 的 Z 反变换。这里，F 的参量为指定变量 w。

例 6.26　Z 反变换示例。

解：在命令行窗口输入

```
> > syms a n k x z
> > f1= 2*z/(z^2+2)^2;
> > IZ1=iztrans(f1)
```

输出结果

```
IZ1=
      -1/8*sum(1/_alpha*(1/_alpha)^n, _alpha=RootOf(1+2*_Z^2))+...
      1/8*sum(1/_alpha*(1/_alpha)^n, _alpha=RootOf(1+2*_Z^2))*n
> > f2=n/(n+1);
> > IZ2=iztrans(f2)
IZ2=
      (-1)^k
> > f3=z/sqrt(z-a);
> > IZ3=iztrans(f3,k)
IZ3=
      iztrans(z/(z-a)^(1/2),z,k)
> > f4=exp(z)/(x^2-2*x*exp(z));
> > IZ4=iztrans(f4,x,k)
IZ4=
      1/4*(-charfcn[0](k)-2*charfcn[1](k)*exp(z)+2^k*exp(z)^k)/exp(z)
```

6.5　符号方程求解

6.5.1　代数方程求解

代数方程是指未涉及微积分运算的方程，相对比较简单。在 MATLAB 中，求解用符号表示的代数方程可由函数 solve 实现，其调用方式为：

(1) S=solve(eqn,var)：求解关于变量 var 的方程 eqn。若不指定 var，则函数 symvar 将确定待解的变量。

(2) S=solve(eqn,var,Name,Value)：使用由一个或多个 Name、Value 配对参数指定的附加选项。

(3) Y=solve(eqns,vars,Name,Value):求解关于变量 vars 的符号代数方程组 eqns,其中,Name、Value 为指定的附加选项。

(4) [y1,…,yN]=solve(eqns,vars,Name,Value):求解关于变量 vars 的符号代数方程组 eqns,其中,y1,…,yN 存储相应的解向量。

例 6.27 求解方程 $x+xe^x-1=0$ 的解。

解:在命令行窗口输入

```
> > x=solve('x+x*exp(x)-1','x')
```

输出结果

```
x=
    0.40105813754154703565062537500646
```

例 6.28 求解方程组

$$\begin{cases} x+y=98 \\ \sqrt[3]{x}+\sqrt[3]{y}=6 \end{cases}。$$

解:在命令行窗口输入

```
> > [x y]=solve('x+y-98','x^(1/3)+y^(1/3)-6','x,y')
```

输出结果如下

```
x=
    49+(265*22^(1/2))/27
    49-(265*22^(1/2))/27
y=
    1/27*(9+22^(1/2))^3
    -1/27*(-9+22^(1/2))^3
```

须注意的是,对于某些方程,函数 solve 无法给出解或者给出的解精度不高。在 MATLAB 中,函数 fsolve 采用迭代法计算选定迭代初始点的解,一般而言,选用初始点不同,解也不同,但是其解稳定、精度高。它的调用格式如下

```
x=fsolve(fun,x0)
```

其中,fun 为函数名,x0 为迭代初始值。例如

```
> > fsolve(@(x)exp(x)+sin(x)-2, 0)
ans=
     0.4487
```

6.5.2 常微分方程求解

MATLAB 提供的微分方程求解函数包括 dsolve 和 odeToVectorField 函数,本节将主要介绍 dsolve 函数。一般地,函数 dsolve 的调用格式如下

(1) S=dsolve(eqn)

(2) S=dsolve(eqn,cond)

(3) Y=dsolve(eqns,conds,Name,Value)

(4) [y1,…,yN]=dsolve(eqns,conds,Name,Value)

其中，eqn、eqns 分别为待求解的方程(组)，S、Y、yN 为返回的求解结果，conds 为初值条件。

例 6.29　求微分方程

$$x\frac{\mathrm{d}y}{\mathrm{d}x}+2x=9,$$

的解。

解：在命令行窗口输入

```
>> y=dsolve('x*Dy+2*x-9','x')
```

输出结果

```
y=
    -2*x+9*log(x)+C1
```

其中 $C1$ 为一常数。

例 6.30　求微分方程

$$\begin{cases}y''+x^2+y=0\\y'(1)=2\\y(0)=1\end{cases},$$

的解。

解：在命令行窗口输入

```
>> dsolve('D2y+y+x*x', 'y(0)=1', 'Dy(1)=2','x')
```

输出结果

```
ans=
    -sin(x)*(sin(1)-4)/cos(1)-cos(x)+2-x^2
```

函数 dsolve 不能总是得到显式解。可以利用 MATLAB 中符号工具箱的功能编程解决，感兴趣的读者可以参阅相关资料。

第7章　数据输入输出基础

MATLAB 程序可以看作数据处理器,该处理器从外部源(文件、网络、磁盘等)读入数据,并将处理结果输出到指定设备(文件、网络、磁盘等),即 I/O 操作。MATLAB 的 I/O 操作在实际中经常被用到,例如,将 MATLAB 处理的结果数据存储到文件中以备查看,或由其他程序做进一步处理,或输出中间结果到文件以备调试等。

本章主要介绍 MATLAB 与文件的数据交换操作,即文件 I/O 操作。MATLAB 提供了许多读取数据和将数据写入文件的函数,通过这些函数可以控制 I/O 操作更多的细节。

7.1　可读取文件格式

在 MATLAB 中,许多文件格式都是可以读取的。在 help 里搜索 Supported File Formats,能够得到 MATLAB 支持的文件格式列表,列表展示了可读取文件的内容、扩展名以及部分导入导出函数。若要得到 MATLAB 中可用来读写各种文件格式的完全函数列表,可以在 MATLAB 命令行窗口执行如下命令

```
>> help iofun
```

MATLAB 有两种 I/O 文件程序,高级文件程序(High level routines)和低级文件程序(Low level routines)。高级文件包括现成的函数,可以用来读写特殊格式的数据,用户只需要少量的编程;相比之下,低级文件程序更加灵活地完成相对特殊的任务,用户需要较多的额外编程。本节重点介绍部分读写函数,用户若须了解更多的函数信息,可以通过在命令行窗口输入命令

```
>> doc function_name
```

或者在 help 窗口输入命令

```
>> function_name
```

获取帮助,对特定函数进行了解。

7.2　高级文件 I/O 操作

高级文件程序包括现成的函数,可以用来读写特殊格式的数据,仅须少量的编程。如果有一个包含数值和字母的文本文件(text file)想导入 MATLAB,用户可以调用一些低级文件程序编写一个函数,或者是直接用 textread 函数。使用高级文件程序的关键是,文件必须是相似的(homogeneous),也就是说,文件必须有一致的格式。下面将结合实例来说明高级文件 I/O 程序。

7.2.1　load/save 函数

函数 load 和 save 是主要的高级文件 I/O 程序。load 可以读取 MAT 文件或者用空格间隔的格式相似的 ASCII 文件。save 可以将 MATLAB 变量写入 MAT 格式文件或者空格间隔的 ASCII 文件。

（1）函数 save 的调用格式

save(filename,variables,version,options)

若只有 save,当前工作区内的所有数据都将被存储在一个名为 matlab.mat 的文件中;若附有一个文件名,那么这些数据将会存储在'filename.mat'的文件中;若后面还包括一系列的变量,则仅存储这些特殊的变量。支持 save 命令的参数[options]如表 7.1 所示。

表 7.1　save 函数参数表

参　数	描　述
-mat	二进制 MAT-文件格式
-ascii	8 位数字精度
-append	将数据添加到文件末尾
-v7.3	支持保存和加载变量,以及所有版本 7 的功能
-v7	支持不同默认字符编码方案的系统与版本 6 的文件共享
-v6	支持 *N* 维数组、单元数组、结构数组、超过 19 个字符的变量名以及版本 4 特性

（2）函数 load 的调用格式

load(filename,options,variables)

与上面的类似,若仅有 load 命令,MATLAB 将加载 matlab.mat 文件中的所有数据;若附带声明一个文件名,load 函数将会加载这个文件中的数据。支持 load 命令的参数[options]如表 7.2 所示。

表 7.2　load 函数参数表

参　数	描　述
-mat	将文件视为 MAT 文件,而不考虑文件扩展名
-ascii	将文件视为 ASCII 文件,而不管文件扩展名

例 7.1　读取由空格间隔的数值 ASCII 文件。现有数据文件 sample1.dat

```
1     9     6     21    16
-4    32    31    22    17
5     6     18    33    11         % 文件 sample1.dat
42    -19   3     15    65
45    68    98    57    26
```

试用命令 load 读取该数据文件,并对该数据各元素分别加 5,再保存至新文件。

解:在命令行窗口输入

```
> > M=load('sample1.dat')                          % 读取文件到矩阵 M
M=
     1     9     6    21    16
    -4    32    31    22    17
     5     6    18    33    11
    42   -19     3    15    65
    45    68    98    57    26
> > save sample M                    % 保存 M 到文件名为 sample 的 mat 文件
> > N=load('sample.mat')
N=
    struct with fields:
        M: [5×5 double]
> > M=M+5.0;
> > save sample2.dat                       % 保存新的 M 矩阵到 sample2.dat 文件
```

例 7.2 读取软件安装目录 MATLAB\R2018b\toolbox\wavelet\wavelet 下的文件 leleccum.mat 和 MATLAB\R2018b\toolbox\wavelet\wavelet 下的文件 wbarb.mat，并图示其内容。

解：在命令行窗口输入

```
> >  load  leleccum.mat;
> >  s1=leleccum(1: 3920);
> >  subplot(1, 2, 1)
> >  plot(s1)
> >  axis square

> >  load  wbarb.mat
> >  subplot(1, 2, 2)
> > image(X);
> > axis square
> > colormap(gray)
```

输出结果如图 7.1 所示。

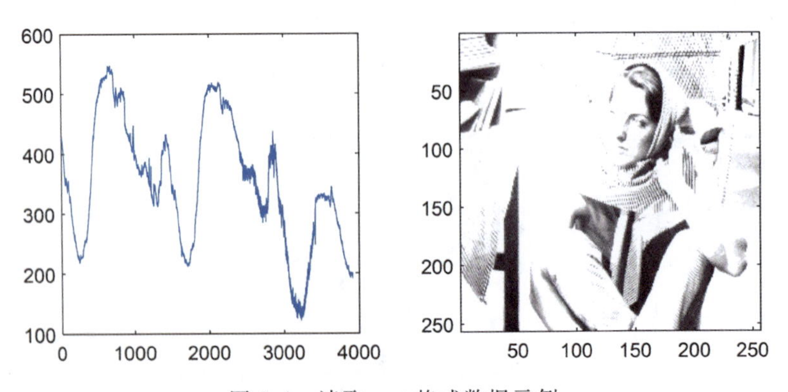

图 7.1 读取 mat 格式数据示例

7.2.2　uigetfile/uiputfile 函数

uigetfile/uiputfile 是基于图形用户界面(GUI)的。函数 uigetfile 让用户选择一个文件来写(类似于 Windows 菜单栏中的'另存为'选项);函数 uiputfile 既可以选择已存在的文件改写,也可以输入新的文件名。

例 7.3　利用 uigetfile 从当前目录选择一个 M 文件。

解:在命令行窗口输入

```
>> [fname,pname]=uigetfile('*.m','Sample Dialog Box')
```

执行指令,系统弹出如图 7.2 所示对话框。

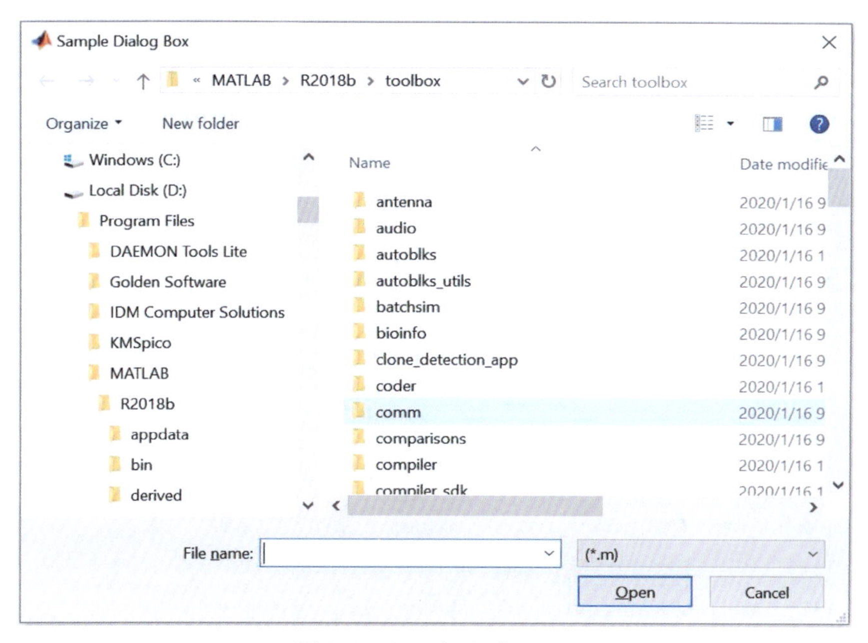

图 7.2　Sample Dialog Box

选择 assembleFEMatrices.m,单击对话框打开按钮将看到以下结果

```
fname=
    'assembleFEMatrices.m'
pname=
    'D:\Program Files\MATLAB\R2018b\toolbox\pde\'
```

7.2.3　uiimport/importdata 函数

uiimport 是基于 GUI 的功能强大的高级文件程序,用于读取复杂的数据文件。importdata 具有 uiimport 功能,但不打开 GUI。

例 7.4　使用 importdata 读取文件。现有一个文件 sample2.txt,内容如下

```
Name    English    Chinese   Mathmatics
Wang    99         98        100
Li      98         89        70
Zhang   80         90        97
Zhao    77         65        87
```

试用命令 importdata 读取之。

解:在命令行窗口输入

```
> > D=importdata('sample2.txt')
D=
    struct with fields:
        data: [4×3 double]
        textdata: {5×4 cell}data=D.data
> >  data=D.data
data=
      99    98   100
      98    89    70
      80    90    97
      77    65    87
> > text=D.textdata
text=
      5×4 cell array
        {'Name' }   {'English' } {'Chinese' }   {'Mathmatics' }
        {'Wang' }   {0×0 char }   {0×0 char }   {0×0 char      }
        {'Li'   }   {0×0 char }   {0×0 char }   {0×0 char      }
        {'Zhang'}   {0×0 char }   {0×0 char }   {0×0 char      }
        {'Zhao' }   {0×0 char }   {0×0 char }   {0×0 char      }
> > text(1,2)
ans=
      1×1 cell array
        {'English'}
```

7.2.4 textread/strread 函数

函数 textread 是一个强大的动态 I/O 高级文件程序,主要用来读取 ASCII 格式的文本或数值数据文件。除了从字符串读取外,在读取文件时,函数 strread 类似于 textread。两个函数可以用诸多参数来改变其具体的工作方式,返回用户指定输出的数据。函数 textread 的调用格式为

```
[A,B,C,...]=textread(filename,format,N,param,value,...)
```

其中 ***A***、***B***、***C*** 是用于存放读取数据的向量;filename 为待操作的文件;format 用以控制读取的数据格式,由%加上格式符组成,常见的格式见表 7.3;*N* 指定重复使用该格式的次数;param

指定一些特殊操作;value 是与特殊操作有关的值。例如,跳过标题行,参数' headlines '设为 2。

表 7.3　数据格式描述符

格式符	含　　义	格式符	含　　义
%d	有符号的十进制整数	%e	指数形式的实数
%u	无符号的十进制整数	%f	小数形式的实数
%o	八进制整数	%g	根据输出项的大小自动选择
%x	十六进制整数(0～9,a～f)	%c	字符
%X	十六进制整数(0～9,A～F)	%s	字符串

在%之后,可以加上数据宽度,例如,%3d,它控制读取的整型数据取 3 位数字;%10.3f 控制读取实型数据,取 10 个字符(含小数点),小数部分占 3 位。

例 7.5　利用函数 textread 从文件 sample2.txt 中分别读取学生姓名以及各科成绩,sample2.txt 内容见例 7.4。

解:在命令行窗口输入

```
>> [names,E,C,M]=textread('sample2.txt', '% s % d % d % d', 4, 'headerlines', 1)
names=
    4×1 cell array
        {'Wang' }
        {'Li'   }
        {'Zhang'}
        {'Zhao' }
E=
    99
    98
    80
    77
C=
    98
    89
    90
    65
M=
    100
    70
    97
    87
```

7.3 低级文件 I/O 操作

对于其他非通用格式文件的读写，可以采用 MATLAB 提供的 I/O 低级文件函数。这些函数是基于 ANSI 标准 C 语言库实现的，因此，两者的格式和用法有许多相似之处。

7.3.1 文件的打开与关闭

对一个文件进行操作之前，必须先打开该文件，系统将为其分配一个输入输出缓冲区。当文件操作结束后，还应关闭文件，及时释放缓冲区。

1. 打开文件

在读写文件之前，必须先用函数 fopen 打开或创建文件，并指定对该文件进行的操作方式。函数 fopen 的调用格式为

```
[fileID,errmsg]=fopen(filename,permission)
```

参数说明：

(1) fileID：用于存储文件句柄值，整型变量。如果返回的句柄值大于 0，则说明文件打开成功。

(2) errmsg：打开文件不成功时，返回的出错信息，字符串类型变量。

(3) filename：待打开的文件名，字符串类型变量。

(4) permission：对文件的打开方式，见表 7.4。若不指定打开方式，默认为读方式。

表 7.4 MATLAB 中文件的使用方式

参 数	允许使用方式
r	只读文件(reading)
w	只写文件，创建新文件或覆盖文件原有内容
a	增补文件，打开或创建新文件，并在文件尾增加数据
r+	读写文件
w+	创建新文件，或覆盖文件原有内容
a+	打开或创建新文件，并读取或增补文件

2. 关闭文件

在进行完读、写等操作后，应及时关闭文件，以免数据丢失。关闭文件用 fclose 函数，调用格式为

```
status=fclose(fileID)
```

参数说明：

(1) fileID：一个标量整数，文件标识符。

(2) status:关闭文件操作的返回代码。若关闭成功,返回 0;否则,返回-1。

例 7.6　打开与关闭文件。

解:在命令行窗口输入

```
>> [fid1, message1]=fopen('log.m', 'r');
>> [fid2, message2]=fopen('exp.m', 'r');
>> [fid3, message3]=fopen('cos.m', 'r');
>> status1=fclose(fid1);
>> status2=fclose(fid2);
>> status3=fclose(fid3);
>> status=[status1 status2 status3]
```

输出结果如下

```
status=
        0     0     0
```

上述命令打开并关闭了文件标识为 fid1、fid2、fid3 的文件。若要一次关闭所有打开的文件,则需执行下面的代码

```
>> status=fclose('all')
```

用户可以通过检查 status 的值来确认文件是否关闭。

7.3.2　文本文件的读写

1. 读文本文件

函数 fscanf 可以读取文本文件的内容,并按指定格式存入矩阵。其调用格式为

```
[A,count]=fscanf(fileID,formatSpec,sizeA)
```

参数说明:

(1) A:用于存放读取的数据。

(2) count:一个可选的输出参数,返回成功读取的元素数。

(3) fileID:从 fopen 获得的文件标识符。

(4) formatSpec:用来控制读取的数据格式,由%加上格式符组成。在%与格式符之间还可以插入附加格式说明符,譬如,数据宽度说明等。

(5) sizeA:为可选项,决定矩阵 **A** 中数据的排列形式,它可以取下列值:N(读取 N 个元素到一个列向量)、inf(读取整个文件)、$[M,N]$(读数据到 $M \times N$ 的矩阵中,数据按列存放)。

例 7.7　利用函数 fscanf 读取文本文件。

解:在命令行窗口输入

```
>> x=fscanf(fid,'% 5d',100);   % 从指定文件中读取 100 个整数,存入向量 x
>> y=fscanf(fid,'% 5d',[10,10]); % 将读取的 100 个整数存入 10x10 矩阵 y
>> A=fscanf(fid,'% s',[4]);      % 读取前 4 个数据,数据间隔为空格或换行符
>> C=fscanf(fid,'% g % g',[2,inf]); % 读取后面所有数据,生成一个 2 行的矩阵
```

2. 写文本文件

函数 fprintf 将数据按指定格式写入到文本文件中。其调用格式为

```
fprintf(fileID,formatSpec,A1,...,An)
```

参数说明：

(1) fileID：文件句柄，指定要写入数据的文件。

(2) formatSpec：用来控制所写数据格式的格式符，与函数 fscanf 相同。

(3) An：用来存放数据的矩阵。

例 7.8 计算当 $x=[0.0,0.1,0.2,\cdots,1.0]$ 时，$f(x)=e^x$ 的值，并将结果写入到文件 DK10.txt 中。

解：在命令行窗口输入

```
x=0:0.1:1;
y=[x;exp(x)];
fid=fopen('DK10.txt','w');
fprintf(fid,'% 6.2f % 12.8f\n',y);
fclose(fid);
```

上述程序段中，%6.2f 控制 x 的值占 6 位，其中小数部分占 2 位。同样地，%12.8f 控制指数函数 exp(x)的输出格式。由于是文本文件，可以在 MATLAB 命令行窗口用命令 type 显示其内容

```
> > type DK10.txt
    0.00    1.00000000
    0.10    1.10517092
    0.20    1.22140276
    0.30    1.34985881
    0.40    1.49182470
    0.50    1.64872127
    0.60    1.82211880
    0.70    2.01375271
    0.80    2.22554093
    0.90    2.45960311
    1.00    2.71828183
```

从上例可以看出，fprinf 的命令格式与 C 语言中的类似，一个主要的区别就是，这里变量名只有一个 y，而输出的是 11 行数据，显然，MATLAB 中的 fprintf 是矢量式输出。

3. 函数 fgetl 与 fgets

除上述对文本文件进行读写操作的函数外，读取文本文件的函数还有 fgetl 和 fgets。它们读取一行数据，当作字符串来处理。其调用格式为

```
tline=fgetl(fileID)
tline=fgets(fileID,nchar)
```

命令 fgetl 读入的字符串中不包括换行符，若读到文件末尾，则返回-1。该命令只能对文本格式文件进行操作，若读取没有换行符的二进制文件，则会运行很长时间。命令 fgets 读入数据时保留原文件中的换行符，可选项 nchar 是整型数，如果指定此项数值，则读入一行时，最多读 nchar 个字符。

例 7.9　读取例 7.8 中生成的 DK10. txt 中的数据。

解：创建 MATLAB 脚本命令文件 test77. m，内容如下

```
fid=fopen('DK10.txt');
while 1
    line=fgets(fid);
    if line= =-1
        break
    end
    disp(line);
end
fclose(fid);
```

在命令行窗口输入

```
> > test77
```

输出结果如下

```
    0.00   1.00000000
    0.10   1.10517092
    0.20   1.22140276
    0.30   1.34985881
    0.40   1.49182470
    0.50   1.64872127
    0.60   1.82211880
    0.70   2.01375271
    0.80   2.22554093
    0.90   2.45960311
    1.00   2.71828183
```

该程序将文件 DK10. txt 逐行地读入到 line 中，每读一行在屏幕上显示一次，直至文件末尾。程序中结束 while 循环的方法是，当读到文件末尾时，依据 fgets 的规定返回 line=－1，从而终止读操作。

例 7.10　读取文本文件 griddata. txt，数据如下

```
NX  10
500.  500.  500.  500.  500.  500.  500.  500.  500.  500.
NY  20
100.  100.  100.  100.  100.  100.  100.  100.  100.  100.
100.  100.  100.  100.  100.  100.  100.  100.  100.  100.
```

解：建立脚本命令文件 test78. m，内容如下

```
fid=fopen('griddata.txt','r');
ctmp=fgets(fid);
ltmp=length(ctmp);
NX=str2num(ctmp(4:ltmp));
DX=fscanf(fid,'% f',NX);
ctmp=fgets(fid);
ltmp=length(ctmp);
NY=str2num(ctmp(4:ltmp));
DY=fscanf(fid,'% f',NY);
```

亦可以写成

```
fid=fopen('griddata.txt','r');
ctmp=fgets(fid);
ltmp=length(ctmp);
NX=str2num(ctmp(4:ltmp));
DX=fscanf(fid,'% f \n',NX);
ctmp=fgets(fid);
ltmp=length(ctmp);
NY=str2num(ctmp(4:ltmp));
DY=fscanf(fid,'% f \n',NY);
```

略去脚本执行与结果输出。

7.3.3 二进制文件的读写

1. 读二进制数据

用函数 fread 从文件中读入二进制数据。其调用格式为

```
[A,count]=fread(fileID,sizeA,precision,skip)
```

其中，A 用于存放读取的数据；count 返回所读取数据元素的个数；fileID 为文件句柄；sizeA 为可选项，用于指定读入数据的元素数量，其取值与函数 fscanf 中的相同，省略时读取整个文件内容；precision 指定读写数据的类型，常用数据类型如表 7.5 所示，该参数可选，其默认值为‘uchar’；skip 也是可选参数，称作循环因子，指定读取每个 precision 值后要跳过的字节数。

表 7.5　常用的数据类型

格式符	说　明	格式符	说　明
char	有符号字符	int	32 位有符号整数
uchar	无符号字符	uint	32 位无符号整数
schar	有符号字符	float	32 位浮点数
int8	8 位有符号整数	float32	32 位浮点数
int16	16 位有符号整数	float64	64 位浮点数

续表 7.5

格式符	说　明	格式符	说　明
int32	32 位有符号整数	long	32 位或 64 位有符号整数
int64	64 位有符号整数	ulong	32 位或 64 位无符号整数
uint8	8 位无符号整数	short	16 位有符号整数
uint16	16 位无符号整数	ushort	16 位无符号整数
uint32	32 位无符号整数	double	64 位双精度类型数
uint64	64 位无符号整数		

例 7.11　假设文件 alphabet.txt 的内容是按顺序排列的 26 个大写英文字母，读取前 5 个字母的 ASCⅡ码和这 5 个字符。

解：在命令行窗口输入

```
>> fid=fopen('alphabet.txt','r');
>> c=fread(fid,5)
c=
    65
    66
    67
    68
    69
>> frewind(fid);
>> d=fread(fid,5,'*char')
d=
    A
    B
    C
    D
    E
>> fclose(fid);
```

其中 frewind 函数用于将文件位置指针返回到文件的起始位置。

函数 fscanf 与 fread 在读取数据时较灵活，不论数据文件中数据是否具有确定的规律，均可以将数据文件的全部数据读入。函数 load 在载入数据时，要求数据文件中的数据具有规则排列，数据的排列类似矩阵或表格形式；否则，不能成功读取数据。

2. 写二进制数据

函数 fwrite 按照指定的数据类型将矩阵中的元素写入到文件中。其调用格式为

```
count=fwrite(fileID,A,precision)
```

其中 count 返回成功写入文件的 A 元素的数目，fileID 为文件标识符，A 用来存放要写入文件

的数据，precision 用于控制所写数据类型，其形式与函数 fread 中的相同。

例 7.12 建立一数据文件 magic5.dat，用于存放五阶魔方方阵。

解：建立脚本文件 test710.m，内容如下

```
fid=fopen('magic5.dat','w');
data=fwrite(fid,magic(5),'int32');
fclose(fid);
```

上述程序段将五阶魔方方阵以 32 位整数格式写入文件 magic5.dat 中。同样地，读者可以尝试调用 fread 函数读取文件 magic5.dat 的内容。

7.3.4 数据文件定位

当打开文件进行数据的读/写时，需要判断和控制文件的读/写位置，例如，判断文件数据是否已读完，或者需要读写指定位置上的数据，等等。MATLAB 自动创建一个文件位置来管理和维护读/写文件数据的起始位置。

1. fseek 函数

用于定位文件位置指针，其调用格式为

```
status=fseek(fileID, offset, origin)
```

其中，fileID 为文件标识符；offset 表示位置指针相对移动的字节数，若为正整数，表示向文件尾方向移动，若为负整数，表示向文件头方向移动；origin 表示位置指针移动的参照位置，它的取值有三种可能：'cof'或 0 表示文件的当前位置，'bof'或−1 表示文件的开始位置，'eof'或 1 表示文件的结束位置。若定位成功，status 返回值为 0 。

2. ftell 函数

用来查询文件指针的当前位置，其调用格式为

```
position=ftell(fileID)
```

返回指定文件中位置指针的当前位置。若查询不成功，则返回的位置为−1。

3. feof 函数

用来判断当前的文件位置指针是否到达文件尾部，其调用格式为

```
status=feof(fileID)
```

返回文件结束指示符的状态。若之前的操作设置指定文件的结束指示符，函数 feof 返回 1；否则，feof 返回 0。

4. ferror 函数

用来查询最近一次输入或输出操作中的出错信息，其调用格式为

```
[message,errnum]=ferror(fileID)
```

其中，message 返回出错信息，而 errnum 返回错误信息的编号。

第 8 章　微分方程

在科技、工程、经济管理以及生态、环境、人口、交通等各个领域中，微分方程常用于建立数学模型，是研究函数变化规律的有力工具，譬如，在研究弹性波在不同地层中传播的规律，电磁场在导电介质中的建立、分布与传播，热量在介质中的传播，抛射体的轨迹以及污染物浓度的变化，人口增长的预测，种群数量的演变，交通流量的控制等过程中，作为研究对象的函数，要和函数的导数一起，用一个符合其内在规律的方程，即微分方程来描述。因此，微分方程的求解具有很实际的意义。本章将详细介绍用 MATLAB 求解微分方程的方法与技巧。

8.1　微分方程的求解

微分方程论是数学的重要分支之一，大致和积分同时产生，并随实际需要而发展。含自变量、未知函数及其微商的方程称为常(偏)微分方程。一般地，凡是表示未知函数、未知函数的导数与自变量之间的关系的方程，谓之微分方程。未知函数是一元函数的，叫常微分方程；未知函数是多元函数的称偏微分方程。

在 MATLAB 中，实现微分方程求解的命令是 dsolve，其调用格式为：

(1) S=dsolve(eqn)：求解常微分方程 eqn，这里的 eqn 是一个符号方程。

(2) S=dsolve(eqn,cond)：用初始条件或边界条件求解方程 eqn。

(3) S=dsolve(eqn,cond,Name,Value)：使用由一个或多个 Name、Value 配对参数指定的附加选项。

[y1,...,yN]=dsolve(__)：将解决方案分配给变量 $y1,...,yN$。

例 8.1　求微分方程

$$y''-xy'+y=0,$$

的通解。

解：MATLAB 程序如下

(1) 求通解

```
>> clear all
>> y=dsolve('(Dy)^2-x*Dy+y= 0','x')
y=
   x^2/4
   -C4^2+x*C4
```

（2）通过图像来显示解

```
clf
hold on
hy1=ezplot(y(1),[-6,6,-4,8],1);
set(hy1,'Color','r','LineWidth',3)
for k=-2:0.5:2
    y2=subs(y(2),'C3',k);
    ezplot(y2,[-6,6,-4,8],1)
end
box on
legend('Odd solution','General solution','Location','Best')
ylabel('\fontname{times new roman}\ity')
title(['Solution of differential equation  ','\fontname{times new roman}\ity"-xy'
'+y=... \rm0'])
```

程序执行后，结果如图 8.1 所示。

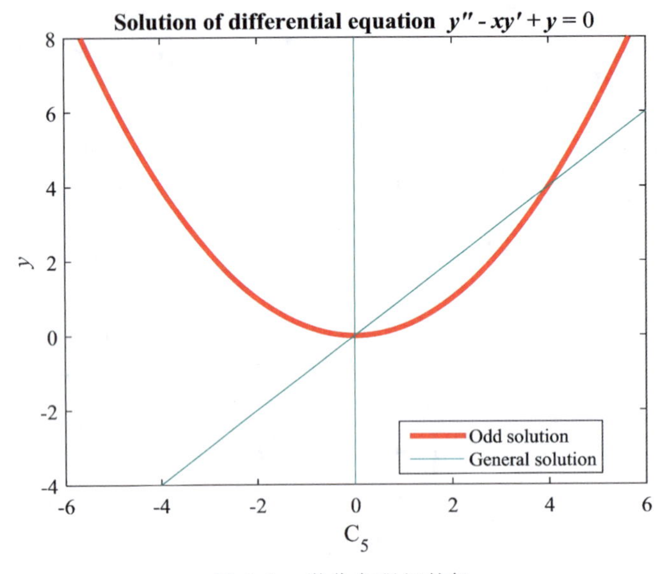

图 8.1　微分方程组的解

例 8.2　求微分方程

$$xy''-5y'+x^3=0,$$

的解，其中，$y(1)=0$，$y(5)=0$。

解：MATLAB 程序如下

（1）求方程的解

```
>> clear all
>>  y=dsolve('x*D2y-5*Dy=-x^3','y(1)=0,y(5)=0','x')
y=
    -(13*x^6)/2604+x^4/8-625/5208
```

(2) 绘制曲线

```
clear
y=dsolve('x*D2y-5*Dy=-x^3','y(1)=0,y(5)=0','x');
xn=-1:6;
yn=subs(y,'x',xn);
fplot(y, [-1,6])
hold on
plot([1,5],[0,0],'.r','MarkerSize',20)
xlabel('\fontname{times new roman}\itx', 'fontsize', 12)
ylabel('\fontname{times new roman}\ity', 'fontsize', 12)
ylim([-20 15])
axis square
text(1,1,'\ity\rm(1)=0')
text(4,1,'\ity\rm(5)=0')
holdoff
```

计算结果如图 8.2 所示。

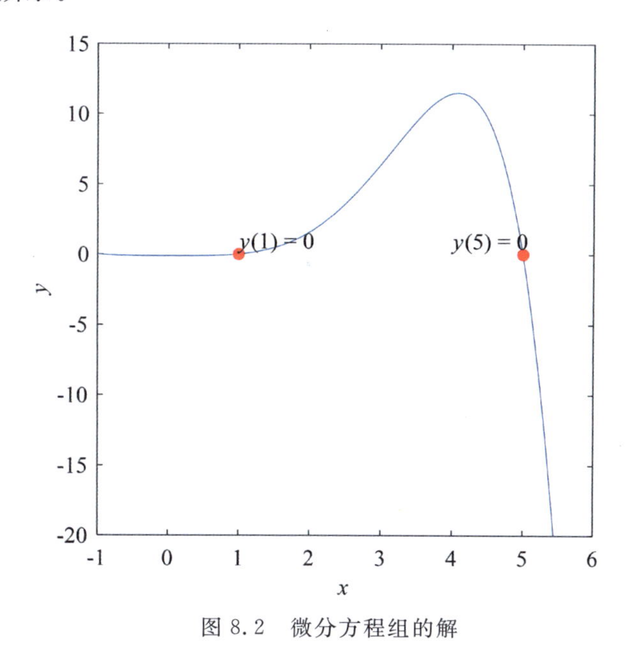

图 8.2　微分方程组的解

8.2　常微分方程的数值解法

常微分方程的数值解法主要是 Euler 方法和 Runge-Kutta 方法。

8.2.1　Euler 方法

从积分曲线的几何解释出发，推导出了 Euler 公式

$$y_{n+1} = y_n + hf(x_n, y_n) \tag{8.1}$$

MATLAB 没有专门的利用 Euler 方法求解常微分方程的函数，根据 Euler 公式编写函数 M 文件 euler. m[R]

```
function [x, y, ya]=euler(f,x0,y0,xf,h)

n=fix((xf-x0)/h);
x=zeros(1, n+1);
y=zeros(1, n+1);
ya=zeros(1, n+1);

y(1)=y0;
x(1)=x0;
ya(1)=sqrt(1+2*x(1));
for i=1:n
    x(i+1)=x0+i*h;
    y(i+1)=y(i)+h*feval(f,x(i),y(i));
    ya(i+1)=sqrt(1+2*x(i+1));
end
end
```

例 8.3 求解初值问题

$y' = y - 2x/y$，

$y(0) = 1$，$(0 < x < 1)$。

解：首先，根据方程建立一个函数 M 文件 f. m

```
function z=f(x,y)
z=y-2*x/y;
end
```

在命令行窗口中，输入以下命令

```
[x,y,ya]=euler('f',0,1,1,0.1);
```

结果如下

```
x=
    0.0000    0.1000    0.2000    0.3000    0.4000    0.5000    0.6000
    0.7000    0.8000    0.9000    1.0000
y=
    1.0000    1.1000    1.1918    1.2774    1.3582    1.4351    1.5090
    1.5803    1.6498    1.7178    1.7848
```

为了验证 Euler 公式算法精度，求得初值问题的解析解

$$y = \sqrt{1+2x},$$

然后，通过对比解的曲线来展示其精度

```
>> plot(x,y,'--',x,ya,'-')
>> xlabel('\fontsize{15}\fontname{times new roman}\itx')
>> ylabel('\fontsize{15}\fontname{times new roman}\ity')
```

```
>> legend({'\fontname{times new roman}numerical solution','\fontname{times new ...
roman}analytic solutions'},'Location','northwest')
```

从图 8.3 中容易发现,Euler 法的精度不够高。为了提高精度,建立一个预测-校正系统,也就是所谓的改进的 Euler 公式,即

$$y_p = y_n + hf(x_n, y_n), \tag{8.2}$$

$$y_c = y_n + hf(x_{n+1}, y_n), \tag{8.3}$$

$$y_{n+1} = \frac{1}{2}(y_p + y_c), \tag{8.4}$$

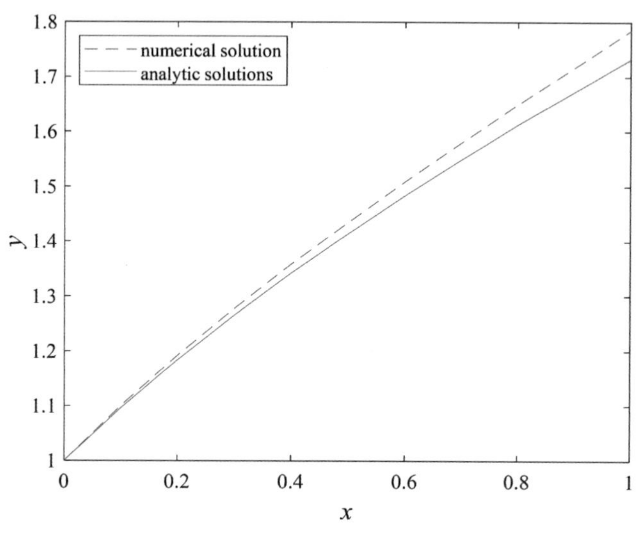

图 8.3　Euler 算法精度

```
function [x, y, ya]=adeuler(f,x0,y0,xf,h)

n=fix((xf-x0)/h);
x=zeros(1, n+1);
y=zeros(1, n+1);
ya=zeros(1, n+1);

y(1)=y0;
x(1)=x0;
ya(1)=sqrt(1+2*x(1));
for i=1:n
    x(i+1)=x0+i*h;
    yp=y(i)+h*feval(f,x(i),y(i));
    yc=y(i)+h*feval(f,x(i+1),yp);
    y(i+1)=(yp+yc)/2;
    ya(i+1)=sqrt(1+2*x(i+1));
end
end
```

利用改进的 Euler 公式，可以编写以下的函数 M 文件 adeuler. m

结果如图 8.4 所示，不难发现，改进的 Euler 方法比 Euler 方法更优秀，数值解与解析解曲线基本能够吻合。

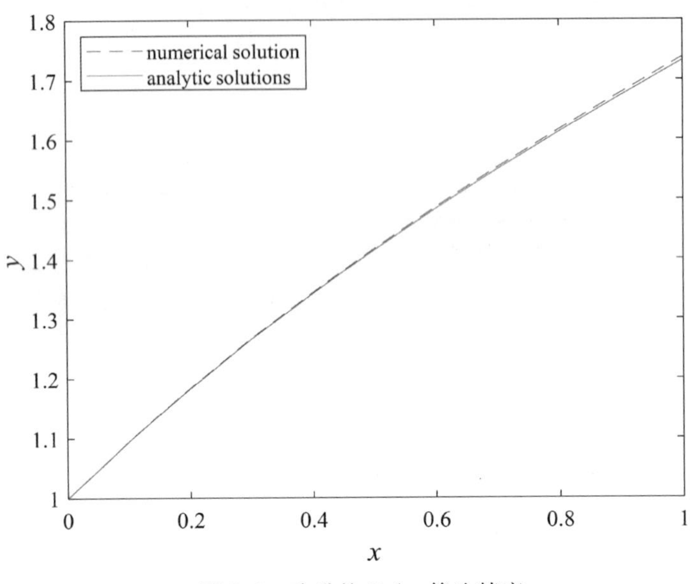

图 8.4 改进的 Euler 算法精度

8.2.2 Runge-Kutta 方法

Runge-Kutta 法是求解常微分方程的经典方法。MATLAB 提供了多个采用该方法的函数命令，如表 8.1 所示。

表 8.1 Runge-Kutta 命令

命 令	说 明
ode23	二阶、三阶 R-K 函数，求解非刚性微分方程的低阶方法
ode45	四阶、五阶 R-K 函数，求解非刚性微分方程的中阶方法
ode113	求解更高阶或大的标量计算
ode15s	采用多步法求解刚性方程，精度较低
ode23s	采用单步法求解刚性方程，速度较快
ode23t	用于解决难度适中的问题
ode23tb	用于解决难度较大的问题，对于系统中存在常量矩阵的情况很有用

在求解常微分方程组的时候，出现的解分量数量级差别很大的情形，给数值求解带来困难，这类问题谓之刚性问题。以上各种函数命令的调用格式为

```
[t,y]=ode23(odefun,tspan,y0),
[t,y]=ode23(odefun,tspan,y0,options),
[t,y,te,ye,ie]=ode23(odefun,tspan,y0,options),
```

其中,odefun 定义微分方程的形式,tspan=[t0 tfinal]定义微分方程的积分限,y0 是初始条件,options 参数的设置要使用 odeset 函数命令。其他命令调用格式雷同。

例 8.4　松弛振荡方程求解。求解方程

$$y''+1000(y^2-1)y'+y=0,$$

初值为

$$y(0)=0,y'(0)=1。$$

解:这是一个处在松弛振荡的 Van Der Pol 方程。首先,将该方程进行标准化处理,不妨令

$$y_1=y,y_2=y',$$

于是,有

$$y'_1=y_2,\qquad y_1(0)=0,$$

$$y'_2=1000(1-y_1^2)y_2-y_1,y_2(0)=1,$$

接下来,建立该方程组的 M 文件 vdp.m

```
function dy=vdp(t,y)
dy=zeros(2,1);
dy(1)=y(2);
dy(2)=1000*(1-y(1)^2)*y(2)-y(1);
end
```

使用函数 ode15s 进行求解

```
>> [t, y]=ode15s(@vdp,[0 3000],[2 0]);
>> plot(t, y(:,1), '-o')
>> xlabel('\fontname{times new roman}\itt')
>> ylabel('\fontname{times new roman}\ity')
```

方程的解如图 8.5 所示。

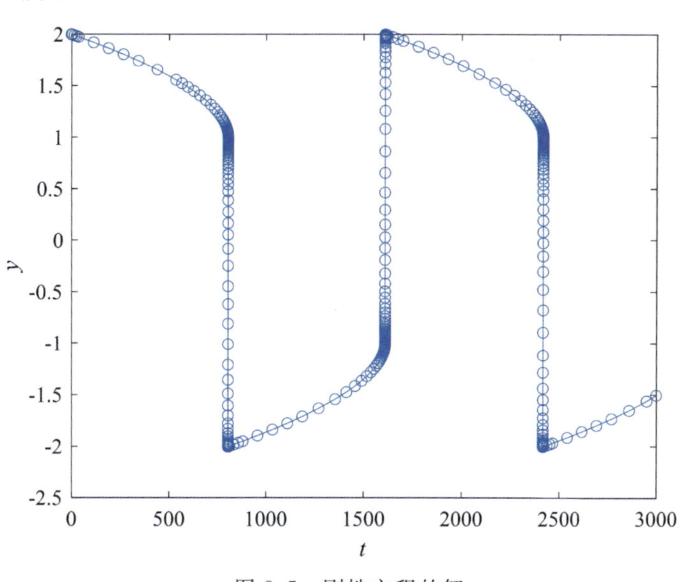

图 8.5　刚性方程的解

8.3 偏微分方程

偏微分方程 PDE 在 19 世纪得到迅速发展。到现在,PDE 已经是工程及理论研究不可或缺的数学工具,因此,解 PDE 也成了工程计算中的一部分。本节主要讲述如何利用 MATLAB 来求解一些常用的 PDE 问题。

8.3.1 方程介绍

在 MATLAB 中,可以求解的 PDE 类型如表 8.2 中所示。

表 8.2 MATLAB 求解的 PDE 类型一览

类　型	方程及参量说明	
椭圆型	$-\nabla\cdot(c\nabla u)+au=f$	$u=u(x,y)$,$(x,y)\in\Omega$,Ω 是平面上的有界区域,c、a、f、d 是标量复函数形式的系数,λ 是待求特征值,在非线性椭圆型方程中,c、a、f 是关于 u 的函数。
抛物型	$d\dfrac{\partial u}{\partial t}-\nabla\cdot(c\nabla u)+au=f$	
双曲型	$d\dfrac{\partial^2 u}{\partial t^2}-\nabla\cdot(c\nabla u)+au=f$	
特征值方程	$-\nabla\cdot(c\nabla u)+au=\lambda du$	
非线性椭圆型	$-\nabla\cdot[c(u)\nabla u]+a(u)u=f(u)$	

同时,MATLAB 还可以求解形如

$$-\nabla\cdot(c_{11}\nabla u_1)-\nabla\cdot(c_{12}\nabla u_2)+a_{11}u_1+a_{12}u_2=f_1,\tag{8.5}$$

$$-\nabla\cdot(c_{21}\nabla u_1)-\nabla\cdot(c_{22}\nabla u_2)+a_{21}u_1+a_{22}u_2=f_2。\tag{8.6}$$

的 PDE。此外,边界条件是解 PDE 所不可缺少的,常用的边界条件有以下几种:

(1) Dirichlet 边界条件

$$hu=r,\tag{8.7}$$

(2) Neumann 边界条件

$$n\cdot(c\nabla u)+qu=g,\tag{8.8}$$

其中,n 为边界 $\partial\Omega$ 外法向单位向量,g、q、h、r 是定义在 $\partial\Omega$ 上的函数。Dirichlet 边界条件称为第一类边界条件,Neumann 边界条件称为第三类边界条件,若 $q=0$,则谓之第二类边界条件。特征值问题仅限于齐次条件:$g=0$,$r=0$。对于非线性情况,系数 g、q、h、r 可以与 u 有关。对于抛物型与双曲型 PDE,系数可以是关于 t 的函数。

8.3.2 区域设置及网格化

1. 计算区域创建

利用 M 文件创建 PDE 定义的区域。若该 M 文件名为 pdegeom,则它的编写要满足一定的规则。

（1）采用下面的调用格式

```
ne=pdegeom;
d=pdegeom(bs);
[X,Y]=pdegeom(bs,s)
```

（2）输入变量 bs 是指定的边界线段，s 是相应线段弧长的近似值。

（3）输出变量 ne 表示几何区域边界的线段数。

（4）输出变量 d 是一个区域边界数据的矩阵。

（5）d 的第一行是每条线段起始点的值；第二行是每条线段结束点的值；第三行是沿线段方向左边区域的标识值，如果标识值为 1，则表示选定左边区域，如果标识值为 0，则表示不选左边区域；第四行是沿线段方向右边区域的值，其规则同上。

（6）输出变量[X,Y]是每条线段的起点和终点所对应的坐标。

2. 区域网格化

有了区域的 M 文件，接下来通过调用函数 initmesh 实现区域网格化，创建网格数据。其调用格式见表 8.3。

表 8.3　initmesh 调用格式

调用格式	含　义
[p,e,t]=initmesh(g)	返回一个三角形网格数据，其中 g 可以是一个分解几何矩阵，还可以是 M 文件
[p,e,t]=initmesh(g,'Property',Value,...)	在上面命令功能的基础上，附加属性设置

在输出参数中，***p***、***e***、***t*** 是网格数据。***p*** 为节点矩阵，它的第一、第二行分别是网格节点的 x 坐标和 y 坐标；***e*** 为边界矩阵，它的第一、第二行分别是起点和终点的索引，第三、第四行分别是起点和终点的参数值，第五行是边界线段的顺序号，第六、第七行分别是子区域左边和右边的标识；***t*** 为三角矩阵，其前三行按逆时针方向给出三角形顶点的次序，最后一行给出子区域的标识。函数 initmesh 的属性名及相应的属性值参见表 8.4。

表 8.4　initmesh 属性

属性名	属性值/{默认值}	描　述
Hmax	numeric {estimate}	边界的最大尺寸
Hgrad	numeric {1.3}	网格增长比率
Box	on|{off}	保护边界框
Init	on|{off}	三角形边界
Jiggle	on|off|{mean}|minimum	调用 jigglemesh
JiggleIter	numeric {10}	最大迭代次数

3. 网格优化与加密

创建好初始网格数据后，可以选择对其进行优化和加密。用来对网格进行优化的命令是jigglemesh，对其进行加密的函数是refinemesh。上述两函数的调用格式分别如表8.5、表8.6所示。

表 8.5 jigglemesh 调用格式

调用格式	含　义
p1=jigglemesh(p,e,t)	通过调整节点位置来优化三角形网格，提高网格质量，返回调整后的节点矩阵 p1
p1=jigglemesh (p,e,t,'Property',Value,...)	在上面命令功能的基础上，附加属性设置

表 8.6 refinemesh 调用格式

调用格式	含　义
[p1,e1,t1]=refinemesh(g,p,e,t)	返回被 g、p、e、t 指定的经过加密的三角形网格矩阵
[p1,e1,t1]=refinemesh(g,p,e,t,'regular')	使用规则加密法进行加密，指定的三角形单元被分成四个形状相同的三角形单元
[p1,e1,t1]=refinemesh(g,p,e,t,'longest')	使用最长边加密法，即将指定的每个三角形单元的最长边二等分
[p1,e1,t1]=refinemesh(g,p,e,t,it)	若 it 为行向量，为待加密的子区域的表；若 it 为列向量，为待加密的三角形表格
[p1,e1,t1]=refinemesh(g,p,e,t,it,'regular')	使用规则加密法进行加密
[p1,e1,t1]=refinemesh(g,p,e,t,it,'longest')	使用最长边加密法加密
[p1,e1,t1,u1]=refinemesh(g,p,e,t,u)	加密网格，且通过线性插值将 u 扩展到新的网格上
[p1,e1,t1,u1]=refinemesh(g,p,e,t,u,'regular')	使用规则加密法进行加密
[p1,e1,t1,u1]=refinemesh(g,p,e,t,u,'longest')	使用最长边加密法加密
[p1,e1,t1,u1]=refinemesh(g,p,e,t,u,it)	若 it 为行向量，为待加密的子区域的表；若 it 为列向量，为待加密的三角形表格
[p1,e1,t1,u1]=refinemesh(g,p,e,t,u,it,'regular')	使用规则加密法加密
[p1,e1,t1,u1]=refinemesh(g,p,e,t,u,it,'longest')	使用最长边加密法加密

函数 jigglemesh 的属性名及相应的属性值参见表 8.7。

表 8.7　jigglemesh 属性

属性名	属性值/{默认值}	描述
Opt	{off}|mean|minimum	Optimization method
Iter	1 or 20 (see below)	Maximum number of iterations

4. 网格绘制

得到网格数据之后，可以利用函数 pdemesh 绘制三角形网格图。其调用格式如表 8.8 所示。

表 8.8　pdemesh 调用格式

调用格式	含　义
pdemesh(p,e,t)	绘制由网格数据 p、e、t 指定的网格图
pdemesh(p,e,t,u)	用网格图绘制 PDE 节点或三角形数据 u。如果 u 是列向量，函数绘制节点数据；如果 u 是行向量，绘制三角形数据
h=pdemesh(p,e,t)	绘制由网格数据 p、e、t 指定的网格图，并返回一个轴对象句柄
h=pdemesh(p,e,t,u)	用网格图绘制 PDE 节点或三角形数据 u，并返回一个轴对象句柄

8.3.3　加载边界条件

边界条件的一般形式为

$$hu = r, \tag{8.9}$$

以及

$$n\cdot(c\otimes\nabla u)+qu = g+h'\mu, \tag{8.10}$$

式中，$n=(\cos\alpha,\sin\alpha)$ 是外法线方向，$n\cdot(c\otimes\nabla u)$ 表示 $N\times1$ 的矩阵，其第 i 行元素为

$$\sum_{j=1}^{n}\left(\cos\alpha\cdot c_{i,j,1,1}\frac{\partial}{\partial x}+\cos\alpha\cdot c_{i,j,1,2}\frac{\partial}{\partial y}+\sin\alpha\cdot c_{i,j,2,1}\frac{\partial}{\partial x}+\sin\alpha\cdot c_{i,j,2,2}\frac{\partial}{\partial y}\right)u_j,$$

共有 M 个 Dirichlet 条件，矩阵 $\boldsymbol{h}$ 是 $M\times N$（$M\geqslant0$）型。广义 Neumann 条件包含一个 Lagrange 乘子 μ，若 $M=0$，即为 Neumann 条件；若 $M=N$，亦为 Neumann 条件；若 $M<N$，则为混合边界条件。

边界条件可通过编写 M 文件来实现。若边界条件的 M 文件名为 pdebound，则它须满足调用格式

```
[q, g, h, r]=pdebound(p, e, u, time)
```

输出边界 e 上的 q、g、h、r 值，其中 p、e 是网格数据，且仅需要 e 是网格边界的子集；输入变量 u 和 time 分别用于非线性求解器和时间步长算法；输出变量 q、g 包含每个边界中点的值，即

```
size(q)=[N^2 ne]
```

式中，N 是方程组的维数，ne 是 e 中边界数，size(h)=[N ne]；对于 Dirichlet 条件，相应的值一定为零；h 和 r 必须包含在每条边上的第一点的值，接着是在每条边上第二点的值，即

```
size(h)=[N^2 2*ne]
```

这里 N 是方程组的维数，ne 是 e 中边界数，size(r)=[N 2 * ne]，当 $M < N$ 时，h 和 r 一定有 $N-M$ 行元素是零。

8.3.4 求解椭圆型方程

对于椭圆型 PDE 或方程组，可以利用函数 adaptmesh 与 assempde 进行求解。函数 adaptmesh 的调用格式如表 8.9 所示。

表 8.9 adaptmesh 调用格式

调用格式	含 义
[u,p,e,t]=adaptmesh(g,b,c,a,f)	求解椭圆型 PDE，其中 g 为几何区域，b 为边界条件，输出变量 u 为解向量，p、e、t 为网格数据
[u,p,e,t]=adaptmesh(g,b,c,a,f,'Property',Value)	在上面命令功能的基础上，附加属性设置

函数 adaptmesh 的属性名及相应的属性值参见表 8.10。

表 8.10 adaptmesh 属性

属性名	属性值/{默认值}	描述
Maxt	Positive integer {Inf}	生成新三角表的最大个数
Ngen	Positive integer {10}	生成三角形网格的最大个数
Mesh	P1, E1, T1	初始化网格
Tripick	{pdeadworst} | pdeadgsc	三角形选择方法
Par	Numeric {0.5}	函数的参数
Rmethod	{longest} | regular	三角形网格的加密方法
Nonlin	on | off	使用非线性求解器
Toln	numeric {1e-3}	非线性允许误差
Init	string | numeric	非线性初始值
Jac	{fixed} | lumped | full	非线性 Jacobian 矩阵计算
Norm	Numeric {Inf}	非线性残差范数

函数 assempde 的调用格式如表 8.11 所示。

表 8.11　assempde 调用格式

调用格式	含　义
u=assempde(b,p,e,t,c,a,f)	用边界条件 b 和有限元网格(p , e , t)求解 PDE
u=assempde(b,p,e,t,c,a,f,u0)	u_0 为初始条件,用于非线性解
u=assempde(b,p,e,t,c,a,f,u0,time)	u_0 为初始条件,用于非线性解,time 用于时间步长算法
u=assempde(b,p,e,t,c,a,f,time)	time 用于时间步长算法
[k,f1]=assempde(b,p,e,t,c,a,f)	用刚度弹性逼近 dirichlet 边界条件来组装 pde, $\boldsymbol{k}$ 、$\boldsymbol{f}1$ 分别是刚度矩阵和方程右边的函数矩阵
[k,f1]=assempde(b,p,e,t,c,a,f,u0)	u_0 为初始条件,用于非线性解
[k,f1]=assempde(b,p,e,t,c,a,f,u0,time)	u_0 为初始条件,用于非线性解,time 用于时间步长算法
[k,f1]=assempde(b,p,e,t,c,a,f,u0,time,sdl)	sdl 为子区域标识选项表
[k,f1]=assempde(b,p,e,t,c,a,f,time)	time 用于时间步长算法
[k,f1]=assempde(b,p,e,t,c,a,f,time,sdl)	time 用于时间步长算法
[k,f1,b1,ud]=assempde(b,p,e,t,c,a,f)	从线性方程组中消去 dirichlet 边界点来求解 pde 问题
[k,f1,b1,ud]=assempde(b,p,e,t,c,a,f,u0)	u_0 为初始条件,用于非线性解
[k,f1,b1,ud]=assempde(b,p,e,t,c,a,f,u0,time)	u_0 为初始条件,用于非线性解,time 用于时间步长算法
[k,m,f1,q,g,h,r]=assempde(b,p,e,t,c,a,f)	给出一个 pde 问题的分解表达式
[k,m,f1,q,g,h,r]=assempde(b,p,e,t,c,a,f,u0)	u_0 为初始条件,用于非线性解
[k,m,f1,q,g,h,r]=assempde(b,p,e,t,c,a,f,u0,time)	u_0 为初始条件,用于非线性解,time 用于时间步长算法
[k,m,f1,q,g,h,r]=assempde(b,p,e,t,c,a,f,u0,time,sdl)	u_0 为初始条件,用于非线性解,time 用于时间步长算法,sdl 为子区域标识选项表
[k,m,f1,q,g,h,r]=assempde(b,p,e,t,c,a,f,time,sdl)	time 用于时间步长算法,sdl 为子区域标识选项表
u=assempde(k,m,f,q,g,h,r)	总体集成有限元矩阵,返回解 u
[k1,f1]=assempde(k,m,f,q,g,h,r)	根据带有弹性系数的固定 dirichlet 边界条件来分解表达式成单个的矩阵或向量
[k1,f1,b,ud]=assempde(k,m,f,q,g,h,r)	由线性方程组中消去 Dirichlet 边界条件,返回有限元矩阵

例 8.5 求解 Laplace 方程。分别利用函数 adaptmesh 和 assempde 求解扇形区域上的 Laplace 方程，且在弧上满足 Dirichlet 条件

$$u = \cos\frac{2}{3} \cdot a\tan2(y,x) ,$$

在直线上满足

$$u = 0 ,$$

并将数值解与精确解进行比较。

解：调用函数 adaptmesh 进行求解。在 MATLAB 命令行窗口输入

```
>> [u, p, e, t]=adaptmesh('cirsg', 'cirsb', 1, 0, 0);   % 区域函数 cirsg 和边界条件 cirsb
Number of triangles: 197   % 均来自 MATLAB 的 PDE 工具箱
Number of triangles: 201
Number of triangles: 216
Number of triangles: 233
Number of triangles: 254
Number of triangles: 265
Number of triangles: 313
Number of triangles: 344
Number of triangles: 417
Number of triangles: 475
Number of triangles: 629

Maximum number of refinement passes obtained.
>> x=p(1,:);
>> y=p(2,:);
>> exact=((x.^2+y.^2).^(1/3).*cos(2/3*atan2(y,x)))';        % 精确解
>> error1=max(abs(u-exact))                                  % 最大绝对误差
error1=
    0.0028
>> pdemesh(p, e, t)                                          % 网格图
>> axis equal
```

再利用函数 assempde 进行上面问题的求解

```
>> clear
>> [p, e, t]=initmesh('cirsg');                              % 初始化网格
>> [p, e, t]=refinemesh('cirsg', p, e, t);                   % 加密一次
>> [p, e, t]=refinemesh('cirsg', p, e, t);                   % 再加密一次
>> u=assempde('cirsb', p, e, t, 1, 0, 0);                    % 求解
>> x=p(1,:);
>> y=p(2,:);
```

```
>> exact=((x.^2+y.^2).^(1/3).*cos(2/3*atan2(y,x)))';      % 精确解
>> error2=max(abs(u-exact))                              % 求最大误差
error2=
    0.0078
>> size(t, 2)
ans=
    3152
>> pdemesh(p, e, t)
>> axis equal
```

函数 adaptmesh 求解的最大绝对误差为 0.002 8，共剖分出 629 个三角形单元；利用函数 assempde 求解，加密两次网格，计算结果最大绝对误差为 0.007 8，单元数 3152；两次计算的网格剖分情况如图 8.6 所示。

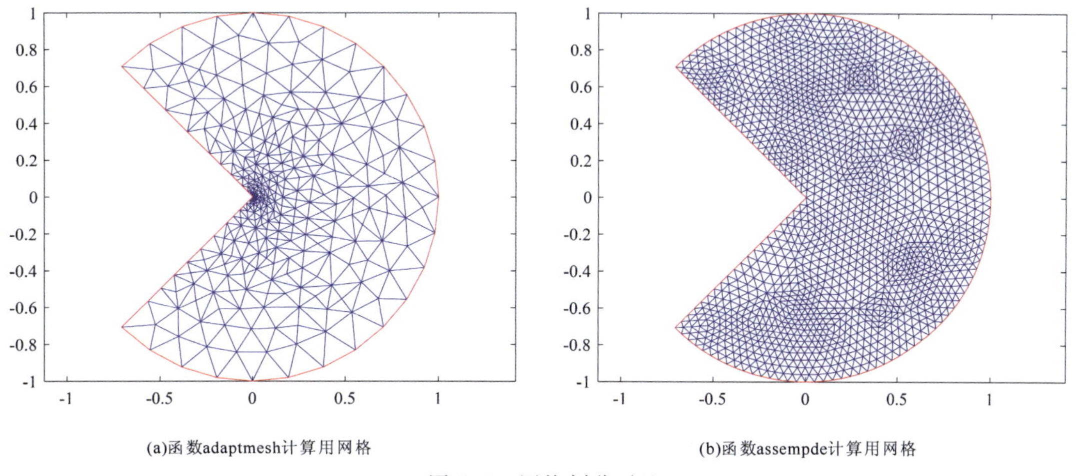

(a)函数adaptmesh计算用网格　　(b)函数assempde计算用网格

图 8.6　网格剖分对比

下　篇　地球物理数值计算

地球物理探索地球的各种物理现象本身的规律性，譬如，研究重力场、地磁场、地电场、地震波场等，并利用这些规律性取得对地球的认识。本篇所论主要介绍重、磁、电等专业核心课程中的数值计算初步知识，目的在于激发读者对专业的兴趣，提供专业入门引导。该篇各章的主要内容如下。

第 9 章 重力场与重力勘探。主要介绍若干简单规则几何模型体的重力异常的正演、密度分界面的深度计算、重力异常的处理与转换、重力异常的延拓。通过该章的学习，有助于读者建立起重力异常正反演的概念，为后续重力勘探数据处理和解释环节的学习奠定基础。

第 10 章 地磁场与磁力勘探。主要介绍磁力勘探的物理基础、球体和水平圆柱体上的磁力异常正演计算，以及磁异常的处理与转换。通过该章的学习，读者可以对若干简单的均匀磁化规则形体的磁异常空间分布特征形成初步认识，并能利用数值模拟方法计算相应的磁场多参量，分析研究其空间分布特征。

第 11 章 地电场与电法勘探。主要介绍直流电阻率法、充电法和自然电场法、频谱激电法、频率域和时间域电磁法中简单地电模型上的正演计算，其中包括迄今为止尚未引入本科生课堂教材的广域电磁法、电阻率测深数据的阮氏直接反演算法等。通过该章的学习，读者可以基本廓清电法勘探关键知识点全貌，掌握初步数值模拟方法，能进行若干典型地电模型上的一维正演计算。

第 9 章　重力场与重力勘探

重力勘探是以地壳中岩(矿)石间的密度差异为基础，通过观测与分析重力场的变化规律，查明地质构造和寻找矿产的一种地球物理方法。

9.1　重力异常正演

根据观测重力异常求取引起它的场源体，必须事先了解不同形状、大小、产状和密度等的场源体或地质体所引起重力异常的特征、大小、分布，等等，重力异常的正演计算就是求解这一问题。在正演中，通常计算并研究一些简单规则几何形状的物体引起的重力异常及其特征，譬如，球体、圆柱体、台阶及半平面等引起的重力异常。研究简单形状物体的正演问题，其目的在于，一方面是这些简单形体可以近似某些实际的地质体，另一方面，复杂地质体引起的重力异常可以用简单形体异常的叠加来获得。

本节主要介绍规则几何形状物体及不规则形体的异常计算。

9.1.1　密度均匀的球体

在实际勘探工作中，一些近于等轴状的地质体，如矿巢、矿囊、岩株、穹隆构造等，都可以近似视作球体来计算其重力异常，特别是当地质体的水平尺寸小于它的埋藏深度时，效果更好。

为了简便，在下面的计算中总是将地面看作水平面，亦即 XOY 坐标面，Z 轴铅垂向下，代表重力方向。对于均匀球体来说，它与将其全部剩余质量集中在球心处的点质量所引起的异常完全一样。设球心的埋藏深度为 D，球半径为 R，剩余密度为 σ，则它的剩余质量为 $M = 4\pi R^3\sigma/3$，将坐标原点选在球心在地表的投影点处，则球体的重力异常可写成

$$\Delta g = \frac{GMD}{(x^2 + D^2)^{3/2}}\text{，(二度体)} \tag{9.1a}$$

以及

$$\Delta g = \frac{GMD}{(x^2 + y^2 + D^2)^{3/2}}\text{，(三度体)} \tag{9.1b}$$

在原点处，重力异常取得极大值，即

$$\Delta g_{\max} = \frac{GM}{D^2} = G\frac{\{M\}_t}{\{D^2\}_m}\text{g. u.}， \tag{9.2}$$

式中

$$G = 6.667 \times 10^{-11} \frac{\mathrm{m}^3}{\mathrm{kg} \cdot \mathrm{s}^2} = 6.667 \times 10^{-2} \frac{\mathrm{m}^2}{\mathrm{t}} \mathrm{g.u.} ,$$

D 的单位为 m，M 的单位为 t，下同。

例 9.1 分析均匀球体的重力异常，取 $r = 50\mathrm{m}$ ，$d = 100\mathrm{m}$ ，$\sigma = 1.0\mathrm{t/m}^3$ ，其模型如图 9.1 所示。

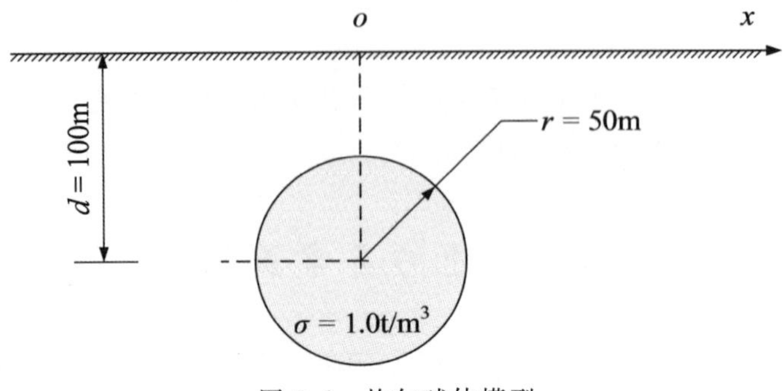

图 9.1 均匀球体模型

解：(1)二度球体重力异常。创建脚本命令 M 文件 twdsphgravanom.m，程序文本如下

```
%    This code is for computing the profile gravity anomaly of a buried ball.


clc
G=6.667*1.0e-2;
R=50;
D=100;
sigma=1.0;

x=-500:5:500;


M=(4/3)*pi*(R^3)*sigma;
Deltag=G*M*D./(x.^2+D^2).^(3/2);

%    PLOT
plot(x, Deltag);box on;
set(gca,'yTickLabel',num2str(get(gca,'yTick')','% .1f'))
xlabel('\fontname{times new roman}\itx / \rmm', 'fontsize', 13);
ylabel('\fontname{times new roman}\Delta\itg / \rmg.u.', 'fontsize', 13);
```

在命令行窗口输入

```
>> twdsphgravanom
```

按 Enter 键运行以上脚本命令文件，输出结果如图 9.2 所示。由于式(9.1a)中含 x^2 项，重力异常相对原点对称分布；在原点处，Δg 有极大值，当 $|x| \to \infty$时，Δg 趋近于零。可推论，三度

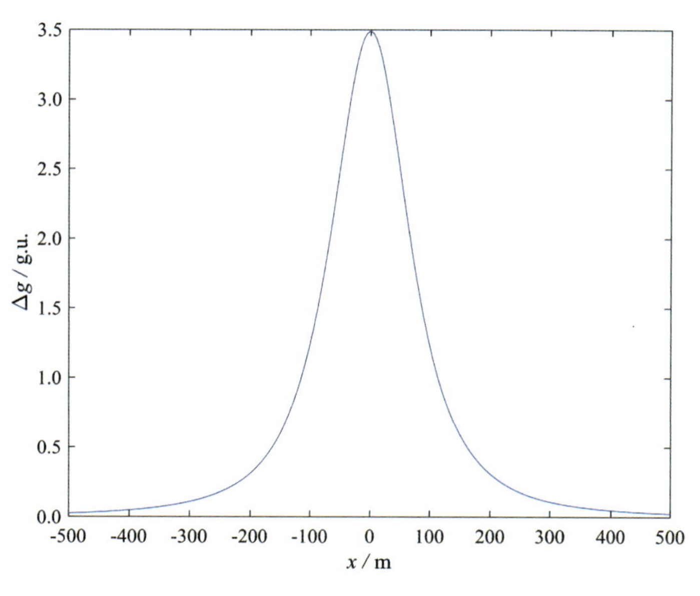

图 9.2　二度球体重力异常

球体的重力异常等值线在平面上，是一簇以球心在地面投影点为圆心的不等间距同心圆。

(2)三度球体重力异常。创建脚本命令文件 thdsphgravanom.m，文本如下

```
%    This code is for computing the gravity anomaly of a buried ball.


clc
G=6.667*1.0e-2;
R=50;
D=100;
sigma=1.0;


x=-200:10:200;
y=-200:10:200;
[X, Y]=meshgrid(x, y);


M= (4/3)*pi* (R^3)*sigma;


Deltag=G*M*D./(X.^2+Y.^2+D^2).^(3/2);
%    PLOT
h1=figure(1);
contourf(X, Y, Deltag, 12);
colormap(h1, jet)
c=colorbar; c.Label.String='\fontname{times new roman}\Delta\itg / \rmg.u.';
axis equal
box on;
```

```
xlabel('\fontname{times new roman}\itx / \rmm', 'fontsize', 12);
ylabel('\fontname{times new roman}\ity / \rmm', 'fontsize', 12);

h2=figure(2);
surf(X, Y, Deltag);
colormap(h2, jet);
c=colorbar; c.Label.String='\fontname{times new roman}\Delta\itg / \rmg.u.';
box on;
xlabel('\fontname{times new roman}\itx / \rmm', 'fontsize', 12);
ylabel('\fontname{times new roman}\ity / \rmm', 'fontsize', 12);
zlabel('\fontname{times new roman}\Delta\itg', 'fontsize', 12);
```

在命令行窗口输入

```
>> thdsphgravanom
```

程序执行后，输出结果如图 9.3 所示。

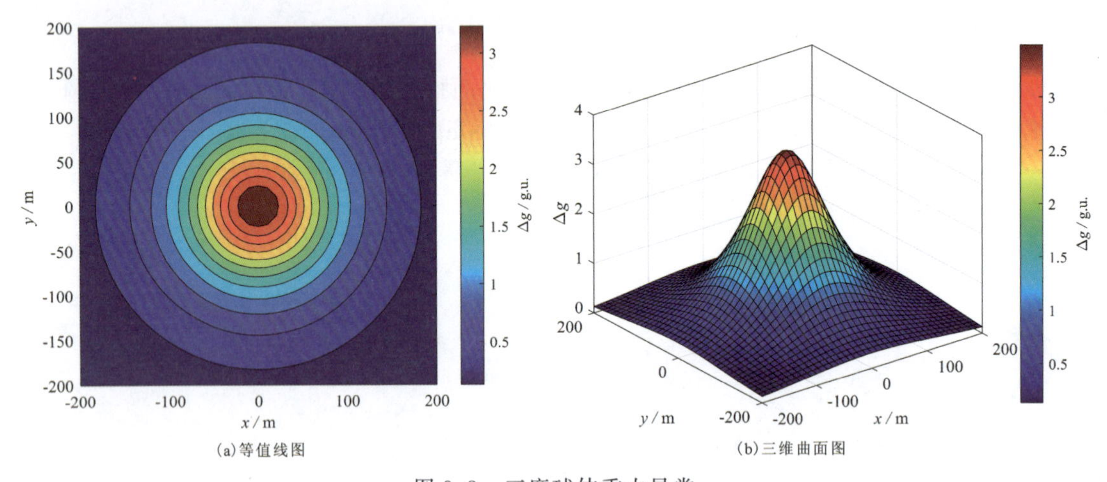

图 9.3 三度球体重力异常

9.1.2 密度均匀的水平圆柱体

对于某些横截面近于圆形、沿水平方向延伸较长的地质体，譬如，扁豆状矿体、两翼较陡的长轴背斜及向斜构造，等等，在一定精度要求内，它们的异常可以视作水平圆柱体的异常来对待。对于无限长的水平圆柱体，可以将其看成剩余质量集中在中轴线上的物质线；而对于有限长的水平圆柱体，这样处理会产生一定的误差，但是，误差会随圆柱体的长度增加而减小。

设圆柱体的长度为 $2L$，沿 y 方向延伸，半径为 R，中轴线埋藏深度为 D，剩余密度为 σ，单位长度圆柱体的剩余质量（谓之剩余线密度）$\lambda=\sigma\cdot\pi R^2$，若取坐标原点位于中轴线中点在地面的投影处，且让 y 轴平行于中轴线，则 x 轴上任意位置 $p(x,0)$ 处的重力异常表达式为

$$\Delta g_{2L}=\frac{2G\lambda DL}{(x^2+D^2)\sqrt{(x^2+L^2+D^2)}},\tag{9.3}$$

当 $L \to \infty$时,上式可简化成

$$\Delta g = \frac{2G\lambda D}{x^2 + D^2}, \tag{9.4}$$

由此可得重力异常各阶导数的表达式

$$V_{xz} = \frac{4G\lambda Dx}{(D^2 + x^2)^2}, \tag{9.5a}$$

$$V_{zz} = \frac{2G\lambda (D^2 - x^2)}{(D^2 + x^2)^2}, \tag{9.5b}$$

$$V_{zzz} = 4G\lambda D \frac{D^2 - 3x^2}{(D^2 + x^2)^3}。 \tag{9.5c}$$

例 9.2 分析无限长水平圆柱体的重力异常。给定模型参数为:$R = 22.5\text{m}$, $D = 60\text{m}$, $\sigma = 1.0\text{t/m}^3$ 。

解:根据式(9.4)和(9.5),编写脚本命令 M 文件 cylgravfor.m,程序文本如下

```
%   This code is for computing the gravity anomaly of an unlimited extending
%   cylinder.
clc

G=6.667*1.0e-2;
R=22.5;
D=60;
sigma=1.0;

x=-150:5:150;
y=-150:5:150;
[X, Y]=meshgrid(x, y);
lambda=pi*R^2*sigma;

%   Gravity anomaly (Δg)
Deltag1=2*G*lambda*D./(x.^2+D^2);
Deltag2=2*G*lambda*D./(X.^2+D^2);

%   2nd Gradient anomaly of gravity potential (Vxz)
Vxz=4*G*lambda*D*x./(x.^2+D^2).^2;

%   2nd Gradient anomaly of gravity potential (Vzz)
Vzz=2*G*lambda*(D^2-x.^2)./(x.^2+D^2).^2;
```

```
%    3rd Gradient anomaly of gravity potential (Vzzz)
Vzzz=4*G*lambda*D*(D^2-3*x.^2)./(x.^2+D^2).^3;

%    PLOT
figure(1)
plot(x, Deltag1);
box on;
xlabel('\fontname{times new roman}\itx / \rmm', 'fontsize', 12);
ylabel('\fontname{times new roman}\Delta\itg / \rmg.u.', 'fontsize', 12);

h2=figure(2);
contourf(X, Y, Deltag2, 12);
box on;
xlabel('\fontname{times new roman}\itx / \rmm', 'fontsize', 12);
ylabel('\fontname{times new roman}\ity / \rmm', 'fontsize', 12);
colormap(h2, jet);
c=colorbar; c.Label.String='\fontname{times new roman}\Delta\itg / \rmg.u.';

figure(3)
plot(x, Vxz,'r-', x, Vzz, 'b--');
box on;
xlabel('\fontname{times new roman}\itx / \rmm', 'fontsize', 12);
ylabel('\fontname{times new roman}\itV / \rmE', 'fontsize', 12);
str1='\fontname{times new roman}\itV_{xz}';
str2='\fontname{times new roman}\itV_{zz}';
legend({str1, str2},'Location','northeast')
figure(4)
plot(x, Vzzz);
box on;
xlabel('\fontname{times new roman}\itx / \rmm', 'fontsize', 12);
ylabel('\fontname{times new roman}\itV_{zzz} / \rmnMKS', 'fontsize', 12);
```

在命令行窗口输入

```
>> cylgravfor
```

输出如图 9.4 所示理论异常。从中容易发现如下规律：

(1)当 $x=0$ 时，Δg 有极大值。

(2)当 $|x| \to \infty$时，$\Delta g \to 0$ 。

(3)异常等值线在平面上为一簇平行不等间距的直线，并以柱体中轴线在地面的投影线为轴对称分布。

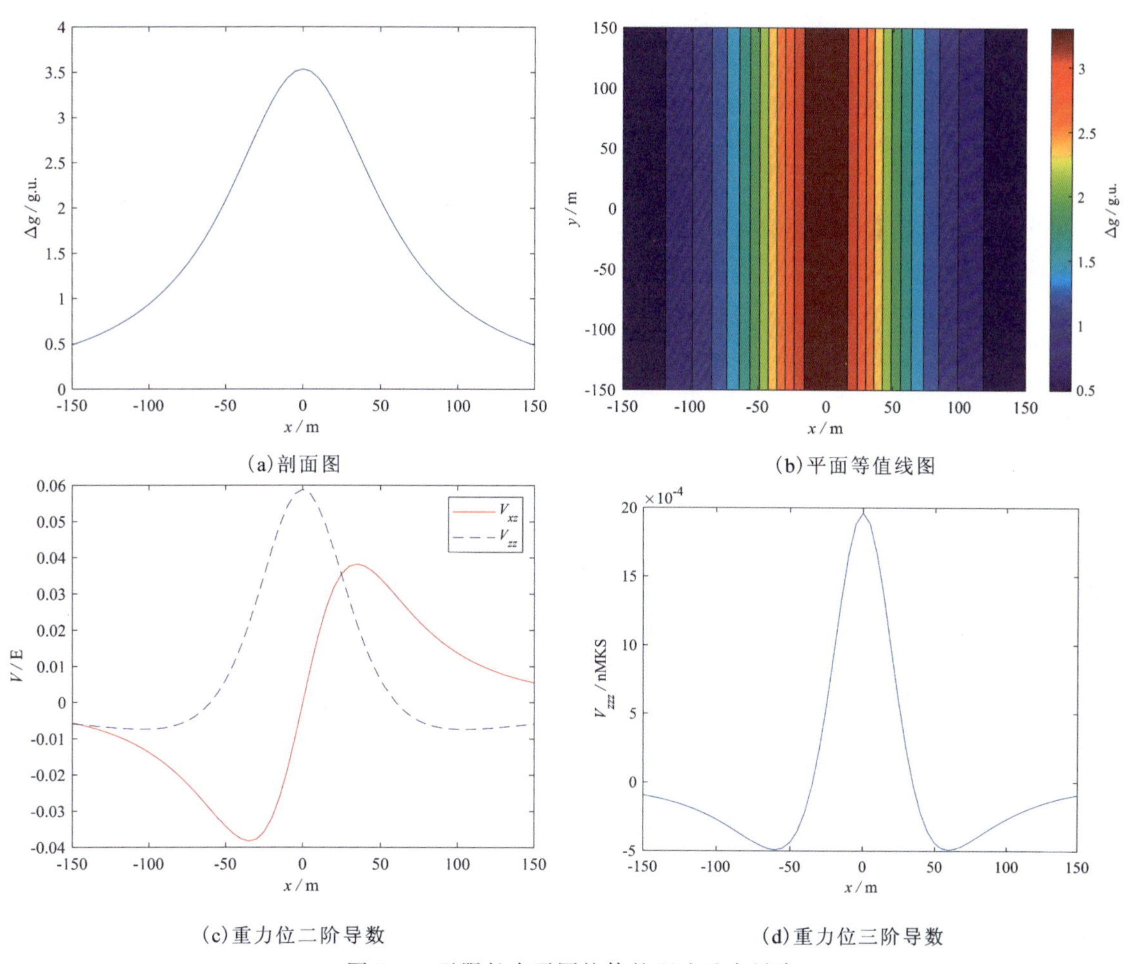

(a)剖面图　　(b)平面等值线图

(c)重力位二阶导数　　(d)重力位三阶导数

图 9.4　无限长水平圆柱体的理论重力异常

9.1.3　铅垂台阶

对于一些界线清楚的接触带，以及高角度的断裂构造，可以用如图 9.5 所示的铅垂台阶模型研究其异常的基本特征。

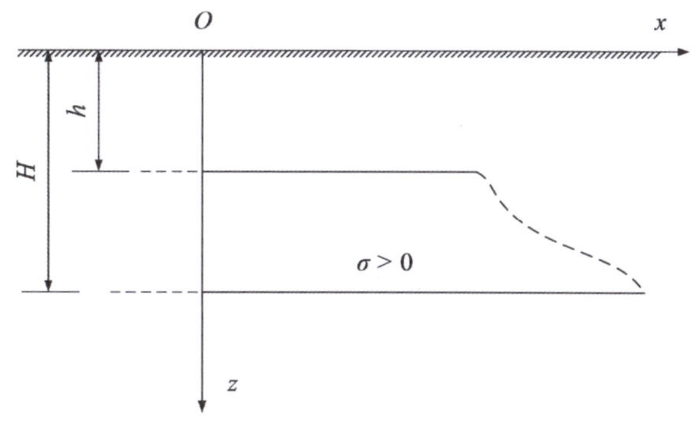

图 9.5　铅垂台阶模型

将坐标原点选在台阶铅垂面与地面的交线上，让 x 轴与台阶铅垂面垂直，台阶沿 x 轴正方向及沿 y 轴均为无限延伸，若台阶顶面与底面深度分别为 h 和 H ，剩余密度为 σ ，可得台阶在 x 轴上 $p(x,0)$ 点处引起的重力异常为：

$$\Delta g = G\sigma\left[\pi(H-h)+x\ln\frac{x^2+H^2}{x^2+h^2}+2H\tan^{-1}\frac{x}{H}-2h\tan^{-1}\frac{x}{h}\right] \tag{9.6}$$

例 9.3 分析铅垂台阶模型的重力异常，给定模型参数为：$H=60\text{m}$，$h=20\text{m}$，$\sigma=1\text{t/m}^3$ 。

解：形成 MATLAB 脚本代码 test0903. m 如下

```
%    This code is for computing the gravity anomaly of a horizontal step with
%    a vertical section. It is unlimitedly extending in right side of x-direction.
G=6.667*1.0e-2;
H=60;
h=20;
sigma=1.0;

x=-200:10:200;
y=-200:10:200;
[X, Y]=meshgrid(x, y);

%    Gravity anomaly (Δg) in a profile
term0=pi*(H-h);
term11=x.*log((x.^2+H^2)./(x.^2+h^2));
term12=2*H*atan(x./H);
term13=2*h*atan(x./h);
Deltag1=G*sigma*(term0+term11+term12-term13);

%    Gravity anomaly (Δg) on a flat surface
term21=X.*log((X.^2+H^2)./(X.^2+h^2));
term22=2*H*atan(X./H);
term23=2*h*atan(X./h);
Deltag2=G*sigma*(term0+term21+term22-term23);

%    PLOT
figure(1)
plot(x, Deltag1)
box on;
xlabel('\fontname{times new roman}\itx / \rmm', 'fontsize', 12);
ylabel('\fontname{times new roman}\Delta\itg / \rmg.u.', 'fontsize', 12);
h2=figure(2);
contourf(X, Y, Deltag2, 12)
```

```
box on;
xlabel('\fontname{times new roman}\itx / \rmm', 'fontsize', 12);
ylabel('\fontname{times new roman}\ity / \rmm', 'fontsize', 12);
colormap(h2, jet);
c=colorbar; c.Label.String='\fontname{times new roman}\Delta\itg / \rmg.u.';
```

在命令行窗口输入

```
> > test0903
```

输出结果如图9.6所示，容易发现：

(1)当 $x=0$ 时，$\Delta g(0)=\pi G\sigma(H-h)$。

(2)当 $x\to\infty$时，有 $\Delta g_{max}=2\pi G\sigma(H-h)$。

(3)当 $x\to-\infty$时，$\Delta g_{min}=0$。

(4)在异常平面图上，等值线是一系列平行于台阶走向的直线，在断面两侧形成异常变化的梯度呈对称分布的等值线密集带，这是识别断裂构造的重要标志。

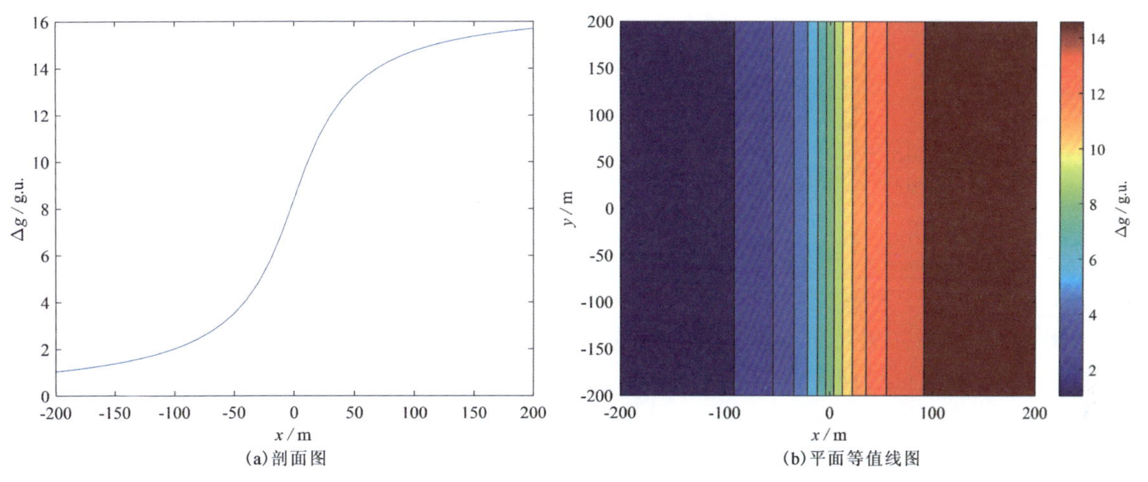

图9.6 二度铅垂台阶重力异常

9.1.4 倾斜台阶

倾斜台阶是较为常见的一类构造，常用它来近似表达地层的超覆、倾斜接触带，以及倾斜断裂，等等。在计算它的重力异常时，取如图9.7所示坐标系，原点选在斜面延伸线与地面的交线上，x 轴垂直走向，台阶的顶面与底面埋藏深度分别为 h 和 H，剩余密度为 σ，斜面倾角为 α，则重力异常的表达式可写成：

$$\Delta g=G\sigma[\pi(H-h)+R+S-T], \tag{9.7}$$

$$V_{xz}=G\sigma(\sin^2\alpha\cdot\xi-\sin2\alpha\cdot\eta), \tag{9.8a}$$

$$V_{zz}=G\sigma\left(\frac{1}{2}\sin2\alpha\cdot\xi+2\sin^2\alpha\cdot\eta\right), \tag{9.8b}$$

$$V_{zzz}=2G\sigma\sin^2\alpha\left[\frac{x+2h\cot\alpha}{(h\cot\alpha+x)^2+h^2}-\frac{x+2H\cot\alpha}{(H\cot\alpha+x)^2+H^2}\right], \tag{9.8c}$$

式中

$$R = 2H\tan^{-1}\frac{x + H\cot\alpha}{H} - 2h\tan^{-1}\frac{x + h\cot\alpha}{h}, \tag{9.9a}$$

$$S = x\sin^2\alpha\ln\frac{(H + x\sin\alpha\cos\alpha)^2 + x^2\sin^4\alpha}{(h + x\sin\alpha\cos\alpha)^2 + x^2\sin^4\alpha}, \tag{9.9b}$$

$$T = 2x\sin\alpha\cos\alpha\tan^{-1}\frac{x(H - h)\sin^2\alpha}{x^2\sin^2\alpha + (H + h)x\sin\alpha\cos\alpha + Hh}, \tag{9.9c}$$

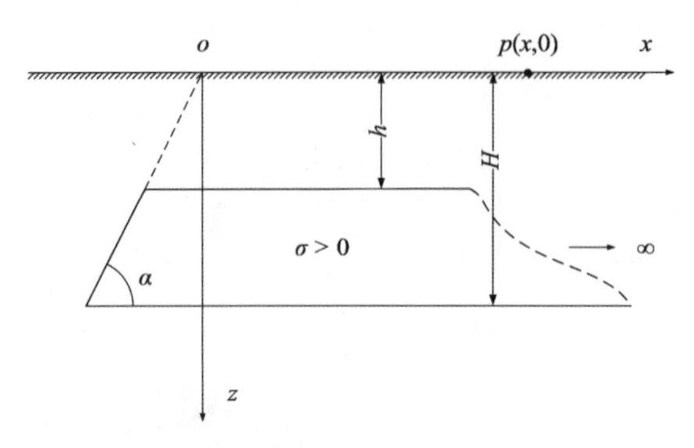

图 9.7　倾斜台阶模型

$$\xi = \ln\frac{(H\cot\alpha + x)^2 + H^2}{(h\cot\alpha + x)^2 + h^2}, \tag{9.9d}$$

$$\eta = \tan^{-1}\frac{\frac{H}{\sin\alpha} + x\cos\alpha}{x\sin\alpha} - \tan^{-1}\frac{\frac{h}{\sin\alpha} + x\cos\alpha}{x\sin\alpha}。 \tag{9.9e}$$

例 9.4　分析倾斜台阶模型的重力异常。设台阶模型的参数为：$H = 60\text{m}$，$h = 20\text{m}$，斜面倾角 $\alpha = [45°, 90°, 135°]$，$\sigma = 1\text{t/m}^3$。

解：列出计算 Script 程序文件 test0904.m 如下

```
%   This code is for computing the gravity anomaly of a horizontal step with
%   a vertical section. It is unlimitedly extending in right side of x-direction.
clc

G=6.667*1.0e-2;
H=60;
h=20;
sigma=1.0;
cons=G*sigma;
alpha=[45 90 135];
alpha=alpha*pi/180;

x=-200:2:200;
nx=length(x);
```

```
%   Gravity anomaly (Δg) in a profile
r=2*H*atan((x+H*cot(alpha'))/H)-2*h*atan((x+h*cot(alpha'))/h);
s1=(H+x.*sin(alpha').*cos(alpha')).^2+x.^2.*(sin(alpha')).^4;
s2=(h+x.*sin(alpha').*cos(alpha')).^2+x.^2.*(sin(alpha')).^4;
s=x.*(sin(alpha')).^2.*log(s1./s2);
t=atan(cot(alpha')+x./H)-atan(cot(alpha')+x./h) ;
t=2*x.*sin(alpha').*cos(alpha').*atan(t);
Deltag=cons*(pi*(H-h)+r+s+t);

%   Elements of gradient algorithm
xi1=(H*cot(alpha')+x).^2+H*H;
xi2=(h*cot(alpha')+x).^2+h*h;
xi=log(xi1./xi2);
eta1=(H./sin(alpha')+x.*cos(alpha'))./x./sin(alpha');
eta2=(h./sin(alpha')+x.*cos(alpha'))./x./sin(alpha');
eta=atan(eta1)-atan(eta2);
zeta1=(x+2*h*cot(alpha'))./((h*cot(alpha')+x).^2+h*h);
zeta2=(x+2*H*cot(alpha'))./((H*cot(alpha')+x).^2+H*H);
zeta=zeta1-zeta2;

%   2nd gradient anomaly of gravity potential (Vxz) in a profile
Vxz=cons*((sin(alpha')).^2.*xi-sin(2*alpha').*eta);

%   2nd gradient anomaly of gravity potential (Vzz) in a profile
Vzz=cons*(1/2*sin(2*alpha').*xi+2*(sin(alpha')).^2.*eta);

%   3rd gradient anomaly of gravity potential (Vzzz) in a profile
Vzzz=2*cons*(sin(alpha')).^2.*zeta;

%   PLOT
figure(1)
plot(x, Deltag(1,:),'r-', x, Deltag(2,:), 'b--', x, Deltag(3,:), 'k-.')
xlabel('\fontname{times new roman}\itx / \rmm');
ylabel('\fontname{times new roman}\Delta\itg / \rmg.u.');
str1='\it\alpha=\rm45\circ';
str2='\it\alpha=\rm90\circ';
str3='\it\alpha=\rm135\circ';
legend({str1, str2, str3},'Location', 'northwest');
```

```
figure(2)
plot(x, Vxz(1,:),'r-', x, Vxz(2,:), 'b--', x, Vxz(3,:), 'k-.');
xlabel('\fontname{times new roman}\itx / \rmm', 'fontsize', 12);
ylabel('\fontname{times new roman}\itV_{xz} / \rmE', 'fontsize', 12);
set(gca,'yTickLabel',num2str(get(gca,'yTick')','% .2f'))
str1='\it\alpha=\rm45\circ';
str2='\it\alpha=\rm90\circ';
str3='\it\alpha=\rm135\circ';
legend({str1, str2, str3},'Location', 'northwest');

figure(3)
plot(x, Vzz(1,:),'r-', x, Vzz(2,:), 'b--', x, Vzz(3,:), 'k-.');
xlabel('\fontname{times new roman}\itx / \rmm', 'fontsize', 12);
ylabel('\fontname{times new roman}\itV_{zz} / \rmE', 'fontsize', 12);
set(gca,'yTickLabel',num2str(get(gca,'yTick')','% .2f'))
str1='\it\alpha=\rm45\circ';
str2='\it\alpha=\rm90\circ';
str3='\it\alpha=\rm135\circ';
legend({str1, str2, str3},'Location', 'northwest');
figure(4)
plot(x, Vzzz(1,:),'r-', x, Vzzz(2,:), 'b--', x, Vzzz(3,:), 'k-.');
xlabel('\fontname{times new roman}\itx / \rmm', 'fontsize', 12);
ylabel('\fontname{times new roman}\itV_{zzz} / \rmnMKS', 'fontsize', 12);
str1='\it\alpha=\rm45\circ';
str2='\it\alpha=\rm90\circ';
str3='\it\alpha=\rm135\circ';
legend({str1, str2, str3},'Location', 'northwest');
```

在命令行窗口输入

```
>> test0904
```

程序执行后，输出结果如图 9.8 所示，① 当 $x\rightarrow\pm\infty$时，$\Delta g_{\max}=2\pi G\sigma(H-h)$，$\Delta g_{\min}=0$。当 $\alpha=90^{\circ}$ 时，$\Delta g(0)=\pi G\sigma(H-h)$。② 在 $\alpha=90^{\circ}$ 时，曲线 V_{xz} 以原点处的纵轴为对称轴。③ 仅当 $\alpha=90^{\circ}$ 时，以原点 $x=0$ 为中心，曲线 V_{zz}、V_{zzz} 呈中心对称，且原点处的异常值为零，换言之，零值线正好对应断面位置。

9.2 重力异常反演

解反演问题，是重力勘探工作，特别是资料处理解释中的主要环节之一。从地球物理角度，解重力反演问题的目标包括：确定地质体的几何和物性参数，属于矿体类问题；确定物性分界面的深度及起伏，属于构造类问题；确定密度的分布。

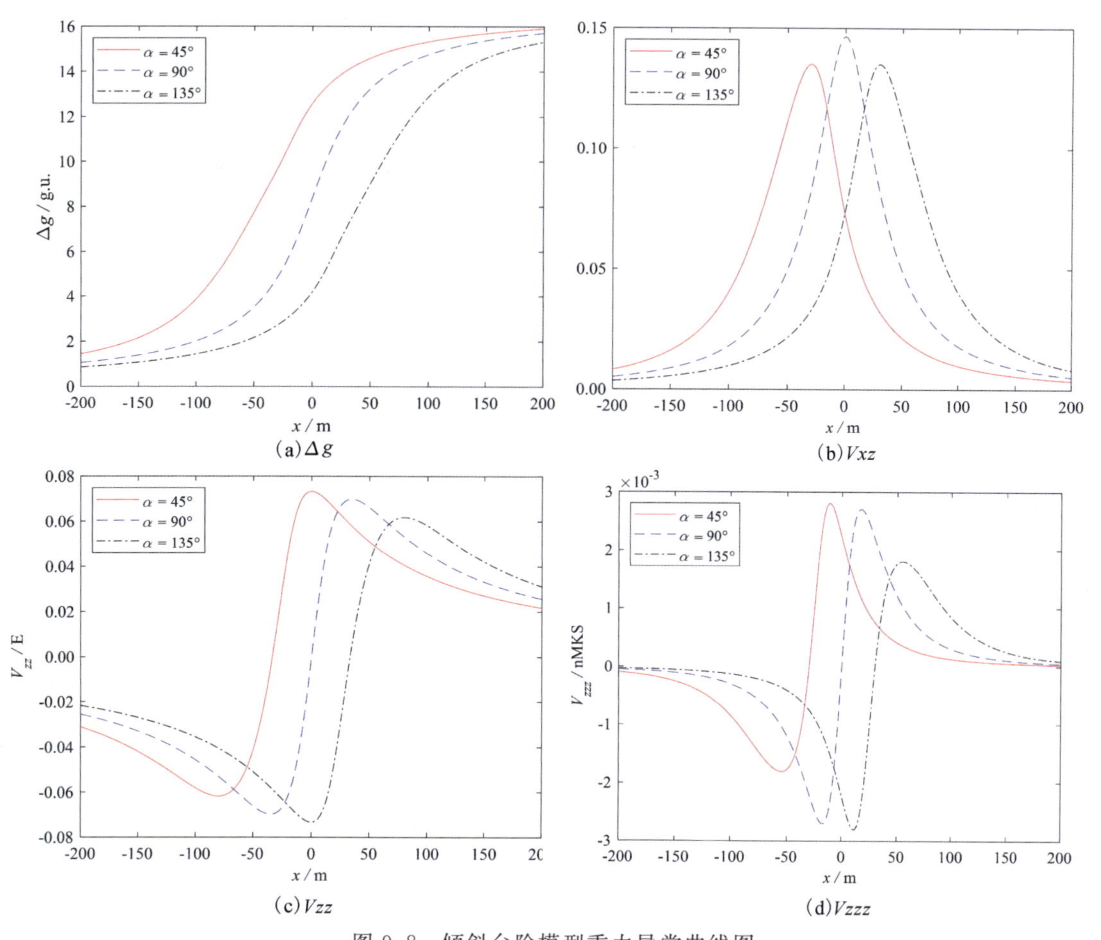

(a)Δg　(b)Vxz　(c)Vzz　(d)$Vzzz$

图 9.8　倾斜台阶模型重力异常曲线图

本节只讨论确定物性分界面的深度及起伏的迭代反演，即根据观测异常给出界面深度的初值，然后在观测异常和界面深度之间不断进行迭代反演计算，以改善反演结果。

9.2.1　问题描述

受地质构造影响的岩层界面往往是起伏不平的，当界面两侧密度差是常数时，多个密度界面重力异常的计算可分解为几个单一界面异常的计算。在多个界面情况下，一般都以地面为起算面，逐一将各界面与地面构成一个物质层，取相应的剩余密度进行正演计算。对于二度密度分界面的重力异常，可使用扇形域量板法和方形域计算法进行计算。

在重力异常反演中，常使用三度体体积单元积分的方式模拟重力异常值。其计算公式为

$$\Delta g_i = \Delta g(x_i, y_i, 0) = G\Delta\sigma \iint_D \int_h^{h+m(x,y)} \frac{z}{[(x-x_i)^2+(y-y_i)^2+z^2]^{3/2}} \mathrm{d}x\mathrm{d}y\mathrm{d}z \,, \tag{9.10}$$

这里的 $m(x,y)$ 表示物性界面的起伏深度，如图 9.9 所示。上式对 z 进行积分，可得

$$\Delta g_i = G\Delta\sigma \iint_D \left(\frac{1}{r_1} - \frac{1}{r_2}\right) \mathrm{d}x\mathrm{d}y \,, \tag{9.11}$$

其中

$$r_1 = \sqrt{(x-x_i)^2+(y-y_i)^2+h^2}$$

$$r_2 = \sqrt{(x-x_i)^2+(y-y_i)^2+(h+m)^2}$$

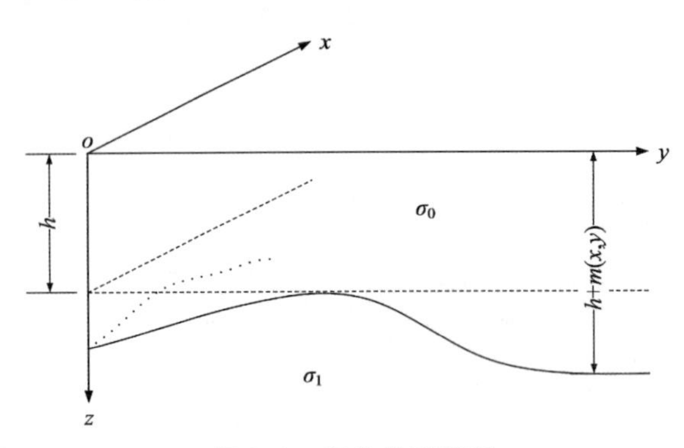

图 9.9 起伏界面模型

9.2.2 重力异常计算程序

假定 $\Delta\sigma = 1\mathrm{t/m^3}$，给出物性界面起伏时计算重力异常的程序如下

```
function [d]=forgrav(m)
%    This function is for computing gravity anomaly

[xo,yo,x,y,m1,h]=gravstart;    % Set up observation system and reference depth
[ky,kx]= size(m1);
m= reshape(m',size(m1,2),size(m1,1));
m= m';
[X,Y]= meshgrid(x,y);
N=length(xo);
for i= 1:N
     a=sqrt((X-xo(i)).^2+(Y-yo(i)).^2);
     s=sqrt(a.^2+(h+m).^2);
     r=sqrt( a.^2+h.^2);
     G=-1./s+1./r;
     d(i)=6.67*1e-2*sum(sum(G));
end
if size(d,2)> size(d,1),
    d= d';
end

function [xo,yo,x,y,m,h]=gravstart
%    This function is for set up depth varied interface at first forward computing,
%    then just return observation system in following computing process.
```

```
x=linspace(0,100,40);
y= x;
xo=linspace(0,100,30);
[X,Y]=meshgrid(xo);
xo=reshape(X',size(X,1)*size(X,2),1);
yo=reshape(Y',size(Y,1)*size(Y,2),1);
h=ones(length(x))*20;  %  The reference depth is 20m
m=peaks(40);           %  Set up depth varied of interface
end
```

9.2.3　偏导数矩阵计算程序

在非线性反演中，还必须计算偏导数矩阵。式(9.10)对 m 求导，可得

$$\frac{\partial \Delta g_i}{\partial m}=G\Delta\sigma\iint_D \frac{h+m(x,y)}{\{(x-x_i)^2+(y-y_i)^2+[h+m(x,y)]^2\}^{3/2}}\mathrm{d}x\mathrm{d}y \tag{9.12}$$

形成偏导数矩阵的程序如下

```
function[J]=sensgrav(m)
% This function is for computing the value of partial gradient function

[xo,yo,x,y,m1,h]=gravstart;
[ky,kx]= size(m1);
m= reshape(m',size(m1,2),size(m1,1));
m= m';
[X,Y]= meshgrid(x,y);
N=length(xo);
M=size(m,1)*size(m,2);
J=zeros(N,M);
for i=1:N,
    a=sqrt((X-xo(i)).^2+(Y-yo(i)).^2);
    s=sqrt(a.^2+(h+m).^2);
    G=6.67*1e-2*(h+m)./(s.^3);
    G=reshape(G',M,1);
    J(i,:)=G';
end
```

9.2.4　最小二乘光滑约束反演

地球物理反演成像问题是不适定的(ill-posed)，其反演结果具有非唯一性，也就是不同地电模型的响应数据与观测数据具有同样的精度拟合。为了改善解的稳定性和非唯一性问题，引入 Tikhonov 的正则化思想：

$$P^{\alpha}(m)=\varphi(m)+\alpha s(m)\ , \tag{9.13}$$

其中，$P^{\alpha}(m)$ 为总目标函数；α 为正则化因子；$\varphi(m)$ 为观测数据与预测数据之差的平方和（数据目标函数）；$s(m)$ 为稳定器（模型约束目标函数）。采用基于先验模型的最光滑模型约束，反演问题的总目标函数可写成

$$P^{\alpha}(m) = \|d^{obs} - F(m)\|^2 + \alpha\|W_m(m - m^{ref})\|^2 ,\tag{9.14}$$

这里 F 为正演响应函数；$\boldsymbol{W}_m$ 为光滑度矩阵；也称模型权系数矩阵，m^{ref} 为先验模型。将 $F(m)$ 用泰勒公式展开为

$$F(m^k + \Delta m) = F(m^k) + J^k\Delta m + O\|(\Delta m)^2\| ,\tag{9.15}$$

其中，m^k 为模型的第 k 次迭代值，于是

$$d^{k+1} \approx d^k + J^k\Delta m ,\tag{9.16}$$

这里

$$d^k = F(m^k)\ ,\ \Delta m = m^{k+1} - m^k ,\tag{9.17}$$

J^k 是 Jacobian 矩阵

$$J_{ij}^k = \left.\frac{\partial\, d_i}{\partial\, m_j}\right|_{m^k} ,\tag{9.18}$$

于是有

$$P^{\alpha}(m^{k+1}) = \|d^{obs} - d^k - J^k\Delta m\|^2 + \alpha\|W_m(m^k - m^{ref})\|^2 ,\tag{9.19}$$

继而对 Δm 求导，并令其等于 0，可得线性方程组

$$(J^{kT}J^k + \alpha W_m^T W_m)\Delta m = J^{kT}(d^{obs} - d^k) + \alpha W_m^T W_m(m^{ref} - m^k) ,\tag{9.20}$$

取

$$\Delta m = m^{k+1} - m^{ref} ,\tag{9.21}$$

上式可改写成

$$(J^{kT}J^k + \alpha W_m^T W_m)\Delta m = J^{kT}(d^{obs} - d^k + Jm^k - Jm^{ref}) ,\tag{9.22}$$

写成迭代形式

$$m^{k+1} = m^{ref} + (J^{kT}J^k + \alpha W_m^T W_m)^{-1} J^{kT}(d^{obs} - d^k + Jm^k - Jm^{ref}) ,\tag{9.23}$$

式(9.23)便是模型参数带约束条件时的最小二乘反演迭代形式。解方程组可得到模型修正量 Δm，将其加到预测模型参数矢量中，得到新的模型参数矢量，重复该过程，直到总体目标函数符合要求为止。

下面给出最小二乘反演的源程序

```
function [x, rms]=nonlin_inv(d,x0,W,target,maxit,forward,sens,xref)


x=x0;
for I=1:maxit
    J=feval(sens,x);
    d_pred=feval(forward,x);
    misfit_old=norm(d-d_pred)^2;
    model_norm_old=norm(W*(x-xref))^2;
    rhs=d-d_pred+J*x-J*xref;
    numsteps=10;
    beta_max=max(10*svd(J*inv(W)));
```

```
    beta_min=beta_max*1e-7;
    beta=logspace(log10(beta_min),log10(beta_max),numsteps);
    for j= 1:numsteps
        x_try= (J'*J+beta(j)*W'*W)\(J'*rhs);
        x_try=x_try+xref;
        d_try=feval(forward,x_try);
        misfit_try(j)=norm(d-d_try)^2;
        model_norm_try(j)=norm(W* (x_try-xref))^2;
        phi_old_try(j)=beta(j)*model_norm_old+misfit_old;
        phi_new_try(j)=beta(j)*model_norm_try(j)+misfit_try(j);
    end
    good_index=find(phi_old_try > phi_new_try);
    good_betas=beta(good_index);
    good_misfit=misfit_try(good_index);
    [minmis,II]=min(good_misfit);
    if minmis > target
        betas=good_betas(II(1));
        misfits=good_misfit(II(1));
    else
        [zz,IJ]=min(abs(good_misfit-target));
        betas=good_betas(IJ(1));
        misfits=good_misfit(IJ(1));
    end
    beta= betas;
    B(i)= betas;
    x_try= (J'*J+beta*W'*W)\(J'*rhs);
    x_new=x_try+xref;
    if norm(x_new-x)/max(norm(x),norm(x_new))< 1e-2
        disp('Convergence! ')
        x=x_new;
        break
    else
        x=x_new;
    end
    d_pred=feval(forward,x);
    rms= norm(d-d_pred)/norm(d);
end
end
```

例 9.5　确定物性界面的深度算例。

解:创建函数 M 文件 demo_grav_inv.m,程序文本如下

```
function [d]=forgrav(m)
%    This function is for computing gravity anomaly

[xo,yo,x,y,m1,h]=gravstart;%  Set up observation system and reference depth
[ky,kx]= size(m1);
m= reshape(m',size(m1,2),size(m1,1));
m= m';
[X,Y]= meshgrid(x,y);
N=length(xo);
for i= 1:N
    a=sqrt((X-xo(i)).^2+(Y-yo(i)).^2);
    s=sqrt(a.^2+(h+m).^2);
    r=sqrt( a.^2+h.^2);
    G=-1./s+1./r;
    d(i)=6.67*1e-2*sum(sum(G));
end
if size(d,2)> size(d,1)
    d= d';
end

function [xo,yo,x,y,m,h]=gravstart
%    This function is for set up depth varied interface at first forward computing,
%    then just return observation system in following computing process.

x=linspace(0,100,40);
y= x;
xo=linspace(0,100,30);
[X,Y]=meshgrid(xo);
xo=reshape(X',size(X,1)*size(X,2),1);
yo=reshape(Y',size(Y,1)*size(Y,2),1);
h=ones(length(x))*20;%    The reference depth is 20m
m=peaks(40);%    Set up depth varied of interface

function [J]=sensgrav(m)
% This function is for computing the value of partial gradient function

[xo,yo,x,y,m1,h]=gravstart;
[ky,kx]= size(m1);
m= reshape(m',size(m1,2),size(m1,1));
m= m';
```

```
[X,Y]= meshgrid(x,y);
N=length(xo);
M=size(m,1)*size(m,2);
J=zeros(N,M);
for i=1:N
    a=sqrt((X-xo(i)).^2+(Y-yo(i)).^2);
    s=sqrt(a.^2+(h+m).^2);
    G=6.67*1e-2*(h+m)./(s.^3);
    G=reshape(G',M,1);
    J(i,:)=G';
end

function [x, rms]=nonlin_inv(d,x0,W,target,maxit,forward,sens,xref)


x=x0;
for I=1:maxit
    J=feval(sens,x);
    d_pred=feval(forward,x);
    misfit_old=norm(d-d_pred)^2;
    model_norm_old=norm(W*(x-xref))^2;
    rhs=d-d_pred+J*x-J*xref;
    numsteps= 10;
    beta_max=max(10*svd(J*inv(W)));
    beta_min=beta_max*1e-7;
    beta=logspace(log10(beta_min),log10(beta_max),numsteps);
for j= 1:numsteps
        x_try=(J'*J+beta(j)*W'*W)\(J'*rhs);
        x_try=x_try+xref;
        d_try=feval(forward,x_try);
        misfit_try(j)=norm(d-d_try)^2;
        model_norm_try(j)=norm(W*(x_try-xref))^2;
        phi_old_try(j)=beta(j)*model_norm_old+misfit_old;
        phi_new_try(j)=beta(j)*model_norm_try(j)+misfit_try(j);
end
    good_index=find(phi_old_try > phi_new_try);
    good_betas=beta(good_index);
    good_misfit=misfit_try(good_index);
    [minmis,II]=min(good_misfit);
if minmis > target
        betas=good_betas(II(1));
```

```
        misfits=good_misfit(II(1));
else
        [zz,IJ]=min(abs(good_misfit-target));
        betas=good_betas(IJ(1));
        misfits=good_misfit(IJ(1));
end
    beta= betas;
    B(I)= betas;
    x_try= (J'*J+beta*W'*W)\(J'*rhs);
    x_new=x_try+xref;
if norm(x_new-x)/max(norm(x),norm(x_new))< 1e-2
        disp('Convergence? ¡')
        x=x_new;
break
else
        x=x_new;
end
    d_pred=feval(forward,x);
    rms= norm(d-d_pred)/norm(d);
end
end

function [XM]=demo_grav_inv

closeall
[x1,y1]=meshgrid(linspace(0,100,40));
[xd,yd]=meshgrid(linspace(0,100,30));

m=peaks(40);%  Set up true value of depth model
mp=m;%  mp just for plotting
m=reshape(m',1600,1);
b=forgrav(m);%  Computing true gravity anomaly
xref=ones(1600,1)*0;%  Set up inverse model space
x0=xref;%  Set up initial value of inverse model
W= speye(1600);

%   Nonlinear inverse
[x, rms]=nonlin_inv(b,x0,W,1e-4,10,'forgrav','sensgrav',xref);
XM=x;
bb=forgrav(XM);%  Computing gravity anomaly of inverse model
```

```
%   PLOT
subplot(2,2,1);
contourf(x1,y1,mp,20); axissquare;
xlabel('\fontname{times new roman}\itx / \rmm');
ylabel('\fontname{times new roman}\ity / \rmm');
c=colorbar; c.Label.String='\fontname{times new roman}\itdepth / \rmm';
title('\fontname{times new roman}True depth');

b=reshape(b,30,30); b= b';
h1=subplot(2,2,2);
contourf(xd,yd,b,20); axissquare;
xlabel('\fontname{times new roman}\itx / \rmm');
ylabel('\fontname{times new roman}\ity / \rmm');
colormap(h1,'jet');
c=colorbar; c.Label.String='\fontname{times new roman}\Delta\itg / \rmg.u.';
title('\fontname{times new roman}True gravity anomaly');
XM=reshape(XM',40,40);

subplot(2,2,3);
contourf(x1,y1,XM',20); axissquare;
xlabel('\fontname{times new roman}\itx / \rmm');
ylabel('\fontname{times new roman}\ity / \rmm');
c=colorbar; c.Label.String='\fontname{times new roman}\itdepth / \rmm';
title('\fontname{times new roman}Inverse depth');
bb=reshape(bb,30,30); bb= bb';

h2=subplot(2,2,4);
contourf(xd,yd,bb,20);
axissquare;
xlabel('\fontname{times new roman}\itx / \rmm');
ylabel('\fontname{times new roman}\ity / \rmm');
colormap(h2,'jet');
c=colorbar; c.Label.String='\fontname{times new roman}\Delta\itg / \rmg.u.';
title('\fontname{times new roman}Rebuilt gravity anomaly');
```

在 MATLAB 命令行窗口调用函数文件

```
>> [XM]=demo_grav_inv;
```

输出结果如图 9.10 所示，反演界面与理论界面形态大致相同，但存在数值偏低和周边“虚假异常”的情况；由反演界面重建的重力异常与理论重力异常基本一致。这是因为，一方面受限于给定最大迭代次数和终止拟合差，反演结果不够精细；另一方面由于总目标函数

$P^{\alpha}(m)=\varphi(m)+\alpha s(m)$，当 $P^{\alpha}(m)$ 取最小时，数据目标函数 $\varphi(m)\neq 0$，而“光滑约束”反演假设也使反演模型 m 的边界不够“尖锐”。

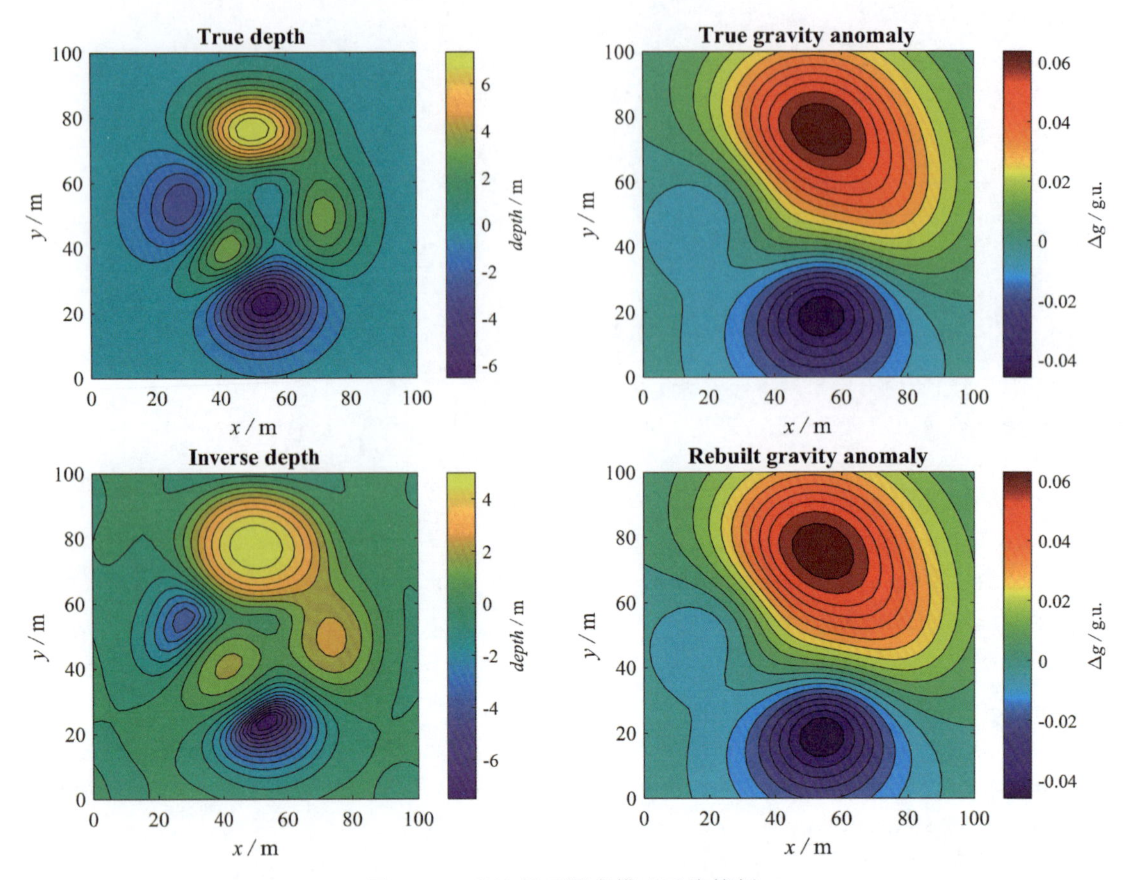

图 9.10 理论界面深度模型反演算例

9.3 重力异常处理与转换

9.3.1 重力异常的叠加

两个以上的地质体引起的叠加异常，在形态、幅值和范围上，不同于单个地质体引起的异常。重力解释中通常将实测重力异常看作由区域异常和局部异常组成。区域异常指由分布范围较广的、相对深的地质因素引起的重力异常。这种异常特征是异常幅值较大，异常范围较宽，但异常梯度较小，即具有“低频”的特征。局部异常是指区域地质因素范围较小的研究对象（如构造、矿体或岩体）引起的范围和幅值较小的异常，异常梯度相对较大，具有较高“频率”的特征。下面以简单的几何模型的叠加为例说明。

1. 局部异常之间的叠加

局部异常之间的叠加最典型的实例是两个相邻球体异常的叠加，物理模型如图 9.11 所示，两个球体的半径 $r=50\text{m}$，球体埋深 $d=100\text{m}$，剩余密度 $\sigma=1.0\text{t/m}^3$。单个球体的异常表达式为

$$\Delta g=\frac{GMd}{(x^2+d^2)^{3/2}}, \tag{9.24a}$$

$$V_{xz}=-3GM\frac{dx}{(x^2+d^2)^{5/2}}, \tag{9.24b}$$

$$V_{zz}=GM\frac{2d^2-x^2}{(x^2+d^2)^{5/2}}, \tag{9.24c}$$

$$V_{zzz}=3GM\frac{2d^2-3x^2}{(x^2+d^2)^{7/2}}, \tag{9.24d}$$

其中 V_{xz}，V_{zz} 和 V_{zzz} 为 x 剖面上的重力高次导数。局部异常之间的叠加，就是把局部异常在某点的异常值直接相加。

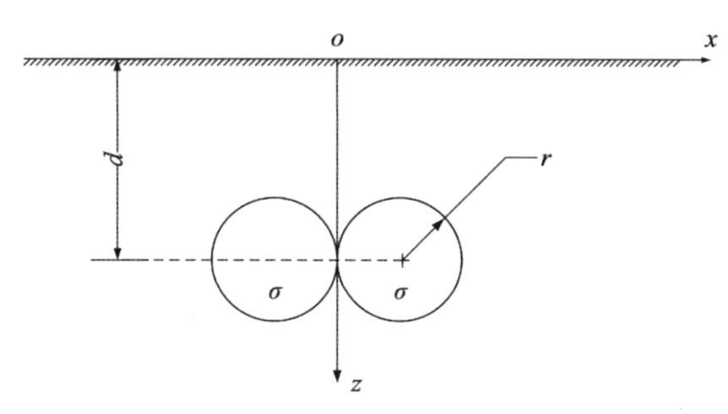

图 9.11　两个相邻球体模型

例 9.6　局部异常之间的叠加算例。

解：创建脚本命令 M 文件 test0906.m，程序文本如下

```
%   This code is for computing the gravity anomaly of two adjacent balls.
clc

G=6.667*1.0e-2;
r=50;
d=100;
sigma=1.0;
x=-200:10:200;
M=(4/3)*pi*(r^3)*sigma;

%   Gravity anomaly (Δg)
Deltag1=G*M*d./(((x-r).^2+d^2).^1.5);
Deltag2=G*M*d./(((x+r).^2+d^2).^1.5);
Deltag=Deltag1+Deltag2;

%   2nd order gradient anomaly of gravity potential(Vxz)
Vxz1=-3.0*G*M*d*(x-r)./(((x-r).^2+d^2).^2.5);
```

```
Vxz2=-3.0*G*M*d*(x+r)./(((x+r).^2+d^2).^2.5);
Vxz=Vxz1+Vxz2;

%    2nd order gradient anomaly of gravity potential (Vzz)
Vzz1=G*M*(2.0*d*d-(x-r).^2)./(((x-r).^2+d^2).^2.5);
Vzz2=G*M*(2.0*d*d-(x+r).^2)./(((x+r).^2+d^2).^2.5);
Vzz=Vzz1+Vzz2;

%    3rd order gradient anomaly of gravity potential (Vzzz)
Vzzz1=3.0*G*M*(2.0*d*d-3*(x-r).^2)./(((x-r).^2+d^2).^3.5);
Vzzz2=3.0*G*M*(2.0*d*d-3*(x+r).^2)./(((x+r).^2+d^2).^3.5);
Vzzz=Vzzz1+Vzzz2;

%    PLOT
subplot(221),plot(x,Deltag);
xlabel('\fontname{times new roman}\itx / \rmm');
ylabel('\fontname{times new roman}\Delta\itg / \rmg.u.');

subplot(222),plot(x,Vxz);
xlabel('\fontname{times new roman}\itx / \rmm');
ylabel('\fontname{times new roman}\itV_{xz} / \rmE');

subplot(223),plot(x,Vzz);
xlabel('\fontname{times new roman}\itx / \rmm');
ylabel('\fontname{times new roman}\itV_{zz} / \rmE');

subplot(224),plot(x,Vzzz);
xlabel('\fontname{times new roman}\itx / \rmm');
ylabel('\fontname{times new roman}\itV_{zzz} / \rmnMKS');
```

在命令行窗口输入

```
> > test0906
```

程序执行后，可得如图9.12所示结果，Δg 是叠加的单峰异常，而随着导数阶次的增高，叠加异常逐渐分离。这是因为重力位导数的阶次越高，异常随所在测点与场源体距离的加大，或场源体的加深而衰减越快。因此，重力异常的导数可以一定程度上分离不同深度和大小异常源引起的叠加异常。

2. 局部异常与区域背景的叠加

局部异常与区域背景的叠加的模型很多，有单斜异常与球体异常的叠加、台阶异常与单斜异常的叠加、球体异常与台阶异常的叠加等。例如球体异常与台阶异常的叠加，单一球体

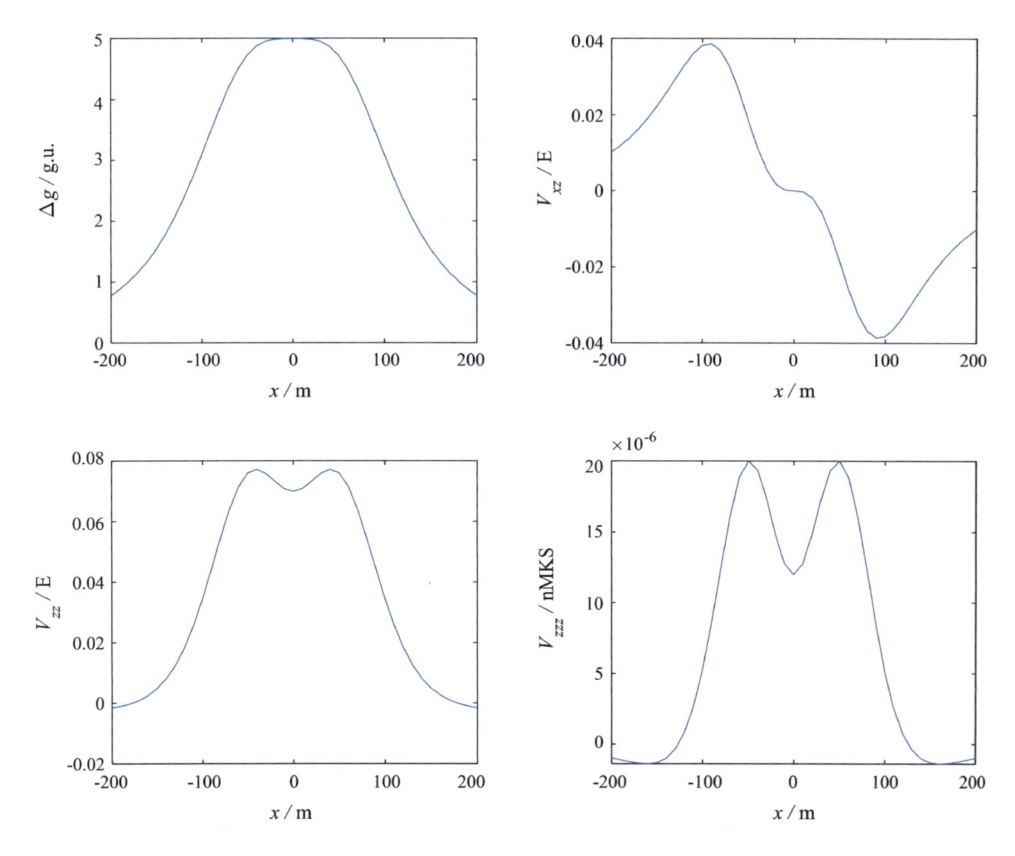

图 9.12　两个相邻球体异常的叠加异常曲线

在地面引起的异常是不等间距的同心圆，一旦叠加在一个水平梯度不为常数的台阶异常上，情况就不同了。

例 9.7　如图 9.13 叠加异常模型所示。给定的模型参数为：三度铅垂台阶 $H = 100\text{m}$，$h = 20\text{m}$，$\sigma_1 = 1.0\text{t/m}^3$，三度球体 $r = 40\text{m}$，$\sigma_2 = 2.0\text{t/m}^3$，求叠加的重力异常值。

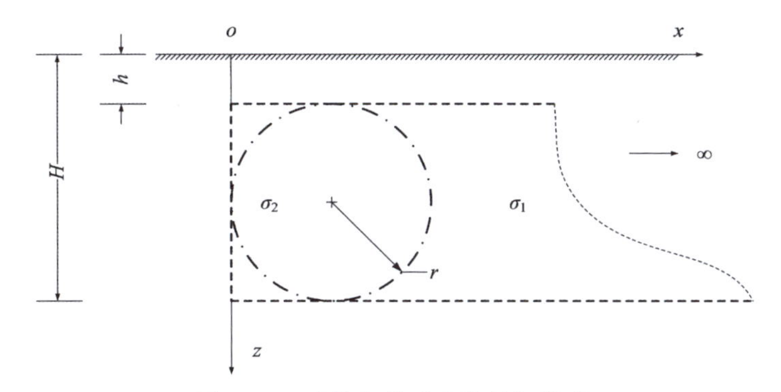

图 9.13　球体与铅垂台阶叠加模型

解：建立脚本命令 M 文件 test0907.m，程序文本如下

```
%   This code is for computing gravity anomaly of a modle which is
%   made up of a ball and a unlimited extending step.
clc

G=6.667*1.0e-2;
H=100;
h=20;
r=40;
d=h+r;
sigma1=1.0;
sigma2=2.0;
dsigma=sigma2-sigma1;
M=(4/3)*pi*(r^3)*dsigma;

x=-200 : 10 : 200;
y=-200 : 10 : 200;
[X,Y]=meshgrid(x,y);

term1=pi*(H-h);
term2=X.*log( (X.^2+H^2)./(X.^2+h^2) );
term3=2*H*atan(X/H)-2*h*atan(X/h);
Deltag1=G*sigma1*(term1+term2+term3);
Deltag2=G*M*d./( ( (X-r).^2+Y.^2+d^2 ).^1.5 );
Deltag=Deltag1+Deltag2;

%   PLOT
h=figure;
contourf(X,Y,Deltag,12);
colormap(h,jet)
c=colorbar; c.Label.String='\fontname{times new roman}\Delta\itg / \rmg.u.';
axis equal
box on;
xlabel('\fontname{times new roman}\itx / \rmm');
ylabel('\fontname{times new roman}\ity / \rmm');
```

在命令行窗口输入

```
>> Test0907
```

程序运行后，结果如图 9.14 所示。当球体重力异常的水平梯度小于台阶重力异常的水平梯度时，叠加的异常不能形成圈闭，而仅是向异常的降低方向扭曲，而当球体异常水平梯度大于台阶异常水平梯度时，球体异常中心附近形成小范围圈闭。需注意，叠加异常扭曲的方向表

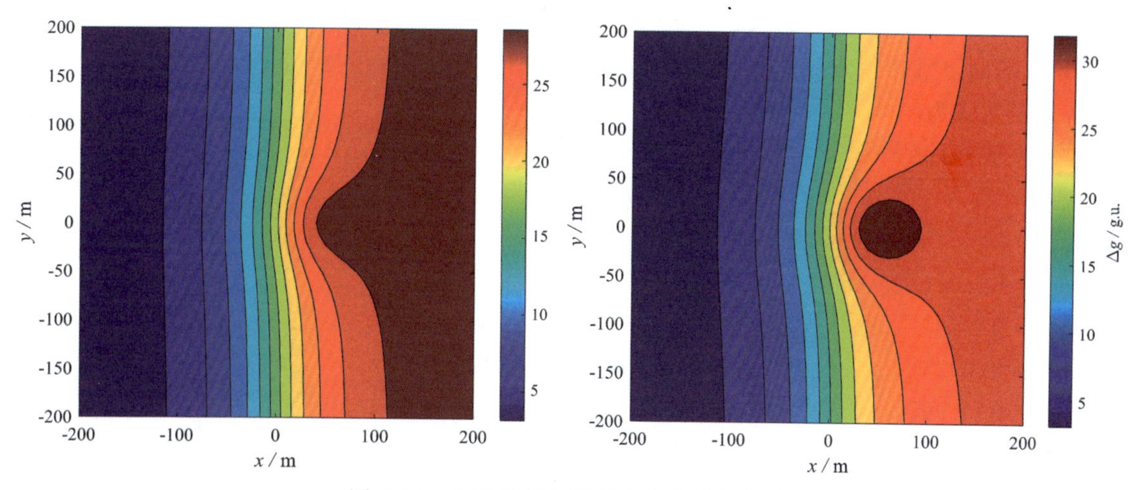

图 9.14　三度球体与铅垂台阶的叠加异常

示剩余密度（$\Delta\sigma=\sigma_2-\sigma_1$）增大（减小）的方向。

9.3.2　重力异常的延拓

根据观测平面或剖面上的重力异常值计算高于（或低于）它的平面或剖面上的异常值的过程称为向上（或向下）延拓。由于重力场值是与场源到测点距离平方成反比，对于深度相差较大的两个场源体来说，进行同一高（深）度的延拓，它们各自的异常减弱或增大的速度是不同的。进行上延计算时，由浅部场源体引起的范围小、比较尖锐的"高频"异常，随高度增加的衰减速度比较快；而由深部场源体引起的范围大的、宽缓的"低频"异常，随高度增加的衰减速度比较慢。因此，向上延拓有利于相对突出深部异常特征。进行下延计算时，由浅部场源体引起的"高频"异常随深度增加（高度减小）的增加速度比较快，而由深部场源体引起的"低频"异常其增大速度比较慢，容易理解，向下延拓相对突出浅部异常。下面介绍常用的一维（剖面分布）异常的延拓方法。

一维异常的延拓分为向上延拓和向下延拓。进行上延计算时，应用二度体的剖面异常公式，将其近似地表示为有限的分段积分之和，经处理，可得向上延拓的表达式

$$\Delta g(0,-h)=g_1+g_2+g_3+g_4+g_5+g_6+g_7+g_8+g_9+\Lambda\Lambda, \tag{9.25}$$

其中

$$g_1=0.2951\Delta g(0),$$

$$g_2=0.1653[\Delta g(h)+\Delta g(-h)],$$

$$g_3=0.0660[\Delta g(2h)+\Delta g(-2h)],$$

$$g_4=0.0326[\Delta g(3h)+\Delta g(-3h)],$$

$$g_5=0.0190[\Delta g(4h)+\Delta g(-4h)],$$

$$g_6=0.0124[\Delta g(5h)+\Delta g(-5h)],$$

$$g_7=0.0087[\Delta g(6h)+\Delta g(-6h)],$$

$$g_8=0.0064[\Delta g(7h)+\Delta g(-7h)],$$

$g_9 = 0.0049[\Delta g(8h) + \Delta g(-8h)]$，

重力异常的向下延拓值是利用向上延拓值及原始剖面异常值，根据 Lagrange 插值原理外推而得，其表达式为

$$\Delta g(0,h) = g_1 - g_2 - g_3 - g_4 - g_5 - g_6 - g_7 - g_8 - g_9 - \Lambda\Lambda, \tag{9.26}$$

其中

$g_1 = 3.7048\Delta g(0)$，

$g_2 = 0.1652[\Delta g(h) + \Delta g(-h)]$，

$g_3 = 0.0660[\Delta g(2h) + \Delta g(-2h)]$，

$g_4 = 0.0326[\Delta g(3h) + \Delta g(-3h)]$，

$g_5 = 0.0190[\Delta g(4h) + \Delta g(-4h)]$，

$g_6 = 0.0124[\Delta g(5h) + \Delta g(-5h)]$，

$g_7 = 0.0087[\Delta g(6h) + \Delta g(-6h)]$，

$g_8 = 0.0064[\Delta g(7h) + \Delta g(-7h)]$，

$g_9 = 0.0049[\Delta g(8h) + \Delta g(-8h)]$。

上面介绍的一维重力异常向上及向下延拓都需要在已知剖面上取值，而且延拓高度为取值点距的整数倍，谓之等间距延拓。

例 9.8 计算如例 9.3 中铅垂台阶向上延拓 10m 的异常，并与原始异常进行对比。

解：计算铅垂台阶的延拓异常，首先须建立原始异常的函数，程序如下

```
function Deltag=gravity(ht, hb, sigma, x)
%   This code is for computing original gravity anomaly of a step

G=6.667*1.0e-2;

term1=pi*(hb-ht);
term2=x.*log((x.^2+hb^2)./(x.^2+ht^2));
term3=2*hb*atan(x./hb);
term4=2*ht*atan(x./ht);
Deltag=G*sigma*(term1+term2+term3-term4);
end
```

向上延拓源程序

```
function UpwardContinuation
%   This function is for computing upward continuation anomaly with
%   finite subsection integral method.

clc
hb=60;
ht=20;
sigma=1.0;
```

```
H=10;
x=-200:10:200;
Deltag1=0.2951*gravity(ht, hb,sigma,x);
Deltag2=0.1653*(gravity(ht,hb,sigma,x+H)+gravity(ht,hb,sigma,x-H));
Deltag3=0.0660*(gravity(ht,hb,sigma,x+2*H)+gravity(ht,hb,sigma,x-2*H));
Deltag4=0.0326*(gravity(ht,hb,sigma,x+3*H)+gravity(ht,hb,sigma,x-3*H));
Deltag5=0.0190*(gravity(ht,hb,sigma,x+4*H)+gravity(ht,hb,sigma,x-4*H));
Deltag6=0.0124*(gravity(ht,hb,sigma,x+5*H)+gravity(ht,hb,sigma,x-5*H));
Deltag7=0.0087*(gravity(ht,hb,sigma,x+6*H)+gravity(ht,hb,sigma,x-6*H));
Deltag8=0.0064*(gravity(ht,hb,sigma,x+7*H)+gravity(ht,hb,sigma,x-7*H));
Deltag9=0.0049*(gravity(ht,hb,sigma,x+8*H)+gravity(ht,hb,sigma,x-8*H));
Deltagup=Deltag1+Deltag2+Deltag3+Deltag4+Deltag5+Deltag6+... Deltag7+Deltag8
+Deltag9;

plot(x,gravity(ht, hb, sigma, x),'b:','LineWidth',2)
hold on
plot(x,Deltagup,'r-','LineWidth',2)
legend('raw anomalies','upward continuation','Location','northwest');
box on;
xlabel('\fontname{times new roman}\itx / \rmm', 'fontsize', 13);
ylabel('\fontname{times new roman}\Delta\itg / \rmg.u.', 'fontsize', 13);
end
```

在命令行窗口输入

```
>> UpwardContinuation
```

程序运行后，结果如图 9.15 所示。

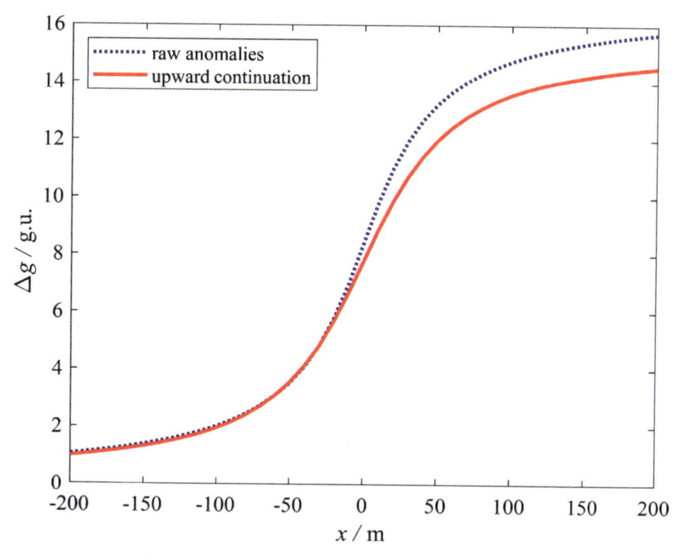

图 9.15　铅垂台阶的向上延拓的异常对比

第10章 地磁场与磁力勘探

磁力勘探,又称磁法勘探(简称磁法),是所有地球物理方法中发展最早、应用最广泛的一种方法。它是通过观测和分析由岩石、矿石或其他探测对象磁性差异所引起的磁异常,进而研究地质构造、矿产资源或其他探测对象分布规律的一种地球物理方法。其研究的磁异常是指磁性体产生的磁场叠加在地球磁场之上而引起的地磁场畸变,它是一个空间矢量场,可以通过它在三个坐标轴上的分量或在正常地磁场方向的投影量来确定,也可进一步用各分量的垂向、水平梯度来表示。因此,磁异常是一个多参量磁场。磁异常的起因取决于地球磁场和岩(矿)石磁性,前者是外因,后者是内因,两者是磁力勘探的物理基础。

10.1 地磁要素

地面上任意点地磁场总强度矢量 $\boldsymbol{T}$ 通常可用直角坐标来描述。以观测点 o 为坐标原点,x 、y 、z 三个轴的正向分别指向地理北、东和垂直向下,建立图10.1所示坐标系。矢量 $\boldsymbol{T}$ 在直角坐标系三个轴上的投影分别为:北向分量 $\boldsymbol{X}$ 、东向分量 $\boldsymbol{Y}$ 、垂直分量 $\boldsymbol{Z}$;$\boldsymbol{T}$ 在水平面 xoy 内的投影称为水平分量 $\boldsymbol{H}$,其指向为磁北方向;$\boldsymbol{T}$ 和水平面之间的夹角称为 $\boldsymbol{T}$ 的倾斜角 I ,当 $\boldsymbol{T}$ 下倾时 I 为正,反之 I 为负;通过该点 H 方向的铅垂面为磁子午面,它与地理子午面的夹角称为磁偏角,以符号 D 表示,磁北自地理北向东偏 D 为正,西偏则 D 为负。$\boldsymbol{T}$ 、$\boldsymbol{X}$ 、$\boldsymbol{Y}$ 、$\boldsymbol{Z}$ 、$\boldsymbol{H}$ 、I 及 D 都是描述观测点 o 处地磁场大小和方向特征的物理量,谓之地磁要素。

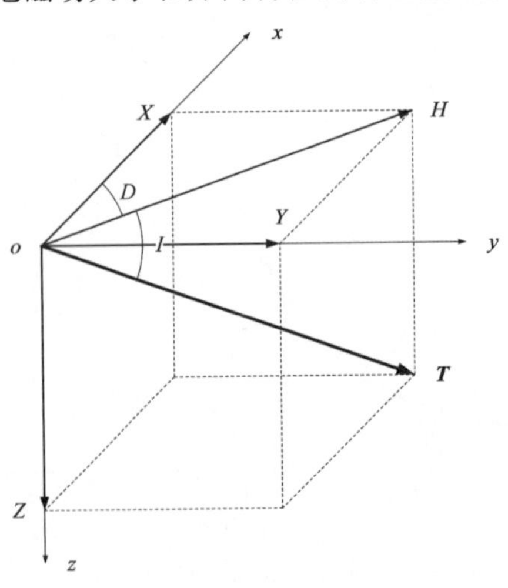

图10.1 地磁要素

根据图 10.1 中的几何关系，易知地磁各要素之间存在如下联系

$$X = H\cos D,\ Y = H\sin D,\ Z = T\sin I = H\tan I, \tag{10.1a}$$

$$H = T\cos I, \tag{10.1b}$$

$$\tan I = Z/H,\ \tan D = Y/X, \tag{10.1c}$$

$$T^2 = H^2 + Z^2 = X^2 + Y^2 + Z^2, \tag{10.1d}$$

将七要素分成三组：①直角坐标系有 X、Y、Z，②球坐标系有 H、I 及 D，③柱坐标系有 Z、H 及 D，若知道其中一组，就可以求出其他几个分量。上述七要素乃地磁场与磁力勘探中一切工作的核心所在。

10.2　磁异常正演

磁力勘探的主要解释任务是，根据测得的磁异常确定引起该磁异常的磁性体几何参数（位置、形状、大小、产状）及磁性参数（磁化强度大小、方向）。由静磁场理论可知，利用数学工具由已知的磁性体求出磁场的分布，这个过程称为正演；反之，由磁异常求磁性体的磁性参数和几何参数，谓之反演。本节只讨论若干简单的均匀磁化规则形体的磁异常正演计算。

10.2.1　球体的磁异常

对于自然界一些有限大小的地质体，当中心埋深比其直径大很多时，它们在地面产生的磁场特征与球体磁场特征近似，因此，讨论球形磁性体的磁场不仅有实际意义，也有一定的代表性。

球体磁场的正演公式为

$$H_{ax} = C[(2x^2 - y^2 - R^2)\cos I\cos A' - 3Rx\sin I + 3xy\cos I\sin A'], \tag{10.2a}$$

$$H_{ay} = C[(2y^2 - x^2 - R^2)\cos I\sin A' - 3Ry\sin I + 3xy\cos I\cos A'], \tag{10.2b}$$

$$Z_a = C[(2R^2 - x^2 - y^2)\sin I - 3Rx\cos I\cos A' - 3Ry\cos I\sin A'], \tag{10.2c}$$

$$\Delta T = H_{ax}\cos I\cos A' + H_{ay}\cos I\sin A' + Z_a\sin I, \tag{10.2d}$$

这里

$$C = \frac{\mu_0}{4\pi}\frac{m}{(x^2 + y^2 + R^2)^{5/2}}, \tag{10.3}$$

其中，R 为球体中心埋深；m 为球体磁矩，且 $m = Mv$（M 为磁化强度，v 为球体体积）；I 为磁化强度倾角；A' 为观测剖面与磁化强度水平投影之夹角。

例 10.1　分析均匀球体的磁异常。设球体中心埋深 $R = 15\text{m}$，半径 $r = 10\text{m}$，$k = 0.015\text{SI}$，当地磁场 $B = 50\ 000\text{nT}$。

解：根据图 10.1 中地磁要素的定义，设 x 轴正方向指向北，后续成图时旋转图像，可获得常见地磁场图像。创建函数文件 Magneticfor.m，程序文本如下

```
function [Hax,Hay,Za,DeltaT]=Magneticfor(A,I)
%   This function is for computing the anomaly of magnetized ball.
%   It is 10m in radius and buried in 15m depth underground.
%   The magnetization intensity of it is 0.015(SI)
```

```
%   The local magnetic (induction) intensity is 50000(nT).
%
%   Input:
% A :       Magnetic declination
% I :         Magnetic inclination
%
%   Output:
% Hax:          Horizontal componet of Magnetic field in x-direction
%   Hay:          Horizontal componet of Magnetic field in y-direction
%   Za:          Vertical componet of Magnetic field in z-direction
% DeltaT:       Full strength magnetic anomaly
%
%   Note:         X-direction is set to be north-direction in formula, while
%   y-direction is set to be north-direction in plotting more often.So in
%   this code, we follow the definition of X-direction facing north in
%   computing, then reverse the axis in order to provide a normally picture
%   of magnetic field.
%
%   Versions:
% 1.0  Feb., 2020  Created

clc
mu0=4*pi*1.0e-7;
B=50000;
k=0.015;
R=15;
r=10;
R2=R*R;
r3=r*r*r;

M=k*B/mu0;
v=4.0/3*pi*r3;
m=M*v;

x=-45:1:45;        % Positive x-direction is pointing north
y=-40:1:40;
[X,Y]=meshgrid(x,y);
cons=mu0/4.0/pi*m./(R2+X.^2+Y.^2).^(5.0/2);
term1=cos(I)*cos(A);
term2=sin(I);
term3=cos(I)*sin(A);
```

```
Hax=cons.*((2*X.^2-Y.^2-R2)*term1-3*R.*X*term2+3*X.*Y*term3);
Hay=cons.*((2*Y.^2-X.^2-R2)*term3-3*R.*Y*term2+3*X.*Y*term1);
Za=cons.*((2*R2-X.^2-Y.^2)*term2-3*R.*X*term1-3*R.*Y*term3 );
DeltaT=Hax*term1+Hay*term3+Za*term2;

%   PLOT
h=figure;
subplot(121)
contourf(Y,X,Za,15);
colormap(h,jet)
axis equal
c=colorbar; c.Label.String='\fontname{times new roman}\itZ_{a} / \rmnT';
xlabel('\fontname{times new roman}\ity / \rmm');
ylabel('\fontname{times new roman}\itx / \rmm');
title('\fontname{times new roman}\itZ_{a}');

subplot(122)
contourf(Y,X,DeltaT,15);
colorbar;
c=colorbar; c.Label.String='\fontname{times new roman}\Delta\itT / \rmnT';
axis equal
xlabel('\fontname{times new roman}\ity / \rmm');
ylabel('\fontname{times new roman}\itx / \rmm');
title('\fontname{times new roman}\Delta\itT');
end
```

(1)当 $I = 90^\circ$ 时,在 MATLAB 命令行窗口输入

```
>> [Hax,Hay,Za,DeltaT]=Magneticfor(0,pi/2);
```

程序执行后,便得到垂直磁化磁异常,结果如图 10.2 所示。

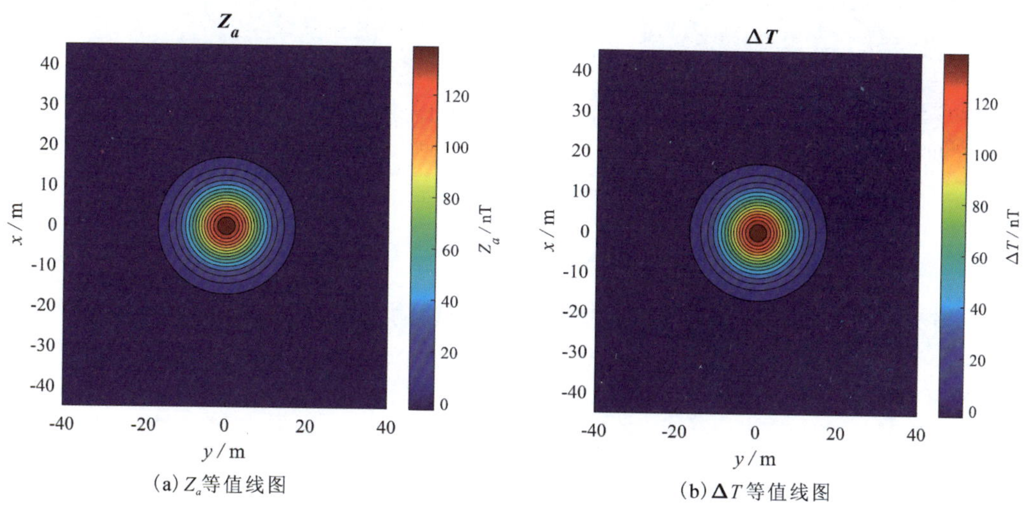

(a) Z_a等值线图　　(b) ΔT等值线图

图 10.2　球体模型垂直磁化异常

(2)当 $A'=45°$，$I=0°$ 时，在 MATLAB 命令窗口输入函数文件

```
>> [Hax,Hay,Za,DeltaT]=Magneticfor(pi/4,0);
```

输出结果如图 10.3 所示。

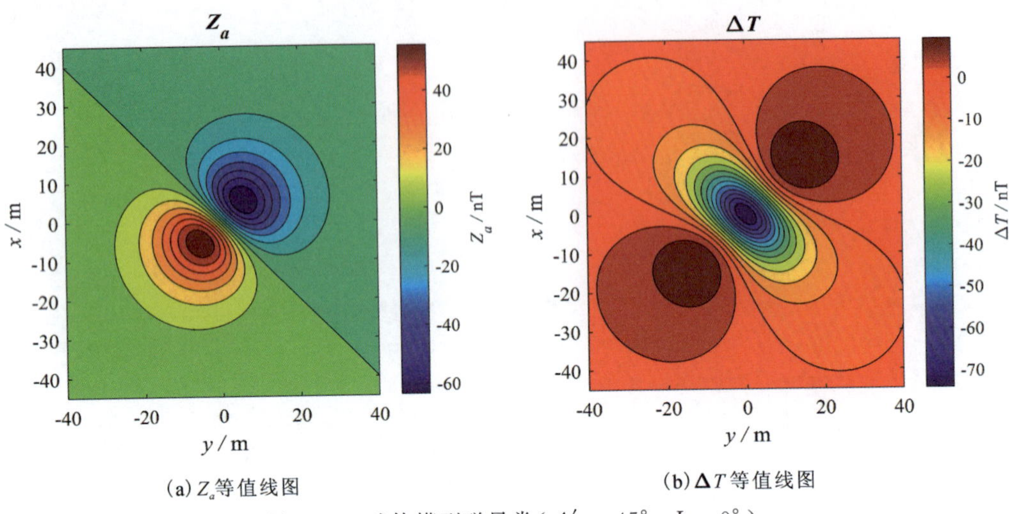

(a) Z_a等值线图　　(b) ΔT等值线图

图 10.3　球体模型磁异常（$A'=45°$，$I=0°$）

(3) 当 $A'=I=45°$ 时，在 MATLAB 命令行窗口输入函数文件

```
>> [Hax,Hay,Za,DeltaT]=Magneticfor(pi/4,pi/4);
```

输出结果如图 10.4 所示。

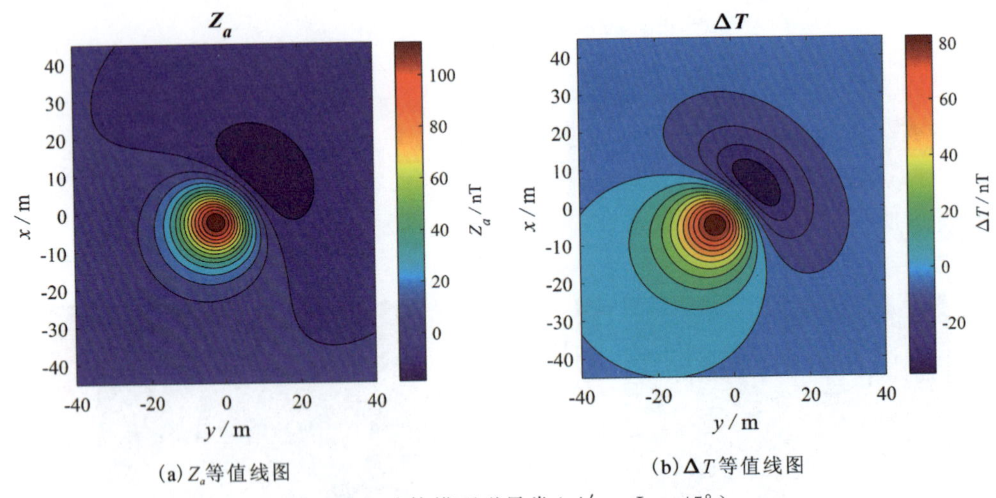

(a) Z_a等值线图　　(b) ΔT等值线图

图 10.4　球体模型磁异常（$A'=I=45°$）

(4) 当 $A'=I=0°$ 时，在 MATLAB 命令行窗口输入函数文件

```
>> [Hax,Hay,Za,DeltaT]=Magneticfor(0,0);
```

输出结果如图 10.5 所示。

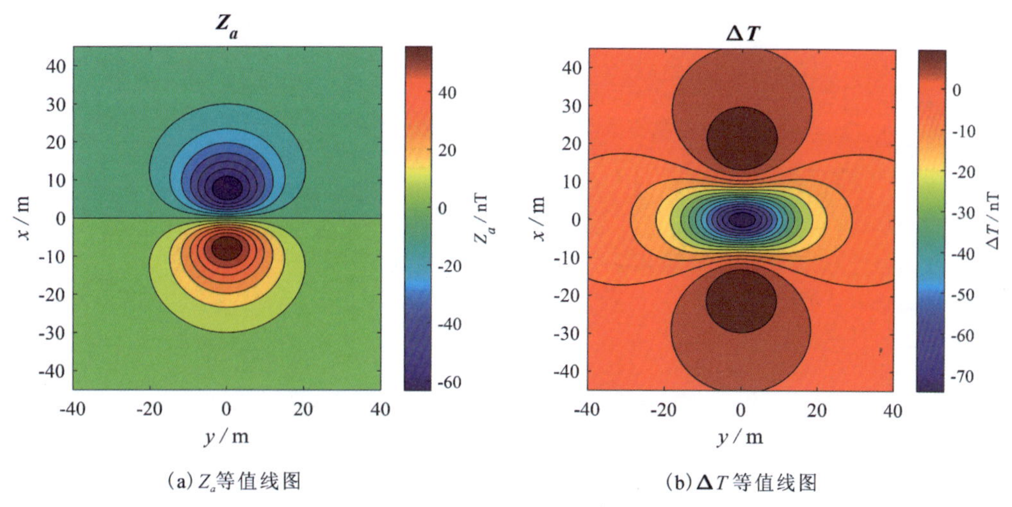

(a) Z_a等值线图　　(b) ΔT等值线图

图 10.5　球体模型磁异常($A' = I = 0°$)

(5) 当 $A' = 0°$，$I = 45°$ 时，在 MATLAB 命令行窗口输入

```
> > [Hax,Hay,Za,DeltaT]=Magneticfor(0,pi/4);
```

输出结果如图 10.6 所示。

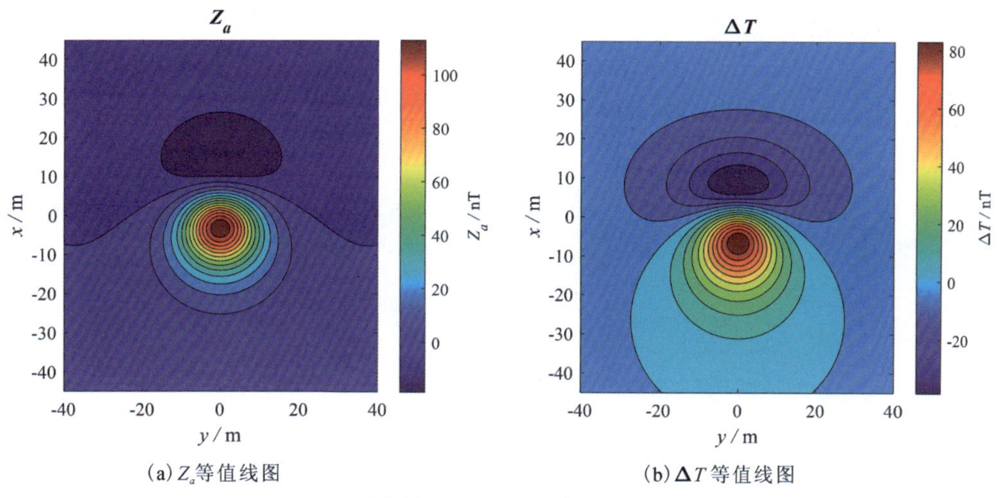

(a) Z_a等值线图　　(b) ΔT等值线图

图 10.6　球体模型磁异常($A' = 0°$，$I = 45°$)

可通过图 10.7 所示球体模型北半球斜磁化示意图简单分析以上磁异常的平面分布。现代地球磁场的磁力线是一簇从地磁北极(地理南极附近)出发，汇聚于地磁南极(地理北极附近)的曲线，在北半球与地表斜交穿入地下，使地质体磁化，有效磁化强度为 M_s，磁化方向一般斜向下。受斜磁化的球体产生感应磁场，磁力线方向如图 10.7 所示。在地表观测时，球体北侧，地球磁场方向与球体感应磁场方向相反；球体南侧，地球磁场方向与球体感应磁场方向相同；根据叠加原理，球体北侧观测到负值磁异常，球体南侧观测到正值磁异常，典型图像如图 10.3 所示。同理，可推论在赤道附近水平磁化的球体的磁异常分布情况，典型图像如图 10.4 所示。

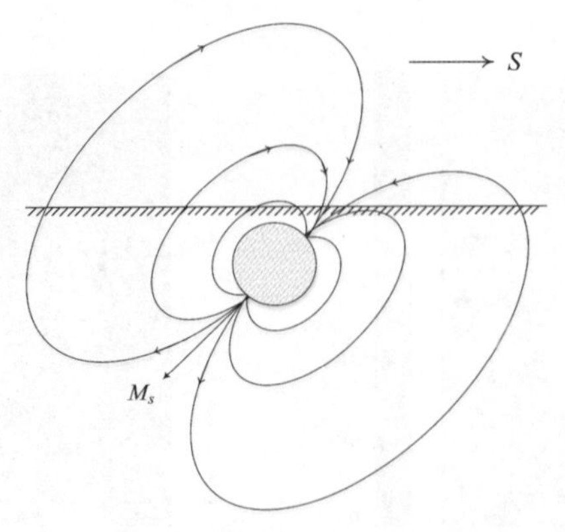

图 10.7　球体模型北半球斜磁化示意图

10.2.2　水平圆柱体的磁异常

对于水平圆柱体，这里只讨论二度情况，即水平圆柱体沿构造走向方向无限延伸，且在走向方向上，水平圆柱体的埋藏深度、截面形状、大小和磁化特征稳定。显然，在这种情况下，它在空间直角坐标系中的场仅与坐标(x , z)有关，而与 y 无关。设水平圆柱体沿构造走向无限延伸，横截面积为 S ，中心埋深为 R ，有效磁化强度为 M_s ，其倾角为 i_s 。选取坐标原点与柱体中心在地面的投影点重合，并考虑到

$$M_x = M_s \cos i_s \text{ , } M_z = M_s \sin i_s \text{ ,} \tag{10.4}$$

其中，i_s 为有效磁化强度倾角，M_s 为 M 在断面 xoz 内的投影，令 $m_s = SM_s$ 为单位长度的有效磁矩，则

$$H_{ax} = -\frac{\mu_0}{2\pi}\frac{m_s}{(x^2+R^2)^2}[(R^2-x^2)\cos i_s + 2Rx\sin i_s] \text{ ,} \tag{10.5}$$

$$Z_a = \frac{\mu_0}{2\pi}\frac{m_s}{(x^2+R^2)^2}[(R^2-x^2)\sin i_s - 2Rx\cos i_s] \text{ ,} \tag{10.6}$$

借助 ΔT 与 H_{ax} 、Z_a 的基本关系

$$\Delta T = H_{ax}\cos I\cos A' + Z_a \sin I \text{ ,} \tag{10.7}$$

同时注意到 I_0 与磁化强度倾角 I 相同，于是

$$\Delta T = \frac{\mu_0}{2\pi}\frac{m_s}{(x^2+R^2)^2}[(R^2-x^2)\cdot\alpha - 2Rx\cdot\beta] \text{ ,} \tag{10.8}$$

式中

$$\alpha = \sin i_s \sin I_0 - \cos i_s \cos I_0 \cos A' \text{ ,} \tag{10.9a}$$

$$\beta = \cos i_s \sin I_0 + \sin i_s \cos I_0 \cos A' \text{ ,} \tag{10.9b}$$

这里 R 为圆柱体中心埋深；m 为有效磁化磁矩，且 $m_s = M_s S$ (M_s 为磁化强度，S 为圆柱体横截面积)；i_s 为有效磁化倾角；I_0 为地磁场倾角；A' 为观测剖面与磁化强度水平投影夹角。

例 10.2　分析水平圆柱体的磁异常。假设圆柱体中心埋深 $R = 15\text{m}$ ，半径 $r = 10\text{m}$ ，$k = 0.015\text{SI}$ ，当地磁场 $B = 50\ 000\text{nT}$ ，观测剖面与磁化强度水平投影夹角 $A' = 0°$ ，计算 i_s 分别为 0°、45° 和 90° 时的磁异常。

解：建立命令文件并以 Cylinder_Magneticfor.m 保存，程序代码如下

```
function Cylinder_Magneticfor
%   This function is for computing the anomaly of magnetized cylinder.
%   It is 10m in radius and buried in 15m depth underground.
%   The magnetization intensity of it is 0.015(SI)
%   The local magnetic (induction) intensity is 50000(nT).
%   Input:
% A :       Magnetization inclination
% Is :       layer resistivity
%
%   Output:
%   Ha:         Horizontal componet of Magnetic field
%   Za:         Vertical componet of Magnetic field in z-direction
% DeltaT:     Full strength magnetic anomaly
%
%   Versions:
% 1.0  Feb., 2020  Created

clc
mu0=4*pi*1.0e-7;


x=-40:1:40;
A=0;
Is=[0 pi/4 pi/2];
I0=Is;
R=15;
B=50000;
k=0.015;
r=10;
r2=r*r;
R2=R*R;

Ms=k*B/mu0;
S=pi*r2;
ms=Ms*S;

cons=mu0/2.0/pi*ms./(x.^2+R2).^2;
Za=+cons.*((R2-x.^2).*sin(Is)'-2*R*x.*cos(Is)');
Ha=-cons.*((R2-x.^2).*cos(Is)'+2*R*x.*sin(Is)');
term1=(sin(Is).*sin(I0)-cos(Is).*cos(I0)*cos(A))'*(R2-x.^2);
term2=(cos(Is).*sin(I0)+sin(Is).*cos(I0)*cos(A))'.*2*R*x;
DeltaT=cons.*(term1-term2);
```

```
%    PLOT
ni=length(Is);
for i=1:ni
    figure(i)
    plot(x,Ha(i,:),'b:', x,Za(i,:),'r-', x,DeltaT(i,:),'kd');
    legend('\itH_a','\itZ_a','\Delta\itT','fontname','times new roman');
    xlabel('\fontname{times new roman}\itx / \rmm');
    ylabel('\fontname{times new roman}\ity / \rmnT');
end
end
```

在 MATLAB 命令行窗口输入

```
>> Cylinder_Magneticfor
```

程序执行后，输出结果如图 10.8～图 10.10 所示。

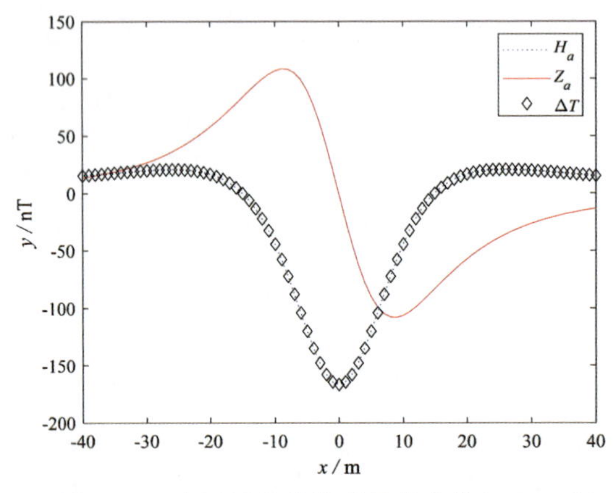

图 10.8　水平圆柱体的磁异常曲线（$i_s = 0°$）

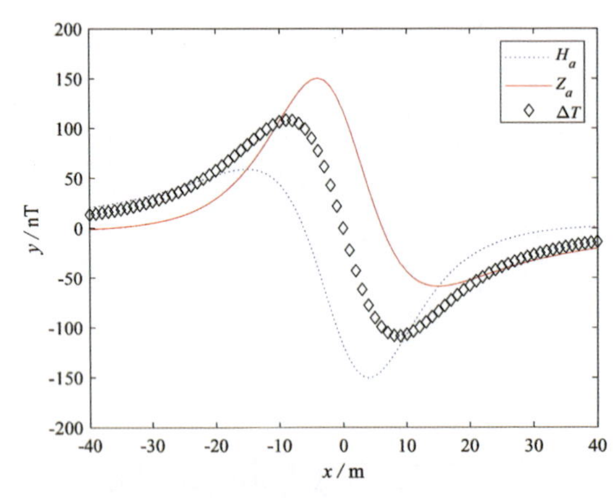

图 10.9　水平圆柱体的磁异常曲线（$i_s = 45°$）

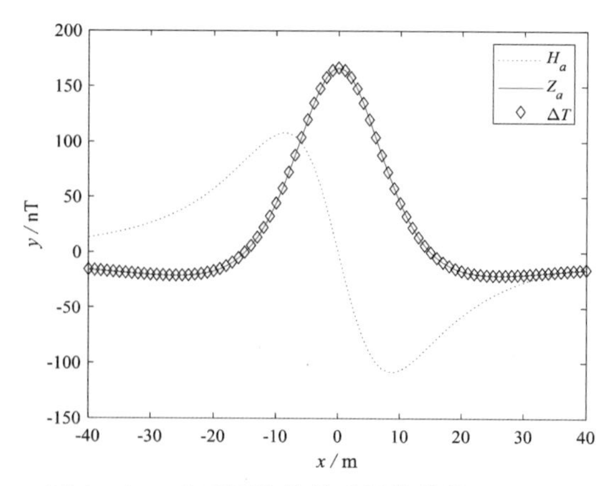

图 10.10　水平圆柱体的磁异常曲线（$i_s = 90°$）

10.3　磁异常的处理与转换

磁异常的处理与转换是磁力勘探解释理论的一个重要组成部分。为了更有效地突出目标体信息，压制非目标体信息，实测单参量转换成解释需要的多参量，磁异常处理和转换变得更为重要。应当指出，在对磁异常进行处理和转换时，有两个问题须明确：一是应当合理地选择处理和转换的方法，目前处理和转换的方法很多，各种方法有各自的特点和作用，同时又有各自特定的适用条件，使用者必须掌握各种处理和转换方法的原理和做法，并具有对结果进行正确解释的能力；二是磁异常的处理和转换只是一种数学加工处理，它能使资料中某些信息更加突出和明显，但不能获得在观测数据中不包含的信息，数学处理只能改变异常的信噪比，而不能提供新信息。因此，在应用各种方法时必须要注意实际资料的精度和处理方法本身的精确度，不要勉强提出或追求单由数学处理所达不到的要求。

本节只讨论二度体磁异常延拓与分量间的换算。

10.3.1　磁异常解析延拓

这里只讨论磁异常的向上延拓。换算场源以外的磁异常，当换算平面位于实测平面之上，称为向上延拓。从空间转换理论可知，该问题就是要求找出函数 u，它在上半空间是调和的，在无穷远处是正则的，并在边界 $z = 0$ 的平面上取已知值 $u(x,0)$，即为半空间 Dirichlet 问题。

磁异常的向上延拓，其主要用途是削弱局部异常干扰，反映深部异常。不失一般性，这里以 ΔT 为例，磁异常的向上延拓公式为

$$\Delta T(x,z) = -\frac{z}{\pi}\int_{-\infty}^{\infty}\frac{\Delta T(\xi,0)}{(\xi - x)^2 + z^2}\mathrm{d}\xi,\ (z < 0) \tag{10.10}$$

式中 $\Delta T(\xi,0)$ 为剖面上各点的实测值。

若坐标原点位于计算点下方实测剖面上，延拓高度为一个点距，设为 h，即式(10.10)中 $x = 0$，$z = -h$。则式(10.10)可写为

$$\Delta T(0,-h)=-\frac{1}{\pi}\int_{-\infty}^{\infty}\frac{h}{\xi^2+h^2}\Delta T(\xi,0)\mathrm{d}\xi, \tag{10.11}$$

按点距把上述积分区间划分为许多长度为 h 的小区间：$\left(n-\frac{1}{2}\right)h:\left(n+\frac{1}{2}\right)h$，则式(10.11)可写成

$$\Delta T(0,-h)=\sum_{n=-\infty}^{\infty}\frac{\Delta T(nh,0)}{\pi}\int_{\left(n-\frac{1}{2}\right)h}^{\left(n+\frac{1}{2}\right)h}\frac{h}{\xi^2+h^2}\mathrm{d}\xi, \tag{10.12}$$

利用积分中值定理有

$$\Delta T(0,-h)=\sum_{n=-\infty}^{\infty}\frac{\Delta T(nh,0)}{\pi}\tan^{-1}\frac{4}{4n^2+3}, \tag{10.13}$$

同理可得

$$Z_a(0,-h)=\sum_{n=-\infty}^{\infty}\frac{Z_a(nh,0)}{\pi}\tan^{-1}\frac{4}{4n^2+3}, \tag{10.14}$$

及

$$H_a(0,-h)=\sum_{n=-\infty}^{\infty}\frac{H_a(nh,0)}{\pi}\tan^{-1}\frac{4}{4n^2+3}, \tag{10.15}$$

磁异常的向上延拓从式(10.11)来看是精确的，但为计算上部空间一个点的场值需要积分区间无限大，这是不实际的。实际计算时总是用有限项的和来近似无限积分。因此，向上延拓换算的准确度主要决定于参与计算的剖面长度。剖面越长、点数越多，计算精度越高。

例 10.3 分析组合球体磁异常向上延拓。设球体1中心埋深 $R_1=50\text{m}$，半径 $r_1=30\text{m}$，球体2中心埋深 $R_2=30\text{m}$，半径 $r_2=15\text{m}$，且两个球体距离中心均为50m(图10.11)，$k=0.015\text{SI}$，当地磁场 $B=50\ 000\text{nT}$。

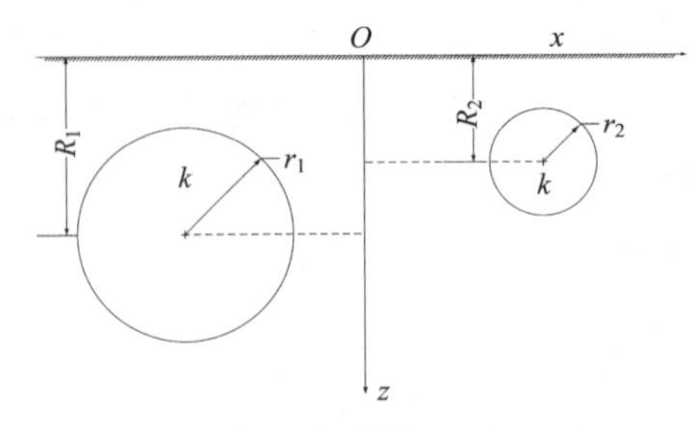

图10.11 水平组合球体模型

解：正演计算中，取点距 $dx=5\text{m}$。创建磁异常向上延拓的脚本命令M文件test1003.dat，计算程序文本如下

```
%    This function is for computing the 1D upward continuation anomaly of
%    two magnetized ball. The large one is 30m in radius and buried in 50m
%    depth, the small one is 15m in radius and buried in 30m depth.
%    They have same magnetization intensity of 0.015(SI)
%    The local magnetic (induction) intensity is 50000(nT).
%
%    Magnetic parameter:
%    A :      Magnetization inclination
```

```
%   I :     layer resistivity
%
%   Output:
%   Za_up:  Upward continuation anomaly of Za component
%
%   Note:    Height of upward computing should be integral times of distance
%            between observation points
%   Versions:
%   1.0  Feb., 2020  Created

clc

dx=5;
nx=121;
xmin=-300;
x=xmin:dx:(xmin+(nx-1)*dx);
A=0;
I=pi/2;
d1=50; d2=30;
r1=30; r2=15;
B=50000;
k=0.015;
vol1=4*pi*r1*r1*r1/3;
vol2=4*pi*r2*r2*r2/3;
mu_0=4*pi*1e-7;
M=k*B/mu_0;
ms1=M*vol1;
ms2=M*vol2;
x1=x-50;
x2=x+50;

ceof1=mu_0*ms1 /4 /pi ./(x1.^2+d1^2).^2.5;
ceof2=mu_0*ms2 /4 /pi ./(x2.^2+d2^2).^2.5;

%   Original value of Za
Za1=ceof1 .* ( (2*d1^2-x1.^2)*sin(I)-3*d1*x1*cos(I)*cos(A) );
Za2=ceof2 .* ( (2*d2^2-x2.^2)*sin(I)-3*d2*x2*cos(I)*cos(A) );
Za=Za1+Za2;

% 5m Upward
h=5;
ndx=h/dx;
```

```
nn=(nx-1)/ndx;
Za_up1=zeros(1,nx);
for i=1:nx
    temp=0 ;
    ng=-fix((i-1)/ndx);
    np=ng+nn;
for n=ng:np-1
        nh=i+n*ndx;
        temp=temp+Za(nh)*atan(4/(4*n^2+3))/pi;
end
    Za_up1(i)=temp;
end

%  10m Upward
h=10;
ndx=h/dx;
nn=(nx-1)/ndx;
Za_up2=zeros(1,nx);
for i=1:nx
    temp=0 ;
    ng=-fix((i-1)/ndx);
    np=ng+nn;
    for n=ng:np-1
        nh=i+n*ndx;
        temp=temp+Za(nh)*atan(4/(4*n^2+3))/pi;
  end
    Za_up2(i)=temp;
end

%   PLOT
figure
subplot(1,2,1),plot(x,Za,'b',x,Za_up1,'r:','linewidth',1.5)
xlabel('\fontname{times new roman}\itx / \rmm');
ylabel('\fontname{times new roman}\itZ_a/ \rmnT');
legend('Original \itZ_a','5m Upward');
subplot(1,2,2),plot(x,Za,'b',x,Za_up2,'r:','linewidth',1.5)
xlabel('\fontname{times new roman}\itx / \rmm');
ylabel('\fontname{times new roman}\itZ_a/ \rmnT');
legend('Original \itZ_a','10m Upward');
```

在命令行窗口输入

```
>> test1003
```

程序执行后，结果如图 10.12 所示。

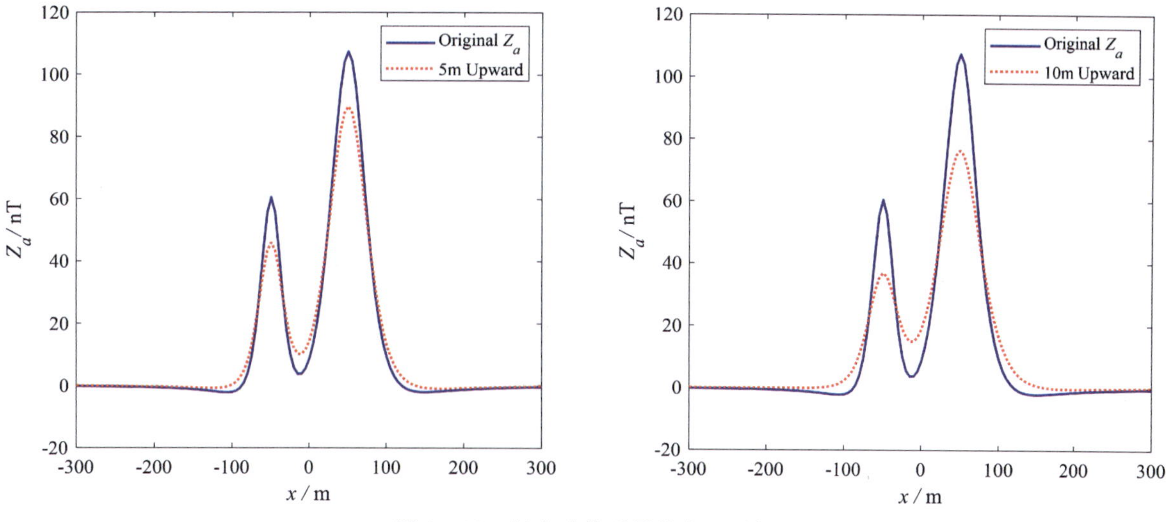

图 10.12　组合球体磁异常向上延拓

例 10.4　磁异常向上延拓 GUI 示例，设计的 GUI 用户界面如图 10.13 所示。

解：操作步骤如下

(1)打开 GUI 设计窗口，添加有关控件对象。

在 MATLAB 命令窗口输入命令 guide，打开 GUI 设计窗口。单击 GUI 设计窗口控件工具栏中的 Axes 按钮，并在图形窗口中拖出一个矩形框，调整好大小和位置；再添加三个按钮、两个静态文本框和一个可编辑文本框，并调整好大小和位置。

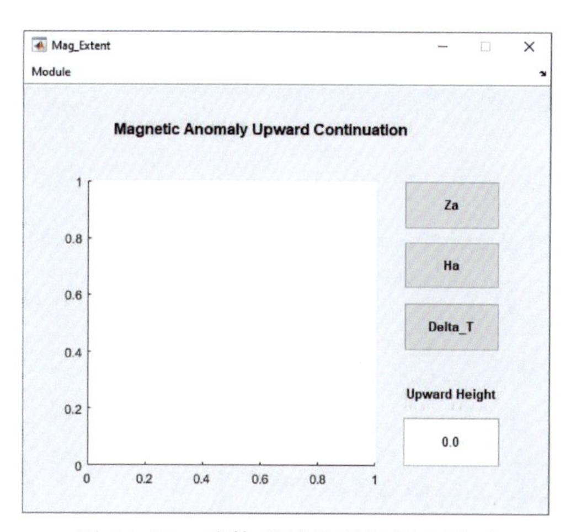

图 10.13　球体磁异常延拓用户界面

(2)利用属性编辑器，设置图形对象的属性。

打开属性编辑器，修改控件对象的属性及属性值。将三个按钮的 String 属性设置为 Za、Ha 和 Delta_T；将两个静态文本框的 String 属性设置为"Magnetic Anomaly Upward Continuation"和"Upward Height"。

(3)添加“Module”菜单项。

双击图上空白处,直接在属性查看器中将 menu 和 toolbar 的属性修改为 figure,然后打开菜单编辑器,新建一个菜单项,它的 Label 属性设为“Module”,在刚建的菜单项下建立两个子菜单项,其 Label 属性分别设为“Single ball”和“Multi balls”。

(4)保存图形用户界面。

选择 File 菜单中的 Save 命令,将设计的图形用户界面保存为 Mag_Extent.fig,同时生成 Mag_Extent.m 文件。

(5)编写代码,实现控件及菜单功能

在函数文件 Mag_Extent.m 添加相应代码,省去自带的注释部分,程序代码如下

```
function varargout=Mag_Extent(varargin)
gui_Singleton=1;
gui_State=struct('gui_Name',       mfilename, ...
                 'gui_Singleton',  gui_Singleton, ...
                 'gui_OpeningFcn',@Mag_Extent_OpeningFcn, ...
                 'gui_OutputFcn',  @Mag_Extent_OutputFcn, ...
                 'gui_LayoutFcn',  [] , ...
                 'gui_Callback',   []);
if nargin && ischar(varargin{1})
    gui_State.gui_Callback=str2func(varargin{1});
end

if nargout
    [varargout{1:nargout}]=gui_mainfcn(gui_State, varargin{:});
else
    gui_mainfcn(gui_State, varargin{:});
end

function Mag_Extent_OpeningFcn(hObject, eventdata, handles, varargin)
handles.output=hObject;
guidata(hObject, handles);
global  return_value;                % global value to return model choose

function varargout=Mag_Extent_OutputFcn(hObject, eventdata, handles)
varargout{1}=handles.output;

% ---Executes on button press in Za.
function Za_Callback(hObject, eventdata, handles)
ProlongateForward(handles,'Za');       % computing initial Za

% ---Executes on button press in Ha.
function Ha_Callback(hObject, eventdata, handles)
```

```
ProlongateForward(handles,'Ha');       % computing initial Ha
% ---Executes on button press in Delta_T.
function Delta_T_Callback(hObject, eventdata, handles)
ProlongateForward(handles,'DeltaT');      % computing initial Delta_T

function edit1_Callback(hObject, eventdata, handles)


function edit1_CreateFcn(hObject, eventdata, handles)
if (ispc && isequal(get(hObject,'BackgroundColor'), ...
      get(0,'defaultUicontrolBackgroundColor'))
    set(hObject,'BackgroundColor','white');
end

% ---Executes on memu list press 'module'.
function Untitled_1_Callback(hObject, eventdata, handles)

% ---Executes on memu list press 'Single ball'.
function Untitled_2_Callback(hObject, eventdata, handles)
global return_value;
return_value= 1;        % set module choose of single ball as return_value=1

% ---Executes on memu list press 'Multi balls'.
function Untitled_3_Callback(hObject, eventdata, handles)
global return_value;
return_value= 2;        % set module choose of multi ball as return_value=2
```

磁异常计算函数 ProlongateForward. m 的程序代码如下：

```
function ProlongateForward(handles,ProType)
global return_value;

dx= 5;
nx= 121;
xmin= -300;
x= xmin : dx : (xmin+ (nx-1)*dx);
A= 0;
I= pi/2;
R1= 50; R2= 30;
r1=30; r2= 15;
B= 50000;
k= 0.015;
vol1=4*pi*r1*r1*r1/3;
vol2=4*pi*r2*r2*r2/3;
```

```
mu_0=4*pi*1e-7;
M=k*B/mu_0;
ms1=M*vol1;
ms2=M*vol2;
if return_value= =1
    switch ProType
        case 'DeltaT'
            single= (mu_0/(4*pi))*ms1*((2*R1*R1-x.*x)*sin(I)*sin(I) ...
                    +(2*x.*x-R1*R1)*cos(I)*cos(I)*cos(A)*cos(A)...
                    -(x.*x+R1*R1)*cos(I)*cos(I)*sin(A)*sin(A) ...
                    -3*R1*x*sin(2*I)*cos(A))./((R1^2+x.^2).^2.5);
            YLabelStr='\DeltaT/nT';
        case 'Ha'
            single= (mu_0/(4*pi))*ms1*(2*x.*x-R1*R1*cos(I)*cos(A) ...
                    -3*R1*x*sin(I))./((R1^2+x.^2).^2.5);
            YLabelStr='H_a/nT';
        case 'Za'
            single= (mu_0/(4*pi))*ms1*((2*R1*R1-x.*x)*sin(I) ...
                    -3*R1*x*cos(I)*cos(A))./((R1^2+x.^2).^2.5);
            YLabelStr='Z_a/nT';
        otherwise
    end
    up1=zeros(1,nx);
    H=str2double(get(handles.edit1,'string'));
 If (H= =0.0)
 Hwarn=warndlg(sprintf('No value! \n Please insert upward height! '),'Warning');
 else
    h=H/5;
    n=10;
    for i=(h*n+1):(nx-h*n)
        tmp=0;
        for j=(i-h*n):h:(i+h*n)
            k=(j-i)/h;
            tmp=tmp+single(j)*atan(4/(4*k*k+3))/pi;
        end
        up1(i)=tmp;
    end
    plot(x,single,'b',x,up1,'r:')
    xlabel('X/m')
    ylabel(YLabelStr)
    legend('Original value',strcat('Upward',32,num2str(H),'m'));
 end
```

```
else
    switch ProType
        case 'DeltaT'
            temp1=(mu_0/(4*pi))*ms1*((2*R1*R1-(x-50).*(x-50)) ...
                *sin(I)*sin(I)+(2*(x-50).*(x-50)-R1*R1)*cos(I) ...
                *cos(I)*cos(A)*cos(A)-((x-50).*(x-50)+R1*R1) ...
                *cos(I)*cos(I)*sin(A)*sin(A) ...-3*R1*(x-50) ...
                *sin(2*I)*cos(A))./((R1^2+(x-50).^2).^2.5);
            temp2=(mu_0/(4*pi))*ms2*((2*R2*R2-(x+50).*(x+50)) ...
                *sin(I)*sin(I)+(2*(x+50).*(x+50)-R2*R2)*cos(I) ...
                *cos(I)*cos(A)*cos(A)-((x+50).*(x+50)+R2*R2) ...
                *cos(I)*cos(I)*sin(A)*sin(A)-3*R2*(x+50) ...
                *sin(2*I)*cos(A))./((R2^2+(x+50).^2).^2.5);
            YLabelStr='\DeltaT/nT';
        case 'Ha'
            temp1=(mu_0/(4*pi))*ms1*(2*(x-50).*(x-50) ...
                -R1*R1*cos(I)*cos(A)-3*R1*(x-50) ...
                *sin(I))./((R1^2+(x-50).^2).^2.5);
            temp2=(mu_0/(4*pi))*ms2*(2*(x+50).*(x+50) ...
                -R2*R2*cos(I)*cos(A)-3*R2*(x+50) ...
                *sin(I))./((R2^2+(x+50).^2).^2.5);
            YLabelStr='H_a/nT';
        case 'Za'
            temp1=(mu_0/(4*pi))*ms1*((2*R1*R1-(x-50).*(x-50))*sin(I) ...
                -3*R1*(x-50)*cos(I)*cos(A))./((R1^2+(x-50).^2).^2.5);
            temp2=(mu_0/(4*pi))*ms2*((2*R2*R2-(x+50).*(x+50))*sin(I) ...
                -3*R2*(x+50)*cos(I)*cos(A))./((R2^2+(x+50).^2).^2.5);
            YLabelStr='Z_a/nT';
    otherwise
end
temp=temp1+temp2;
up1=zeros(1,nx);
H=str2double(get(handles.edit1,'string'));
h=H/5;
n=10;
for i=(h*n+1):(nx-h*n)
    tmp=0;
    for j=(i-h*n):h:(i+h*n)
        k=(j-i)/h;
        tmp=tmp+temp(j)*atan(4/(4*k*k+3))/pi;
    end
```

```
        up1(i)=tmp;
    end
    plot(x,temp,'b',x,up1,'r:')
    xlabel('X/m')
    ylabel(YLabelStr)
    legend('Original value',strcat('Upward',32,num2str(H),'m'));
    end
```

运行图形用户界面，可得如图 10.14 所示的计算结果。

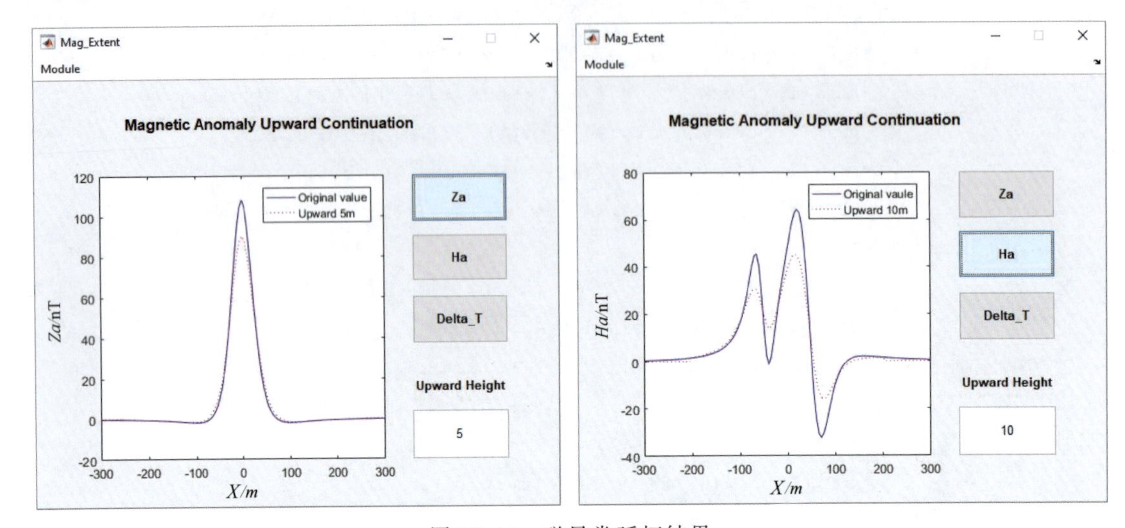

图 10.14　磁异常延拓结果

10.3.2　磁异常分量间的换算

在磁异常推断解释中，有时需要磁场的多种分量，增加解释信息，如利用 Z_a 和 H_a 可以作参量图以判断磁性体形态等，有时需要简化磁异常特征，以便推断解释，但是实际磁测工作中一般只测某一种分量 Z_a 或 ΔT 。这里，我们讨论同测线 Z_a 与 H_a 的互算问题。

原点处的磁异常的分量换算公式为

(1) $Z_a \rightarrow H_a$ ：

$$H_a(0,0)=\sum_{i=1}^{N} a_i[Z_a(\xi_i,0)-Z_a(-\xi_i,0)], \tag{10.16}$$

(2) $H_a \rightarrow Z_a$ ：

$$Z_a(0,0)=-\sum_{i=1}^{N} a_i[H_a(\xi_i,0)-H_a(-\xi_i,0)], \tag{10.17}$$

式中

$$a_1=\frac{1}{\pi}\left(1+\frac{1}{2}\ln\frac{\xi_2}{\xi_1}\right),\ a_i=\frac{1}{2\pi}\ln\frac{\xi_{i+1}}{\xi_{i-1}},\ a_N=\frac{1}{2\pi}\left(1+\ln\frac{\xi_N}{\xi_{N-1}}\right),$$

若取 $N=10$ 时，以点距为单位划分区间时，系数 a_i 的值如表 10.1 所示。

表 10.1　Z_a 与 H_a 换算的系数表

ξ_i	1	2	3	4	5	6	7	8	9	10
a_i	0.428 6	0.174 9	0.110 3	0.081 3	0.064 5	0.053 6	0.045 8	0.040 0	0.035 5	0.175 9

例 10.5　分析水平圆柱体的磁异常转换。假设圆柱体中心埋深 $R=15\text{m}$，半径 $r=10\text{m}$，$k=0.015\text{SI}$，当地磁场 $B=50\ 000\text{nT}$，观测剖面与磁化强度水平投影夹角 $A'=0°$，地磁场倾角 $I_0=90°$。

解：创建函数 M 文件 test1005.m，程序代码如下

```
function test1005(A, i0, xmin, xmax, dx, r, R)
clc

mu0=4*pi*1.0e-7;

A=A*pi/180;
i0=i0*pi/180;
if A==pi/2 || i0==pi/2
    is=pi/2;
else
    is=atan(tan(i0)/cos(A));
end
B=50000;
k=0.015;
Ms=k*B/mu0;
S=pi*r*r;
ms=Ms*S;
x=xmin : dx : xmax;

cons=mu0*ms/2/pi./(R^2+x.^2).^2;
Za=+cons.*(sin(is)'.*(R^2-x.^2)-2*R.*cos(is)'.*x);
Ha=-cons.*(cos(is)'.*(R^2-x.^2)+2*R.*sin(is)'.*x);

coef=[0.4286 0.1749 0.1103 0.0813 0.0645...
0.0536 0.0458 0.0400 0.0355 0.1759];

nx=length(x);
nc=length(coef);
xx=zeros(1, nx-2*nc);
ZaHa=zeros(1, nx-2*nc);
for i=1+nc : nx-nc     temp=0;
    for j=1 : nc         temp=temp+coef(j)*(Za(i+j)-Za(i-j));
    end
```

```
        ZaHa(i-nc)=temp;
        xx(i-nc)=x(i);
    end

    %    PLOT
    figure
    plot(x, Za,'k-', x, Ha, 'r--', xx, ZaHa, 'b-o');
    axis tight;
    xlabel('\fontname{times new roman}\itx / \rmm', 'fontsize', 13);
    ylabel('\fontname{times new roman}\ity / \rmnT', 'fontsize', 13);
    str1='\fontname{times new roman}\itZ_{a}';
    str2='\fontname{times new roman}\itH_{a}';
    str3='\fontname{times new roman}\itZ_{a}\rightarrowH_{a}';
    legend(str1, str2, str3,'fontsize', 13, 'Location', 'northeast')
    end
```

(1)当测点间距为 1m 时

在命令行窗口输入

```
>> test1005(0, 90,-80, 80, 1, 10, 15)
```

输出结果如图 10.15 所示。

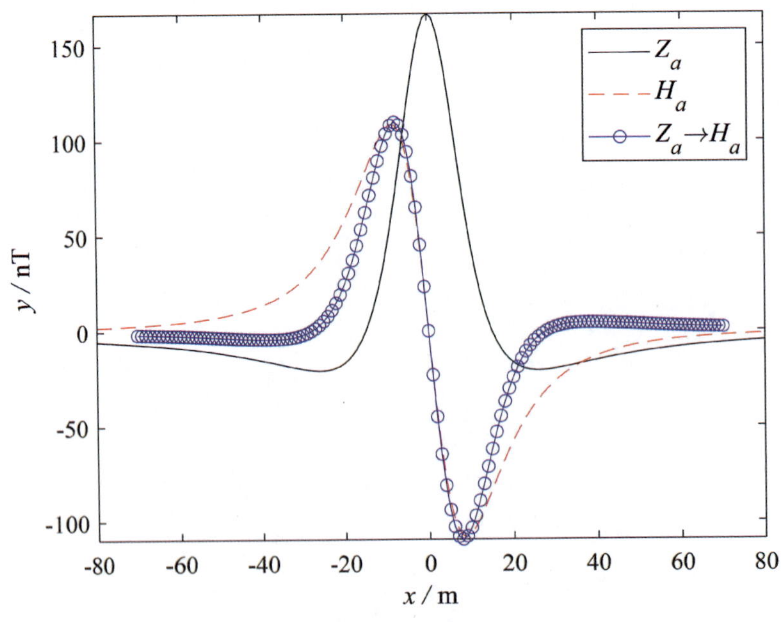

图 10.15　圆柱体磁异常 Z_a 换算为 H_a

(2)当测点间距分别为 2m 、3m 和 4m 时,则在命令行窗口逐一输入

```
>> test1005(0, 90,-80, 80, 2, 10, 15)
```

以及

```
>> test1005(0, 90,-80, 80, 3, 10, 15)
>> test1005(0, 90,-80, 80, 4, 10, 15)
```

程序运行结果分别如图 10.16～图 10.18 所示。通过图形可以知道：当测点间距变大时，转换出的 H_a 与正演的 H_a 有明显的图形失真（假异常），随着测点间距的进一步增大，失真越厉害。

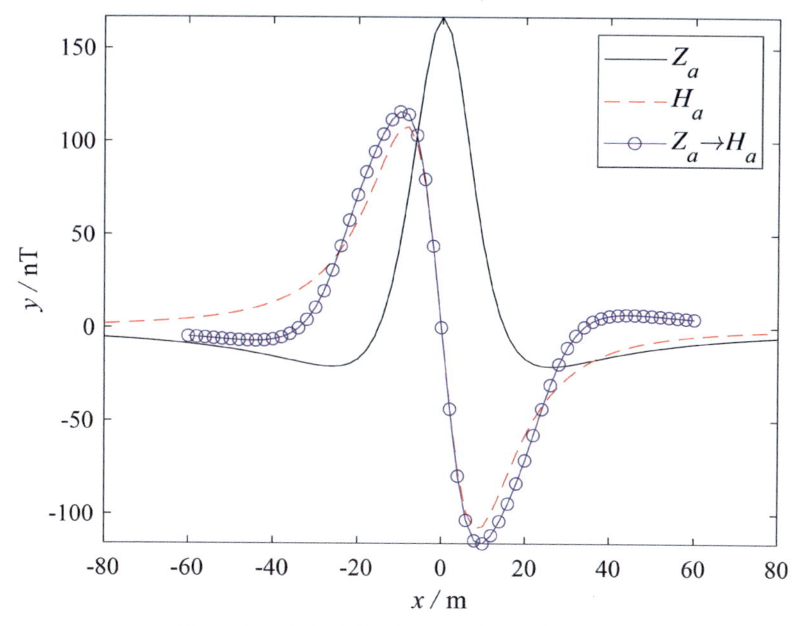

图 10.16　测点间距为 2m 时圆柱体磁异常换算

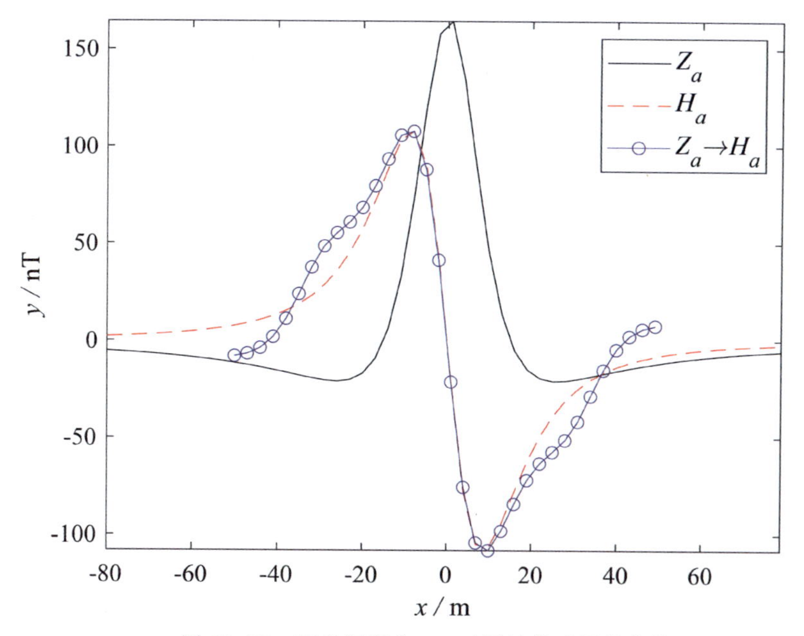

图 10.17　测点间距为 3m 时圆柱体磁异常换算

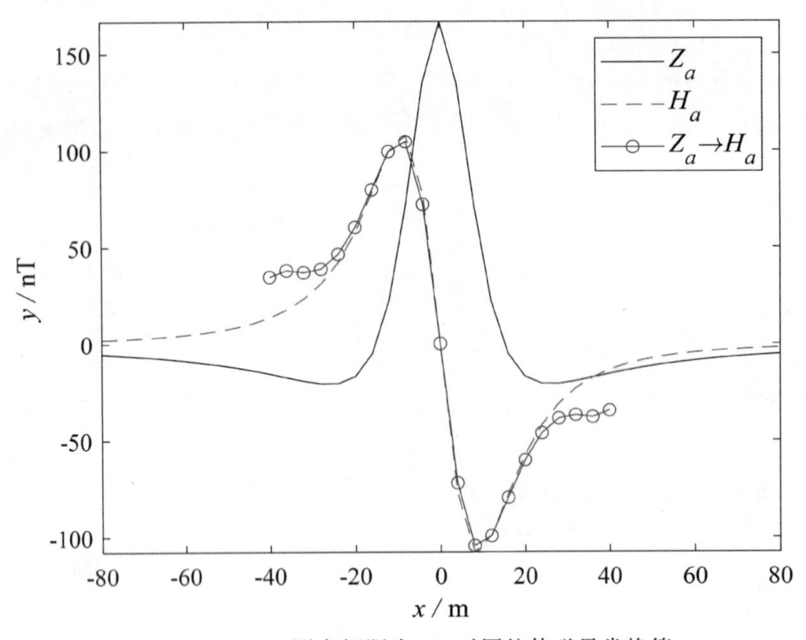

图 10.18 测点间距为 4m 时圆柱体磁异常换算

第 11 章　地电场与电法勘探

电法勘探是根据地壳中各类岩石或矿体的电磁学性质(如导电性、导磁性、介电性)和电化学特性的差异,通过观测和研究人工或天然的地球电流场或电化学场,推断地下电性、磁性分布规律及其时间特性,进而达到寻找不同类型有用矿床和查明地质构造及解决地质问题的地球物理勘探方法。主要用于寻找金属、非金属矿床,勘查地下水资源和能源,解决某些工程地质及深部地质问题。

本章主要介绍 MATLAB 在电法勘探数据处理和解释中的应用实例。

11.1　直流电阻率法

本节主要讨论对称四极装置电测深在水平地层上的正演计算,并采用 MATLAB 实现程序编制。

11.1.1　一维正演问题描述

水平地层上 $MN \to 0$ 时的对称四极装置视电阻率表达式为

$$\rho_a = r^2 \int_0^\infty T_1(\lambda) J_1(\lambda r) \lambda \, \mathrm{d}\lambda \,, \tag{11.1}$$

这里 r 为收发距, J_1 为是第一类 Bessel 函数, $T_1(\lambda)$ 为电阻率转换函数,且有

$$T_n(\lambda) = \rho_n \,, \tag{11.2a}$$

$$T_i(\lambda) = \rho_i \frac{[T_{i+1}(\lambda) + \rho_i] + [T_{i+1}(\lambda) - \rho_i]\mathrm{e}^{-2\lambda h_i}}{[T_{i+1}(\lambda) + \rho_i] - [T_{i+1}(\lambda) - \rho_i]\mathrm{e}^{-2\lambda h_i}} = \rho_i \frac{T_{i+1}(\lambda) + \rho_i \tanh(\lambda h_i)}{\rho_i + T_{i+1}(\lambda)\tanh(\lambda h_i)} \,, \tag{11.2b}$$

其中, $i = n-1, n-2, \cdots, 2, 1$,因此,从最底层开始,逐步向上递推可得到 $T_1(\lambda)$,且无论是几层介质, $T_1(\lambda)$ 总是指地面的电阻率转换函数,只与各层电阻率及厚度有关,与 r 无关,因而是表征地电断面性质的函数。

应当指出的是,为使数值计算的稳定性更好,最好用负指数函数代替上述表达中的双曲正切函数。

1. 转换函数程序实现

根据式(11.2),形成计算函数 $T_1(\lambda)$ 的源程序 tfunc.m

```
function z=tfunc(lambda)

global H RHO
global NLYR
t=RHO(NLYR);
for i=NLYR-1 :-1 :1
    termu=t+RHO(i)*tanh(lambda*H(i));
    termd=RHO(i)+t*tanh(lambda*H(i));
    t=RHO(i)*termu/termd;
end
z=t;
end
```

2. Hankel 积分

对于式(11.1)中的 Hankel 积分

$$f(r)=\int_0^\infty K(\lambda)J_i(\lambda r)\mathrm{d}\lambda, \tag{11.3}$$

式中，J_i 是第一类 i 阶 Bessel 函数，广泛出现在轴对称问题中，譬如，层状介质直流电测深、可控源音频大地电磁法和瞬变电磁法的正演计算。

线性数值滤波计算公式

$$rf(r)=\sum_{i=1}^{n}K(\lambda_i)W_i, \tag{11.4}$$

这里

$$\lambda_i=\frac{1}{r}\times 10^{[a+(i-1)s]},(i=1,2,\cdots,n) \tag{11.5}$$

数值计算的精度取决于积分区间的长度 n 、抽样点的位置 λ_i 和滤波系数 W_i 。通常 n 越大计算精度越高。Harber 等(2000)给出了 Guptasarma 和 Singh 提供的 61 点和 120 点汉克尔 J_0 滤波系数以及 47 点和 140 点汉克尔 J_1 滤波系数。

下面给出 140 点一阶 Hankel 积分系数的函数文件 HankelFilters. m

```
a1=-7.91001919000D+00;
s1=+8.79671439570D-02;
w1=[    -6.76671159511e-14      3.39808396836e-13     -7.43411889153e-13...
         8.93613024469e-13     -5.47341591896e-13     -5.84920181906e-14...
         5.20780672883e-13     -6.92656254606e-13      6.88908045074e-13...
        -6.39910528298e-13      5.82098912530e-13      4.84912700478e-13...
         3.54684337858e-13      2.10855291368e-13      1.00452749275e-13...
         5.58449957721e-15     -5.67206735175e-14      1.09107856853e-13...
        -6.04067500756e-14      8.84512134731e-14      2.22321981827e-14...
         8.38072239207e-14      1.23647835900e-13      1.44351787234e-13...
         2.94276480713e-13      3.39965995918e-13      6.17024672340e-13...
```

```
    8.25310217692e-13    1.32560792613e-12    1.90949961267e-12...
    2.93458179767e-12    4.33454210095e-12    6.55863288798e-12...
    9.78324910827e-12    1.47126365223e-11    2.20240108708e-11...
    3.30577485691e-11    4.95377381480e-11    7.43047574433e-11...
    1.11400535181e-10    1.67052734516e-10    2.50470107577e-10...
    3.75597211630e-10    5.63165204681e-10    8.44458166896e-10...
    1.26621795331e-09    1.89866561359e-09    2.84693620927e-09...
    4.26886170263e-09    6.40104325574e-09    9.59798498616e-09...
    1.43918931885e-08    2.15798696769e-08    3.23584600810e-08...
    4.85195105813e-08    7.27538583183e-08    1.09090191748e-07...
    1.63577866557e-07    2.45275193920e-07    3.67784458730e-07...
    5.51470341585e-07    8.26916206192e-07    1.23991037294e-06...
    1.85921554669e-06    2.78777669034e-06    4.18019870272e-06...
    6.26794044911e-06    9.39858833064e-06    1.40925408889e-05...
    2.11312291505e-05    3.16846342900e-05    4.75093313246e-05...
    7.12354794719e-05    1.06810848460e-04    1.60146590551e-04...
    2.40110903628e-04    3.59981158972e-04    5.39658308918e-04...
    8.08925141201e-04    1.21234066243e-03    1.81650387595e-03...
    2.72068483151e-03    4.07274689463e-03    6.09135552241e-03...
    9.09940027636e-03    1.35660714813e-02    2.01692550906e-02...
    2.98534800308e-02    4.39060697220e-02    6.39211368217e-02...
    9.16763946228e-02    1.28368795114e-01    1.73241920046e-01...
    2.19830379079e-01    2.51193131178e-01    2.32380049895e-01...
    1.17121080205e-01   -1.17252913088e-01   -3.52148528535e-01...
   -2.71162871370e-01    2.91134747110e-01    3.17192840623e-01...
   -4.93075681595e-01    3.11223091821e-01   -1.36044122543e-01...
    5.12141261934e-02   -1.90806300761e-02    7.57044398633e-03...
   -3.25432753751e-03    1.49774676371e-03   -7.24569558272e-04...
    3.62792644965e-04   -1.85907973641e-04    9.67201396593e-05...
   -5.07744171678e-05    2.67510121456e-05   -1.40667136728e-05...
    7.33363699547e-06   -3.75638767050e-06    1.86344211280e-06...
   -8.71623576811e-07    3.61028200288e-07   -1.05847108097e-07...
   -1.51569361490e-08    6.67633241420e-08   -8.33741579804e-08...
    8.31065906136e-08   -7.53457009758e-08    6.48057680299e-08...
   -5.37558016587e-08    4.32436265303e-08   -3.37262648712e-08...
    2.53558687098e-08   -1.81287021528e-09    1.20228328586e-08...
   -7.10898040664e-09    3.53667004588e-09   -1.36030600198e-09...
    3.52544249042e-10   -4.53719284366e-11                     ];
```

3. 一维正演程序实现

直流电阻率法一维正演源代码 res1dfor.m

```
function [r, rhoa]=res1dfor(h, rho)

clc
global H RHO
global NLYR

H=h;
RHO=rho;
NLYR=length(rho);

load HankelFilters.mat a1 s1 w1
nw1=length(w1);

nr=120;
rmin=1.0;
rmax=1000.0;
r=logspace(log10(rmin), log10(rmax), nr);

rhoa=zeros(1, nr);
for i=1:nr
    ri=r(i);
    sum=0.0;
    for j=1:nw1
        t1=a1+(j-1)*s1;
        t2=10.0^t1;
        lambda=1.0/ri*t2;

        fkernel=tfunc(lambda)*lambda;
        sum=sum+fkernel*w1(j);
        end
        rhoa(i)=ri*ri*sum/ri;
end

loglog(r, rhoa)
xlabel('\itr / \rmm');
ylabel('\rho_{\it\fontname{times new roman}a} / \rm\Omega\cdotm');
rhomax=max(rho);
rhomin=min(rho);
ylim([rhomin rhomax])
end
```

例 11.1　直流电阻率法一维正演示例。设三层地电模型参数如下

$\rho_1 = 100\Omega \cdot \mathrm{m}$，$\rho_2 = 10\Omega \cdot \mathrm{m}$，$\rho_3 = 1000\Omega \cdot \mathrm{m}$，

$h_1 = 10\ \mathrm{m}$，$h_2 = 10\ \mathrm{m}$。

解：在 MATLAB 工作窗口调用正演计算的函数文件

```
>> res1dfor([5 5], [100 10 1000])
```

程序运行结果如图 11.1 所示，为 H 型曲线。

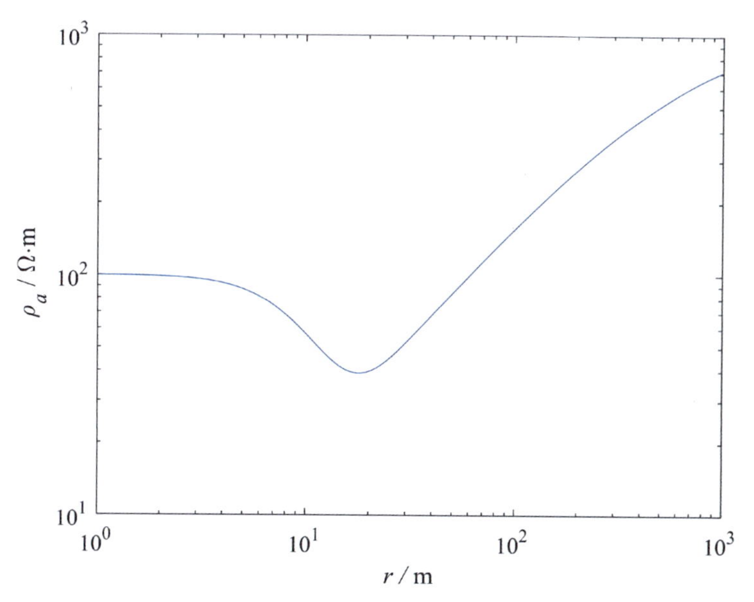

图 11.1　三层地电断面的直流电测深响应曲线

11.1.2　椭球体上的视电阻率

设在地面水平的均匀大地中赋存有一个拉长的旋转椭球体，旋转轴（长轴 $2a$）相对地面倾角为 α。当采用供电线 AB 与旋转轴共平面的中梯装置时，由相关文献（傅良魁，1982）可写出其视电阻率表达式

$$\rho_a = \rho_1 \{1 - 2[V^x R\cos^2\alpha + (V^x + V^z) S\sin\alpha\cos\alpha + V^z T\ \sin^2\alpha]\}\ , \tag{11.6}$$

式中，几何因子

$$R = \frac{\partial}{\partial x}(x L^x) = L^x - \frac{K x^2}{(a^2 + t_0)^2}\ , \tag{11.7a}$$

$$S = \frac{\partial}{\partial x}(z L^z) = -\frac{K x z}{(a^2 + t_0)(c^2 + t_0)}\ , \tag{11.7b}$$

$$T = \frac{\partial}{\partial z}(z L^z) = L^z - \frac{K z^2}{(c^2 + t_0)^2}\ , \tag{11.7c}$$

这里

$$K = \frac{4\pi abc}{\sqrt{a^2 + t_0}\ \sqrt{b^2 + t_0}\ \sqrt{c^2 + t_0}\left[\dfrac{x^2}{(a^2 + t_0)^2} + \dfrac{y^2}{(b^2 + t_0)^2} + \dfrac{z^2}{(c^2 + t_0)^2}\right]}\ , \tag{11.8a}$$

$$L^x = 2\pi abc\int_{t_0}^{\infty}\frac{1}{\sqrt{(a^2+t)^3}\sqrt{b^2+t}\sqrt{c^2+t}}\mathrm{d}t\ , \tag{11.8b}$$

$$L^z = 2\pi abc\int_{t_0}^{\infty}\frac{1}{\sqrt{a^2+t}\sqrt{b^2+t}\sqrt{(c^2+t)^3}}\mathrm{d}t\ , \tag{11.8c}$$

电性因子

$$V^x = \frac{1-\mu_{12}}{4\pi\mu_{12}+(1-\mu_{12})L_0^x}\ , \tag{11.9a}$$

$$V^z = \frac{1-\mu_{12}}{4\pi\mu_{12}+(1-\mu_{12})L_0^z}\ , \tag{11.9b}$$

其中

$$L_0^x = L^x\big|_{t_0=0} = 2\pi abc\int_{0}^{\infty}\frac{1}{\sqrt{(a^2+t)^3}\sqrt{b^2+t}\sqrt{c^2+t}}\mathrm{d}t\ , \tag{11.10a}$$

$$L_0^z = L^z\big|_{t_0=0} = 2\pi abc\int_{0}^{\infty}\frac{1}{\sqrt{a^2+t}\sqrt{b^2+t}\sqrt{(c^2+t)^3}}\mathrm{d}t\ , \tag{11.10b}$$

t_0 为椭球方程

$$\frac{x^2}{a^2+t}+\frac{y^2}{b^2+t}+\frac{z^2}{c^2+t}=0\ , \tag{11.11}$$

的最大实根，$\mu_{12}=\rho_2/\rho_1$ 。

须指出的是，计算时应注意坐标(参看图11.2)，一般给出的是(x' 、y' 、z')，而上述公式使用的是(x 、y 、z)，故而，这里应作坐标变换

$$x = x'\cos\alpha - z'\sin\alpha\ , \tag{11.12a}$$

$$z = x'\sin\alpha + z'\cos\alpha\ , \tag{11.12b}$$

$$y = y'\ 。 \tag{11.12c}$$

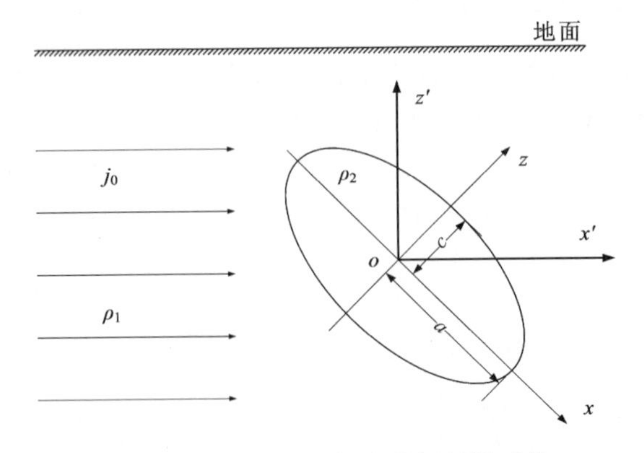

图11.2 均匀电流场中的倾斜椭球体

例11.2 旋转椭球体上的视电阻率特征。球体空间位置和地电参数设置如下：$a=10\mathrm{m}$，$b=c=2\mathrm{m}$，$h_0=15\mathrm{m}$，$\rho_1=100\Omega\cdot\mathrm{m}$，计算椭球体分别沿顺时针方向旋转0°、30°、45°、60°、90°时的情况。

解：创建函数M文件SphereRhoa.m，程序代码如下

```
function SphereRhoa(a,b,c,alpha,h0,rho1,rho2)
clc

a2=a*a;
b2=b*b;
c2=c*c;
alpha=alpha*pi/180;
na=length(alpha);
mu=rho2/rho1;

nx=300;
xmin=-50.0;
xmax=+50.0;
x=linspace(xmin, xmax, nx);
y=0.0;
y2=y*y;
z=h0;

cons=2*pi*a*b*c;
rhoa=zeros(na,nx);
for j=1:na
    alphaj=alpha(j);
for i=1:nx
    xi=x(i)*cos(alphaj)-z*sin(alphaj);
    zi=x(i)*sin(alphaj)+z*cos(alphaj);
    x2=xi*xi;
    z2=zi*zi;

    t0=maxrealroot(a, b, c, xi, y, zi);
    k1=sqrt(a2+t0)*sqrt(b2+t0)*sqrt(c2+t0);
    k2=x2/(a2+t0)^2+y2/(b2+t0)^2+z2/(c2+t0)^2;
    K=2*cons/k1/k2;
    fx=@(t,t1,t2,t3) 1./(a2+t).^(3/2)./sqrt(b2+t)./sqrt(c2+t);
    Lx=cons*integral(@(t)fx(t,a2,b2,c2),t0,Inf);
    Lx0=cons*integral(@(t)fx(t,a2,b2,c2),0,Inf);
    fz=@(t,t1,t2,t3) 1./sqrt(a2+t)./sqrt(b2+t)./(c2+t).^(3/2);
    Lz=cons*integral(@(t)fz(t,a2,b2,c2),t0,Inf);
    Lz0=cons*integral(@(t)fz(t,a2,b2,c2),0,Inf);

    R=Lx-K*x2/(a2+t0)^2;
    S=-K*xi*zi/(a2+t0)/(c2+t0);
```

```
        T=Lz-K*z2/(c2+t0)^2;
        Vx=(1.0-mu)/(4*pi*mu+(1-mu)*Lx0);
        Vz=(1.0-mu)/(4*pi*mu+(1-mu)*Lz0);

        term1=Vx*R*cos(alphaj)*cos(alphaj);
        term2=(Vx+Vz)*S*sin(alphaj)*cos(alphaj);
        term3=Vz*T*sin(alphaj)*sin(alphaj);
        rhoa(j,i)=rho1*(1-2*(term1+term2+term3));
      end
    end

    %    PLOT

    for j=1:na
        plot(x(:), rhoa(j,:)/rho1)
        xlabel('\it\fontname{times new roman}x / \rmm');
        ylabel('\rho_{\it\fontname{times new roman}a} / \rho_1');
        hold on
    end
    set(gca,'yTickLabel',num2str(get(gca,'yTick')','% .2f'))
    str1='\alpha=\rm0\circ';
    str2='\alpha=\rm30\circ';
    str3='\alpha=\rm45\circ';
    str4='\alpha=\rm60\circ';
    str5='\alpha=\rm90\circ';
    legend(str1, str2, str3, str4, str5,'Location', 'northeast')
    end
```

椭球方程最大实根计算程序

```
    function t=maxrealroot(a,b,c,x,y,z)
    % 罗延钟.椭圆方程的最大实根.桂林冶金地质学院学报,1982(4):33-35
    a2=a*a;
    b2=b*b;
    c2=c*c;
    x2=x*x;
    y2=y*y;
    z2=z*z;

    m2=a2+b2+c2;
    r2=x2+y2+z2;
```

```
    p1=1/9*(m2-r2)^2;
    p2=1/3*(a2*b2+b2*c2+c2*a2-x2*(b2+c2)-y2*(c2+a2)-z2*(a2+b2));
    P=p1-p2;
    P3=P*P*P;

    q1=1/54*(m2-r2)^3;
    q2=1/6*(m2-r2)*(a2*b2+b2*c2+c2*a2-x2*(b2+c2)-y2*(c2+a2)-z2*(a2+b2));
    q3=1/2*(a2*b2*c2-x2*b2*c2-y2*c2*a2-z2*a2*b2);
    Q=q1+q2-q3;
    Q2=Q*Q;

    phi=acos(Q/sqrt(P3));

    if (Q2-P3) < 0.0
        t=2.0*sqrt(P)*cos(phi/3.0)-(m2-r2)/3.0;
    elseif (Q2-P3)= =0.0
        if Q > 0
            t=2.0*Q^(1/3)-(m2-r2)/3.0;
        else
        t=-Q^(1/3)-(m2-r2)/3.0;
        end
    else
        t=(Q+sqrt(Q2-P3))^(1/3)+ (Q-sqrt(Q2-P3))^(1/3)-(m2-r2)/3.0;
    end
    end
```

在 MATLAB 命令行窗口输入

```
    > > SphereRhoa(10,2,2,[0 30 45 60 90],15,100,10)
```

程序执行后，输出结果如图 11.3 所示。

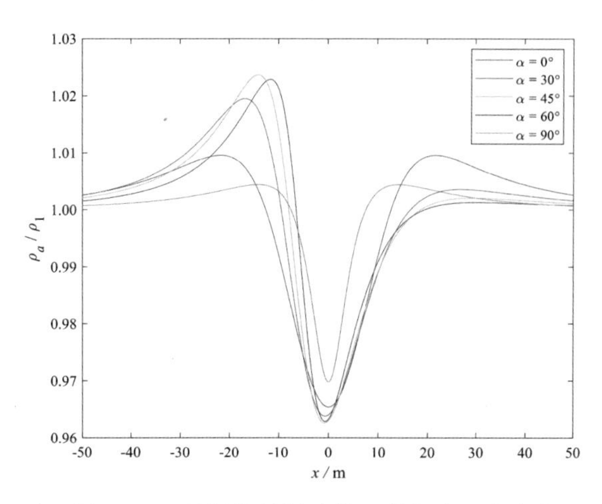

图 11.3　低阻旋转椭球体上的视电阻率曲线

11.2 充电法和自然电场法

本节将讨论两种传导类电法勘探分支方法——充电法和自然电场法。前者属人工场法，主要用于良导电矿体的详查或勘探阶段，后者属天然场法，主要用于普查找矿阶段，这两种方法还可用来解决某些水文地质和工程地质问题。

11.2.1 球形导体的充电电场

当导电球体的规模不大或埋藏较深时，可用“简单加倍”的方法近似考虑地球-空气分界面对水平地表电场的影响，理想导电球体的充电电场实际上与位于球心的点电流源场没有区别。若导电球体位于电阻率为 ρ 的均匀岩石中，球心埋深为 h_0 ，对球体的充电电流为 I ，则按地下点电流源电场可写出地表电位的表达式

$$U = C\frac{1}{\sqrt{x^2+y^2+h_0^2}}, \tag{11.13}$$

式中

$$C = \frac{I\rho}{2\pi}, \tag{11.14}$$

这里 x 和 y 是以球心为坐标原点的地面观测点的坐标。沿测线 x 方向的电位梯度为

$$\frac{\partial U}{\partial x} = -C\frac{x}{(x^2+y^2+h_0^2)^{3/2}}。 \tag{11.15}$$

例 11.3 理想球体的充电电场。不失一般性，为说明问题计，这里选择计算参数 $C=1$ ，$h_0=1$ 。

解：创建脚本命令 M 文件 sphchgefld.m，程序文本如下

```
clc
c=1.0;
h0=1.0;

x=-10:1:10;
y=-1:0.1:1;
[X, Y]=meshgrid(x, y);

U=c./sqrt(X.^2+Y.^2+h0*h0);
dUdx=-c.*X./(X.^2+Y.^2+h0*h0).^(3/2);

h1=figure(1);
contourf(X,Y,U)
set(gca,'yTickLabel',num2str(get(gca,'yTick')', '% .1f'))
xlabel('\it\fontname{times new roman}x / \rmm', 'fontsize', 13)
ylabel('\it\fontname{times new roman}y / \rmm', 'fontsize', 13)
```

```
colormap(h1,jet)
b1=colorbar;
b1.Label.String='\itU / \rmV';

h2=figure(2);
contourf(X,Y,dUdx)
set(gca,'yTickLabel',num2str(get(gca,'yTick')', '% .1f'))
xlabel('\it\fontname{times new roman}x / \rmm', 'fontsize', 13)
ylabel('\it\fontname{times new roman}y / \rmm', 'fontsize', 13)
colormap(h2,jet)
b2=colorbar;
b2.Label.String='\itdU/dx / \rmV\cdotm^{-1}';
```

在命令行窗口输入

```
> > sphchgefld
```

程序运行结果如图 11.4 所示。

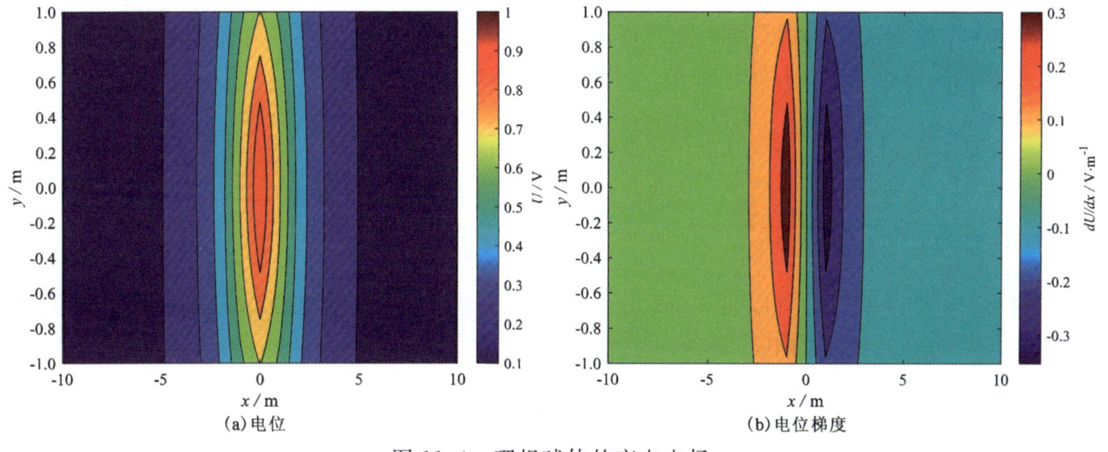

图 11.4　理想球体的充电电场

11.2.2　球形导体的自然极化电场

以自然极化球体的电场为例，讨论电子导电矿体自然电场的特征。如图 11.5 所示，假定一个电阻率为 ρ_2、半径为 r_0 的球体处于电阻率为 ρ_1 的均匀各向同性介质中时，设球体中心上部为氧化环境，下部为还原环境，极化方向由上而下，球体被极化后，在球体表面产生电位跳跃（$\Delta \in$）。取球心为坐标原点，z 轴与极化方向一致，x、y 轴在水平面内，观察点 P 与球心的距离为 R，而 R 与 z 轴的夹角为 θ。同时，设极化作用强度随极化方向的坐标呈线性变化，即球体表面任意点之电位跳跃值 $\Delta \in$ 与该点 z 坐标成正比，则不难获得全空间条件下均匀极化球体内、外的电位表示式

$$U^{(1)} = \frac{\rho_1}{2\rho_2 + \rho_1} \cdot \frac{r_0^2}{R^2} \cdot \Delta U_0 \cos\theta \,, \tag{11.16}$$

和

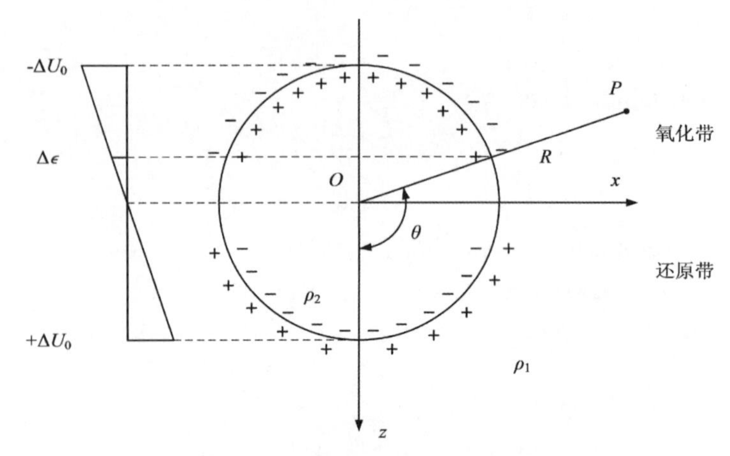

图 11.5　无限介质中垂直极化球体简图

$$U^{(2)} = -\frac{2\rho_2}{2\rho_2+\rho_1}\cdot\frac{R}{r_0}\cdot\Delta U_0\cos\theta\ , \tag{11.17}$$

以上给出的是全空间情况下，自然极化球体内部和外部的电位表达式。对于半空间条件下均匀极化球体在地面的电场，可用镜像法近似地将式(11.16)中的 $U^{(1)}$ 加倍(假设地面是水平的，且与极化轴方向垂直)来处理地球-空气分界面的影响，于是

$$U = 2U^{(1)} = \frac{2\rho_1}{2\rho_2+\rho_1}\cdot\frac{r_0^2}{R^2}\cdot\Delta U_0\cos\theta = M\frac{\cos\theta}{R^2}\ , \tag{11.18}$$

式中

$$M = \frac{2\rho_1}{2\rho_2+\rho_1}\cdot r_0^2\cdot\Delta U_0\ , \tag{11.19}$$

由式(11.16)和式(11.18)可以看出，无论全空间还是半空间，球外电位的分布均与位于球心、偶极矩为 M 的电偶极子的电场等效，偶极子的方向与极化轴方向一致，M 的大小与球体和围岩的电阻率、矿体大小及表面电位跳跃值 ΔU_0 有关。

例 11.4　研究地面自然电场的分布。如图 11.6 下部所示，设球心埋深为 h_0，极化轴与地面夹角为 α，这时

$$\cos\theta = \cos(\alpha+\beta) = \frac{1}{R}(x\cos\alpha - h_0\sin\alpha)\ , \tag{11.20}$$

故而，沿 x 轴方向主剖面上的电位表达式为

$$U = M\frac{x\cos\alpha - h_0\sin\alpha}{R^3} = M\cdot\frac{x\cos\alpha - h_0\sin\alpha}{(x^2+h_0^2)^{3/2}}\ , \tag{11.21}$$

这里取 $M=1$，$h_0=1$，$\alpha=[0°,30°,45°,60°,90°]$。

解：建立脚本命令 M 文件 sphnatefld.m，程序代码如下

```
clc
M=1.0;
h0=1.0;

alpha=[0 30 45 60 90];
na=length(alpha);
x=-3:0.1:3;
```

```
nx=length(x);

U=zeros(na,nx);
for i=1:na
alphai=alpha(i)*pi/180;
termu=x*cos(alphai)-h0*sin(alphai);
termd=(x.^2+h0*h0).^(3/2);
U(i,:)=M*termu./termd;
end

for i=1:na
plot(x(:)/h0, U(i,:));
xlabel('\it\fontname{times new roman}x / h_{\rm0}', 'fontsize', 13)
ylabel('\it\fontname{times new roman}U / \rmV', 'fontsize', 13)
hold on
end
set(gca,'yTickLabel',num2str(get(gca,'yTick')', '% .1f'))
str1='\alpha=\rm0\circ';
str2='\alpha=\rm30\circ';
str3='\alpha=\rm45\circ';
str4='\alpha=\rm60\circ';
str5='\alpha=\rm90\circ';
legend(str1, str2, str3, str4, str5, 'fontsize', 13, 'Location', 'southeast')
```

在命令行窗口输入

```
> > sphnatefld
```

计算结果如图 11.6 上部所示。

11.3　频谱激电法

频谱激电法，亦称复电阻率法。这种方法在相当宽的频段($10^{-2}\sim10^{2}$ Hz)上，用常规电法装置观测视复电阻率实分量、虚分量，或者振幅与相位的频谱，基于对实测频谱的分析，达到划分激电和电磁效应及评价激电异常之目的。

体极化椭球体上的视复电阻率

考察图 11.2 中所示椭球体，若介质被激发极化时，根据相关文献，在频率域中介质具有 Cole-Cole 张弛形式的复电阻率

$$\rho_j(i\omega)=\rho_{j0}\left\{1-m_j\left[1-\frac{1}{1+(i\omega\tau_j)^{c_j}}\right]\right\},(j=1,2)\tag{11.22}$$

式中，ρ_{j0}、m_j、τ_j、c_j 分别是第 j 种介质的 Cole-Cole 模型参数(固有参数或真参数)。

本书讨论激电效应的频谱，将极化总场近似为似稳场，因此，将式(11.22)表示的介质复

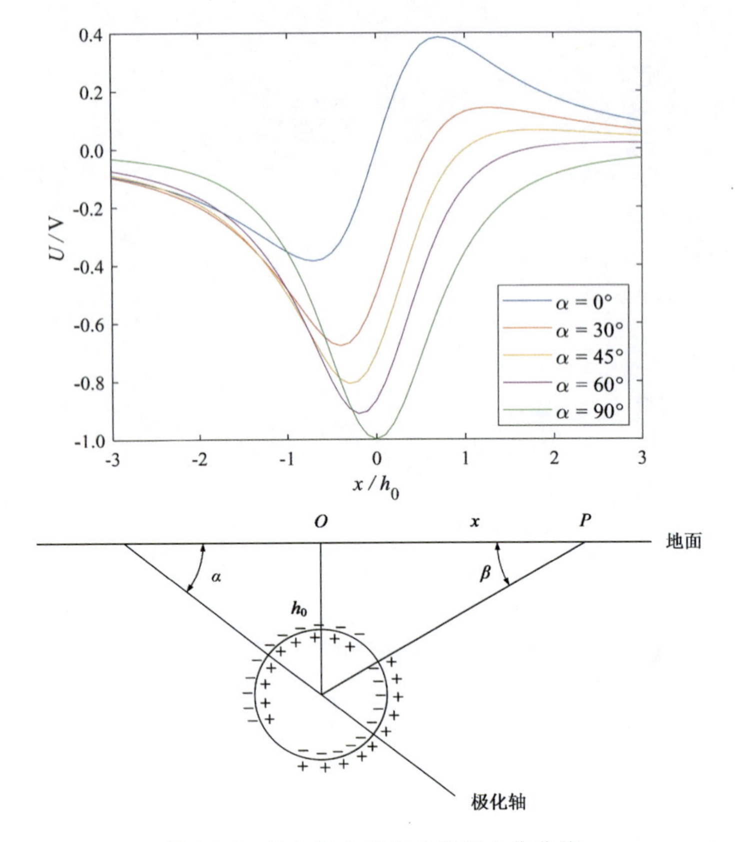

图 11.6　均匀极化球体主剖面电位曲线

电阻率 $\rho_j(i\omega)$ 代换式(11.6)～式(11.10)中的介质电阻率 ρ_j（$j=1,2$），便可得到频率域中包含激电效应的视复电阻率的表达式

$$\rho_a(i\omega)=\rho_1(i\omega)[1-2(\xi+\eta+\zeta)], \tag{11.23}$$

式中

$$\xi=V^xR\cos^2\alpha, \tag{11.24a}$$

$$\eta=(V^x+V^z)S\sin\alpha\cos\alpha, \tag{11.24b}$$

$$\zeta=V^zT\sin^2\alpha, \tag{11.24c}$$

同时，几何因子

$$R=\frac{\partial}{\partial x}(xL^x)=L^x-\frac{Kx^2}{(a^2+t_0)^2}, \tag{11.25a}$$

$$S=\frac{\partial}{\partial x}(zL^z)=-\frac{Kxz}{(a^2+t_0)(c^2+t_0)}, \tag{11.25b}$$

$$T=\frac{\partial}{\partial z}(zL^z)=L^z-\frac{Kz^2}{(c^2+t_0)^2}, \tag{11.25c}$$

这里

$$K=\frac{4\pi ac^2}{(c^2+t_0)\sqrt{a^2+t_0}\left[\frac{x^2}{(a^2+t_0)^2}+\frac{z^2}{(c^2+t_0)^2}\right]}, \tag{11.26a}$$

$$L^x = -\frac{4\pi ac^2}{a^2-c^2}\left(\frac{1}{\sqrt{a^2+t_0}}+\frac{1}{2\sqrt{a^2-c^2}}\ln\frac{\sqrt{a^2+t_0}-\sqrt{a^2-c^2}}{\sqrt{a^2+t_0}+\sqrt{a^2-c^2}}\right), \tag{11.26b}$$

$$L^z = \frac{2\pi ac^2}{a^2-c^2}\left(\frac{\sqrt{a^2+t_0}}{c^2+t_0}+\frac{1}{2\sqrt{a^2-c^2}}\ln\frac{\sqrt{a^2+t_0}-\sqrt{a^2-c^2}}{\sqrt{a^2+t_0}+\sqrt{a^2-c^2}}\right), \tag{11.26c}$$

$$t_0 = \frac{1}{2}(P+Q), \tag{11.26d}$$

其中

$$P = x^2+y^2+z^2-a^2-c^2, \tag{11.27a}$$

$$Q = \sqrt{(x^2+y^2+z^2)^2+(a^2-c^2)^2-2(a^2-c^2)(x^2-y^2-z^2)}, \tag{11.27b}$$

电性因子

$$V^x = \frac{1-\mu}{4\pi\mu+(1-\mu)L_0^x}, \tag{11.28a}$$

$$V^z = \frac{1-\mu}{4\pi\mu+(1-\mu)L_0^z}, \tag{11.28b}$$

这里

$$L_0^x = L^x\big|_{t_0=0} = -\frac{4\pi ab^2}{a^2-b^2}\left(\frac{1}{a}+\frac{1}{2\sqrt{a^2-b^2}}\ln\frac{a-\sqrt{a^2-b^2}}{a+\sqrt{a^2-b^2}}\right), \tag{11.29a}$$

$$L_0^y = L^y\big|_{t_0=0} = \frac{2\pi ab^2}{a^2-b^2}\left(\frac{a}{b^2}+\frac{1}{2\sqrt{a^2-b^2}}\ln\frac{a-\sqrt{a^2-b^2}}{a+\sqrt{a^2-b^2}}\right), \tag{11.29b}$$

$$\mu = \rho_2(i\omega)/\rho_1(i\omega)。 \tag{11.29c}$$

例 11.5　倾斜拉长旋转椭球体上的视复电阻率。计算参数设置如下：椭球体半长轴 $a=20\text{m}$，半短轴 $c=5\text{m}$，中心埋深 $h_0=25$、20、15m，工作频率 $f=2^{15}$、1Hz，长轴倾角 $\alpha=0°$、45°。此外，电性参数如表 11.1 所列。

表 11.1　围岩与椭球体激电参数

	$\rho/\Omega\cdot\text{m}$	m	τ/s	c
围 岩	10	4%	1	0.25
椭球体	10	60%	100	0.25

解：创建脚本命令 M 文件 sip.m，程序代码如下

```
clc


a=20.0;
b=5.0;
a2=a*a;
b2=b*b;
alpha=45;
alpha=alpha*pi/180;
h0=[25 20 15];
```

```
freq=2.0^15;
rho01=10.0;
m1=0.04;
tao1=1.0;
c1=0.25;
rho02=10.0;
m2=0.60;
tao2=100.0;
c2=0.25;
rho1=complxresistivity(freq,c1,m1,rho01,tao1);
rho2=complxresistivity(freq,c2,m2,rho02,tao2);
mu=rho2/rho1;

nx=300;
xmin=-50.0;
xmax=+50.0;
x=linspace(xmin, xmax, nx);
y=0.0;
y2=y*y;
z=h0;
nz=length(z);

cons=2*pi*a*b2;
rhoa=zeros(nz,nx);
phia=zeros(nz,nx);
for j=1:nz
    zj=z(j);
    for i=1:nx
        xi=x(i)*cos(alpha)-zj*sin(alpha);
        zi=x(i)*sin(alpha)+zj*cos(alpha);
        x2=xi*xi;
        z2=zi*zi;

        P=x2+y2+z2-a2-b2;
        Q=sqrt((x2+y2+z2)^2+(a2-b2)^2-2*(a2-b2)*(x2-y2-z2));
        t0=(P+Q)/2.0;
        K=+2*cons/(b2+t0)/sqrt(a2+t0)/(x2/(a2+t0)^2+z2/(b2+t0)^2);
        L1=1.0/sqrt(a2+t0);
        L21=sqrt(a2+t0)-sqrt(a2-b2);
        L22=sqrt(a2+t0)+sqrt(a2-b2);
        L2=1/2/sqrt(a2-b2)*log(L21/L22);
```

```
        L3=sqrt(a2+t0)/(b2+t0);
        Lx=-2*cons/(a2-b2)*(L1+L2);
        Lz=cons/(a2-b2)*(L3+L2);
        R=Lx-K*x2/(a2+t0)^2;
        S=-K*xi*zi/(a2+t0)/(b2+t0);
        T=Lz-K*z2/(b2+t0)^2;

        L01=1/a;
        L02=1/2/sqrt(a2-b2)*log((a-sqrt(a2-b2))/(a+sqrt(a2-b2)));
        L03=a/b2;
        Lx0=-2*cons/(a2-b2)*(L01+L02);
        Lz0=cons/(a2-b2)*(L03+L02);
        Vx=(1.0-mu)/(4*pi*mu+(1-mu)*Lx0);
        Vz=(1.0-mu)/(4*pi*mu+(1-mu)*Lz0);

        term1=Vx*R*cos(alpha)*cos(alpha);
        term2=(Vx+Vz)*S*sin(alpha)*cos(alpha);
        term3=Vz*T*sin(alpha)*sin(alpha);
        rhoa(j,i)=rho1*(1.0-2.0*(term1+term2+term3));
        phia(j,i)=phase(rhoa(j,i));
    end
end

%   PLOT

for j=1:nz
    figure(1)
    ax1=gca;
    plot(x(:), abs(rhoa(j,:)))
    xlabel('\it\fontname{times new roman}x / \rmm', 'fontsize', 13);
    stry='\rho_{\it\fontname{times new roman}a} / \rm\Omega\cdotm';
    ylabel(stry,'fontsize', 13);
    colormap(ax1, jet)
    hold on

    figure(2)
    ax2=gca;
    plot(x(:), phia(j,:)*1.0e3)
    ax2.YDir='reverse';
    xlabel('\it\fontname{times new roman}x / \rmm', 'fontsize', 13);
    ylabel('\phi_{\it\fontname{times new roman}a} / \rmmrad', 'fontsize', 13);
```

```
    hold on
end
set(gca,'yTickLabel',num2str(get(gca,'yTick')', '% .1f'))
str1='\it\fontname{times new roman}h_{\rm0}=\rm25m';
str2='\it\fontname{times new roman}h_{\rm0}=\rm20m';
str3='\it\fontname{times new roman}h_{\rm0}=\rm15m';
legend(ax1, {str1, str2, str3},'fontsize', 13, 'Location','southeast')
legend(ax2, {str1, str2, str3},'fontsize', 13, 'Location','northeast')
```

形成介质复电阻率源代码

```
function z=complxresistivity(freq,c,m,rho0,tao)
omega=2.0*pi*freq;
temp=(1i*omega*tao)^c;
z=rho0*(1.0-m*(1.0-1.0/(1.0+temp)));
end
```

在命令行窗口输入

```
>> sip
```

程序运行后,可得如图 11.7 所示结果。

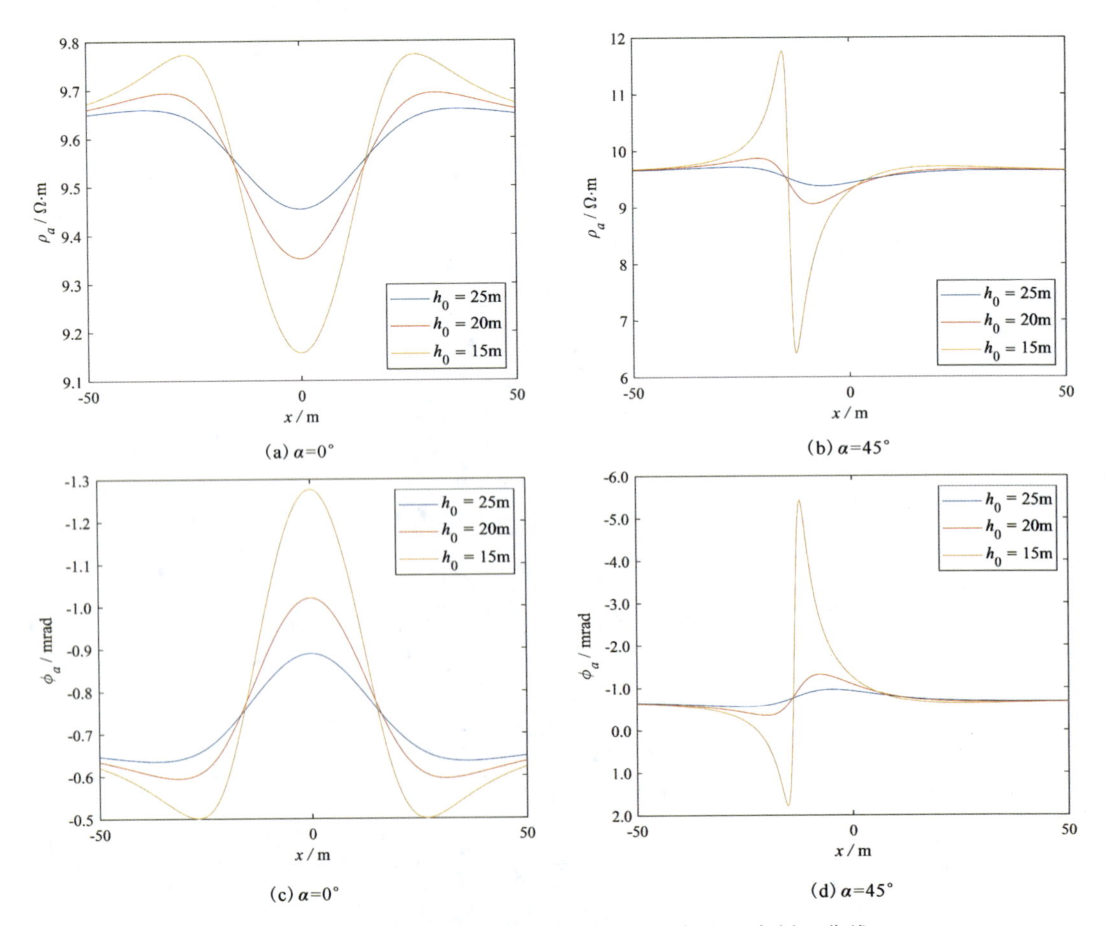

图 11.7 拉长旋转椭球体上中梯装置的视复电阻率剖面曲线

11.4　大地电磁测深法

在卡尼尔、吉洪诺夫经典理论中假设场源位于高空，形成入射到地面的、均匀的平面波。地电模型选取为水平的层状介质，每层内介质的电性是均匀的、各向同性的。本节只讨论层状介质的大地电磁测深正演计算，并采用 MATLAB 实现程序编制。

11.4.1　解析计算方法

1. 均匀半空间中的大地电磁场

在均匀半空间、深度为 z 处，电场强度可写成

$$E(z) = E_0\, e^{-i(\omega t - \sqrt{\omega\mu\sigma/2}z)}\, e^{-\sqrt{\omega\mu\sigma/2}z}, \tag{11.30}$$

其中

$$k = \sqrt{\frac{\omega\mu\sigma}{2}} \cdot (1+i) = \sqrt{i\omega\mu\sigma}, \tag{11.31}$$

为传播系数，μ 为导磁率，$\omega = 2\pi f$ 为角频率。上式即为沿 z 轴方向传播衰减的单谐波。传播常数的虚部决定衰减的程度，而其实部决定传播的波长。

例 11.6　均匀半空间电场衰减示例。取均匀半空间的电阻率为 10Ω·m，计算频率为 10Hz。

解：建立脚本命令 M 文件 halfspaceefld.m，程序文本如下

```
mu=4*pi*1.0e-7;
sigma=0.1;
freq=10.0;
omega=2*pi*freq;

z=0:20:10000;
nz=length(z);
alpha=(1i-1.0)*sqrt(omega*mu*sigma/2.0);

Ex_real=zeros(1,nz);
Ex_imag=zeros(1,nz);
for j=1:nz
    zj=z(j);
    ex=exp(alpha*zj);
    Ex_real(j)=real(ex);
    Ex_imag(j)=imag(ex);
end

plot(Ex_real,-z*1.0e-3,'b-')
hold on
plot(Ex_imag,-z*1.0e-3,'r--')
```

```
    xlabel('\it\fontname{times new roman}E_{x} / E_{x}^{0}')
    ylabel('\it\fontname{times new roman}z / \rmkm')
    legend('Real value of \itE_x','Imaginary value of \itE_x')
```

在命令行窗口输入

```
    > > halfspaceefld
```

程序运行结果如图 11.8 所示。

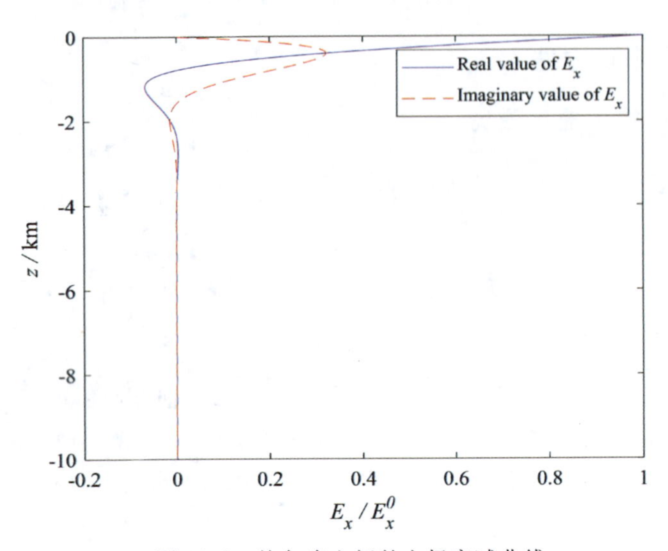

图 11.8　均匀半空间的电场衰减曲线

2. 层状介质的大地电磁响应

设大地由 n 层水平层状介质所组成,各层的电阻率分别为 ρ_1 ,ρ_2 ,…,ρ_i ,…,ρ_{n-1} ,ρ_n ,厚度为 h_1 ,h_2 ,…,h_i ,…,h_{n-1} ,对于上述一维地电模型,计算视电阻率 ρ_a 和相位 φ 的公式为

$$\rho_a = \frac{1}{\omega\mu} \left| Z_n(0) \right|^2 , \tag{11.32a}$$

$$\varphi = \tan^{-1} \frac{\mathrm{Im}[Z_n(0)]}{\mathrm{Re}[Z_n(0)]} , \tag{11.32b}$$

式中,$Z_n(0)$ 为 n 层介质的地面波阻抗;$\mathrm{Re}[Z_n(0)]$ 和 $\mathrm{Im}[Z_n(0)]$ 分别为 $Z_n(0)$ 的实部和虚部。

限于篇幅,这里直接列出一组适用于计算的地面阻抗递推公式

$$Z_1(h_{n-1}) = \frac{\omega\mu}{k_n} = Z_{0,n} , \tag{11.33a}$$

$$Z_2(h_{n-2}) = Z_{0,n-1} \frac{Z_{0,n-1}(1 - \mathrm{e}^{2ik_{n-1}h_{n-1}}) + Z_1(h_{n-1})(1 + \mathrm{e}^{2ik_{n-1}h_{n-1}})}{Z_{0,n-1}(1 + \mathrm{e}^{2ik_{n-1}h_{n-1}}) + Z_1(h_{n-1})(1 - \mathrm{e}^{2ik_{n-1}h_{n-1}})} , \tag{11.33b}$$

$$\vdots$$

$$Z_{n-1}(h_1) = Z_{0,2} \frac{Z_{0,2}(1 - \mathrm{e}^{2ik_2h_2}) + Z_{n-2}(h_2)(1 + \mathrm{e}^{2ik_2h_2})}{Z_{0,2}(1 + \mathrm{e}^{2ik_2h_2}) + Z_{n-2}(h_2)(1 - \mathrm{e}^{2ik_2h_2})} , \tag{11.33c}$$

$$Z_n(0) = Z_{0,1} \frac{Z_{0,1}(1 - \mathrm{e}^{2ik_1h_1}) + Z_{n-1}(h_1)(1 + \mathrm{e}^{2ik_1h_1})}{Z_{0,1}(1 + \mathrm{e}^{2ik_1h_1}) + Z_{n-1}(h_1)(1 - \mathrm{e}^{2ik_1h_1})} , \tag{11.33d}$$

容易理解，电磁场的水平分量在界面上是连续的，故而，阻抗 Z 也是连续的，Z_{m+1} 即是 $m+1$ 层顶面的波阻抗。对任何水平均匀层状介质而言，任一层底面处的波阻抗 Z 均可通过下一层顶面处的波阻抗来描述，对于最下面的第 n 层，则可看成是均匀半空间，其波阻抗等于介质的特征阻抗。很明显，若已知地电断面电性参数，则可以从第 n 层逐层向上一直递推到地面，求得地面处的波阻抗 Z_1 。

例 11.7　计算层状介质的大地电磁响应示例。设层状介质的模型参数为

$\rho_1 = 100\Omega \cdot \mathrm{m}$ ，$\rho_2 = 10\Omega \cdot \mathrm{m}$ ，$\rho_3 = 1000\Omega \cdot \mathrm{m}$ ，

$h_1 = 1000\mathrm{m}$ ，$h_2 = 1000\mathrm{m}$ 。

解：首先，根据式(11.32)创建函数 M 文件 MT1dfor.m，程序文本如下

```
function [rhoa, phia]=MT1dfor(h, rho)

global H RHO
global NLYR
global mu

H=h;
RHO=rho;
NLYR=length(RHO);

mu=4.0*pi*1.0e-7;
nt=60;
tmin=1.0e-3;
tmax=1.0e+4;
T=logspace(log10(tmin), log10(tmax), nt);

rhoa=zeros(1,nt);
phia=zeros(1,nt);
for j=1:nt
    Tj=T(j);
    omega=2.0*pi/Tj;
    rhoa(j)=1.0/omega/mu*abs(Zfunc(omega))^2;
    phia(j)=phase(Zfunc(omega))*180/pi;
%   phia(j)=atan(imag(Zfunc(omega))/real(Zfunc(omega)))*180/pi;
end

subplot(2,1,1);
loglog(T, rhoa);
xlabel('\it\fontname{times new roman}T / \rms')
ylabel('\it rho_{\it\fontname{times new roman}a} / \rm\Omega\cdotm')
```

```
subplot(2,1,2);
semilogx(T, phia,'--')
xlabel('\it\fontname{times new roman}T / \rms')
ylabel('\phi / \rm(\circ)')
end
```

然后,根据式(11.34)建立计算波阻抗的函数 M 文件 Zfunc.m,其程序文本如下

```
function z=Zfunc(omega)
global H RHO
global NLYR
global mu

k=sqrt(1i*omega*mu./RHO);
Z1=omega*mu/k(NLYR);

for j=NLYR-1 :-1 : 1
    Z=omega*mu/k(j);
    termu=Z*(1.0-exp(2i*k(j)*H(j)))+Z1*(1.0+exp(2i*k(j)*H(j)));
    termd=Z*(1.0+exp(2i*k(j)*H(j)))+Z1*(1.0-exp(2i*k(j)*H(j)));
    Z1=Z*termu/termd;
end
z=Z1;
end
```

在 MATLAB 工作窗口输入命令

```
>> MT1dfor([1000 1000],[100 10 1000]);
```

输出结果如图 11.9 所示。

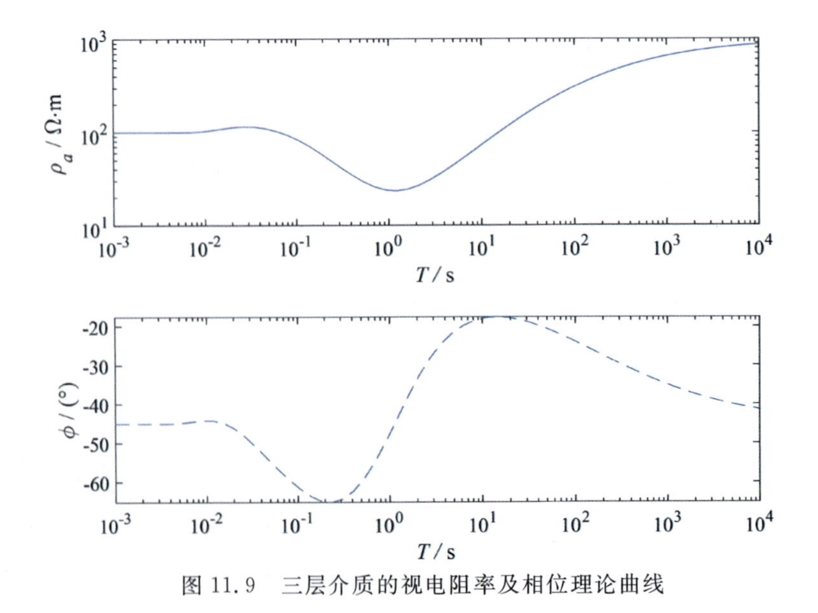

图 11.9　三层介质的视电阻率及相位理论曲线

11.4.2　数值模拟方法

求解正演问题的数值模拟方法主要有：有限单元法、积分方程法和有限差分法，这里只讨论有限差分法求解层状介质的大地电磁响应。

在一维大地介质中，根据大地电磁测深基本理论，电场所满足微分方程为

$$\frac{\mathrm{d}^2 E_x}{\mathrm{d}z^2}+i\omega\mu\sigma(z)E_x=0\ , \tag{11.34a}$$

$$\left.\frac{\mathrm{d}E_x}{\mathrm{d}z}\right|_{z=0}=i\omega\mu\,H_y^0\ , \tag{11.34b}$$

$$E_x\big|_{z\to\infty}=0\ , \tag{11.34c}$$

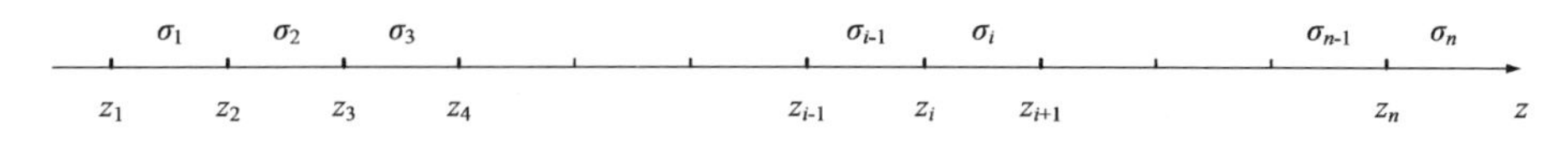

图 11.10　地电模型离散化

将一维地电模型离散化，如图 11.10 所示；采用中心差分格式计算二阶导数，电场 E_x 在 $z=0$ 处的导数采用差商近似；考虑到在计算机上无法精确实现条件 $z\to\infty$，这里将变量 z 取得足够大，设 $E_x\big|_{z=10000}=0$ 。经过一系列推导，可以得到如下线性方程组

$$\begin{pmatrix} \frac{-1}{\Delta z} & \frac{1}{\Delta z} & 0 & 0 & \cdots & 0 \\ \frac{1}{\Delta z^2} & i\omega\mu\,\sigma_2-\frac{2}{\Delta z^2} & \frac{1}{\Delta z^2} & 0 & \cdots & 0 \\ 0 & \frac{1}{\Delta z^2} & i\omega\mu\,\sigma_3-\frac{2}{\Delta z^2} & \frac{1}{\Delta z^2} & \cdots & 0 \\ \vdots & \cdots & \cdots & \cdots & \cdots & \vdots \\ 0 & \cdots & 0 & \frac{1}{\Delta z^2} & i\omega\mu\,\sigma_{n-1}-\frac{2}{\Delta z^2} & \frac{1}{\Delta z^2} \\ 0 & \cdots & 0 & 0 & 0 & 1 \end{pmatrix} \begin{pmatrix} E_{1-\frac{1}{2}} \\ E_{1+\frac{1}{2}} \\ \\ \vdots \\ \\ E_{n-1+\frac{1}{2}} \end{pmatrix} = \begin{pmatrix} i\omega\mu\,H_y^0 \\ 0 \\ \vdots \\ 0 \\ \vdots \\ 0 \end{pmatrix},$$

求解方程组，可得到各节点处的电场值，从而可以进一步计算模型响应的视电阻率和相位。

例 11.8　利用有限差分法计算大地电磁响应。取均匀半空间的电阻率为 $10\Omega\cdot m$ ，地面的入射磁场强度 $H_y^0=1A\cdot m^{-1}$ ，频率为 $10Hz$ ，计算以入射磁场强度 H_y^0 归一化的电场 E_x 。

解：创建脚本命令文件 Mtfdfor. m，程序代码如下

```
function Mtfdfor
clc
mu0=4.0*pi*1.0e-7;
deltaZ=20.0;
hy0=1.0;
freq=10.0;
omega=2.0*pi*freq;
rho(1:500)=10;
```

```
sigma =1./rho;
z=-10 : -20 : -9990;
z=z*1.0e-3;
K =spalloc(500, 500, 500*500);
K(1, 1:2)=[-1.0, 1.0];
b =spalloc(500, 1, 500*1);
b(1)=deltaZ*1i*omega*mu0*hy0;
for j=2:499
    sigmaj=sigma(j);
    K(j, j-1:j+1)=[1/deltaZ^2, 1i*omega*mu0*sigmaj-2/deltaZ^2, 1/deltaZ^2];
end
K(500, 500)=1.0;
ex=K\b;
Ex_real=real(ex);
Ex_imag=imag(ex);
plot(Ex_real/hy0, z, Ex_imag/hy0, z, 'r--');
xlabel('\fontname{times new roman}\itEx \rm/ \itHy^{\rm0}');
ylabel('\fontname{times new roman}\itZ \rm/ km');
legend('Real value','Imaginary value', 'Location', 'southwest');
end
```

在命令行窗口输入

```
>> Mtfdfor
```

输出结果如图 11.11 所示。

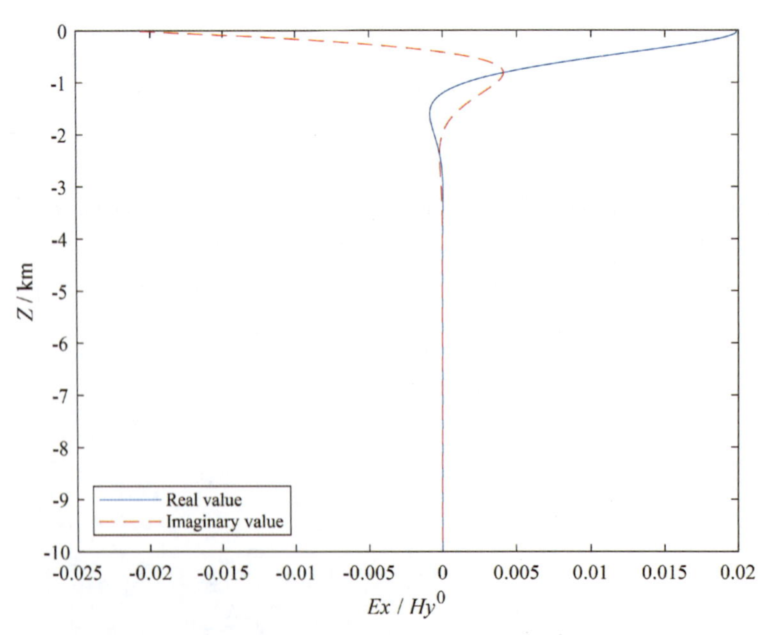

图 11.11　磁场强度 H_y^0 归一化的电场 E_x 随深度 Z 变化的曲线

11.5　广域电磁法勘探

为了在不满足“远区”条件的广大区域能够进行电磁测深，何继善教授创造性地提出广域电磁测深法。与 CSAMT 不同，广域电磁法仅须观测电磁场的一个分量，因为无论观测哪一个分量，它含有的电阻率都是同一个大地的电阻率。显然，测量一个分量并不会减少所获得的地下电阻率的信息，同时，测量两个分量也不会增加新的地下电阻率的信息。在某一个工区究竟观测电分量还是磁分量、观测水平分量抑或垂直分量，完全可以根据工作的性质和当地的具体条件做出合理选择。

11.5.1　基本公式

1. 均匀半空间表面上水平电偶极子源的谐波场

在均匀大地表面上研究交变电偶极子场源的正常电磁场是电法勘探的重要理论问题。接地电极 AB 长度小于该中心到观测点之间距离 3 ～ 5 倍，在观测点处的场即可近似成偶极子场。如图 11.12 所示，水平电偶极子位于上半空间，笛卡尔坐标系和柱坐标系的原点均选在偶极源上，偶极矩沿 x 方向，偶极电流为正弦波，即

$$E = E_0 e^{-i\omega t}\ ,\ H = H_0 e^{-i\omega t}\ , \tag{11.35}$$

式中，E 和 H 是描述场的复振幅函数。为简化问题，定义矢量位求解 Helmholtz 方程，可得用初等超越函数或 Bessel 函数描述的电磁场各分量：

$$E_r = \frac{2p_0 \cos\varphi}{r^3}[1 + e^{ikr}(1 - ikr)]\ , \tag{11.36}$$

$$E_\varphi = \frac{2p_0 \sin\varphi}{r^3}[2 - e^{ikr}(1 - ikr)]\ , \tag{11.37}$$

$$H_r = -\frac{Idx}{4\pi r^2}(6P + ikr \cdot Q \cdot \sin\varphi)\ , \tag{11.38}$$

$$H_\varphi = \frac{Idx}{2\pi r^2} \cdot P \cdot \cos\varphi\ , \tag{11.39}$$

$$H_z = -\frac{3Idx}{2\pi k^2 r^4}\sin\varphi\left[1 - e^{ikr}\left(1 - ikr - \frac{1}{3}k^2 r^2\right)\right]\ , \tag{11.40}$$

其中

$$p_0 = \frac{Idx}{4\pi}\rho_1\ , \tag{11.41}$$

$$k^2 = \omega^2 \mu\varepsilon + i\omega\mu\sigma\ , \tag{11.42}$$

$$P = I_1\left(\frac{ikr}{2}\right)K_1\left(\frac{ikr}{2}\right)\ , \tag{11.43}$$

$$Q = I_1\left(\frac{ikr}{2}\right)K_0\left(\frac{ikr}{2}\right) - I_0\left(\frac{ikr}{2}\right)K_1\left(\frac{ikr}{2}\right)\ , \tag{11.44}$$

利用柱坐标和笛卡尔坐标间的变换关系，有

$$E_x = E_r\cos\varphi - E_\varphi\sin\varphi\ , \tag{11.45}$$

$$E_y = E_r\sin\varphi + E_\varphi\cos\varphi\ 。 \tag{11.46}$$

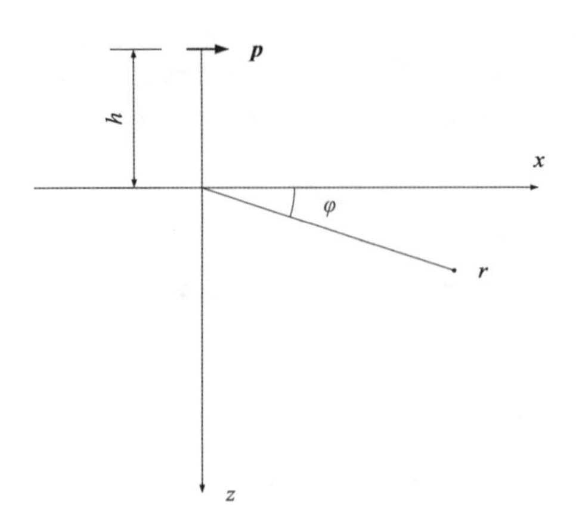

图 11.12　半空间中坐标系的定义

2. 各向同性水平层状大地上电偶极子源的电磁场

二十世纪六十年代以来，国内外广泛开展以偶极子为场源的频率域或时间域电磁测深工作。与直流电法相比，它们具有实质性优点：一是用改变频率的方法或测量不同延时瞬变场的方法来控制探测深度；二是等价原理作用范围窄，对地层的分辨能力强；三是勘探深度大，等等。

下面讨论层状大地上水平电偶极子场源的电磁响应，场源变化规律为 $e^{-i\omega t}$，选择任意个各向同性水平层作为地电断面的理想模型，如图 11.13 所示。略去推导，列出层状介质表面上水平电偶极子产生的电磁场各个分量的表达式：

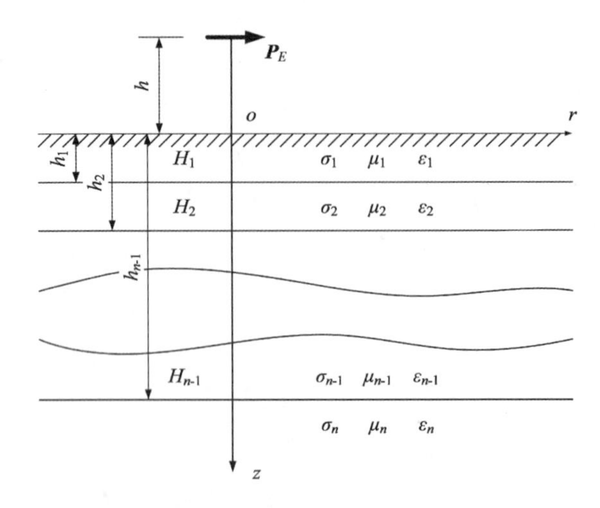

图 11.13　各向同性层状介质模型

$$H_r = -\frac{Idx}{2\pi r}\sin\varphi(I_1 + r \cdot I_2), \tag{11.47}$$

$$H_\varphi = \frac{Idx}{2\pi r}\cos\varphi \cdot I_1, \tag{11.48}$$

$$h_z = \frac{Idx}{2\pi}\sin\varphi \cdot I_3, \tag{11.49}$$

$$E_r = \frac{Idx}{2\pi}\cos\varphi\left(\frac{i\omega\mu}{r} \cdot I_4 - \rho_1 \cdot I_5 + \frac{\rho_1}{r} \cdot I_6\right), \tag{11.50}$$

$$E_\varphi = \frac{Idx}{2\pi}\sin\varphi\left(\frac{\rho_1}{r} \cdot I_6 - i\omega\mu \cdot I_7 + \frac{i\omega\mu}{r} \cdot I_4\right), \tag{11.51}$$

这里

$$I_1 = \int_0^\infty \frac{\lambda}{\lambda + u_1/R^*} J_1(\lambda r)\mathrm{d}\lambda, \tag{11.52a}$$

$$I_2 = \int_0^\infty \frac{u_1}{R^*} \cdot \frac{\lambda}{\lambda + u_1/R^*} J_0(\lambda r)\mathrm{d}\lambda, \tag{11.52b}$$

$$I_3 = \int_0^\infty \frac{\lambda^2}{\lambda + u_1/R^*} J_1(\lambda r)\mathrm{d}\lambda, \tag{11.52c}$$

$$I_4 = \int_0^\infty \frac{1}{\lambda + u_1/R^*} J_1(\lambda r)\mathrm{d}\lambda, \tag{11.52d}$$

$$I_5 = \int_0^\infty \frac{u_1\lambda}{R} J_0(\lambda r)\mathrm{d}\lambda, \tag{11.52e}$$

$$I_6 = \int_0^\infty \frac{u_1}{R} J_1(\lambda r)\mathrm{d}\lambda, \tag{11.52f}$$

$$I_7 = \int_0^\infty \frac{\lambda}{\lambda + u_1/R^*} J_0(\lambda r)\mathrm{d}\lambda, \tag{11.52g}$$

式中

$$u_i = \sqrt{\lambda^2 - k_i^2}, \tag{11.53}$$

$$R_1^* = 1, \tag{11.54a}$$

$$R_2^* = \coth\left(u_1H_1 + \coth^{-1}\frac{u_1}{u_2}\right), \tag{11.54b}$$

$$R_3^* = \coth\left[u_1H_1 + \coth^{-1}\frac{u_1}{u_2}\coth\left(u_2H_2 + \coth^{-1}\frac{u_2}{u_3}\right)\right], \tag{11.54c}$$

$$R_1 = 1, \tag{11.55a}$$

$$R_2 = \coth\left[u_1H_1 + \coth^{-1}\left(\frac{\rho_1}{\rho_2} \cdot \frac{u_1}{u_2}\right)\right], \tag{11.55b}$$

$$R_3 = \coth\left\{u_1H_1 + \coth^{-1}\left(\frac{\rho_1}{\rho_2} \cdot \frac{u_1}{u_2}\right)\coth\left[u_2H_2 + \coth^{-1}\left(\frac{\rho_2}{\rho_3} \cdot \frac{u_2}{u_3}\right)\right]\right\}。 \tag{11.55c}$$

3. 长接地导线源形成的电磁场

在大多数勘查地球物理电磁法的应用中，常以长接地导线为激发源，以克服天然场干扰问题。长接地导线源不能采用电偶极近似，计算电磁场分量需将偶极场表达式沿源导线积分。

设长导线源的中心位于坐标原点，它沿 x 轴向两侧延伸至 $-L$ 和 L，如图 11.14 所示，将长接地线源剖分成一系列偶极子单元 dl，逐一计算出每一段电偶极子在点 p 处产生的场，则长接地导线源在 p 处形成的电场即为这些电偶极子场的累加求和。同样地，其形成磁场分量的计算也可作类似处理。于是，有

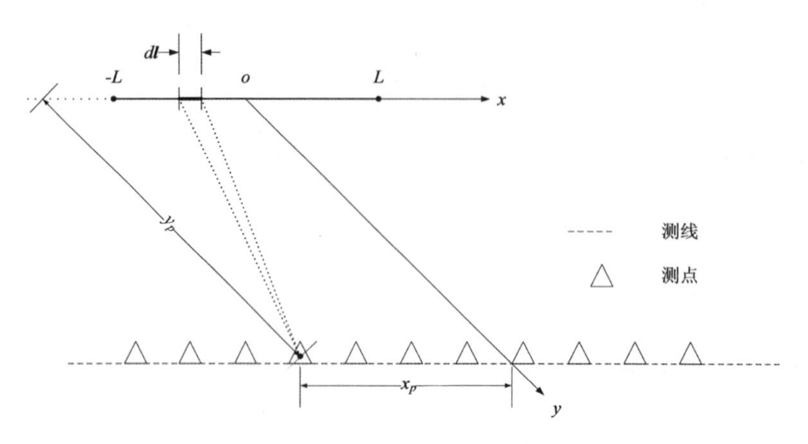

图 11.14　长接地导线源示意图

$$E=\int_{-L}^{L}\mathrm{d}E=\sum_{i=1}^{n}E_i\ ,\tag{11.56}$$

$$H=\int_{-L}^{L}\mathrm{d}H=\sum_{i=1}^{n}H_i\ ,\tag{11.57}$$

将式(11.47)～式(11.51)分别代入上述二式，进而形成关于各分量的 MATLAB 计算程序 M 文件 exyfunc.m、hxyfunc.m 和 hz_func.m。

```
function [ex, ey]=exyfunc(amp, ab, ndL, freq, x, y)
% This subroutine is used to calculate horizontal components of the electric
% field
global  MU0
global  RHO
global  K2

load   HankelFilters.mat a0 s0 w0 a1 s1 w1
nw0=length(w0);
nw1=length(w1);

sigma=1./RHO;
dL=ab/ndL;
xa=-ab/2.0;

ex=0.0;
ey=0.0;
```

```
for j=1:ndL
    xo=xa+ (2*j-1)*dL/2;
    yo=0;
    r=sqrt((x-xo).^2+(y-yo).^2);
    phi=acos((x-xo)./r);

    omega=2*pi.*freq;
    K2=1i*omega*MU0.*sigma;
    k=sqrt(K2);
    cons=amp*dL/2.0/pi ;

    % Hankel integration with J1
    lambda1= (1./r).*10.^(a1+ ((1:nw1)-1).*s1);
    u=sqrt((lambda1.^2)'-K2(1,:));

    rstar1=rstar(lambda1);
    rfunc1=rfunc(lambda1);
    fun6=1./(lambda1'+u./rstar1)-1./(lambda1'+u);
    fun8= (1./rfunc1-1.0).*u;

    I6=sum(fun6.*w1')./r;
    I8=sum(fun8.*w1')./r;

    % Hankel integration with J0
    lambda0= (1./r).*10.^(a0+ ((1:nw0)-1).*s0);
    u=sqrt((lambda0.^2)'-K2(1,:));

    rfunc0=rfunc(lambda0);
    rstar0=rstar(lambda0);
    fun7= (1./rfunc0-1).*lambda0'.*u;
    fun9= (1./(lambda0'+u./rstar0)-1./(lambda0'+u)).*lambda0';

    I7=sum(fun7.*w0')./r;
    I9=sum(fun9.*w0')./r;

    % Components in Column System
    temp=amp*dL*RHO(1)./(2.0*pi*r.^3);
    er0=temp.*cos(phi).* (1.0+exp(1i*k(1,:).*r).* (1.0-1i*k(1,:).*r));
    ep0=temp.*sin(phi).* (2.0-exp(1i*k(1,:).*r).* (1.0-1i*k(1,:).*r));
```

```
    er=cons*cos(phi).*(1i*omega*MU0.*I6./r-RHO(1).*I7+RHO(1)/r.*I8)+er0;
    ep=cons*sin(phi).*(1i*omega*MU0.*I6./r-1i*omega*MU0.*I9 ...
    +RHO(1)/r.*I8)+ep0;

    % Components in Rectangular System
    ex=ex+er.*cos(phi)-ep.*sin(phi);
    ey=ey+er.*sin(phi)+ep.*cos(phi);
end
end

% -----------------------------------------%
function [hx, hy]=hxyfunc(amp, ab, ndL, freq, x, y)
% This subroutine is used to calculate horizontal components of magnetic field
global  MU0
global  RHO
global  K2

load HankelFilters.mat a0 s0 a1 s1 w0 w1
nw0=length(w0);
nw1=length(w1);

sigma=1./RHO;
dL=ab/ndL;
xa=-ab/2.0;

hx=0.0;
hy=0.0;
for j=1:ndL
    xo=xa+(2*j-1)*dL/2;
    yo=0;
    r=sqrt((x-xo).^2+(y-yo).^2);
    phi=acos((x-xo)./r);

    omega=2*pi.*freq;
    K2=1i.*omega*MU0.*sigma;
    cons=amp*dL/2.0/pi;

    % Hankel integration with J1
    lambda1=(1.0/r).*10.^(a1+((1:nw1)-1).*s1);
    u=sqrt((lambda1.^2)'-K2(1,:));
```

```
    rstar1=rstar(lambda1);
    fun3=lambda1'./(lambda1'+u./rstar1);
    I3=sum(fun3.*w1')./r;

    % Hankel integration with J0
    lambda0=(1.0/r).*10.^(a0+((1:nw0)-1).*s0);
    u=sqrt((lambda0.^2)'-K2(1,:));

    rstar0=rstar(lambda0);
    fun4=u.*lambda0'./(lambda0'.*rstar0+u);
    I4=sum(fun4.*w0')./r;

    % Components in Column System
    hr=-cons./r.*sin(phi).*(r.*I4+I3);
    hp=+cons./r.*cos(phi).*I3;

    % Components in Rectangular System
    hx=hx+hr.*cos(phi)-hp.*sin(phi);
    hy=hy+hr.*sin(phi)+hp.*cos(phi);
end
end

%-------------------------------------------%

function hz=hz_func(amp, ab, ndL, freq, x, y)
% This subroutine is used to calculate the vertical component of a magnetic field
global  MU0
global  RHO
global  K2

load HankelFilters.mat a1 s1 w1
nw1=length(w1);
sigma=1./RHO;
dL=ab/ndL;
xa=-ab/2.0;

hz=0.0;
for j=1:ndL
    xo=xa+(2*j-1)*dL/2;
    yo=0;
    r=sqrt((x-xo).^2+(y-yo).^2);
```

```
    phi=acos((x-xo)./r);

    omega=2*pi.*freq;
    K2=1i.*omega*MU0.*sigma;
    cons=amp*dL/2.0/pi;

    % Hankel integration with J1
    lambda1=(1.0/r).*10.^(a1+((1:nw1)-1).*s1);
    u=sqrt((lambda1.^2)'-K2(1,:));

    rstar1=rstar(lambda1);
    fun5=(lambda1.^2)'./(lambda1'+u./rstar1);
    I5=sum(fun5.*w1')./r;

    hz=hz+cons.*sin(phi).*I5;
end
end

% -----------------------------------------------%

function z=rstar(lambda)
% This subroutine is used to calculate the conversion function R*
global H
global NLYR
global K2

u=cell(1,NLYR);
for i=1:NLYR
    u{i}=sqrt((lambda.^2)'-K2(i,:)) ;
end

z=1.0;
if NLYR~=1
    for i=NLYR-1 :-1 : 1
        tempu=u{i}.*z+u{i+1}.*tanh(u{i}.*H(i));
        tempd=u{i+1}+u{i}.*z.*tanh(u{i}.*H(i));
        z=tempu./tempd ;
    end
end
end
```

```
% ---------------------------------------------%

function z=rfunc(lambda)
% This subroutine is used to calculate the conversion function R
global H RHO
global NLYR
global K2

sigma=1./RHO;
u=cell(1,NLYR);
for i=1:NLYR
    u{i}=sqrt((lambda.^2)'-K2(i,:));
end

z=1.0;
if NLYR~=1
    for i=NLYR-1 :-1 : 1
        tempu=u{i}.*z./sigma(i)+u{i+1}.*tanh(u{i}.*H(i))./sigma(i+1);
        tempd=u{i+1}./sigma(i+1)+u{i}.*z.*tanh(u{i}.*H(i))./sigma(i);
        z=tempu./tempd ;
    end
end
end
```

11.5.2　广域电磁法曲线特征及视电阻率定义

1. 广域电磁法曲线特征

1)均匀半空间

为了给出均匀半空间上长接地导线源形成电磁场各分量的频率特性和空间分布特征，现定义地电模型参数及观测参数如表 11.2 所列，创建函数名为 flem1dfor. m 的 M 文件。

表 11.2　地电模型与观测参数

参　数	$\rho/\Omega\cdot m$	I/A	AB/m	f/Hz	x/m	y/m
取　值	100	10	4000	$10^{-3}\sim10^{4}$	0	4000

```
function flem1dfor(filename)
%%   FLEM1DFOR is used to calculate and analyze the electromagnetic field
%%   generated by finite-length grounded wire source on the layered surface.
%   Input:
%   h :        layer thickness
```

```
%    rho :     layer resistivity
%    cparams:  Structural array for defining measurement device parameters
%               amp, the source current
%               ab,  Length of grounding wire source
%               ndL, Number of electric dipoles discretized from long-
%               grounded wire source
%    x,         receiver positions series in X direction
%    y,         receiver positions series in Y direction, x,y can be one or series.
%      filename:  File name for output data
%
%    Output:
%    freq:      Series of sampling frequences
%    Ex:        Horizontal component of a electric field in X direction
%    Ey:        Horizontal component of a electric field in Y direction
%    Hx:        Horizontal component of a magnetic field in X direction
%    Hy:        Horizontal component of a magnetic field in Y direction
%    Hz:        Vertical component of a magnetic field
%
%    Run:       flem1dfor('filename.dat')
%    Versions: 1.0  Feb., 2020  Created
global  MU0
global  H RHO
global  NLYR

MU0=4.0*pi*1.0e-7;

%    Input device parameters and geoelectric model parameters
fid=fopen(filename, 'r');

%    Definition of Model Layer Parameters
NLYR=fscanf(fid, '% d', 1);
RHO=fscanf(fid, '% f', NLYR);
if NLYR >  1
    H=fscanf(fid, '% f', NLYR-1);
end

%    Definition of observation device parameters
cparms=fscanf(fid, '%f%f%d', 3);
amp=cparms(1);
ab=cparms(2);
ndL=cparms(3);
```

```
%    sampling frequency sequence
nf=fscanf(fid, '% d', 1);
if nf==1
     freq=fscanf(fid, '% f', 1);
else
    f1fn=fscanf(fid, '% f', 2);
    fmin=f1fn(1);
    fmax=f1fn(2);
    freq=logspace(log10(fmin), log10(fmax), nf);
end

%    Definition of station locations
nx=fscanf(fid, '% d', 1);
if nx==1
    x=fscanf(fid, '% f', 1);
else
    xdata=fscanf(fid, '% f', 2);
    xmin=xdata(1);
    xmax=xdata(2);
    x=linspace(xmin, xmax, nx);
end
ny=fscanf(fid, '% d', 1);
if ny==1
    y=fscanf(fid, '% f', 1);
else
    ydata=fscanf(fid, '% f', 2);
    ymin=ydata(1);
    ymax=ydata(2);
    y=linspace(ymin, ymax, ny);
end
fclose(fid);

%    Calculation of electromagnetic components
ex=cell(ny, nx);
ey=cell(ny, nx);
hx=cell(ny, nx);
hy=cell(ny, nx);
hz=cell(ny, nx);
for i=1:ny
    for j=1:nx
        [ex{i,j}, ey{i,j}]=exyfunc(amp, ab, ndL, freq, x(j), y(i));
        [hx{i,j}, hy{i,j}]=hxyfunc(amp, ab, ndL, freq, x(j), y(i));
```

```
        hz{i,j}=hz_func(amp, ab, ndL, freq, x(j), y(i));
    end
end

%    Results Presentation and Data Preservation
if nx ~ =1 && ny ~ =1       %    Schematic diagram of equal depth plane
    Ex=zeros(ny, nx);
    Ey=zeros(ny, nx);
    Hx=zeros(ny, nx);
    Hy=zeros(ny, nx);
    Hz=zeros(ny, nx);
    for i=1:ny
          for j=1:nx
            obf=nf;
            Ex(i,j)=ex{i,j}(obf);
            Ey(i,j)=ey{i,j}(obf);
            Hx(i,j)=hx{i,j}(obf);
            Hy(i,j)=hy{i,j}(obf);
            Hz(i,j)=hz{i,j}(obf);
    end
end
figure(11);
contourf(x*1.0e-3, y*1.0e-3, log(abs(Ex)), 120, 'linestyle', 'none');
colormap jet;
c=colorbar; c.Label.String='log10(E_{x})(V/m)';
axis equal;
xlabel('\fontname{times new roman}\itx / \rmkm', 'fontsize', 12);
ylabel('\fontname{times new roman}\ity / \rmkm', 'fontsize', 12);
figure(12)
contourf(x*1.0e-3, y*1.0e-3, log(abs(Ey)), 120, 'linestyle', 'none');
colormap jet;
c=colorbar; c.Label.String='log10(E_{y})(V/m)';
axis equal;
xlabel('\fontname{times new roman}\itx / \rmkm', 'fontsize', 12);
ylabel('\fontname{times new roman}\ity / \rmkm', 'fontsize', 12);
figure(13)
contourf(x*1.0e-3, y*1.0e-3, log(abs(Hx)), 120, 'linestyle', 'none');
colormap jet;
c=colorbar; c.Label.String='log10(H_{x})(A/m)';
axis equal;
xlabel('\fontname{times new roman}\itx / \rmkm', 'fontsize', 12);
ylabel('\fontname{times new roman}\ity / \rmkm', 'fontsize', 12);
```

```
figure(14)
contourf(x*1.0e-3, y*1.0e-3, log(abs(Hy)), 120, 'linestyle', 'none');
colormap jet;
c=colorbar; c.Label.String='log10(H_{y})(A/m)';
axis equal;
xlabel('\fontname{times new roman}\itx / \rmkm', 'fontsize', 12);
ylabel('\fontname{times new roman}\ity / \rmkm', 'fontsize', 12);
figure(15)
contourf(x*1.0e-3, y*1.0e-3, log(abs(Hz)), 120, 'linestyle', 'none');
colormap jet;
c=colorbar; c.Label.String='log10(H_{z})(A/m)';
axis equal;
xlabel('\fontname{times new roman}\itx / \rmkm', 'fontsize', 12);
ylabel('\fontname{times new roman}\ity / \rmkm', 'fontsize', 12);
%    OUTPUT RESULT
%    ......
elseif nx==1 && ny ~ =1
%   Variation curves of electromagnetic field components with y
        Ex=zeros(ny, nf);
        Ey=zeros(ny, nf);
        Hx=zeros(ny, nf);
        Hy=zeros(ny, nf);
        Hz=zeros(ny, nf);
        for i=1:ny
            Ex(i,:)=ex{i}(1:end);
            Ey(i,:)=ey{i}(1:end);
            Hx(i,:)=hx{i}(1:end);
            Hy(i,:)=hy{i}(1:end);
            Hz(i,:)=hz{i}(1:end);
        end
        figure(21)
        loglog(y, abs(Ex));
        xlabel('\fontname{times new roman}\ity / \rmm', 'fontsize', 12);
        ylabel('\fontname{times new roman}\itE_{x} / \rm(V/m)', 'fontsize', 12);
        figure(22)
        loglog(y, abs(Ey));
        xlabel('\fontname{times new roman}\ity / \rmm', 'fontsize', 12);
        ylabel('\fontname{times new roman}\itE_{y} / \rm(V/m)', 'fontsize', 12);
        figure(23)
        loglog(y, abs(Hx));
        xlabel('\fontname{times new roman}\ity / \rmm', 'fontsize', 12);
        ylabel('\fontname{times new roman}\itH_{x} / \rm(A/m)', 'fontsize', 12);
```

```
        figure(24)
        loglog(y, abs(Hy));
        xlabel('\fontname{times new roman}\ity / \rmm', 'fontsize', 12);
        ylabel('\fontname{times new roman}\itH_{y} / \rm(A/m)', 'fontsize', 12);
        figure(25)
        loglog(y, abs(Hz));
        xlabel('\fontname{times new roman}\ity / \rmm', 'fontsize', 12);
        ylabel('\fontname{times new roman}\itH_{z} / \rm(A/m)', 'fontsize', 12);
        %   OUTPUT RESULT
        %   ......
elseif ny==1 && nx ~ =1
%   Variation curves of electromagnetic field components with x
        Ex=zeros(nx, nf);
        Ey=zeros(nx, nf);
        Hx=zeros(nx, nf);
        Hy=zeros(nx, nf);
        Hz=zeros(nx, nf);
        for i=1:nx
            Ex(i,:)=ex{i}(1:end);
            Ey(i,:)=ey{i}(1:end);
            Hx(i,:)=hx{i}(1:end);
            Hy(i,:)=hy{i}(1:end);
            Hz(i,:)=hz{i}(1:end);
        end
        figure(31)
        semilogy(x, abs(Ex));
        xlabel('\fontname{times new roman}\ity / \rmm', 'fontsize', 12);
        ylabel('\fontname{times new roman}\itE_{x} / \rm(V/m)', 'fontsize', 12);
        figure(32)
        semilogy(x, abs(Ey));
        xlabel('\fontname{times new roman}\ity / \rmm', 'fontsize', 12);
        ylabel('\fontname{times new roman}\itE_{y} / \rm(V/m)', 'fontsize', 12);
        figure(33)
        semilogy(x, abs(Hx));
        xlabel('\fontname{times new roman}\ity / \rmm', 'fontsize', 12);
        ylabel('\fontname{times new roman}\itH_{x} / \rm(A/m)', 'fontsize', 12);
        figure(34)
        semilogy(x, abs(Hy));
        xlabel('\fontname{times new roman}\ity / \rmm', 'fontsize', 12);
        ylabel('\fontname{times new roman}\itH_{y} / \rm(A/m)', 'fontsize', 12);
        figure(35)
        semilogy(x, abs(Hz));
```

```
        xlabel('\fontname{times new roman}\ity / \rmm', 'fontsize', 12);
        ylabel('\fontname{times new roman}\itH_{z} / \rm(A/m)', 'fontsize', 12);
        %    OUTPUT RESULT
        %    ......
  else
  %    Variation curves of electromagnetic field components with frequency
      Ex=ex{1};
      Ey=ey{1};
      Hx=hx{1};
      Hy=hy{1};
      Hz=hz{1};
      figure(1);
      loglog(freq, abs(Ex), 'r-', freq, abs(Ey), 'b--')
      xlim([1.0e-3 1.0e4])
      xlabel('\fontname{times new roman}\itf / \rmHz', 'fontsize', 12);
      ylabel('\fontname{times new roman}\itE / \rmV\cdotm^{-1}', 'fontsize', 12);
      str1='\itE_{x}';
      str2='\itE_{y}';
      legend({str1, str2},'fontsize', 12,'fontname','times new roman', 'Location', '
  best')
      figure(2)
      loglog(freq, abs(Hx), 'r-', freq, abs(Hy), 'b--', freq, abs(Hz), 'k.-')
      xlim([1.0e-3 1.0e4])
      xlabel('\fontname{times new roman}\itf / \rmHz', 'fontsize', 12);
      ylabel('\fontname{times new roman}\itH / \rmA\cdotm^{-1}', 'fontsize', 12);
      str1='\itH_{x}';
      str2='\itH_{y}';
      str3='\itH_{z}';
      legend({str1, str2, str3},'fontsize', 12,'fontname','times new roman' ,'Loca-
  tion', 'best')
      %    OUTPUT RESULT
      %    ......
      end
  end
```

在命令行窗口输入

```
>> flem1dfor('test21.dat')
```

输出结果如图 11.15 所示。

在命令行窗口输入

```
>> flem1dfor('test11.dat')
```

输出结果如图 11.16 所示。

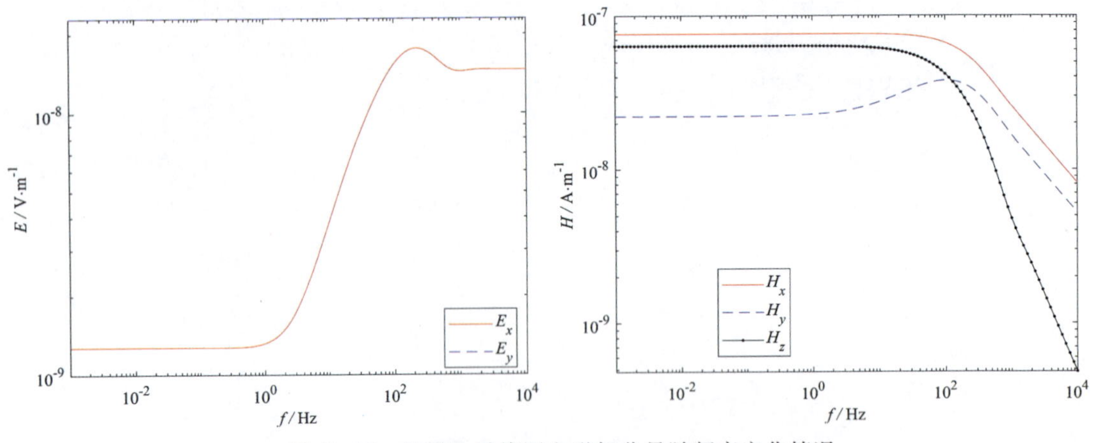

图 11.15　长接地导线源电磁场分量随频率变化情况

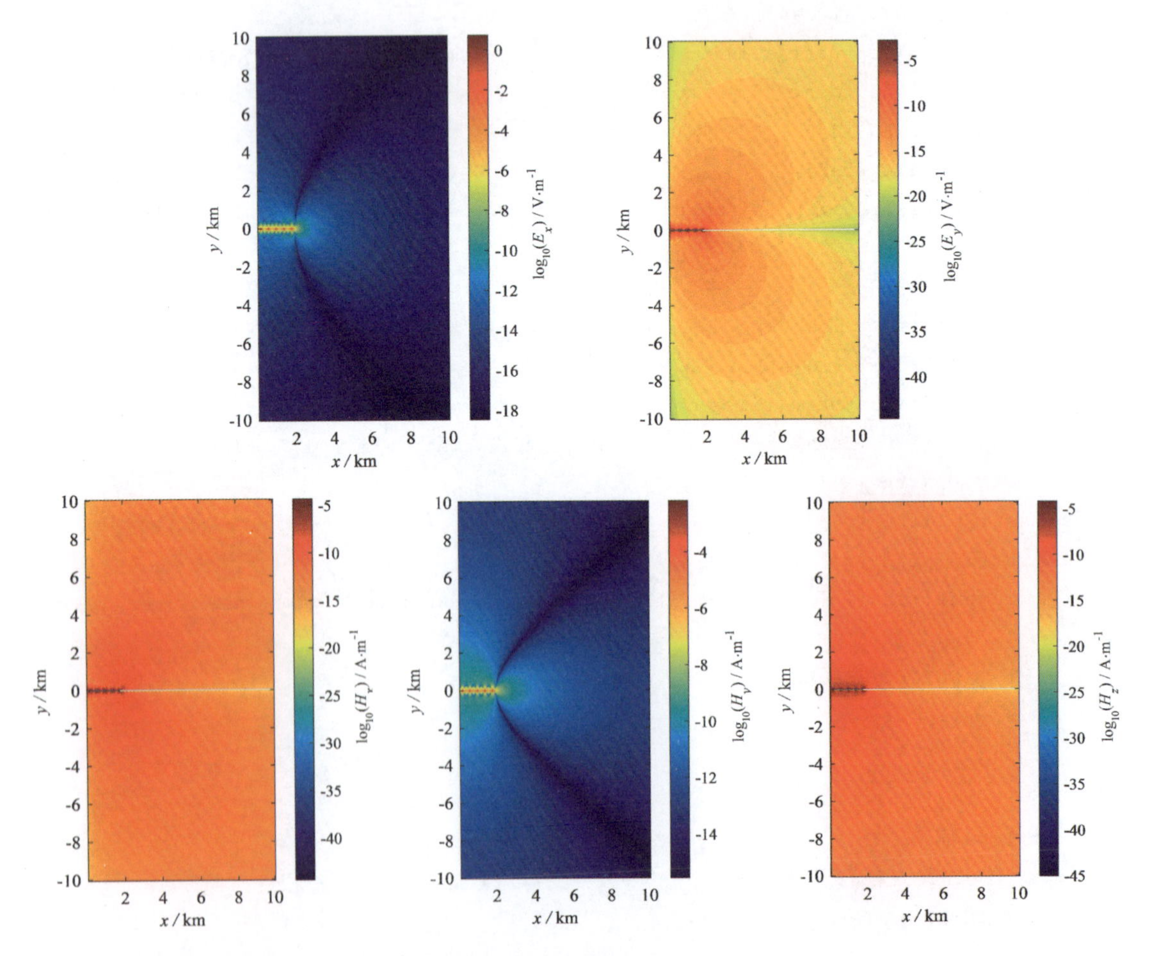

图 11.16　长接地导线源电磁场各分量的平面分布($f = 0.1$Hz)

2)二层大地

表 11.3 列出了待计算地电模型参数及观测参数的取值,对应的数值计算程序 M 文件与“均匀半空间”中的兼容。输出结果如图 11.17、图 11.18 所示。

表 11.3　二层地电模型参数及观测参数

参数	$\rho/\Omega\cdot$m	h/m	I/A	AB/m	f/Hz	x/m	y/m
模型 1	100 — 10	100	10	4000	$10^{-3}\sim10^{4}$	0	4000
模型 2	10 — 100	100	10	4000	$10^{-3}\sim10^{4}$	0	4000

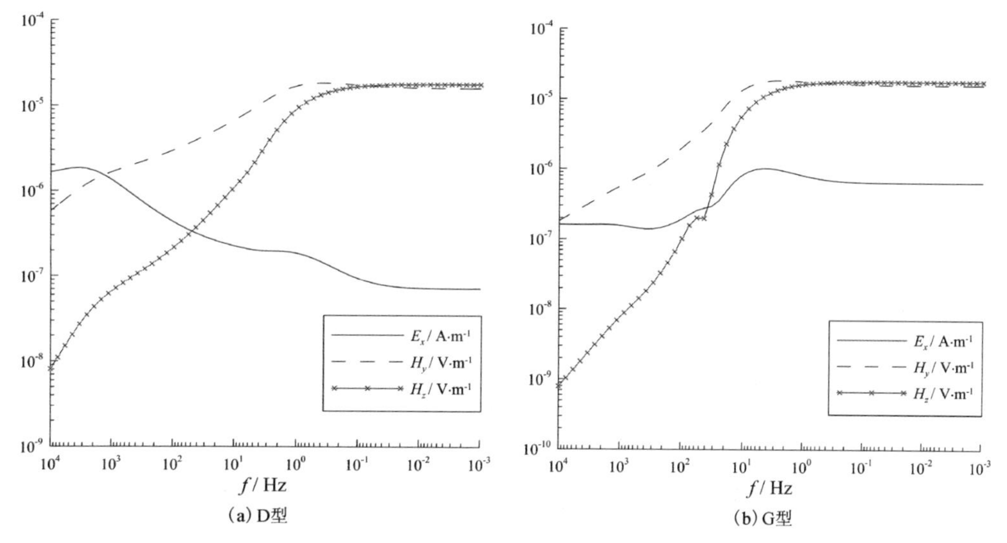

(a) D型　(b) G型

图 11.17　长接地导线源电磁场分量随频率的变化曲线

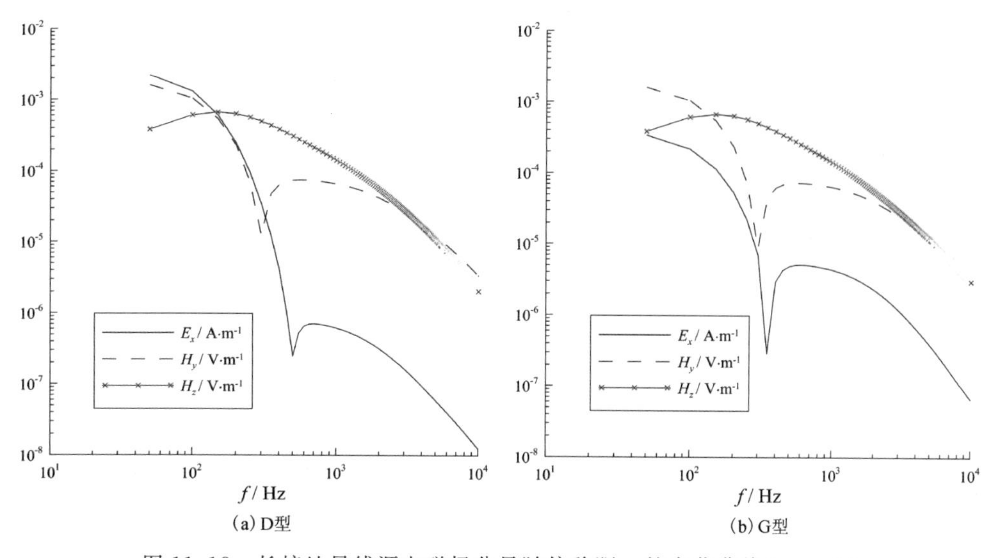

(a) D型　(b) G型

图 11.18　长接地导线源电磁场分量随偏移距 y 的变化曲线($x=0$)

3）三层大地

对于水平三层地电模型，这里仅考虑中间层厚度 h_2 变化的情况，计算中的参数设置如表 11.4 所示。输出结果如图 11.19 所示。

表 11.4　三层地电模型参数及观测参数

参 数	$\rho/\Omega\cdot$m	h_1/m	I/A	AB/m	f/Hz	x/m	y/m
取 值	100-10-1000	10	10	4000	$10^{-3}\sim10^{4}$	0	4000

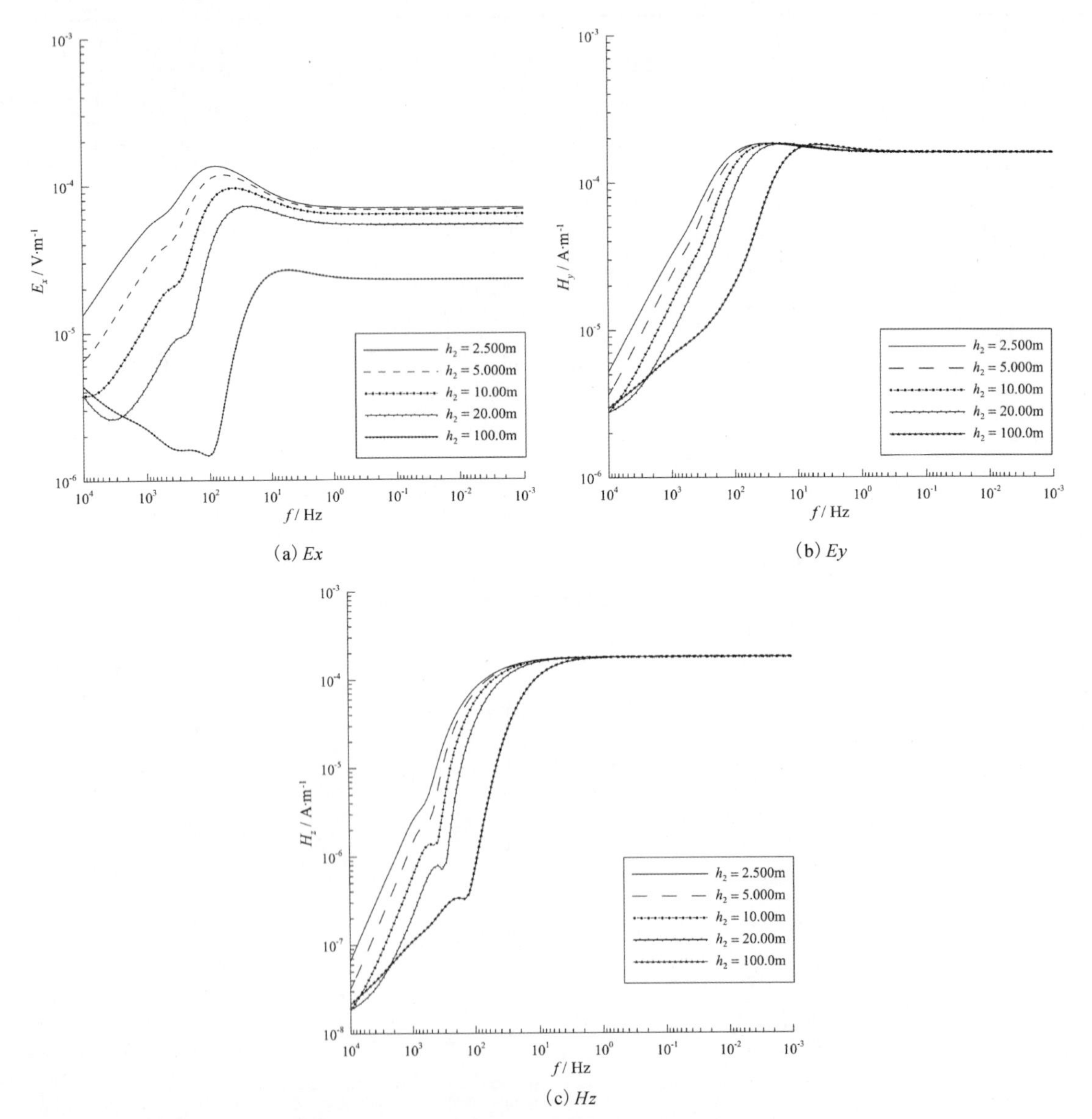

(a) *Ex*　(b) *Ey*　(c) *Hz*

图 11.19　长接地导线源电磁场分量的频率特性

2. 全区视电阻率数值计算

在远区，也包括部分非远区的广大区域内进行测量，观测人工源电磁场的一个分量，而不是彼此正交的一组电、磁分量，计算视电阻率值，此即广域电磁法的基本原理。

1)全区视电阻率定义

不失一般性，以式(11.36)和式(11.37)为例，介绍广域电磁法电性源全区视电阻率的定义。借助式(11.45)，可得

$$E_x = \frac{\rho_1}{r^3}\frac{Idx}{2\pi}[1 - 3\sin^2\varphi + e^{ikr}(1 - ikr)], \tag{11.58}$$

若定义

$$Z = ikr = i\sqrt{i\omega\mu\sigma}r, \tag{11.59}$$

则视电阻率可表示为

$$\rho_a = -i\omega\mu r^2 \frac{1}{Z^2}, \tag{11.60}$$

方程(11.61)对广域电磁法的全区成立，由此定义的 ρ_a 谓之全区视电阻率。

显然，方程(11.58)可以表示成关于参数 Z 的函数

$$E_x = -i\omega\mu \frac{1}{r}\frac{Idx}{2\pi}Y(Z), \tag{11.61}$$

其中

$$Y(Z) = \frac{1}{Z^2}[1 - 3\sin^2\varphi + e^Z(1 - Z)], \tag{11.62}$$

是 E_x 的核函数，也被称为归一化响应函数。获取式(11.60)定义的全区视电阻率的关键是，寻找满足式(11.62)的 Z 值。式(11.62)中的 $Y(Z)$ 为观测值，可通过式(11.61)求得。

2)核函数的表现特征

首先，根据方程(11.63)创建 MATLAB 函数文件 kernelfun. m。

```
function y=kernelfun(rho, r)
%   KERNELFUN is used to analyze the performance characteristics of the
%   normalized response function of the electric field component

%   Input parameters
%   h :          layer thickness
%   rho :        layer resistivity

%   Versions:
%   1.0  Feb., 2020  Created

mu=4.0*pi*1.0e-7;
```

```
    sigma=1/rho;
    phi=[60 90 120];
    phi=phi*pi/180;
    nf=120;
    fmin=1.0e-3;
    fmax=1.0e+4;
    freq=logspace(log10(fmin), log10(fmax), nf);
    omega=2.0*pi*freq;

    z=1i*sqrt(1i*omega*mu*sigma)*r;
    term0=1./z./z;
    term1=3.0*sin(phi).*sin(phi);
    term2=exp(z).*(1.0-z);
    y=term0.*(1.0-term1'+term2);

    %    PLOT
    nphi=length(phi);
    for i=1:nphi
        yphi=y(i, :);
        semilogy(abs(z), abs(yphi))
        hold on
    end
    xlabel('\fontname{times new roman}\itZ', 'fontsize', 12);
    ylabel('\fontname{times new roman}\itY', 'fontsize', 12);
    str1='\it\alpha=\rm60\circ';
    str2='\it\alpha=\rm90\circ';
    str3='\it\alpha=\rm120\circ';
    legend({str1, str2, str3},'Location', 'northeast');
    end
```

然后,在MATLAB命令行窗口依次输入

```
>> kernelfun(1, 4000);
>> kernelfun(10, 4000);
>> kernelfun(100, 4000);
>> kernelfun(1000, 4000);
```

即得图11.20中所示电场 E_x 的归一化响应函数的表现特征。很明显,对于电磁地球物理勘查问题而言,核函数 $Y(Z)$ 形态简单,在整个定义域内,函数具有一致的单调性,这一特点也为后续视电阻率的计算提供了便利。

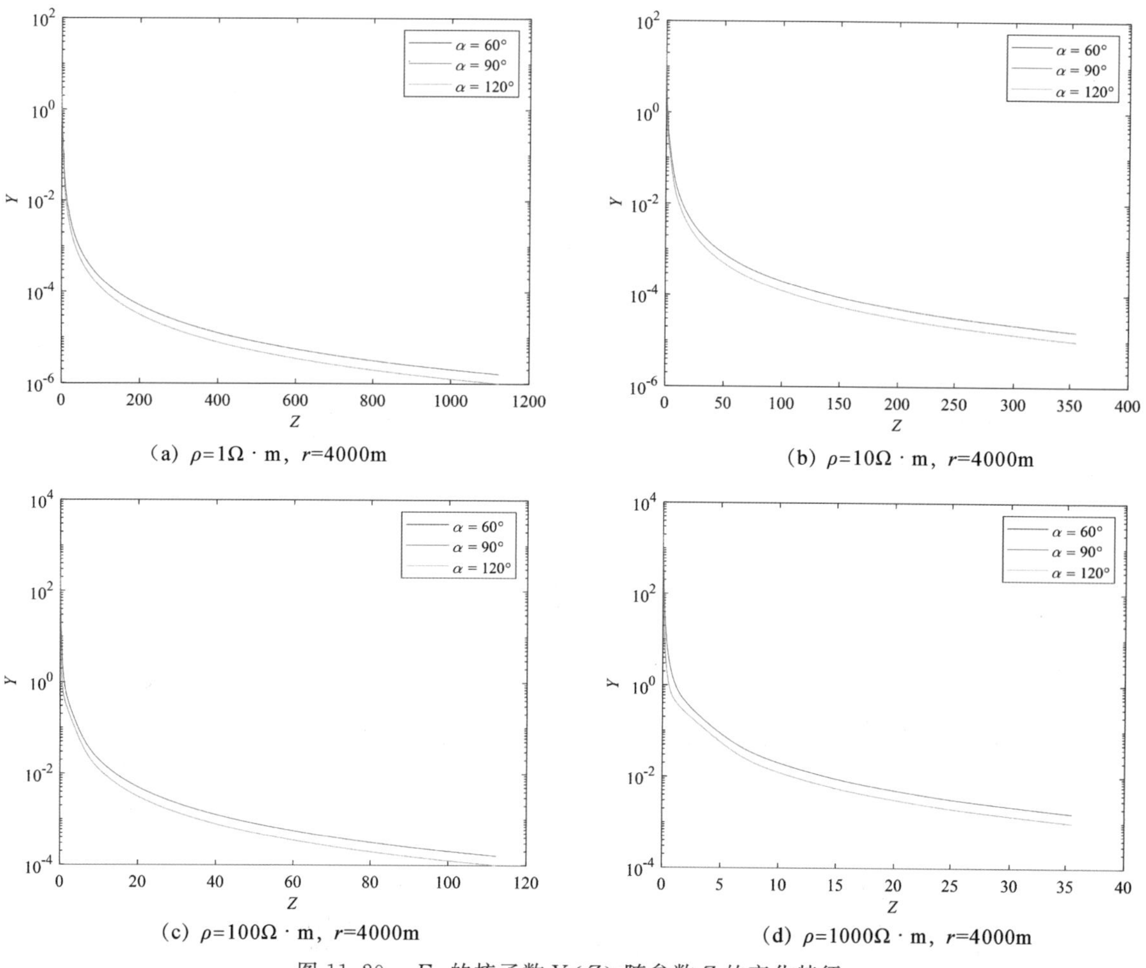

(a) ρ=1Ω · m，r=4000m　　(b) ρ=10Ω · m，r=4000m

(c) ρ=100Ω · m，r=4000m　　(d) ρ=1000Ω · m，r=4000m

图 11.20　E_x 的核函数 $Y(Z)$ 随参数 Z 的变化特征

3）视电阻率计算

考察式(11.62)，可以定义

$$C = -i\omega\mu \frac{1}{r} \frac{Idx}{2\pi}, \tag{11.63}$$

于是，有

$$E_x / C = Y(Z), \tag{11.64}$$

前已述及，获得 ρ_a 的关键在于求得 Z 值。显然，通过式(11.59)计算视电阻率，等价于非线性方程的求根问题，文中通过二分法求取 Z，进而获得视电阻率 ρ_a。

$$\rho_a = -i\omega\mu r^2 \frac{1}{Z^2}, \tag{11.65}$$

接下来，这里将给出四例典型地电模型上的视电阻率 ρ_a 计算结果，具体的计算参数如表 11.5 所列。输出结果如图 11.21 所示。

表 11.5 观测装置参数及地电模型参数

类　别	I/A	AB/m	f/Hz	x/m	y/m
装置参数	1	4000	$10^{-3} \sim 10^{4}$	100 0	4000
Model a	$h_1 = 300\text{m}$, $\rho_1 = 100\Omega \cdot \text{m}$, $\rho_2 = 10\Omega \cdot \text{m}$				
Model b	$h_1 = 300\text{m}$, $\rho_1 = 100\Omega \cdot \text{m}$, $\rho_2 = 1000\Omega \cdot \text{m}$				
Model c	$h_1 = 300\text{m}$, $h_2 = 400\text{m}$, $\rho_1 = 100\Omega \cdot \text{m}$, $\rho_2 = 10\Omega \cdot \text{m}$, $\rho_3 = 100\Omega \cdot \text{m}$				
Model d	$h_1 = 150\text{m}$, $h_2 = 150\text{m}$, $\rho_1 = 200\Omega \cdot \text{m}$, $\rho_2 = 1000\Omega \cdot \text{m}$, $\rho_3 = 200\Omega \cdot \text{m}$				

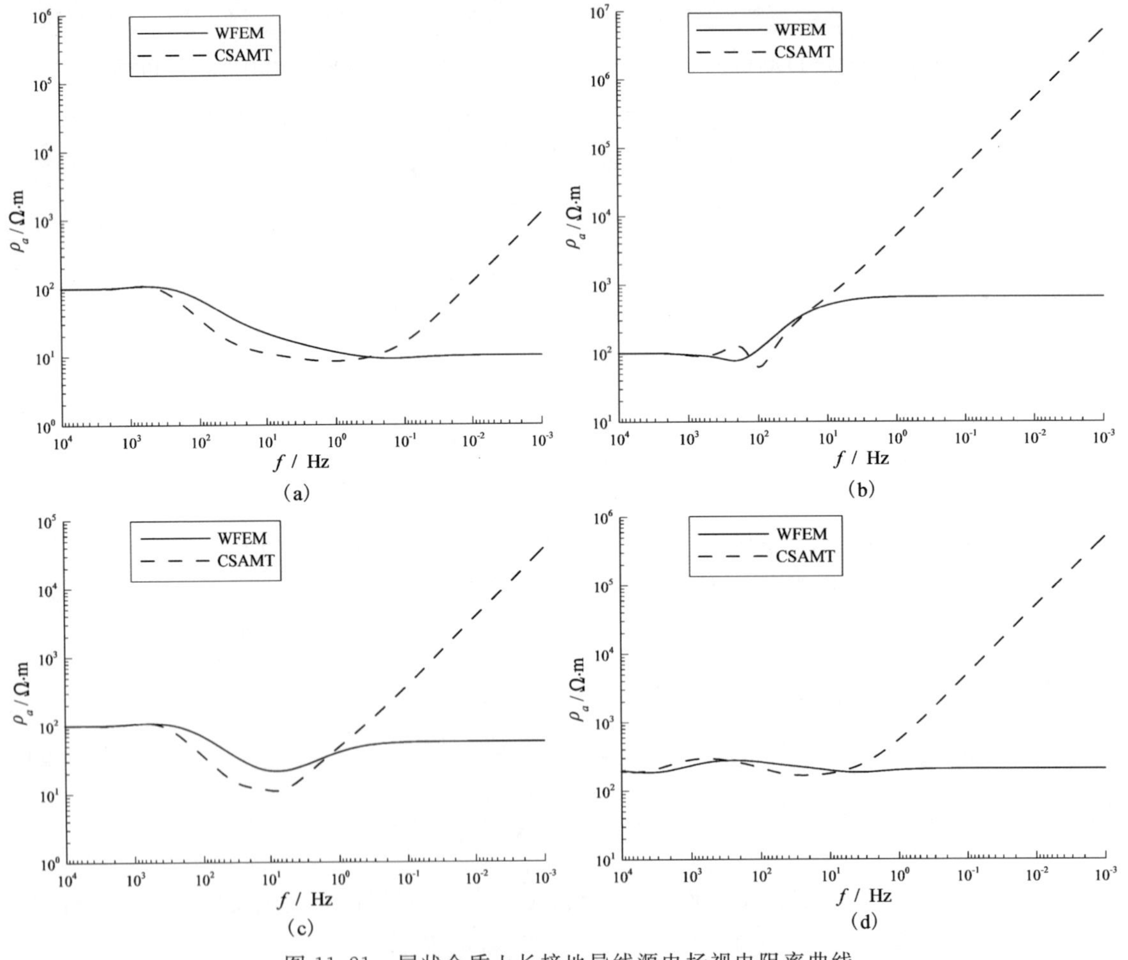

图 11.21 层状介质上长接地导线源电场视电阻率曲线

从中容易发现,广域电磁法 WFEM 与可控源音频大地电磁法 CSAMT 的视电阻率曲线存在非常明显的区别。无论地下电性结构如何分布,WFEM 视电阻率曲线的首支和尾支均能较好地逼近地层真电阻率值,由低阻到高阻,曲线过渡稳定、平滑。CSAMT 视电阻率曲线由浅到深,相继出现伪极值和近似呈 45° 的尾支渐近线,不能反映地下电性的真实情况。

11.6　瞬变电磁法

瞬变电磁法(Transient Electromagnetic Method,缩记为 TEM)是一种时间域电磁法,它利用不接地回线或接地电极向地下发送脉冲式一次电磁场,在一次场的间歇期间(断电后),用线圈或接地电极观测脉冲电磁场感应的地下涡流产生的二次电磁场的时空分布,进而达到解决有关地质问题的地球物理勘探方法。

11.6.1　基本公式

求解瞬变电磁场有两种途径:第一种是直接在时间域求解具有一定初始条件和边界条件的定解问题;第二种是先在频率域求解给定场源的电磁场,之后借助 Fourier 变换,将其变换为时间域问题的解。考虑到频率域中场的方程较为简单,通常多采用后一种方法进行求解。

1. 均匀大地表面上大回线源在地表形成的瞬变电磁场

如图 11.22 所示,设空气中的波数为 k_0,地下均匀半空间的波数为 k_1,在地表上方 h 处有一半径为 a 的圆回线,回线中通以电流 I_0,不难导出大回线源在地表形成的谐变场表达式为

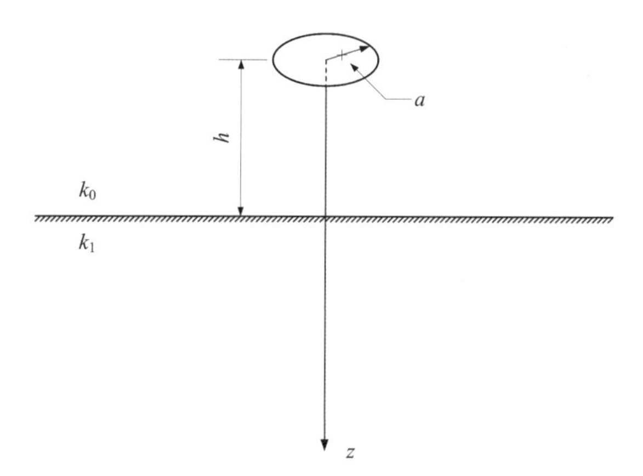

图 11.22　大地表面上方的圆回线源

$$H_z(\omega)=\frac{I_0}{k_1^2 a^3}[3-(3+3k_1 a+k_1^2 a^2)\mathrm{e}^{-k_1 a}], \tag{11.66}$$

注意到,实际测量中大多是通过测量接收线圈中的感应电动势 $\varepsilon(t)=\partial H(t)/\partial t$ 来实现测量地面瞬变电磁场的目的,于是有

$$\begin{aligned}\frac{\partial H_z(t)}{\partial t}&=\frac{1}{2\pi}\frac{\partial}{\partial t}\int_{-\infty}^{+\infty}H_z(\omega)\frac{1}{i\omega}\mathrm{e}^{-i\omega t}\mathrm{d}\omega\\&=\frac{3I_0\rho_1}{\mu_0 a^3}\frac{1}{2\pi}\int_{-\infty}^{+\infty}\left[1-\left(1+k_1 a+\frac{1}{3}k_1^2 a^2\right)\mathrm{e}^{-k_1 a}\right]\frac{1}{i\omega}\mathrm{e}^{-i\omega t}\mathrm{d}\omega,\end{aligned} \tag{11.67}$$

为便于计算,这里将 $F(\omega)=1$、$\mathrm{e}^{-k_1 a}$、$k_1 a\,\mathrm{e}^{-k_1 a}$、$k_1^2 a^2\,\mathrm{e}^{-k_1 a}$、$k_1^3 a^3\,\mathrm{e}^{-k_1 a}$ 时的 Fourier 逆变换值

$f(t)$ 列于表 11.6 中。利用表中 Fourier 逆变换关系式，式(11.68)变换为

表 11.6　若干频率域函数的 Fourier 逆变换

$F(\omega)$	$f(t)=\dfrac{1}{2\pi}\int_{-\infty}^{+\infty}F(\omega)\dfrac{1}{i\omega}\mathrm{e}^{-i\omega t}\mathrm{d}\omega,\ t>0$
1	1
$\mathrm{e}^{-k_1 a}$	$1-\Phi(u)$
$k_1 a\mathrm{e}^{-k_1 a}$	$\sqrt{2/\pi}u\,\mathrm{e}^{-u^2/2}$
$k_1^2 a^2\mathrm{e}^{-k_1 a}$	$\sqrt{2/\pi}\,u^3\ \mathrm{e}^{-u^2/2}$
$k_1^3 a^3\mathrm{e}^{-k_1 a}$	$\sqrt{2/\pi}\,u^3\,(u^2-1)\mathrm{e}^{-u^2/2}$

$$\frac{\partial H_z(t)}{\partial t}=\frac{3I_0\rho_1}{\mu_0 a^3}\left[\Phi(u)-\sqrt{\frac{2}{\pi}}u\left(1+\frac{1}{3}u^2\right)\mathrm{e}^{-\frac{u^2}{2}}\right], \tag{11.68}$$

式中

$$u=a\sqrt{\frac{\mu_0}{2\rho_1 t}}=\frac{2\pi a}{\tau}, \tag{11.69a}$$

$$\tau=\sqrt{2\pi\{\rho\}_{\Omega\cdot\mathrm{m}}\{t\}_s\times10^7}\,\mathrm{m}, \tag{11.69b}$$

$$\Phi(u)=\sqrt{\frac{2}{\pi}}\int_0^{u(t)}\mathrm{e}^{-\frac{t^2}{2}}\mathrm{d}t, \tag{11.69c}$$

这里 $\Phi(u)$ 为概率积分。当测量磁感应强度对时间的变化率时，式(11.69)变为

$$\frac{\partial B_z(t)}{\partial t}=\frac{3I_0\rho_1}{a^3}\left[\Phi(u)-\sqrt{\frac{2}{\pi}}u\left(1+\frac{1}{3}u^2\right)\mathrm{e}^{-\frac{u^2}{2}}\right], \tag{11.70}$$

为求 $B_z(t)$ 的表达式，可由

$$B_z(t)=\int_0^t\frac{\partial B_z(t)}{\partial t}\mathrm{d}t=\frac{3I_0\rho_1}{a^3}\int_0^t\left[\Phi(u)-\sqrt{\frac{2}{\pi}}u\left(1+\frac{1}{3}u^2\right)\mathrm{e}^{-\frac{u^2}{2}}\right]\mathrm{d}t, \tag{11.71}$$

考虑到

$$\int_0^u\Phi(x)\mathrm{d}x=u\,\Phi(u)+\sqrt{2/\pi}\,\mathrm{e}^{-u^2/2-1}, \tag{11.72}$$

对式(11.72)中的每一项采用分部积分法，经整理后即得

$$B_z(t)=\frac{\mu_0 I_0}{2a}\left[\left(1-\frac{3}{u^2}\right)\Phi(u)+\sqrt{\frac{2}{\pi}}\frac{3}{u}\mathrm{e}^{-\frac{u^2}{2}}\right]。 \tag{11.73}$$

2. 水平层状大地上圆回线源在地表形成的瞬变电磁场

略去推导，直接给出水平层状大地上，半径为 a 的圆回线源在地表形成的中心回线装置频率域电磁响应表达式

$$H_z(\omega)=I_0 a\int_0^{\infty}\frac{\lambda Z^{(1)}}{Z^{(1)}+Z_0}J_1(\lambda a)\mathrm{d}\lambda, \tag{11.74}$$

式中

$$Z^{(j)} = Z_j \frac{Z^{(j+1)} + Z_j \tanh(u_j H_j)}{Z_j + Z^{(j+1)} \tanh(u_j H_j)}, \tag{11.75a}$$

$$Z^{(n)} = Z_n, \tag{11.75b}$$

$$Z_j = -i\omega\mu_0 / u_j, \tag{11.75c}$$

$$u_j = \sqrt{\lambda^2 + k_j^2}, k_j^2 = -i\omega\mu_0\sigma_j, j = 1,2,3,\cdots,n, \tag{11.75d}$$

将式(11.75)代入式时频转换公式，可得阶跃电流激发下的瞬变响应

$$H_z(t) = \frac{2}{\pi}\int_0^{\infty} \mathrm{Im}\left[I_0 a \int_0^{\infty} \frac{\lambda Z^{(1)}}{Z^{(1)} + Z_0} J_1(\lambda a)\,\mathrm{d}\lambda\right] \frac{\cos\omega t}{\omega}\mathrm{d}\omega, \tag{11.76}$$

以及

$$\frac{\partial H_z(t)}{\partial t} = -\frac{2}{\pi}\int_0^{\infty} \mathrm{Re}\left[I_0 a \int_0^{\infty} \frac{\lambda Z^{(1)}}{Z^{(1)} + Z_0} J_1(\lambda a)\,\mathrm{d}\lambda\right] \cos\omega t\,\mathrm{d}\omega。 \tag{11.77}$$

根据式(11.76)和式(11.77)，形成圆回线源在大地表面激励的 TEM 响应正演程序，文件名为 tem1dfor.m。

```
function [dhzdt, hz, t]=tem1dfor(varargin)
%   TEM1DFOR is for computing the TEM response of a large loop source over
%   a layered earth model, where circular loop has radius a >  0.0d0 and elev
%   z >  0 (for current loop in air) or z=0 (for current loop on ground).

%   Input:
%   h :         layer thickness
%   rho :       layer resistivity
%   cparams:     structure defining calculation options:
%                amp, supply current
%                rad, Radius of the circular transmitter loop
%                r,   Distance between transmitter and receiving point
%                z,   Height of the location of the receiving point
%   filename:   File name for output data
%
%   Output:
%   t:          Delayed sampling time series
%   hz:         Vertical component of a magnetic field
%   dhzdt:       Time derivative of the vertical component of a magnetic field

%   Versions:
%   1.0  Feb., 2020  Created

global  MU0
global  RAD R Z
global  H SIGMA
global  NL
```

```
MU0=4.0*pi*1.0e-7;

switch nargin
    case 4
        h=varargin{1};
        rho=varargin{2};
        cparams=varargin{3};
        filename=varargin{4};
        H=h;
        SIGMA=1./rho;
    case 3
        rho=varargin{1};
        cparams=varargin{2};
        filename=varargin{3};
        SIGMA=1./rho;
    otherwise
        disp('Not enough input parameters');
        return
end
NL=length(rho);
amp=cparams(1);
RAD=cparams(2);
R=cparams(3);
Z=cparams(4);

tol=1.0e-10;
nt=60;
tmin=1.0e-7;
tmax=1.0e-1;
t=logspace(log10(tmin), log10(tmax), nt);

funct1=@hz_fd;
funct2=@dhzdt_fd;

hz=zeros(1, nt);
dhzdt=zeros(1, nt);
cons=amp*RAD/2.0;
for i=1:nt
    ti=t(i);
```

```
    dans1(1)=dlagf0(ti, 1, tol, 1, funct1);
    dans2(1)=dlagf0(ti, 1, tol, 1, funct2);

    hz(i)=2.0/pi*cons*dans1(1);
    dhzdt(i)=2.0/pi*cons*dans2(1);
end

%   PLOT
figure
loglog(t, hz, t, dhzdt)
ylim([1.0e-7 1.0e+4])
xlabel('\fontname{times new roman}\itt / \rms', 'fontsize', 15);
str1='$ $ H_{z} / (Am^{-1})$ $ ';
str2='$ $ \dot{H}_{z} / (Vm^{-1})$ $ ';
legend({str1, str2},'interpreter','latex','fontsize',15)

%   OUTPUT RESULT
thzdhzdt=[t' hz' dhzdt'];
save(filename,'thzdhzdt', '-ascii');
end

% ----------------------------------subfunction1

function z=hz_fd(omega)
global  MU0
global  SIGMA
global  RAD R Z
global  K2 LAMBDA

load HankelFilters.mat a1 s1 w1
nw1=length(w1);

K2=-1i*omega.*MU0.*SIGMA';

temp=0.0;
for k=1:nw1
    t1=a1+(k-1)*s1;
    t2=10.0^t1;
    LAMBDA=1.0/RAD*t2;
```

```
    b0=(zprime(omega)-z0(omega))./(zprime(omega)+z0(omega));
    knlfunc=(exp(-LAMBDA*Z)+b0*exp(LAMBDA*Z))*LAMBDA*…
    besselj(0,LAMBDA*R);

    temp=temp+knlfunc*w1(k);
end
z=imag(temp/RAD)./omega;
end

%  ----------------------------------subfunction2
function z=dhzdt_fd(omega)
global  MU0
global  SIGMA
global  RAD R Z
global  K2 LAMBDA

load HankelFilters.mat a1 s1 w1
nw1=length(w1);

K2=-1i*omega.*MU0.*SIGMA';

temp=0.0;
for k=1:nw1
    t1=a1+(k-1)*s1;
    t2=10.0^t1;
    LAMBDA=1.0/RAD*t2;

    b0=(zprime(omega)-z0(omega))./(zprime(omega)+z0(omega));
    knlfunc=(exp(-LAMBDA*Z)+b0*exp(LAMBDA*Z))*LAMBDA*…
    besselj(0,LAMBDA*R);

    temp=temp+knlfunc*w1(k);
end
z=real(temp/RAD);
end

%  ----------------------------------subfunction3

function zp=zprime(omega)
global  K2 LAMBDA
```

```
global  NL
global  MU0
global  H

lambda2=LAMBDA*LAMBDA;
u2=lambda2+K2;
un=sqrt(u2);
zp=-1i*omega*MU0./un(NL,:);

for i=NL-1 :-1 : 1
    ui=sqrt(u2(i,:));
    zi=-1i*omega*MU0./ui;
    tmpu=zp+zi.*tanh(ui.*H(i));
    tmpd=zi+zp.*tanh(ui.*H(i));

    zp=zi.*tmpu./tmpd;
end
end

%  ----------------------------------subfunction4

function z=z0(omega)
global  LAMBDA
global  MU0

rho0=1.0e12;
sigma0=1.0/rho0;
k02=-1i*omega*MU0*sigma0;

lambda2=LAMBDA*LAMBDA;
u02=lambda2+k02;
u0=sqrt(u02);

z=-1i*omega*MU0./u0;
end

%  ----------------------------------subfunction5
function dans=dlagf0(bmax, nb, tol, ntol, func)
% It is intended for calculating the cosine transform:
% f(b)=int_0^inf[F(g)cos(bg)]dg.
```

```
%    syntax:
%    [dans, arg, ierr]=dlagf0(bmax, nb, tol, ntol, testfun);
%    [dans, arg, ierr]=dlagf0(bmax, nb, tol, ntol, dwork);

%    inputs:
%    bmax,   initial cosine transform argument b=bmax >  0.0d0,
%            as used in integral from 0 to infinity of fun(g)*dcos(g*b)*dg,
%            where fun(g) is defined below.
%    nb,     number of lagged convolutions desired (nb .ge. 1).
%    tol,     requested truncation tolerance at both filter tails for adaptive
%            convolution
%            for all nb transforms.
%    ntol,   number of consecutive times the truncation criterion (tol) is to be
%            met at
%            either filter tail before filter truncation occurs.
%    fun     two types are supported: 1) tabulated discrete function values,
%            i.e. a vector
%            2) the same as original, just a function names. For example,
%            first define a function as testfun=@(x) exp(-x.^2), then just
%            'testfun' will be the input parameter.
%
%    outputs:
%    dans,    the array returned giving the nb double-precision real cosine
%            transforms, with corresponding arguments given in array arg(nb).
%    arg,     the array arg(nb) is returned giving the resulting b arguments in
%             (bmin,bmax), where arg(i+1)/arg(i)= exp(.1), i=1,nb-1. nofun,
%            number of direct fun evaluations used for all nb real cosine
%            transforms.
%    ierr,     error return code.
%    This procedure is adapted from the cry
% check input type and error
[ierr, type]=checkparm(bmax, nb, func);
% calcualted abscissa
[arg, yb]=calcarg(bmax, nb);
% for input function
if type==0  %  function
    dwork=func(yb);
else
    dwork=func;
end
```

```
% filter coefficients
load CosineFilters.mat ctcoef

dans=zeros(nb, 1);
% lags for convolution
lags=0:nb-1;
for ilag=1:nb
    istore=nb+1-ilag;
    lag=lags(ilag);

    itol=fix(ntol);
    dsum=0.0D0;
    cnvmax=0.0D0;
    % adaptive convolution
    % first calculate convolution summation from 426~ 461,35
    % 461-426+1=36;
    indx=426:461;
    c=ctcoef(indx)*dwork(modindx(indx, lag))';

    cnvmax=max([abs(c), cnvmax]);
    dsum=dsum+c;
    % check for filter truncation at right end
    cnvmax=tol.*cnvmax;
    indx=462;

    while(indx <  787 && itol >  0)
        c=ctcoef(indx)*dwork(modindx(indx, lag));
        dsum=dsum+c;
        if abs(c) <  cnvmax && itol >  1
        itol=itol-1;
    end
    indx=indx+1;
end

% check for filter truncation at right end
indx=425;
itol=ntol;
while(indx >  0 && itol >  0)
    c=ctcoef(indx)*dwork(modindx(indx, lag));
    dsum=dsum+c;
```

```
    if abs(c) < cnvmax && itol > 1
        itol=itol-1;
    end
    indx=indx-1;
end
dans(istore)=dsum;
end
dans=dans./arg;
end

% calculating input and absissa
function [arg, y]=calcarg(bmax, nb)
% function [arg,y]=calcarg(bmax,nb)
% calculating abscissa for input: y; and output:b
abscis=0.7866057737580476D0;
e=exp(1.0d-1);
arg=bmax./e.^(nb-1:-1:0)';
y1=abscis./bmax;
% 787=362+425
y=y1*e.^(-424 : 1 : 362);
end

% locate the input function index
%               indx can be vector
function ir=modindx(indx, lag)
ir=rem(indx+lag, 788);
ir(~ ir)=1;
end

% check parameters and type of input funcitons
function [ierr, type]=checkparm(bmax, nb, fun)
if nb < 1 || bmax < =0.0D0
ierr=1;
return;
end
% bmin
if bmax*exp(-0.1*(fix(nb)-1)) < =0.0D0
    ierr=1;
    return;
end
```

```
ierr=0;
type=1;
if class(fun)= ='function_handle'
    type=0;
end
end
```

11.6.2 瞬变电磁法曲线特征及视电阻率定义

1. 瞬变电磁场的场分量变化特征

1)均匀半空间

选取装置及模型参数如下:供电电流为 1A,回线半径 50m 、置于电阻率为 100Ω·m 的半空间表面。在 MATLAB 工作窗口输入命令

```
function [dhzdt, hz, t]=tem1dfor(varargin)
%   TEM1DFOR is for computing the TEM response of a large loop source over
%   a layered earth model, where circular loop has radius a >  0.0d0 and elev
%   z >  0 (for current loop in air) or z=0 (for current loop on ground).

%   Input:
%   h :          layer thickness
%   rho :        layer resistivity
%   cparams:      structure defining calculation options:
%                amp, supply current
%                rad, Radius of the circular transmitter loop
%                r,   Distance between transmitter and receiving point
%                z,   Height of the location of the receiving point
%   filename:    File name for output data
%
%   Output:
%   t:           Delayed sampling time series
%   hz:          Vertical component of a magnetic field
%   dhzdt:       Time derivative of the vertical component of a magnetic field

%   Versions:
%   1.0  Feb., 2020  Created

global  MU0
global  RAD R Z
global  H SIGMA
global  NL
```

```
MU0=4.0*pi*1.0e-7;

switch nargin
case 4
h=varargin{1};
rho=varargin{2};
cparams=varargin{3};
filename=varargin{4};
H=h;
SIGMA=1./rho;
case 3
rho=varargin{1};
cparams=varargin{2};
filename=varargin{3};
SIGMA=1./rho;
otherwise
disp('Not enough input parameters');
return
end
NL=length(rho);
amp=cparams(1);
RAD=cparams(2);
R=cparams(3);
Z=cparams(4);

tol=1.0e-10;
nt=60;
tmin=1.0e-7;
tmax=1.0e-1;
t=logspace(log10(tmin), log10(tmax), nt);

funct1=@hz_fd;
funct2=@dhzdt_fd;

hz=zeros(1, nt);
dhzdt=zeros(1, nt);
cons=amp*RAD/2.0;
for i=1:nt
    ti=t(i);
    dans1(1)=dlagf0(ti, 1, tol, 1, funct1);
```

```
    dans2(1)=dlagf0(ti, 1, tol, 1, funct2);

    hz(i)=2.0/pi*cons*dans1(1);
    dhzdt(i)=2.0/pi*cons*dans2(1);
end

%   PLOT
figure
loglog(t, hz, t, dhzdt)
ylim([1.0e-7 1.0e+4])
xlabel('\fontname{times new roman}\itt / \rms', 'fontsize', 15);
str1='$ $ {{H}_{z}} / \rm{V{\cdot}m^{-1}}$ $ ';
str2='$ $ \dot{{H}_{z}} / \rm{V{\cdot}m^{-1}{\cdot}s^{-1}}$ $ ';
legend({str1, str2},'interpreter','latex','fontname','times new roman','fontsize
',15)

%   OUTPUT RESULT
thzdhzdt=[t' hz' dhzdt'];
save(filename,'thzdhzdt', '-ascii');
end
```

程序运行后，可得切断电流后回线中心处磁场及其时间导数随时间变化的曲线，如图11.23所示。

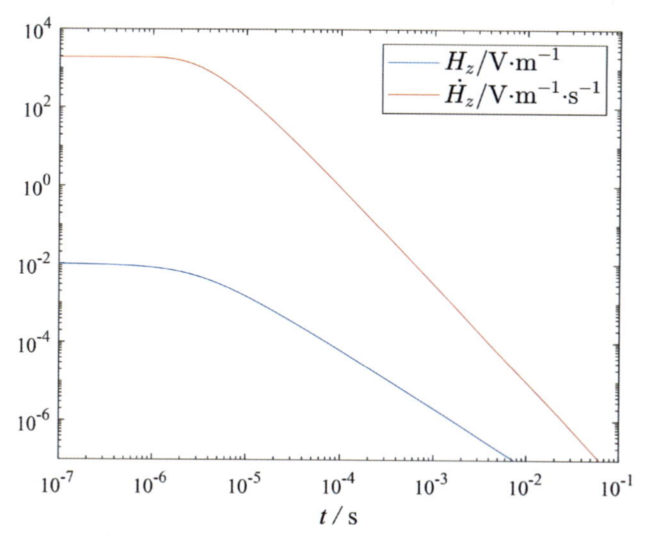

图 11.23　回线中心垂直磁场及其时间导数随时间变化的曲线

切断电流前，回线中心的磁场(电流与回线直径之比)为 0.01A · m^{-1}，大约相当于 10nT 的磁感应强度。正如 Nabighian 所指出的，瞬态磁场是由一系列与发射电流同向的环形电流产生的，这个电流系列的极大值随着时间向外向下移动，回线中心的磁场及其时间导数的符号保持不变,分别按 $t^{-3/2}$ 和 $t^{-5/2}$ 衰减。

2)G 型二层大地

为研究时间域电磁响应与发射回线半径之间的关系,取表 11.7 中计算参数,在命令行窗口依次输入

表 11.7 观测装置参数及地电模型参数

装置参数	I/A	a/m		t/s	x,y/m
	1	100 , 300 , 500 , 750 , 1000		$10^{-6} \sim 10^{-1}$	0
模型参数	h_1 (m)		$\rho_1 - \rho_2$ (Ω·m)		
	1000		20 , 1000		

```
>> [dhzdt, hz, t]=tem1dfor([1000], [20 1000], [1 100 0 0], 'data6.dat')
>> [dhzdt, hz, t]=tem1dfor([1000], [20 1000], [1 300 0 0], 'data7.dat')
>> [dhzdt, hz, t]=tem1dfor([1000], [20 1000], [1 500 0 0], 'data8.dat')
>> [dhzdt, hz, t]=tem1dfor([1000], [20 1000], [1 750 0 0], 'data9.dat')
>> [dhzdt, hz, t]=tem1dfor([1000], [20 1000], [1 1000 0 0], 'data10.dat')
```

输出结果如图 11.24 所示,二层介质中时间域响应曲线呈现如下特点:在双对数坐标中,早期响应曲线近乎水平,晚期响应曲线向下倾斜;回线源半径越小,其中心点的早期响应幅值越大,越早进入晚期。

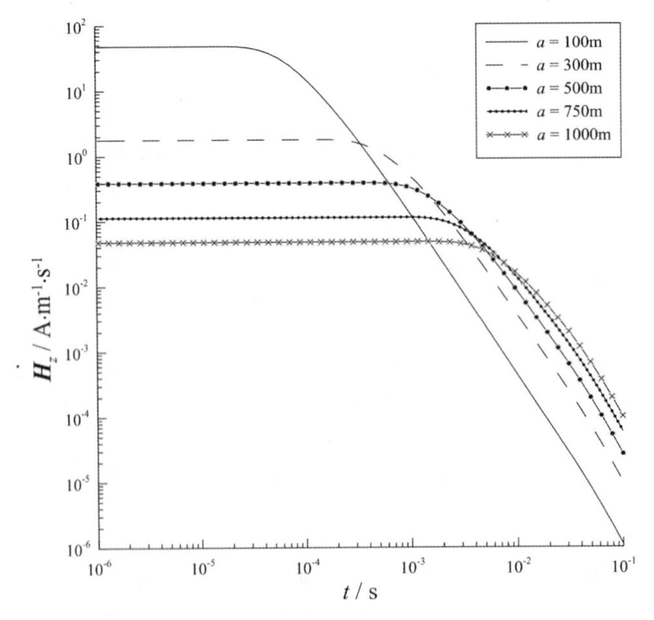

图 11.24 回线中心垂直磁场时间导数随线圈半径变化的曲线

3)三层大地

为考察地下电性界面与瞬变响应间的对应关系,选取表 11.8 中的装置参数及四例地电模型参数。然后,在命令行窗口依次输入

表 11.8　观测装置参数及地电模型参数

装置参数	I/A	a/m	t/s	x/m	y/m
	1	100	$10^{-6} \sim 10^{1}$	0	0
模型参数	$h_1 - h_2$ (m)		$\rho_1 - \rho_2 - \rho_3$ (Ω·m)		
Model 1	100，200		10^1，10^3，10^5		
Model 2	100，200		10^1，10^{-1}，10^1		
Model 3	100，200		10^1，10^3，10^1		
Model 4	100，200		10^1，10^{-1}，10^{-3}		

```
> > [dhzdt, hz, t]=tem1dfor( [10], [1 100 0 0], 'data_0.dat')
> > [dhzdt, hz, t]=tem1dfor([100 200], [10 1000 100000], [1 100 0 0], 'data_A.dat')
> > [dhzdt, hz, t]=tem1dfor([100 200], [10 0.1 10], [1 100 0 0], 'data_H.dat')
> > [dhzdt, hz, t]=tem1dfor([100 200], [10 1000 10], [1 100 0 0], 'data_K.dat')
> > [dhzdt, hz, t]=tem1dfor([100 200], [10 0.1 0.001], [1 100 0 0], 'data_Q.dat')
```

输出结果如图 11.25 所示，在早期，诸曲线基本重合；随着时间的推移，A 型曲线逐渐向下偏离半空间响应曲线，在中晚期衰减加快；H 型曲线围绕半空间曲线，先朝下凹，后往上凸，在晚期向半空间曲线靠近；K 型曲线的首、尾支与半空间曲线重合，在中间段衰减略快；Q 型曲线则相继出现“下凹”“上凸”“下凹”“上凸”的姿态，尤其在晚期，曲线衰减更为放缓。显然，瞬变电磁响应曲线反映了地下介质中的电性变化特征。

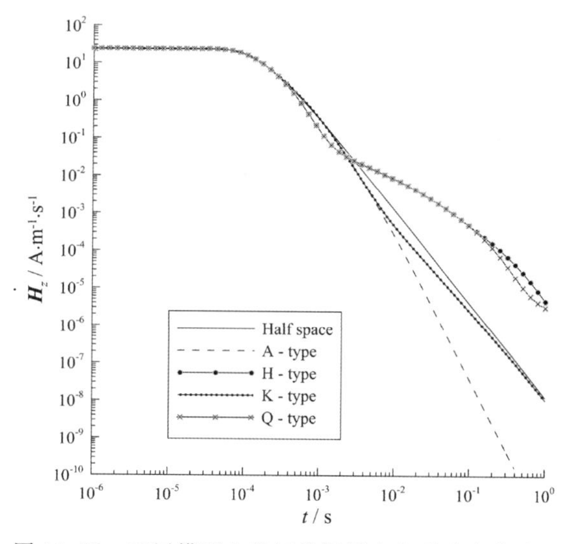

图 11.25　三层模型上的回线源瞬变电磁响应曲线

2. 全区视电阻率定义

与直流电阻率法相类似，瞬变电磁法中计算视电阻率的转换公式仍然需要依据均匀半空间中电磁场的表达式。而且，瞬变场与大地电阻率之间呈复杂的函数关系，不能给出简单的数学表达，只能利用极限条件下的瞬变电磁场表达式来确定视电阻率的简化公式。所谓极限

条件就是 $\tau/r\to 0$ 和 $\tau/r\to\infty$,前者称为早期(远区)条件,后者谓之晚期(近区)条件,据此而定义早、晚期视电阻率 ρ_a 是一种传统手段,其优点是计算方法简单。但是,这种方法计算的视电阻率曲线复杂而存有缺陷,查阅相关文献可以看到,远区定义的视电阻率曲线的右支渐近线不能反映相应地层的真实电阻率,且与发-收距关系很大;近区定义的视电阻率曲线的左支不能收敛到第一层的真实电阻率,多数情况是随时间 t 的减少视电阻率值急剧上升,也与发-收距有很明显的关系。

近些年来,国内外许多学者相继提出全区视电阻率定义,克服了上述缺点。其基本思想是,在进行视电阻率定义时,不对均匀半空间场进行各种近似,而是直接由均匀半空间表达式求取电阻率对场值的反函数。

这里介绍一种基于曲线位移特性的瞬变电磁全区视电阻率定义方法。注意到

$$\varepsilon(a,\sigma,t)=\lambda\varepsilon(a,\lambda\sigma,\lambda t)\,, \tag{11.78a}$$

$$\varepsilon(a,\sigma,t)=\varepsilon(\sqrt{\lambda}a,\lambda^{-3/2}\sigma,\lambda^{-1/2}t)\,, \tag{11.78b}$$

以及

$$\lambda=\frac{\log\varepsilon(a,\lambda\sigma,\lambda t)-\log\varepsilon(a,\sigma,t)}{\log(\lambda t)-\log t}=-1\,, \tag{11.79}$$

式中,ε 为感应电动势,a 为发射回线的半径,t 为以断电点为记时起点的观测时间,λ 为常数,即在野外观测装置相同的情况下,均匀半空间电导率分别为 σ 和 $\lambda\sigma$ 的两条 TEM 响应曲线,其中一条曲线可由另一条曲线平移得到,而且曲线上任意一点的位移轨迹均为一条斜率为 -1 的直线。显然,该直线的截距可表示为

$$b=\log t+\log\varepsilon(a,\sigma,t)\,, \tag{11.80}$$

容易理解,若能在理论截距参数曲线

$$b_i^{\mathrm{T}}=\log t_i+\log\varepsilon_T(a,\sigma_0,t_i)\,, \tag{11.81}$$

上找到一点 t_i,使得它正好与实测曲线上某采样时间道 t_j 所对应的截距

$$b_j^{\mathrm{M}}=\log t_j+\log(V/I)_j\,, \tag{11.82}$$

相等,即有

$$b_i^{\mathrm{T}}(t_i)=b_j^{\mathrm{M}}(t_j)\,, \tag{11.83}$$

则时间道 t_j 所对应的视电阻率可表示成

$$\rho_a=\frac{t_i}{t_j}\frac{1}{\sigma_0}\,, \tag{11.84}$$

其中 V/I 为归一化感应电动势。

综上所述,TEM 全区视电阻率具体计算步骤可归纳如下:

(1)提取野外工作的装置参数:发射回线边长 L 或圆回线半径 a,接收线圈等效面积 s;

(2)任意选取一均匀半空间的电导率 σ_0,不失一般性,通常取作 $\sigma_0=1.0s/\mathrm{m}$;

(3) 对于理论计算中的延迟采样时间道,其值可限定在 $10^{-10}\sim10^{3}$ s 之间,并按等对数间隔分别取值;

(4) 利用前述工作参数,按式(11.70)计算单位激励电流下的 TEM 理论响应曲线 $\varepsilon_T(a,\sigma_0,t)$;

(5) 依据方程(11.81)换算感应电动势 $\varepsilon_T(a,\sigma_0,t)$ 的截距参数曲线,并以极值点 $b_{\max}^{\mathrm{T}}=$

$b^{T}(t_i)=\max(b^{T})$ 为界，将截距参数曲线分为左右两支，左支与 TEM 响应的早期段对应，右支与晚期段对应；

(6) 根据式(11.82)计算实测 TEM 曲线上所有采样时间道所对应的截距，同样地，以极值点 $b_{\max}^{M}=b^{M}(t_j)=\max(b^{M})$ 为界，将截距参数曲线分为左右两支。在多测道延迟采样时间不够早的情况下，其截距曲线的左支有可能不存在；

(7)对于各采样时间道所对应的实测截距，采用逆样条插值法，通过理论截距参数曲线分区插值得到对应的采样时间；

(8)通过式(11.85)计算各采样时间道的全区视电阻率。对于 $b_{\max}^{T}\neq b_{\max}^{M}$ 的过渡区域，其视电阻率直接通过插值求取。

3. 典型算例

不失一般性，利用上述算法就四种典型地电模型上的瞬变电磁响应换算全区视电阻率 ρ_a，具体计算参数如表 11.9 所示，计算结果如图 11.26 所示。

表 11.9　观测装置参数及地电模型参数

类　别	I /A	a /m	t /s	x /m	y /m
装置参数	1	50	$10^{-6}\sim10^{0}$	0	0
Model 1	$h_1=50\text{m}$，$\rho_1=100\Omega\cdot\text{m}$，$\rho_2=10\Omega\cdot\text{m}$				
Model 2	$h_1=50\text{m}$，$\rho_1=100\Omega\cdot\text{m}$，$\rho_2=1000\Omega\cdot\text{m}$				
Model 3	$h_1=50\text{m}$，$h_2=50\text{m}$，$\rho_1=100\Omega\cdot\text{m}$，$\rho_2=10\Omega\cdot\text{m}$，$\rho_3=150\Omega\cdot\text{m}$				
Model 4	$h_1=50\text{m}$，$h_2=250\text{m}$，$\rho_1=50\Omega\cdot\text{m}$，$\rho_2=1000\Omega\cdot\text{m}$，$\rho_3=50\Omega\cdot\text{m}$				

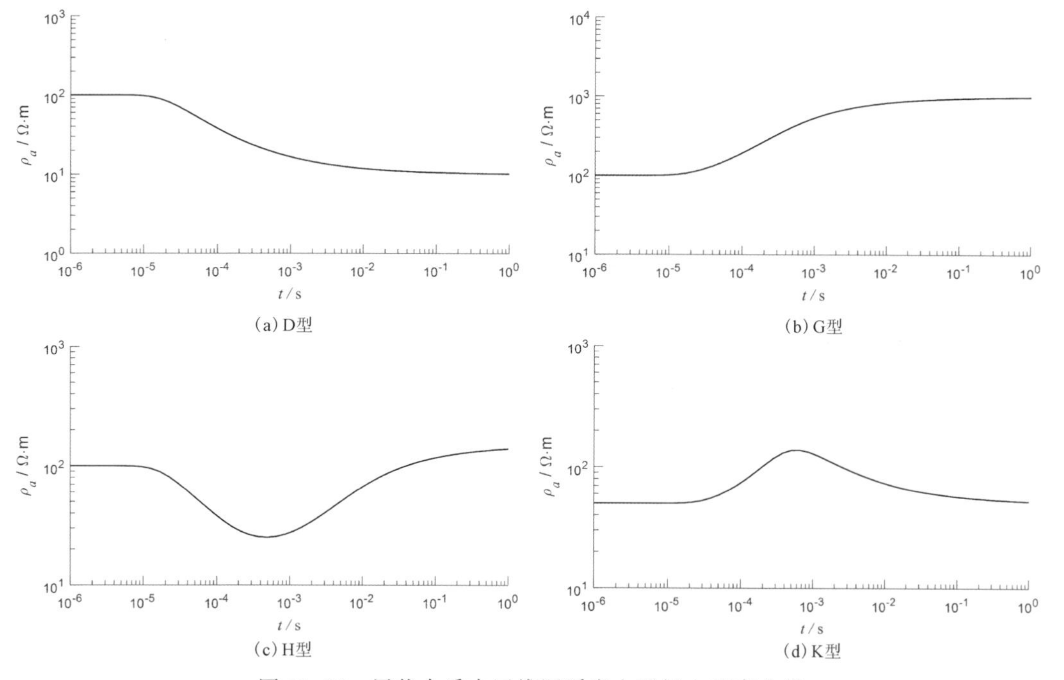

图 11.26　层状介质中回线源瞬变电磁视电阻率曲线

11.7 电磁测深曲线的定量解释

电磁测深曲线定量解释的内容是确定曲线所反映各电性层(或主要电性标志层)的厚度及电阻率值。电磁测深曲线定量解释的方法主要有量板法、数值解释法及其他各种经验解释方法。随着电子计算技术的快速发展和计算机的日益普及,数值解释已被广泛采用,而较为繁琐的量板法现在已不被采用了。

本节将主要介绍电阻率测深数据直接反演的阮氏算法、电阻率测深曲线的一维最优化反演和大地电磁测深数据的 Bostick 反演方法。

11.7.1 直接反演的阮氏算法

根据在电导率随深度变化梯度不大的情况下,Dar-Zarrouk 曲线与视电阻率曲线基本重合这一性质,阮百尧(1994)通过取对数、求导数等变换,在直流电阻率测深中导出了一种近似反演方法,将视电阻率随极距变化的曲线直接转换为电阻率随深度变化的曲线。无论从方法的形式还是方法的效果上,阮氏算法都能与大地电磁测深中的 Bostick 方法相媲美,它不需要初始模型,计算简便,不受人为因素影响,而且其反演结果能比较准确地反映地下电性层分布情况,一方面使野外即时反演成为可能,另一方面也可为室内精确反演提供更为合适的初始模型参数。

1. 基本原理

在电阻率测深曲线下降支不太长的情况下,根据 Dar-Zarrouk 曲线与视电阻率测深曲线基本重合(图 11.27),可知

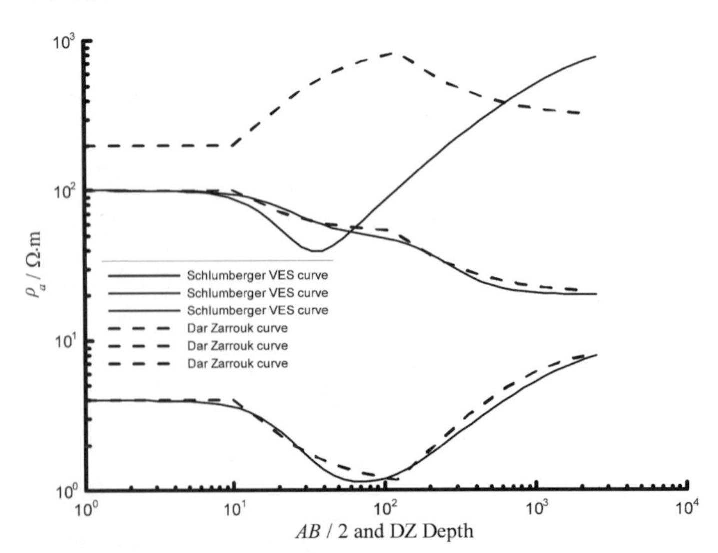

图 11.27 三层模型 Dar-Zarrouk 曲线和视电阻率曲线

$$\sqrt{T/S} \approx \rho_a \text{ , } \sqrt{TS} \approx r \text{ ,} \tag{11.85}$$

这里

$$T(Z) = \int_0^Z \rho(z) dz \text{ , } S(Z) = \int_0^Z 1/\rho(z) dz \text{ ,} \tag{11.86}$$

r 为供电极距（$AB/2$）。对式(11.85)两边取对数，有

$$\log T - \log S = 2\log\rho_a \text{ , } \log T + \log S = 2\log r \text{ ,} \tag{11.87}$$

联立求解，并取导数，可得

$$\frac{d\log T}{d\log r} = 1 + \frac{d\log \rho_a}{d\log r} \text{ ,} \tag{11.88}$$

$$\frac{d\log S}{d\log r} = 1 - \frac{d\log \rho_a}{d\log r} \text{ ,} \tag{11.89}$$

再由式(11.86)得

$$dT/dZ = \rho(Z) \text{ ,} \tag{11.90}$$

$$dS/dZ = 1/\rho(Z) \text{ ,} \tag{11.91}$$

于是

$$\rho(Z) = \frac{1}{\rho(Z)}\frac{dT}{dS} = \frac{1}{\rho(Z)}\frac{dT}{d\log T} \cdot \frac{d\log T}{d\log S} \cdot \frac{d\log S}{dS} = \frac{1}{\rho(Z)}\frac{T}{S} \cdot \frac{d\log T}{d\log r} \cdot \frac{d\log r}{d\log S} \text{ ,} \tag{11.92}$$

将式(11.85)、式(11.88)和式(11.89)代入上式，可得

$$\rho(Z) = \frac{\rho_a^2(r)}{\rho(Z)} \cdot \left(1 + \frac{d\log \rho_a}{d\log r}\right) \Big/ \left(1 - \frac{d\log \rho_a}{d\log r}\right) \text{ ,} \tag{11.93}$$

由此得到深度 Z 处岩层的真实电阻率为

$$\rho(Z) = \rho_a(r) \sqrt{\left(1 + \frac{d\log \rho_a}{d\log r}\right) \Big/ \left(1 - \frac{d\log \rho_a}{d\log r}\right)} \text{ 。} \tag{11.94}$$

注意到厚度为 ΔZ，电阻率为 $\rho(Z)$ 的岩层，其横向电阻率和纵向电导为

$$\Delta T(Z) = \rho(Z) \cdot \Delta Z \text{ , } \Delta S(Z) = \frac{1}{\rho(Z)} \cdot \Delta Z \text{ ,} \tag{11.95}$$

显然，该岩层的厚度

$$\Delta Z = \sqrt{\Delta T(Z) \cdot \Delta S(Z)} \text{ ,} \tag{11.96}$$

因为

$$\Delta T(Z) = \frac{dT}{dr}\Delta r = \frac{dT}{d\log T} \cdot \frac{d\log T}{d\log r} \cdot \frac{d\log r}{dr} \cdot \Delta r = \frac{T}{r}\frac{d\log T}{d\log r}\Delta r \text{ ,} \tag{11.97}$$

同样地

$$\Delta S(Z) = \frac{S}{r}\frac{d\log S}{d\log r}\Delta r \text{ ,} \tag{11.98}$$

所以

$$\Delta Z = \sqrt{\frac{TS}{r^2}\frac{d\log T}{d\log r}\frac{d\log S}{d\log r}}\Delta r \text{ ,} \tag{11.99}$$

进而将式(11.85)、式(11.88)和式(11.89)代入上式，有

$$\Delta Z=\sqrt{\left(1+\frac{d\log\rho_a}{d\log r}\right)\left(1-\frac{d\log\rho_a}{d\log r}\right)}\Delta r \ , \tag{11.100}$$

岩层深度 Z 为对 ΔZ 的求和，即

$$Z=\sum\Delta Z=\sum\left[\sqrt{\left(1+\frac{d\log\rho_a}{d\log r}\right)\left(1-\frac{d\log\rho_a}{d\log r}\right)}\Delta r\right], \tag{11.101}$$

式(11.94)、式(11.100)和式(11.101)便是由 Dar-Zarrouk 曲线导出的直接反演公式。考虑到其前提条件是 Dar-Zarrouk 曲线与视电阻率曲线重合，即在 ρ_a 下降支不长的情况下，其反演结果才准确；否则，当 ρ_a 下降支不满足该条件时，所得反演结果就会存在误差。很明显，当下降支太长时，由于 ρ_a 曲线在双对数坐标中的斜率，即导数 $d\log\rho_a/d\log r<-1$，式(11.94)、式(11.100)和式(11.101)中平方根内的数值为负数而失去意义，因此，上述三式须得到修正。

2. 反演公式修正

考虑到两种极限情况，即 $\rho_n\rightarrow\infty$和 $\rho_n\rightarrow 0$ 时，视电阻率测深曲线在双对数坐标中尾支的斜率 $d\log\rho_a/d\log r$ 分别为 1 和 -8 。若 $\rho_n\rightarrow\infty$，式(11.94)中分式的除数趋于零，则式(11.94)须改为

$$\rho(Z)=\rho_a(r)\sqrt{\left(8+\frac{d\log\rho_a}{d\log r}\right)\Big/\left(8-\frac{d\log\rho_a}{d\log r}\right)}\ , \tag{11.102}$$

由此，对 ρ_a 曲线的下降支，即 $d\log\rho_a/d\log r<0$ 时，均可以用上式代替式(11.94)计算电阻率。

同样地，对于厚度或者深度公式，在 ρ_a 曲线的上升支，即 $d\log\rho_a/d\log r>0$ 时，公式不需要修正；在 ρ_a 曲线的下降支，即 $d\log\rho_a/d\log r<0$ 时，由于平方根内数值有可能为负数，式(11.100)和式(11.101)须改写成

$$\Delta Z=\frac{\Delta r}{8}\sqrt{64-\left(\frac{d\log\rho_a}{d\log r}\right)^2}\ , \tag{11.103}$$

$$Z=\sum\Delta Z=\sum\left[\frac{\Delta r}{8}\sqrt{64-\left(\frac{d\log\rho_a}{d\log r}\right)^2}\right], \tag{11.104}$$

这里，平方根内的 64 是与 $(d\log\rho_a/d\log r)^2$ 的最大值 64 相匹配，平方根外的 1/8 是考虑到 $d\log\rho_a/d\log r>0$ 时公式的连续性而设计。

对于厚度和深度还有另一种修正方案，注意到视电阻率测深曲线梯度变化很陡时所对应的厚度很小，故而，取 ρ_a 测深曲线的梯度 $d\log\rho_a/d\log r>0.8$ 和 $d\log\rho_a/d\log r<-1$ 时所对应的岩层厚度 $\Delta Z=0$，于是，将式(11.100)修正为

$$\Delta Z=\begin{cases}\sqrt{\left(1+\frac{d\log\rho_a}{d\log r}\right)\left(1-\frac{d\log\rho_a}{d\log r}\right)}\Delta r & -1<\frac{d\log\rho_a}{d\log r}<0.8\\ 0 & \text{其他}\end{cases}, \tag{11.105}$$

试算结果表明，效果很好。

综上所述，现归纳直接反演的阮氏算法如下。

公式一 设 $\rho_a(i)$ 为第 i 个极距 $r_i=(AB/2)_i$ 所测得的视电阻率，则该极距所反映地层的真实电阻率 $\rho(i)$ 为

$$\rho(i)=\begin{cases}\rho_a(i)\sqrt{\dfrac{1+\left(\dfrac{d\log\rho_a}{d\log r}\right)_i}{1-\left(\dfrac{d\log\rho_a}{d\log r}\right)_i}} & \left(\dfrac{d\log\rho_a}{d\log r}\right)_i>0\\[2ex] \rho_a(i)\sqrt{\dfrac{8+\left(\dfrac{d\log\rho_a}{d\log r}\right)_i}{8-\left(\dfrac{d\log\rho_a}{d\log r}\right)_i}} & \left(\dfrac{d\log\rho_a}{d\log r}\right)_i<0\end{cases},\tag{11.106}$$

该层对应的厚度为

$$h(i)=\begin{cases}(r_i-r_{i-1})\sqrt{1-\left(\dfrac{d\log\rho_a}{d\log r}\right)_i^2} & \left(\dfrac{d\log\rho_a}{d\log r}\right)_i>0\\[2ex] \dfrac{(r_i-r_{i-1})}{8}\sqrt{64-\left(\dfrac{d\log\rho_a}{d\log r}\right)_i^2} & \left(\dfrac{d\log\rho_a}{d\log r}\right)_i<0\end{cases},\tag{11.107}$$

该层深度为

$$H(i)=\sum_{j=1}^{i}h(j),\tag{11.108}$$

式中 $(d\log\rho_a/d\log r)_i$ 为测深曲线在第 i 个极距 r_i 处的梯度。

公式二　除地层厚度用下式计算外，其余同公式一。

$$h(i)=\begin{cases}(r_i-r_{i-1})\sqrt{1-\left(\dfrac{d\log\rho_a}{d\log r}\right)_i^2} & -1<\left(\dfrac{d\log\rho_a}{d\log r}\right)_i<0.8\\ 0 & \text{其他}\end{cases},\tag{11.109}$$

在实际应用中发现，对由式(11.107)和式(11.109)确定的厚度乘一伸缩因子，则反演效果更好。该伸缩因子可用直线搜索法来确定，它的值一般小于 1 。

11.7.2　电阻率测深曲线的一维最优化反演

近年来，用电子计算机自动解释电测深曲线有许多方法，目前应用最为广泛的是最优化数值反演方法。最优化法在数学上是求多变量函数极小值的一种计算方法，用这种方法反演电测深曲线就是求取使理论曲线和实测曲线之间拟合差为极小值时的层参数。可以采用两种不同的途径实现上述反演目的：一种是直接拟合电测深 ρ_a 曲线的最优化反演方法；另一种是拟合电阻率转换函数曲线的最优化反演方法。两种方法都能实现对任意水平地层作分层解释的目的，现以直接拟合视电阻率曲线为主，说明对电测深曲线作最优化反演的方法步骤。

1. 基本原理

电阻率测深数据的反演可归结为使如下目标函数趋于极小

$$\Phi=\sum_{i=1}^{NS}|\rho_{ai}-\rho_{ci}(M)|^{\alpha},\tag{11.110}$$

这里，NS 是供电极距数，ρ_{ai} 是第 i 个极距的实测视电阻率，$\boldsymbol{M}(M_j, j=1,2,\cdots,NM)$ 是模型参数(电阻率及厚度)，NM 是预测模型参数个数，ρ_{ci} 是由预测模型正演计算所得的第 i

个极距的理论视电阻率，α 是范数，当 $\alpha = 2$ 时即为最小二乘法。将上式在预测模型 M 处展开，并忽略二次项以上的项，得到

$$\Phi = \sum_{i=1}^{NS} \left| \rho_{ai} - \rho_{ci} - \sum_{j=1}^{NM} \frac{\partial \rho_{ci}}{\partial M_j} \Delta M_j \right|^{\alpha}, \tag{11.111}$$

上式要趋于极小，则对于各供电极距 i（$i = 1, 2, \cdots, NS$）要满足下面的线性方程

$$\sum_{j=1}^{NM} \Delta M_j \frac{\partial \rho_{ci}}{\partial M_j} = \rho_{ai} - \rho_{ci}, \tag{11.112}$$

解上述线性方程，就可得到预测模型 $\boldsymbol{M}$ 的修改量 $\Delta \boldsymbol{M}$，由此得到新的预测模型。计算新模型的理论视电阻率，与实测视电阻率进行对比，若精度满足要求，则新的预测模型即为最终反演结果，否则，重新展开，计算模型修改量，直到精度满足要求。

上述反演过程中，有三个问题亟待解决：① 偏导数的求解，② 模型参数的处理。模型参数中有不同量纲的电阻率和厚度，尤其是电阻率参数，其变化范围很大，如果直接由上述方法求解，不但会导致方程(11.112)严重病态，而且电阻率和厚度参数的修改也不会正确，从而导致反演方法不收敛；③ 线性方程(11.112)的求解。线性方程(11.112)往往是不相容方程组，求解方法不同，解的收敛速度和收敛性也不尽相同。

2. 偏导数的计算

在电阻率测深数据的反演中，视电阻率对模型参数的偏导 $\partial \rho_{ci} / \partial M_j$，通常是在数值滤波法正演过程中直接给出。考虑到对模型参数的处理，这里采用差分方法来计算，取 $\Delta M_j = 0.1 M_j$，即

$$\frac{\partial \rho_{ci}}{\partial M_j} = \frac{\rho_{ci}(M_1, M_2, \cdots, 1.1 M_j, \cdots, M_{NM}) - \rho_{ci}(M_1, M_2, \cdots, M_j, \cdots, M_{NM})}{0.1 M_j}。 \tag{11.113}$$

3. 模型参数的处理

将式(11.113)中的偏导数代入方程式(11.112)中，得

$$\sum_{j=1}^{NM} 10[\rho_{ci}(M_1 \cdots, 1.1 M_j, \cdots M_{NM}) - \rho_{ci}(M_1 \cdots, M_j, \cdots M_{NM})] \frac{\Delta M_j}{M_j} = \rho_{ai} - \rho_{ci}(M_1 \cdots, M_j, \cdots M_{NM}), \tag{11.114}$$

上式两端同时除以 $\rho_{ci}(M_1, \cdots, M_j, \cdots, M_{NM})$，得

$$\sum_{j=1}^{NM} 10\left[\frac{\rho_{ci}(M_1, \cdots, 1.1 M_j, \cdots, M_{NM})}{\rho_{ci}(M_1, \cdots, M_j, \cdots, M_{NM})} - 1\right] \frac{\Delta M_j}{M_j} = \frac{\rho_{ai}}{\rho_{ci}(M_1, \cdots, M_j, \cdots, M_{NM})} - 1, \tag{11.115}$$

令

$$A_{ij} = 10\left[\frac{\rho_{ci}(M_1, \cdots, 1.1 M_j, \cdots, M_{NM})}{\rho_{ci}(M_1, \cdots, M_j, \cdots, M_{NM})} - 1\right], \tag{11.116}$$

$$x_j = \Delta M_j / M_j, \tag{11.117}$$

以及

$$B_i = \frac{\rho_{ai}}{\rho_{ci}(M_1, \cdots, M_j, \cdots, M_{NM})} - 1, \tag{11.118}$$

这样，方程组(11.116)可写为矩阵形式

$$\boldsymbol{Ax} = \boldsymbol{B} , \tag{11.119}$$

上述方程组中，左端系数矩阵 $\boldsymbol{A}$ 中各系数 A_{ij} 、未知向量 $\boldsymbol{x}$ 中各变量 x_j 以及右端向量 $\boldsymbol{B}$ 中各系数 B_i 都无量纲，从而解决了参变量量纲不同的问题。

解线性方程组(11.119)，则新模型参数 M^* 为

$$M_j^* = M_j + \Delta M_j = (1 + x_j)M_j , \tag{11.120}$$

为了避免模型参数修改过量，在实际计算过程中，进一步作如下规定：若 $x_j > 1.5$ 时，取 $x_j = 1.5$ ；若 $x_j < -0.5$ 时，取 $x_j = -0.5$ ，即每次修改量不超过原有模型参数值的一半，以保证收敛稳定。

4. 线性方程组求解

线性方程组(11.119)的求解问题，由于 $\boldsymbol{A}$ 为 $NS \times NM$ 阶的矩阵，且对地球物理反演问题而言，$\boldsymbol{A}$ 多半是接近奇异的，所以不能用常规方法求解。求解该非方阵线性方程组最常用的方法有奇异值分解法和最小二乘法。

对比奇异值分解方法和阻尼最小二乘方法，可以发现，奇异值分解法是取消导致小的奇异值的方程来改善 $\boldsymbol{A}$ 的奇异值，而 Marquardt 法是通过在 $\boldsymbol{A}^{\mathrm{T}}\boldsymbol{A}$ 的对角元素上添加常数来增大 $\boldsymbol{A}$ 的奇异值，两者的思想刚好相反，这里不再赘述。

例 11.9　直接反演。

解：(1)创建直接反演的函数 M 文件 res1dfor. m，程序代码如下

```
function rhoa=res1dfor(r,h,rho)
% This subfunction is used for caculate the apparent restivity of layers model.
%   Input:
%       r: S-R distances
%       h: thickness
%       rho: restivity
%   Output:
%       rhoa: apparent restivity.

global H RHO
global NLYR


H=h;
RHO=rho;
NLYR=length(RHO);
load HankelFilterJ1.mat a1 s1 w1
nw1=length(w1);
nr=length(r);
```

```
rhoa=zeros(1, nr);
for i=1:nr
    ri=r(i);
    sum=0.0;
for j=1:nw1
        t1=a1+(j-1)*s1;
        t2=10.0^t1;
        lambda=1.0/ri*t2;

        fkernel=tfunc(lambda)*lambda;
        sum=sum+fkernel*w1(j);
    end
    rhoa(i)=ri*ri*sum/ri;
end
end

function [rho,h]=Inv_Dr1(rhoa, r)
% This subfunction is used for caculate the inverse restivity by 1st method.
%   Input:
%       rhoa: apparent restivity
%       r: S-R distances
%   Output:
%       rho:  inverse restivity
%       h:   inverse thickness

nr=length(rhoa);
h=zeros(1,nr) ;
rho=zeros(1,nr);
for i=2:nr
    grad=(log(rhoa(i))-log(rhoa(i-1)) )/( log(r(i))-log(r(i-1)));
    if(grad > 0 )
        rho(i-1)=rhoa(i-1)*sqrt( (1+grad)/ (1-grad) ) ;
        h(i-1)=sqrt( 1-grad^2 )* ((r(i))-(r(i-1))) ;
    else
        rho(i-1)=rhoa(i-1)*sqrt( (8+grad)/ (8-grad) ) ;
        h(i-1)=sqrt( 64-grad^2 )* ((r(i))-(r(i-1)))/8 ;
    end
end
rho(nr)=rho(nr-1);
end
```

```
function [rho,h]=Inv_Dr2(rhoa, r)
% This function is used for caculate the inverse restivity by 2nd method.

nr=length(rhoa);
h=zeros(1,nr) ;
rho=zeros(1,nr);
for i=2:nr
    grad=(log(rhoa(i))-log(rhoa(i-1)) )/( log(r(i))-log(r(i-1)));
    if(grad > 0 )
        rho(i-1)=rhoa(i-1)*sqrt( (1+grad)/ (1-grad) ) ;
    else
        rho(i-1)=rhoa(i-1)*sqrt( (8+grad)/ (8-grad) ) ;
    end

    if( grad> 0.8 || grad< -1 )
        h(i-1)=0 ;
    else
        h(i-1)=sqrt( 1-grad^2 )*((r(i))-(r(i-1))) ;
    end
end
rho(nr)=rho(nr-1);
end

function res1dInv(varargin)
% This function is used for presenting the result of direct inverse.

h=varargin{1};
rho=varargin{2};

rmin=1.0e0;
rmax=1.0e3;
nr=20;
r=logspace(log10(rmin), log10(rmax), nr);

% caculate theoretical apparent restivity
rhoa=res1dfor(r,h,rho) ;

% caculate inverse restivity by 1st method
[rho1,h1]=Inv_Dr1(rhoa,r) ;
```

```
% caculate inverse restivity by 2nd method
[rho2,h2]=Inv_Dr2(rhoa,r) ;

% caculate rebuilted apparent restivity
rhoa1=res1dfor(r,h1(1:nr-1),rho1);
rhoa2=res1dfor(r,h2(1:nr-1),rho2);

% caculate depth
H1=zeros(1,nr);
H2=zeros(1,nr);
for u=1:nr
    H1(u)=sum(h1(1:u));
    H2(u)=sum(h2(1:u));
end

% Output
rho_1=[H1' rho1'];
save('rho_1.dat','rho_1','-ascii');

rhoa_1=[r' rhoa1'];
save('rhoa_1.dat','rhoa_1','-ascii');

rho_2=[H2' rho2'];
save('rho_2.dat','rho_2','-ascii');

rhoa_2=[r' rhoa2'];
save('rhoa_2.dat','rhoa_2','-ascii');
end
```

(2)地电模型具体参数的设置如表 11.10 中所列。

表 11.10　地电模型参数设置

模　型	参　　数
Model a	$h_1 = 10\text{m}$ $\rho_1 = 100\Omega \cdot \text{m}$, $\rho_2 = 10\Omega \cdot \text{m}$
Model b	$h_1 = 10\text{m}$ $\rho_1 = 100\Omega \cdot \text{m}$, $\rho_2 = 1000\Omega \cdot \text{m}$

续表 11.10

模　型	参　　数
Model c	$h_1=5\text{m}$，$h_2=10\text{m}$ $\rho_1=50\Omega\cdot\text{m}$，$\rho_2=20\Omega\cdot\text{m}$，$\rho_3=500\Omega\cdot\text{m}$
Model d	$h_1=5\text{m}$，$h_2=10\text{m}$ $\rho_1=10\Omega\cdot\text{m}$，$\rho_2=100\Omega\cdot\text{m}$，$\rho_3=10\Omega\cdot\text{m}$
Model e	$h_1=5\text{m}$，$h_2=20\text{m}$ $\rho_1=50\Omega\cdot\text{m}$，$\rho_2=100\Omega\cdot\text{m}$，$\rho_3=50\Omega\cdot\text{m}$
Model f	$h_1=5\text{m}$，$h_2=20\text{m}$ $\rho_1=10\Omega\cdot\text{m}$，$\rho_2=50\Omega\cdot\text{m}$，$\rho_3=500\Omega\cdot\text{m}$
Model g	$h_1=5\text{m}$，$h_2=10\text{m}$，$h_3=20\text{m}$ $\rho_1=50\Omega\cdot\text{m}$，$\rho_2=10\Omega\cdot\text{m}$，$\rho_3=100\Omega\cdot\text{m}$，$\rho_4=50\Omega\cdot\text{m}$
Model h	$h_1=2\text{m}$，$h_2=5\text{m}$，$h_3=10\text{m}$，$h_4=20\text{m}$ $\rho_1=50\Omega\cdot\text{m}$，$\rho_2=200\Omega\cdot\text{m}$，$\rho_3=50\Omega\cdot\text{m}$，$\rho_4=400\Omega\cdot\text{m}$，$\rho_5=200\Omega\cdot\text{m}$

须指出的是，在对该例计算结果的显示中(图 11.28～图 11.31)，符号 ρ^1 、ρ_a^1 分别表示利用反演公式一得到的电阻率模型，以及由该模型正演得到的视电阻率；类似地，ρ^2 、ρ_a^2 则表示利用反演公式二得到的相应结果。

从图中测深曲线对比可以看出，两条曲线基本重合，尤其是深度经伸缩后，拟合得更好，满足实际应用中对反演精度的要求。从反演所得模型的电阻率-深度曲线上看，公式一和公式二均对真实模型的各个电性层有明显的反映，其电阻率值较接近真电阻率值，曲线的上升点或下降点对应于真实模型的电性界面。一般而言，当相邻地层电阻率相差不大时，公式一和公式二的反演精度基本相当；当相邻地层电性变化较大时，公式二的反演精度比公式一的要更高，此时在界面深度附近处，公式二所得电阻率-深度曲线发生跃变，直观地揭示了地下电性结构特征。

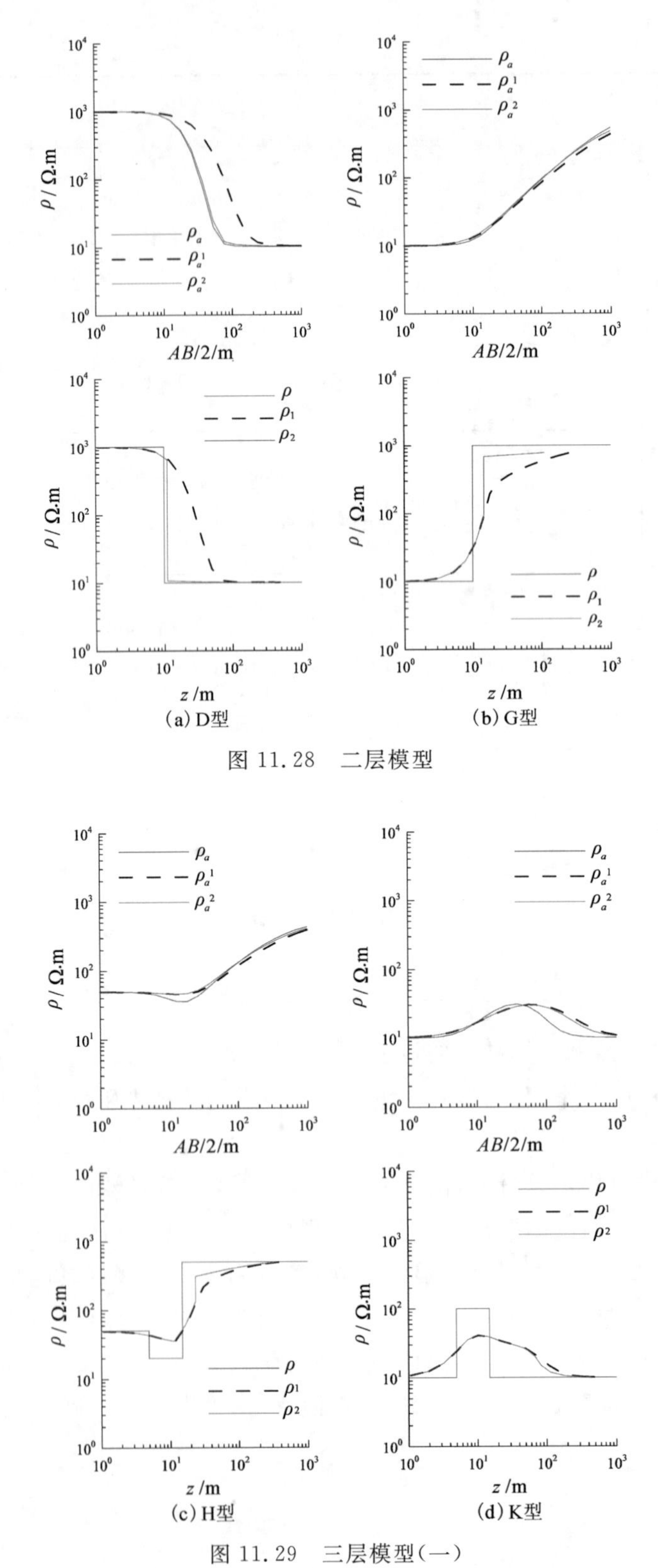

图 11.28　二层模型

图 11.29　三层模型(一)

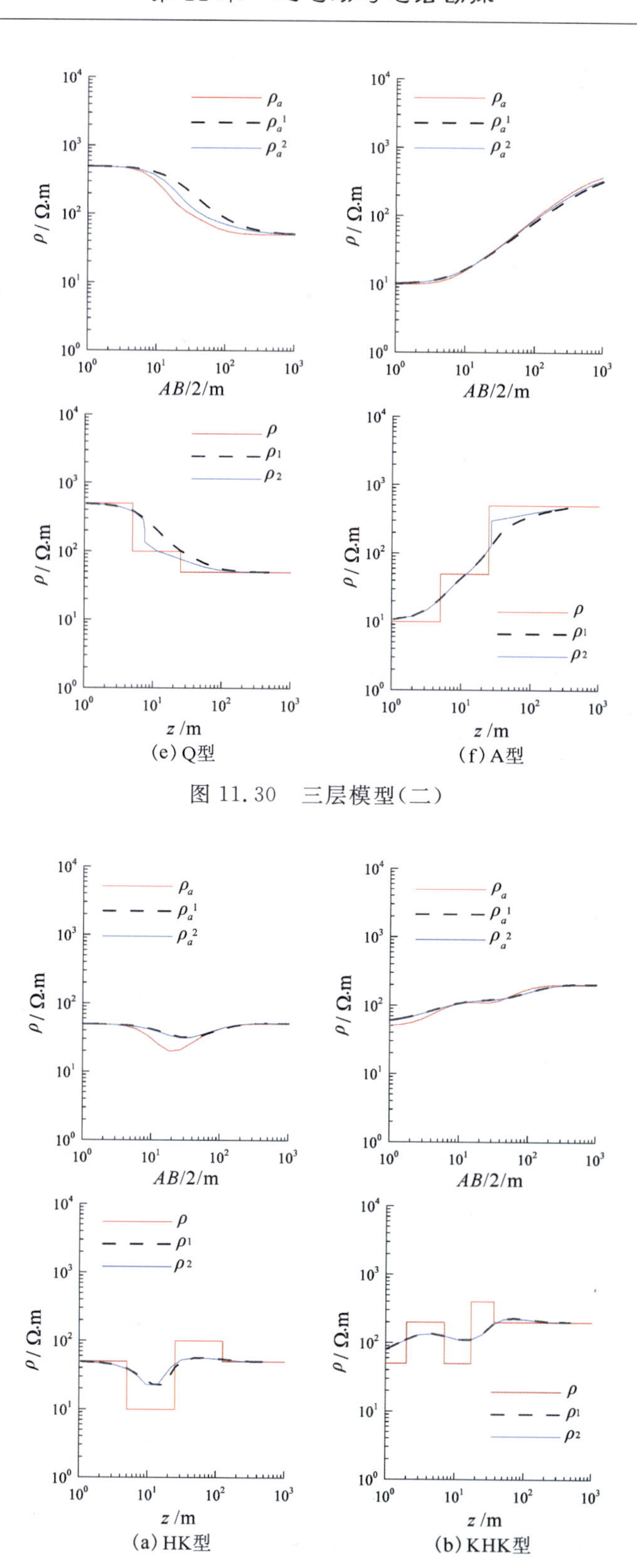

(e) Q型　(f) A型

图 11.30　三层模型(二)

(a) HK型　(b) KHK型

图 11.31　多层模型

例 11.10 最优化反演。列举一个典型的水平三层大地模型,用以说明一维最优化反演方法的应用效果,真实地电模型参数为:$h_1 = 5\mathrm{m}$, $h_2 = 10\mathrm{m}$; $\rho_1 = 50\Omega \cdot \mathrm{m}$, $\rho_2 = 20\Omega \cdot \mathrm{m}$, $\rho_3 = 500\Omega \cdot \mathrm{m}$; $\eta_1 = 4\%$, $\eta_2 = 8\%$, $\eta_3 = 16\%$ 。初始模型为水平三层大地,层参数选为:第一、二层的厚度均为 5m ,各层电阻率全是 5Ω · m 。

解:创建最优化反演程序 Inv_Opt. m,源代码如下

```
function [h1,rho1]=Inv_Opt(r,rhoa,h0,rho0)
%    INV_OPT is used to calculate inverse parameters of RES1D field
%    by optimization method developed by Professor Ruan Wenyao
%
%    Input:
%         r :        S-R distances
%         rhoa:       theoretical apparent restivity
%         h0 :       guess thickness
%         rho0:       guess restivity
%    Output:
%         h1:        inverse thickness
%         rho1:       inverse restivity

err=10;                                                  % tolerance
iter=0;

m0=[h0 rho0];

nm=length(m0);
nh=length(h0);
nr=length(r);

rhos_m=res1dfor(r,h0,rho0);                   % initial apparent restivity
func_phi=(rhoa-rhos_m)*(rhoa-rhos_m)';         % error function
m_tp=m0;                              % initial parameters
while( (func_phi> err)  )
    A=zeros(nr,nm);
    B=zeros(nm,1);
    for j=1:nm                              % partial gradient
        m_tp(j)=1.1*m_tp(j);
    for i=1:nr
            ri=r(i);
            rhos_nw_ij=res1dfor(ri,m_tp(1:nh),m_tp(nh+1:end));
            A(i,j)=10*((rhos_nw_ij/rhos_m(i))-1);
        end
```

```
    end

    for i=1:nr
        B(i)=rhoa(i)/rhos_m(i)-1;
    end

    [U,S,V]=svd(A);
    for u=1:nm
        if(S(u,u)< 0.05)
            S(u,u)=0;
        end
    end
    Win=pinv(S);
    X=V*Win*U'*B;

    for u=1:nm                                  % step ajust
        if(X(u)> 1.5)
            X(u)=1.5;
        elseif(X(u)< -0.5)
            X(u)=-0.5;
        end
    end

    m0=(1+X)'.*m0;
    rhos_m=res1dfor(r,m0(1:nh),m0(nh+1:end));     % renew apparent restivity
    func_phi=(rhoa-rhos_m)*(rhoa-rhos_m)';      % renew error function
    m_tp=m0;
    if(iter> 100)                                 % iteration control
        break
    end
iter=iter+1;
end
h1=m0(1:nh);
rho1=m0(nh+1:end);
end

function res1dInv_opt(varargin)
% This function is used for presenting the result of direct inverse.
%   Input:
%       h:    thickness
```

```
%        rho:  restivity
%        h0:   guess thickness
%        rho0: guess restivity

h=varargin{1};
rho=varargin{2};
h0=varargin{3};
rho0=varargin{4};

rmin=1.0e0;
rmax=1.0e3;
nr=20;
r=logspace(log10(rmin), log10(rmax), nr);

% caculate theoretical apparent restivity
rhoa=res1dfor(r,h,rho) ;

% caculate inverse result
[h1,rho1]=Inv_Opt(r,rhoa,h0,rho0) ;
% caculate rebuilted apparent restivity
rhoa1=res1dfor(r,h1,rho1) ;
% Output
save('rho_1.dat','h1','rho1','-ascii');

rhoa_1=[r' rhoa1'];
save('rhoa_1.dat','rhoa_1','-ascii');
end
```

程序运行结果如图 11.32 所示。

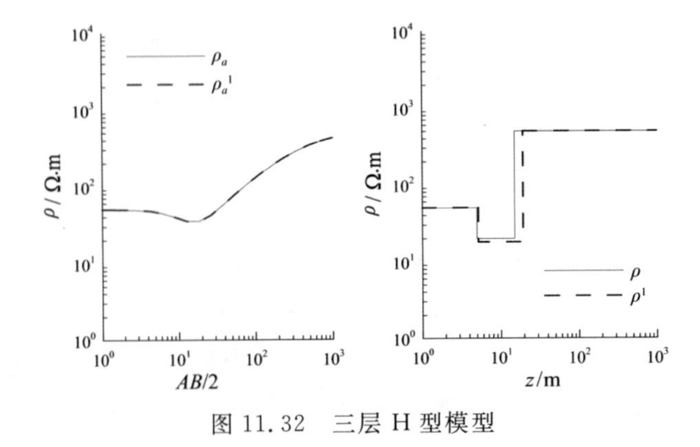

图 11.32　三层 H 型模型

表 11.11 给出了测深点上各供电极距($AB/2$)所对应的视电阻率和视极化数据,经过七次反演迭代,反演所得模型的理论视电阻率与实际视电阻率的相对误差为 0.3%,反演所得模型的层参数为:第一层厚度 5.05m,电阻率 50.0Ω·m,极化率 4.17%;第二层厚度 9.93m,电阻率 19.8Ω·m,极化率 8.95%;第三层电阻率 494Ω·m,极化率 19.73%,与真实模型相比,吻合得很好。各次迭代视电阻率拟合的相对误差为 144%、110%、69.7%、12.9%、7.33%、4.16%、0.33%,可见,该反演方法收敛速度快,对初始模型要求也不高。

表 11.11　视电阻率、视极化率及预测模型理论视电阻率

$AB/2$/m	ρ_a/(Ω·m)	η_a/%	ρ_c/(Ω·m)	$AB/2$/m	ρ_a/Ω·m	η_a/%	ρ_c/(Ω·m)
1.00	50.0	4.17	49.96	22.00	37.50	8.160	37.400
1.50	49.9	4.18	49.89	32.00	48.90	8.680	48.710
2.20	49.6	4.20	49.65	46.00	68.20	9.070	67.800
3.20	49.0	4.26	48.99	68.00	94.60	9.540	94.080
4.60	47.2	4.44	47.28	100.0	129.0	10.14	128.22
6.80	43.6	4.88	43.70	146.0	171.6	10.88	170.63
10.0	38.4	5.78	38.48	215.0	222.0	11.79	220.46
15.0	34.8	7.09	34.75	316.0	277.3	12.85	275.11

11.7.3　Bostick 反演

Bostick 法是大地电磁测深勘探数据的近似反演法,由于它的反演结果是直接由观测数据计算得到的,没有进行数据的优化过程。因此,它只能是一种半定量的解释方法。

Bostick 反演的基本公式为

$$H=\sqrt{\frac{\rho_a}{\omega\mu}},\tag{11.121}$$

$$\rho(H)=\rho_a(\omega)\left[\frac{\pi}{2\varphi(\omega)}-1\right],\tag{11.122}$$

其反演结果的精度虽然不高,但计算过程简便,解释具有唯一性,不存在人为的干扰因素,能较好地反映地电断面的基本特性,并为大地电磁测深资料的精确反演提供可靠的初始模型。

例 11.11　Bostick 反演示例。设反演计算的原始数据来源于层状介质正演所得,其模型参数为 $\rho_1=10\Omega\cdot m$,$\rho_2=200\Omega\cdot m$,$\rho_3=10\Omega\cdot m$,$h_1=500m$,$h_2=2000m$。

解:编写的 Bostick 反演程序代码如下

```
function bostickinv
clc
mu=4.0*pi*1.0e-7;
```

```
[rhoa, phase]=MT1dfor([500 2000],[10 200 10]);

nt=60;
tmin=1.0e-3;
tmax=1.0e+4;
t=logspace(log10(tmin), log10(tmax), nt);
H=sqrt(rhoa.*t./2.0/pi/mu);
rho=abs(rhoa.*(1/2./phase-1));

h=diff(H);
[rhoa1,phase1]=MT1dfor(h,rho);

figure(1)
DEP=[1 500 2000 100000];
RHO=[10 200 10 10];
stairs(DEP/1000,RHO,'r-');
hold on
stairs(H/1000,rho,'b-');
set(gca,'xscale','log');
set(gca,'yscale','log');
xlabel('\it\fontname{times new roman}z / \rmkm');
ylabel('\rho / \Omega\cdotm');
ylim([1.0e0 1.0e3])
legend('Original model','Inversion model')

figure(2)
subplot(2,1,1)
semilogx(t,rhoa,'b-');
hold on
semilogx(t,rhoa1,'r--');
xlabel('\it\fontname{times new roman}T / \rms');
ylabel('\rho_{\it\fontname{times new roman}a} / \rm\Omega\cdotm');
legend('Original model response','Inversion model response')
subplot(2,1,2)
semilogx(t,phase,'b-');
hold on
semilogx(t,phase1,'r--');
xlabel('\it\fontname{times new roman}T / \rms');
ylabel('\psi / (\circ)');
legend('Original model response','Inversion model response','Location','south-
east')
end
```

程序运行结果如图 11.33 和图 11.34 所示。

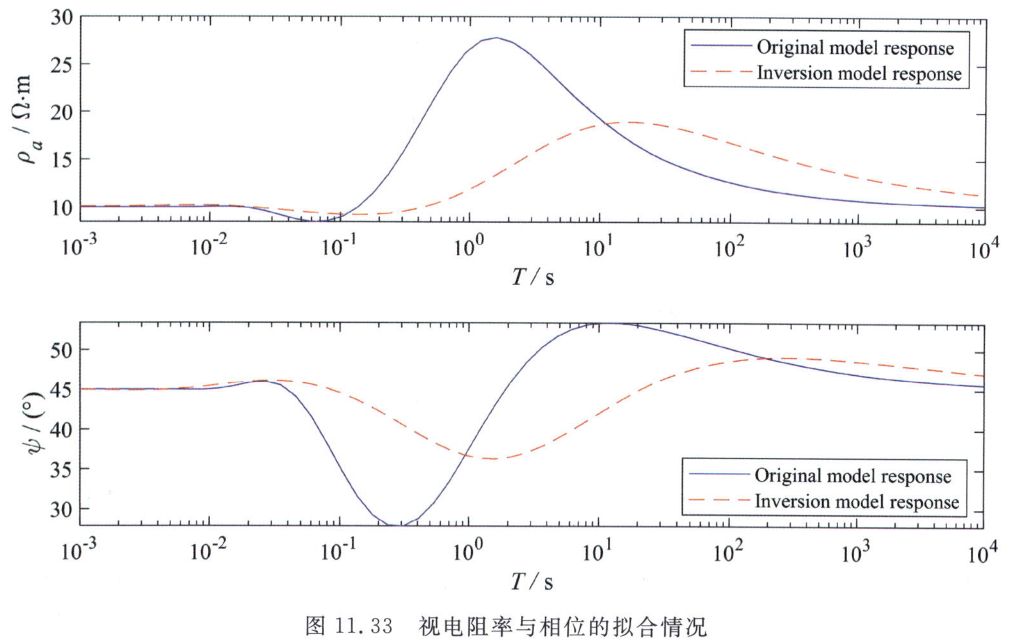

图 11.33　视电阻率与相位的拟合情况

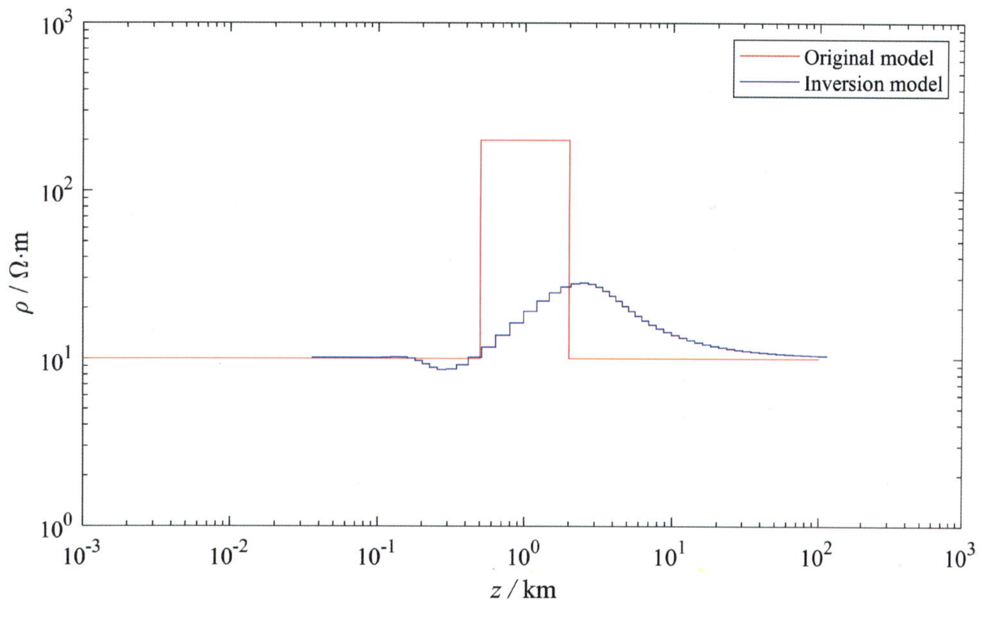

图 11.34　Bostick 反演结果

从上面两幅图可以看出，Bostick 反演基本反映了高阻异常的大小和位置，但数据拟合效果较差。

主要参考文献

白登海,Maxwell A Meju,卢健,等,2003.时间域瞬变电磁法中心方式全程视电阻率的数值计算[J].地球物理学报,46(5):697-704.

常巍,谢光军,黄朝峰,2007.MATLAB R2007 基础与提高[M].北京:电子工业出版社.

陈乐寿,王光锷,1990.大地电磁测深法[M].北京:地质出版社.

陈小斌,赵国泽,2004.基本结构有限元算法及大地电磁测深一维连续介质正演[J].地球物理学报,47(3):535-541.

董霖,2009.MATLAB 使用详解——基础、开发及工程应用[M].北京:电子工业出版社.

傅良魁,1983.电法勘探教程[M].北京:地质出版社.

管志宁,2005.地磁场与磁力勘探[M].北京:地质出版社.

何光渝,李论,1995.AWG 拉普拉斯数值反演方法在有限导流垂直裂缝流动中的应用[J].石油勘探与开发,22(6):47-50.

何继善,2010.广域电磁法和伪随机信号电法[M].北京:高等教育出版社.

李柏年,吴礼斌,2012.MATLAB 数据分析方法[M].北京:机械工业出版社.

李国朝,2011.MATLAB 基础及应用[M].北京:北京大学出版社.

李金铭,2005.地电场与电法勘探[M].北京:地质出版社.

李貅,2002.瞬变电磁测深的理论与应用[M].西安:陕西科学技术出版社.

刘国兴,2005.电法勘探原理与方法[M].北京:地质出版社.

刘会灯,朱飞,2008.MATLAB 编程基础与典型应用[M].北京:人民邮电出版社.

刘卫国,2006.MATLAB 程序设计与应用[M].北京:高等教育出版社.

刘颖,柳建新,何展翔,等,2011.频率域双极源全区视电阻率的计算及分析[J].地球物理学进展,26(2):675-686.

柳建新,童孝忠,郭荣文,等,2012.大地电磁测深法勘探——资料处理、反演与解释[M].北京:科学出版社.

罗华飞,2011.MATLAB GUI 设计学习手记[M].北京:北京航空航天大学出版社.

罗延钟,方胜,1985.极化椭球体上频谱激电法的异常形态[J].桂林冶金地质学院学报,5(1):49-63.

罗延钟,1982.椭球方程的最大实根[J].桂林冶金地质学院学报,2(4):33-35.

马昌凤,2010.最优化方法及其 MATLAB 程序设计[M].北京:科学出版社.

牟永光,陈小宏,李国发,等,2007.地震数据处理方法[M].北京:石油工业出版社.

朴化荣，1990. 电磁测深法原理[M]. 北京：地质出版社.

任玉杰，2007. 数值分析及其 MATLAB 实现[M]. 北京：高等教育出版社.

阮百尧，1999. 电阻率/激发极化法测深数据的一维最优化反演方法[J]. 桂林工学院学报，19(4)：321-325.

阮百尧，1994. 电阻率测深曲线解释中的一种新的反演方法[J]. 桂林冶金地质学院学报，14(1)：80-85.

天工在线，2018. MATLAB 2018 从入门到精通（实战案例版）[M]. 北京：中国水利水电出版社.

童孝忠，柳建新，2013. MATLAB 程序设计及在地球物理中的应用[M]. 长沙：中南大学出版社.

王华军，2008. 时间域瞬变电磁法全区视电阻率的平移算法[J]. 地球物理学报，51(6)：1936-1942.

王沫然，2004. MATLAB 与科学计算[M]. 北京：电子工业出版社.

王彦飞，2011. 地球物理数值反演问题[M]. 北京：高等教育出版社.

温欣研，2017. MATLAB R2016a 从入门到精通[M]. 北京：清华大学出版社.

吴琼，李永博，李貅，等，2015. 层状大地表面中心回线瞬变电磁响应特征[J]. 物探化探计算技术，37(5)：560-565.

吴振远，2010. 科学计算实验指导书——基于 MATLAB 数值分析[M]. 武汉：中国地质大学出版社.

殷长春，1994. 可控源音频大地电流法一维正演及精度评价[J]. 长春地质学院学报，24(4)：438-453.

曾华霖，1985. 重磁资料数据处理程序分析[M]. 北京：地质出版社.

曾华霖，2005. 重力场与重力勘探[M]. 北京：地质出版社.

张超，汤井田，强建科，2014. 椭球体的视电阻率特征[J]. 物探化探计算技术，36(2)：158-163.

张德丰，丁伟雄，雷晓平，2012. MATLAB 程序设计与综合应用[M]. 北京：清华大学出版社.

张德丰，2010. MATLAB 数字信号处理[M]. 北京：电子工业出版社.

张剑，师学明，刘梦花，等，2007. 基于 MATLAB 开发环境的球体重力正演[J]. 工程地球物理学报，4(5)：460-464.

赵海滨，2012. MATLAB 应用大全[M]. 北京：清华大学出版社.

周开利，邓春晖，2007. MATLAB 基础及其应用教程[M]. 北京：北京大学出版社.

朱占升，谭捍东，2012. 基于 MATLAB 平台实现电法数据的三维可视化[J]. 物探与化探，36(2)：312-316.

Brian D Hahn，Daniel T Valentine，2007. Essential Matlab for Engineers and Scientists [M]. 3rd ed. Amsterdam：Elsevier.

Eaton P A，Hohmann G W，1989. A Rapid Inversion Technique for Transient Electromagnetic Soundings[J]. Physics of the Earth and Planetary Interiors,53: 384-404.

Guptasarma E,Singh B,1997. New digital linear filters for Hankel J0 and J1 Transforms [J]. Geophysical Prospecting,45(1):745-762.

Harber E,Oldenburg D,2000. A GCV Based Method for Nonlinear Ill-posed Problems [J]. Computational Geosciences,4(1): 41-63.

Kaufman A A,Keller G V,1983. Frequency and Transient Soundings[M]. Amsterdam: Elsevier.

Nabighian M N,1988. Electromagnetic Methods in Applied Geophysics Volume i,Theory[M]. Tulsa,Oklahoma:Society of Exploration Geophysicists.

Otto S R,Denier J P,2005. An Introduction to Programming and Numerical Methods in MATLAB[M]. London:Springer-Verlag.

Steven C Chapra,2012. Applied Numerical Methods with MATLAB for Engineers and Scientists(3rd ed.)[M]. New York:The McGraw-Hill Companies.

Witten A,2002. Geophysica: MATLAB-based software for the simulation display and processing of near-surface geophysical data[J]. Computer & Geosciences,28(6): 751-762.